心理学研究方法系列

新世纪
高等学校教材

DEVELOPMENTAL
RESEARCH METHODS

发展心理学研究方法

【美】斯科特·A.米勒　著　陈英和　译

北京师范大学出版集团
BEIJING NORMAL UNIVERSITY PUBLISHING GROUP
北京师范大学出版社

Developmental Research Methods(ISBN：9781412996440)

By Scott A. Miller

Sage 出版集团为英文原版的出版商，其在美国、伦敦和新德里均设有办事处，中文翻译版已经取得
Sage 出版集团的授权。

北京市版权局著作权合同登记号：图字 01－2009－4386

图书在版编目(CIP)数据

发展心理学研究方法 ／（美）米勒著；陈英和译. —北京：北
京师范大学出版社，2015.11
　心理学研究方法系列教材
　ISBN 978-7-303-18341-8

Ⅰ．①发…　Ⅱ．①米…②陈…　Ⅲ．①发展心理学－心理学
研究方法－教材　Ⅳ．①B844

中国版本图书馆 CIP 数据核字(2014)第 310928 号

营 销 中 心 电 话　010-58802181　58805532
北师大出版社高等教育分社网　http://gaojiao. bnup. com
电 子 信 箱　gaojiao@bnupg. com

出版发行：北京师范大学出版社　www. bnup. com
　　　　　北京市海淀区新街口外大街 19 号
　　　　　邮政编码：100875
印　　刷：北京易丰印捷科技股份有限公司
经　　销：全国新华书店
开　　本：730 mm×980 mm　1/16
印　　张：27.5
字　　数：436 千字
版　　次：2015 年11月第 1 版
印　　次：2015 年11月第 1 次印刷
定　　价：56.00 元

策划编辑：周雪梅　　　　责任编辑：齐　琳　王星星
美术编辑：焦　丽　　　　装帧设计：焦　丽
责任校对：陈　民　　　　责任印制：陈　涛

前　言

本书专为那些想深入学习发展心理学研究方法的人而著。然而它并非面面俱到，恐怕也没有一本书能够做到这样。但是我希望，这本书能够作为基础，提供一套有用的指导方针和原则，以帮助读者进行自己的研究或评价他人的研究。

一、本书的结构和重点

我尽量在一般和具体之间保持平衡。这种平衡体现在本书的结构上：前11章探讨的是研究方法的一般性问题，后4章涉及了发展心理学中的具体研究主题。这种平衡同时反映在对研究进行论述的方法上。一方面，本书不是对"研究设计和分析"的抽象论述；另一方面，它也并非一本提供指导的练习手册。写这本书是为了反映我们大多数人实际上是如何做研究的，讲的是在一个研究计划中对要探讨的问题所做的评价、决定以及各个阶段要克服的困难。我希望这本书能够捕捉到对有价值的问题进行高质量研究时的那种兴奋和挑战。

毫无疑问，本书的读者应该主要是学习发展心理学或儿童心理学实验或研究方法课程的学生。假定学习这些课程的任何一个学生至少要修完其中的一门前期课程，那么其他课程如统计、一般研究方法会有帮助但并非必要。只要教师加以适当调整，这本书将不仅适合高年级本科生，而且适合低年级研究生。

二、本版的新增内容

与第三版相比，这一版有如下不同。在前一版中，质性研究和应用研究放在同一章中，而新版将这两种研究放在独立的两章，使它们得到更详尽的阐述。本书同样增加了其他的一些主题，包括跨文化研究、个案研究、高危人群评估、自传体记忆和同伴关系研究。即使对原有主题加以保留，其中的论述也已经完全更新。在这一版中大约有一半的参考资料是全新的。

本书此版保留了前几版中被证实有用的特色部分，如术语表、练习、小结和表格。表格增加了一倍，使我们可以集中处理当前大家感兴趣的新主题。精选出的主题包括婴儿期的人脸感知、混合方法研究、少数族群研究、年龄歧视和互联网对青春期发展的影响等。其中，最后这个主题是新版本对青春期研究拓展的地方之一。

书中的大部分，如章节的划分及其顺序与第三版相差无异。我意识到，不同的老师以不同的方式组织这些材料。事实上，在多年方法课教授过程中以及本书的前两版中，我自己也是这样做的。诚然，不同章节之间是有联系的，但是在很大程度上又是可以相互独立。因此，对于这些章节，甚至章节中的部分，教师可以根据自己的喜好来安排它们的顺序。

感谢那些在第四版修订中为我提供各种各样帮助的人。佛罗里达大学心理系给了我全面的支持。用过这本书的学生给予的反馈是很多有价值的观点来源之一，实际上对此书的任何一个版本来说都是如此。我要感谢依拉·费舍(Ira Fischler)在伦理审查委员会(IRB)的问题上给我的建议，感谢詹姆斯·埃尔金那(James Algina)，他帮我解决了许多统计问题，感谢詹妮弗·塔玛高(Jennifer Tamargo)和康尼·奥德兹(Connie Ordaz)协助我处理数据，感谢加布里埃拉·莫罗(Gabriella Mauro)协助我完成参考文献部分。最后，我要感谢Sage出版社的编辑团队，他们是策划编辑里德·赫丝特(Reid Hester)，编辑助理萨里塔·萨拉(Sarita Sarak)，制作编辑布里塔妮·包豪斯(Brittany Bauhaus)，文字编辑米歇尔·庞塞(Michelle Ponce)。

他们提供的服务还包括邀请了一组杰出的评论家，我对他们表示感谢。

——斯科特· A. 米勒

Sage出版社对下面的评论家所做的贡献致谢：
匹兹堡大学希瑟·J. 巴克曼(Heather J. Bachman)
华盛顿圣三一大学黛博·哈里斯·奥布赖恩(Deborah Harris O'Brien)
加利福尼亚州立大学北岭分校阿普利·Z. 泰勒(April Z. Taylor)

目 录

第一章　导　论

　　儿童的自我中心是发展心理学的经典研究问题之一。自我中心指的是不能放弃自己的观点，去考虑他人的观点。事实上，其他人并不以与我们相同的方式体验世界，见我所见，知我所知，盼我所盼，这对大孩子和成人来说是显而易见的。然而对小孩子来说，并非如此。小孩子认为每个人都和他们有一样的世界观，这是他们常有的表现。因此，他们就被贴上"自我中心"的标签。

　　看看一个小男孩在一项实验任务中的反应吧。实验要求男孩设想自己在给妈妈买生日礼物。适合不同年龄和性别的礼物摆成一排供孩子选择。孩子会立刻走向丝袜或适合成人的书籍吗？虽然这种反应具有可能性，但在3～4岁的孩子中还不常见。他们更可能的反应是选择新的小玩具卡车。小孩子清楚自己想要什么，为什么妈妈不能有相同的需要呢？

　　在某些方面，图书著者和站在一排礼物前的儿童一样。教材主题的趣味性、重要性，甚至其美妙之处对他们来说是不言而喻的。如果让他们证明为什么其他人都应该喜欢这个主题，他们表现出来的可能是困惑和沮丧：怎么不是每个人都能发现这是个有吸引力而且相当重要的主题呢？就像有人会质疑新玩具汽车对于孩子的价值！

　　然而，为发展心理学的研究兴趣找出理由的确很难（这样说也许有点儿自我中心吧）。研究人的发展的必要性是最显而易见的，如果还需要进一步的理由来证实，那就容易了。在所涉及的领域上，其他任何一个心理学分支都没有发展心理学广泛，这是显而易见的。当然，与心理学其他分支相比，发展心理学关注的科学问题更具基础性。因为发展心理学包括了心理学其他所有领域，如知觉、思维、人格等。而且它给这些领域提出了一个最基本的问题：人如何成了目前这个样子？例如，人是如何能够理解并使用有着令人难以置信的复杂程度的语言系统的？智力和人格的个体差异从何而来？早期的儿童抚养方式对个体成年以后的发展有什么影响？诸如此类的问题正是作为一门科学的心理学需要解释的问题。

　　这些问题不仅具有科学趣味性。更重要的是，比起心理学其他领域，发展心理学讨论的问题明显对每个人生活都至关重要。再来考虑一下以后章节中的一些问题吧。对研究者来说，早期经历和后期发展是具有吸引力的科学问题，但对考虑孩子最佳发展路线的父母来说，这些问题有迫切性和实际价值。人们智力上的差异能够引出大量有趣的理论问题，但这一事实同样有巨大的人际和社会影响。令一名发展心理学家感到兴奋的事情之一就是感觉到自己正在研究真正重要的问题。

然而这些问题的答案来之不易。事实上，最基本和最重要的问题通常是最棘手的问题。进行高质量研究的困难将作为本书的主题贯穿始终，因此没必要在此着墨。但还是让我们思考一个例子来说明一下大体情况。这个难题上面已经提到，即弄清父母的教养方式和儿童发展之间的关系。我们如何对这个问题展开科学研究？

对任何一个具有心理学研究方法基础知识的人来说，这个问题的大致答案是不言自明的：通过控制性实验研究（如果这个答案还不明确，在第二章中就会清晰了）。例如，研究者的做法或许是这样，把新生婴儿随机分配到具有不同背景和教养观念的家庭中。这样一来，除了父母的基因对儿童发展的影响外，儿童教养方式的效果就可以确定了。研究者或者可以决定把不同的教养方式随机分配给不同的家庭。此程序能够避免父母对教养方式的选择这个容易混淆的因素，而关注教养方式本身的效果。为了实现对比的目的，研究者甚至可以决定增加一组父母，让他们用自己想要的方式来养育子女。在任何一种情况下，随着孩子的成长，研究者都要对儿童展开研究，并对他们的发展做广泛的测量。这样的研究哪怕只进行几年，我们就能够对不同儿童教养方式的效果有更多的了解。

不用说，以上列出的研究计划仅仅是科学幻想（或者研究方法教材）的产物，而非事实。这类实验我们不会进行，而且希望永远不要进行。在这种情况下，研究会因伦理问题而被禁止。如果不是这样的话，进行这类研究的实际困难也会令人望而却步。伦理问题的限制以及实际困难会把发展心理学家可以轻而易举就能想到的、设计良好的、许多教科书似的研究拒之门外，结果使得我们不得不退而寻求科学性不尽完美的方法来收集想要的信息。这些方法确实存在，它们引发了知识的真正增长，但合适的方法和知识的产生通常来之不易。这将作为另外一个继续讨论的主题。

到目前为止，以上讨论的重点可以进行简单的总结了。发展心理学家研究的问题不仅具有科学价值，而且具有巨大的实际价值。研究这些问题通常很困难，这些困难严重地限制了我们的知识。不管怎样，研究方法还是存在的，所以知识每天都有实质性的增长。我们拥有的是一个科研领域，在这一领域进行研究具有巨大的潜在益处，而想做好研究也会面临严峻的挑战，这一领域知识的进步虽然缓慢但意义非凡。简言之，对一个有抱负的研究者来说，这个领域是个理想之所。

一、本书的目标

本书有三个总体目标。第一个也是最显而易见的目标是帮助读者提升技能，以利于在发展心理学中开展良好的研究。为了达到这个目标，本书提出了各种原则和规则。一些原则仅针对发展心理学的问题，另一些则广泛适用于心理学领域。事实上，一些原则并不只与心理学相关，而是反映了一般科学方法的运用。只要有可能，我就会在发展心理学的背景下对这种方法进行探讨。同样，就像前面谈到的那样，发展心理学本身的研究方法的难题对任何一个研究者来说都是一个挑战。

第二个目标是揭示这个学科内的一些重要研究领域。毕竟没有人做大而全的"发展研究"。研究总是指向一些具体的内容领域，而每一个内容领域都具有一系列的来自方法上的挑战。在一本书里不可能包括这个领域中所有有趣的主题，或涉及任何一个主题的方方面面。但是我们可以从一些最为有趣的、研究最深入的主题入手。

第三个目标是培养能够批判地评价研究及其结论的技能。当然，评价能力和进行研究所需的技能是相互支持的，我们大多数人可能会更频繁地使用评价能力。并非每个人都要在发展心理学领域做研究，但是每个人都会分享这些研究的成果。再考虑一下与发展心理学研究相关的实际问题吧。教训孩子时体罚是否合理，或者此类方法是否应该统统杜绝？电视中的暴力镜头能否增加孩子的攻击行为？是否应该为学业失败而处于危险中的儿童提供干预？强制的退休年龄合理吗？如果合理的话，对什么职业是合理的？哪些研究项目应该得到政府的支持？诸如此类的问题对每一位父母、纳税人和具有选举权的公民都很有意义。如果一个人了解相关研究的已有结论，了解研究背后的方法，在评价研究结论时能够理智地斟酌其中的优缺点和不确定之处，他最有可能对这些问题做出聪明的回答。

二、科研项目的步骤

要使最终的结果成为知识上的积累，那么在研究过程中怎样做才是正确的呢？答案是必须注意很多东西。其中大部分会在以后的章节中谈到。这一节的目的是简单介绍做好研究所必需的技能。也就是一个简要回顾，同时对以后的主题进行预览。

好的想法（good idea）是任何成功的研究项目的起点。这是一个好项目最显而易见的必要条件，也是最不可教的。因为它的显而易见和不可传授性，好想法的标准在对研究方法的讨论中通常被忽略。而重点通常集中在如何实现一个人的好想法的技能上，但是朗和穆西奥（Long & Muccio，2006）以及麦圭尔（McGuire，1997）的著作例外。不过在这本书中同样要对它忽略。要牢记，如果一个研究的设想乏善可陈，世上所有的技术和方法都挽救不了它。这一点很重要。同样重要的是要认识到研究者之间真正重要的区别。一般研究者与在该领域有轰动性成果的研究者之间的差别不在开展研究的技术上，而在于对一个问题能否以新颖的、敏锐的方式进行思考的能力上。

第二个标准是对以往工作的了解（knowledge of past work）。任何人开始一个研究项目，必须对以往所做的与研究主题有关的工作有透彻的了解。实际上这一步可以被列为逻辑上的第一步，因为不了解以往研究，真正好的想法是不可能产生的。在任何情况下，当研究者评价他们的想法有多大价值时，对以往文献的把握是必要的。如果有人已经对某个精彩的观点进行了研究，再做就没有什么意义了。更常见的情况是研究者对他人所做的类似研究不了解。如果有所了解的话，可能就会对研究过程中的某些重要的东西加以改变了。研究者全力以赴进行一项研究，却正好发现，以往的研究成果使他所有的努力变得毫无意义，没有什么比这更让人郁闷的了。

学术期刊每年都发表数以千计的发展心理学文章。追踪文献曾一度并非易事，但幸运的是，还有资源可以求助。一直以来，有些期刊唯一的目的就是为出版过的心理学文章和书籍提供交叉索引的摘要。最近几年，纸本摘要系统已经为各种各样的电子版本所取代。毫无疑问，对心理学者来说，最有用的电子搜索引擎可能是 PsycINFO。福特（Ford，2011）、李德和巴克斯特（Reed & Baxter，2006）、罗斯诺和罗斯诺（Rosnow & Rosnow，2006）对 PsycINFO 的使用方法做了有益的指导。为 PsycINFO 而做的美国心理学联合会网站（www. Apa. org/psycinfo/training）是在线资源，能提供帮助。

另一个有价值的文献搜索工具是包含重要主题的综述文章的各种书籍

和期刊。表1-1列出并简单描述了最有用的此类期刊。表1-2列出了刊登发展心理学实验研究的主要期刊。在对实验程序做出最终决定前浏览这些期刊的最近几期是一个好的做法。最后，对以往研究的最好指导并非来自文字资源，而是来自对该领域有经验研究者的咨询。除参考书目的帮助之外，同其他人进行讨论通常也是解决问题的有益方法。

表 1-1　发展心理学综述类文章来源

《儿童发展和行为进展》(*Advances in Child Development and Behavior*)(1963 年第 1 卷出版，以后每年几乎都有新卷面世)

《心理学述评年刊》(*Annual Review of Psychology*)(1950 年以后每年出版)

《发展心理学布莱克威尔手册》(*Blackwell Handbook of Developmental Psychology*)(婴儿期、儿童早期、青少年、认知发展和社会发展卷在 2001 年到 2010 年出版)

《生命全程发展手册》(*Handbook of Life-span Development*)，2010(Overton 编辑，Wiely 出版社出版)

《生命全程发展手册》(*Handbook of Life-span Development*)，2010(Fingerman 等编辑，Springer 出版社出版)

《老年心理学手册》(*Handbook of Psychology of Aging*)(2006 年第 6 版)

《明尼苏达儿童心理专题论文集》(*Minnesota Symposia on Child Psychology*)(1967 年以后每年出版)

《儿童和青少年发展新方向》(*New Directions for Child and Adolescent Development*)(1978 年以后每年出版多卷)

《发展心理述评》(*Developmental Review*)(对发展心理学研究进行综述的期刊)

《心理学期刊》(*Psychological Bulletin*)(对心理学各领域的研究进行综述的期刊)

表 1-2　发展心理学实验报告来源

《应用发展科学》(*Applied Developmental Psychology*)	《人类发展》(*Human Development*)	《儿童实验心理学期刊》(*Journal of Experimental Child Psychology*)
《英国发展心理学期刊》(*British Journal of Developmental psychology*)	《婴儿期》(*Infancy*)	《遗传心理学期刊》(*Journal of Genetic Psychology*)
《儿童发展》(*Child Development*)	《婴儿及儿童发展》(*Infant and Child Development*)	《青春期研究期刊》(*Journal of Research on Adolescence*)
《儿童发展视角》(*Child Development Per-*	《婴儿行为与发展》(*Infant Behavior and Development*)	《老年学期刊》

续表

spective ） 《认知发展》 （Cognitive Development） 《发展和精神病理学》 （Development and Psycho-pathology） 《发展心理学》 （Developmental Psychol-ogy） 《发展科学》 （Developmental Science） 《早期儿童研究季刊》 （Early Childood Reasearch Quarterly） 《老年实验研究》 （Experimental Aging Re-search） 《遗传、社会和普通心理专题》 （Genetic，Social，and Gener-al Psychology Monographs） 《老年学家》 （The Gerontologist）	《婴儿行为与发展》 （Infant Behavior and De-velopment） 《国际行为发展期刊》 （International Journal of Behavior Development） 《青少年》 （Journal of Adolescence） 《应用发展心理学期刊》 （Journal of Applied De-velopmental Psychology） 《应用老年学期刊》 （Journal of Applied Ger-ontology） 《认知和发展期刊》 （Journal of Cognition and Development） 《青少年早期期刊》 （Journal of Early Adoles-cence）	（Journals of Gerontology） 《青年和青少年》 （Journal of Youth and Adolescence） 《梅里尔—帕摩季刊》 （Merril-Palmer Quarter-ly） 《儿童发展研究会专题》 （Monographs of the Socie-ty for Research in Child Development） 《育儿》 （Parenting） 《心理学与老年》 （Psychology and Aging） 《人类发展研究》 （Research in Human De-velopment） 《社会发展》 （Social Development）

　　一旦产生了研究想法，下一步就是把它变成充分的研究设计（adequate experimental design）。通常人们认为，如果被检验的观点不值得研究，技术上再完美的设计也没有任何价值。本书提出相反的观点，如果没有将研究构想转化成科学上可以测量的形式，再精彩的想法也没有任何意义。研究设计的问题是后面章节中的主题。现在，两点可以明确。第一点是对前面观点的综述。在发展心理学中，伦理和现实的限制经常会拒绝一些实验设计。从纯粹科学的观点来看，这些实验设计对研究问题应该是理想的。这样一来，挑战就变成设计仍然可以得出正确结论的可替代程序。第二点是作为研究感兴趣的主要变量的年龄的加入经常使发展心理学研究设计复杂化。在后续章节我们可以看到，在很多方面，年龄是一个特别难以研究

的变量。然而，随年龄发生的变化仍然是大多数发展心理学家的主要兴趣所在。

我们假想的研究者现在已经有了研究想法，回顾了相关文献，确定了研究设计（最少是尝试性的）。下一步是要通过伦理方面的审批（human subjects approval），即以人做被试，涉及伦理问题时，需要通过相关审批。也就是说，要向大学中负责监管研究中伦理行为的委员会提交申请。伦理是第十章的主题。第十章将大量讨论需遵循的程序以及评价伦理问题时要考虑的标准。现在，要明确最基本的一点，即对研究伦理问题的独立判断。研究者当然必须尽一切可能保证研究项目符合伦理要求。研究者不必自己对伦理问题做决定，只有在独立的委员会对研究的伦理性充分肯定以后，研究才能开始。

尽管下一步并非对所有的研究都有必要，但在特殊情况下必不可少。也就是进行预实验（pilot study），这是在正式实验之前做一些前期的测量和练习。进行预实验大体有两个原因，一个原因是使实验者在对特殊的程序和被试群体研究时得以练习，以便减少正式实验开始时实验者错误；第二个原因是测出程序中不确定的方面以使研究如期进行。指导语明了吗？测量的各部分的长度合理吗？具体的实验操作可信吗？实际问题因项目而不同，但总的问题是相同的：准备好开始研究了吗？

假定研究即将开始前对以上问题的回答是肯定的，下一步同样显而易见——获取研究被试（obtaining research participants）。这一步看起来很简单，许多研究方法的教材并不做讨论。这些书的研究设计总是在没有寻找被试的烦琐中间过程的情况下就神奇地弄出了最终的数据。事实上，许多研究者职业生涯的大量时间不是花费在对研究的思考上，而是对研究被试枯燥的寻找中（也有例外，见 Streiner & Sidani，2010）。对发展心理学研究者情况更是如此，他们没有像大二学生或是实验用鼠一样容易找到的被试。研究婴儿期的学者不可能张贴招募广告后，婴儿就能自愿参加实验。他们必须首先获得婴儿父母的住址，然后引导他们带着自己的婴儿来参加实验。那些希望对 5 岁、7 岁、9 岁儿童大样本进行考查的研究者需要做通学校内部的工作才能找到足够数量的被试。对老年执行功能的可能性变化进行考查的研究者可以通过与服务于老年人的各种组织进行联系来寻找和招募老年被试，但是这些组织对研究者接近被试会提出特殊挑战。

关于被试的获取很难提出具体的指导方针，因为情境不同，程序可能不同，然而还是能够提出大体建议的。第一条建议是给予充分的时间。研究所花费的时间通常比新手研究者期望得要长。难以获得被试是产生延误的共同原因所在。第二条建议是向那些能够决定参加实验的人（校长、老师、父母以及学生本人）提议研究时尽量要有说服力。要像在以伦理问题为主题的第十章强调的那样，向可能被试提议参加研究时，首先考虑的应该是诚实和信息的充分性。这样他们才能公正地做出参加与否的决定。同等重要的是，一定要讲明研究的价值，否则可能没人愿意参加。最后，或许还是最有帮助的渠道就是找一个对被研究者有经验的研究者并向他们介绍如何进行实验。

请注意，让研究者头痛的他人的不信服或是时间的流逝还不是获取被试面临的最主要的难题，最主要的难题是为恰当的研究设计寻找合适的被试群体。以后我们可以看到，如果获取不了合适的参与者，一个操作很好的研究就会没有什么价值。

一旦招募了被试，就可以开始测量了。这时研究者的测量技能（testing skills）尤为重要。这里的测量技能指的是在对被试进行不论是观察还是行为测量的工作中所需的所有能力。需要讨论的问题有如下几种：指导语是否清晰地表达了所要做的工作？测量者是否凭被试的长相和无意识的强化对被试的表现有偏见？反应是否得到了准确记录？简而言之，问题是能否把在纸上提前设计的研究在真实的实验背景下实现？再明确一下，如果当前这一步做得不成功，很明显研究项目前几步的顺利完成一点儿用都没有。例如，一个研究者为研究 5 岁儿童的问题解决能力而设计了完美的研究计划，如果研究者对如何与 5 岁的儿童进行沟通没有概念，结果使得儿童或胆怯或迷惑的话，那么研究就没有多少意义了。

关于测量技巧的讨论出现在书中各处，并在第五章集中进行了讨论。大家都注意到了，一些东西是一般性的，适用于心理学的所有领域，另外一些则针对发展心理学。虽然任何一种研究都不容易，但发展心理学研究者经常碰到特殊难题，困难来自于施测样体的特殊性质。测量大学生时的娴熟技巧用来测量哭泣的婴儿、害羞的学前儿童或充满疑心的耄耋老人时就相形见绌了。如果同一个研究需要几个不同年龄组，挑战就更加艰巨。

仅在一本教材里，研究方法的各部分不可能得到充分的表达。在任何情况下，教材在对被试如何展开研究的问题上总是阐述得不够充分。尽管可以给出各种口头的指导方针，但要在婴儿、学前儿童以及老人的研究中驾轻就熟，唯一实际的方法就是拿出大量的时间对他们展开研究。

测量的结束并不意味着研究工作的结束，下一步是对数据的统计分析

(statistical analysis)。现在需要回答的问题是各种考查因素是否产生了一致的、有意义的结果。对大多数研究来说，使用某个发展完善的统计程序来处理这些数据是可行的。统计分析本身不能对实验结果的理论和实践意义方面的深刻问题进行回答。然而，统计分析的确给所要进行的解释设置了范围。

统计分析是个大题目，可以作为单独一门课程或一本书的主题。本书也不能给予过多的篇幅，但是第九章对某些统计原则进行了总结。

研究项目的最后阶段是对研究工作和研究结果进行交流（communication）。科学的意义在于信息分享，如果不同他人交流，研究结果就不能成为发现。发展心理学通常的成果交流方式是在学术期刊上发表。发表要求研究者准备一份清晰、准确、简洁的文字研究报告。第十一章对如何准备研究报告提出了建议。

三、本书的结构

接下来的六章讨论实验设计和实验程序的总原则。第二章为"一般原则"，实际上涉及了一些基本概念，如自变量和因变量、实验控制、各种信度。第三章为"研究设计"，讨论了构建研究的方式，不同研究思路之间的比较和可能的结论。因为本书强调的是"发展"，因此特别关注了不同年龄组之间的对比设计。

在第四章"因变量的测量"中，重点从自变量转向因变量，考虑的是我们对研究结果的测量方法。对研究设计和测量做出的决定必须进行真正的实施，这就到了第五章，其主题为"研究程序"，讨论的是书面研究转化成实际研究面临的挑战，以及如何克服相关的挑战。第六章"研究的情境"，讨论的是发展心理学研究的各种条件（如结构性的实验室、自然的现场）以及各种可能组合情境的优缺点。接下来的两章是关于其他的研究部分，这类研究因其重要性和方法上的挑战而单独讨论。第七章讨论质性研究方法的相关问题。第八章是有关应用研究的一些工作。

第九章到第十章讨论在执行研究的过程中涉及的三个重要步骤。第九章展示了统计分析和统计推理的一些总原则。第十章讨论发展心理学研究的伦理问题。第十一章提出了心理学论文写作的指导原则。

本书的最后一部分致力于发展心理学的具体研究领域。第十二章讨论的是婴儿发展的研究方法。第十三章集中在认知发展的研究方法上，尤其关注儿童早期和中期。第十四章讲的是社会性发展研究。最后在第十五章再一次聚焦于纵向研究上，讨论了老年发展的研究方法。

小　结

这一章从发展心理学研究的重要性和做好研究面临的挑战开始谈起，引出对本书三个目标的概述。即培养足够的技巧以实施发展心理学研究；对这个领域有趣而又重要的主题进行介绍；提高读者的批判性评价能力，使他们成为发展心理学研究报告的明智"消费者"。

这一章的中间部分明确了一些步骤，这些步骤可以使科研项目成功完成并使其信息更具丰富性。第一步是最重要也是最不可教的，即产生值得实验研究的好的想法。与其联系紧密或许更应排在前面的一步是对以往工作的了解，因为研究总是在前人工作的基础上产生。好的想法必须转化成充分的研究设计，这样才可以得到清楚的有用的结论。在研究开始前，必须通过伦理方面的审批。预实验对修正实验程序中不确定的方面并提高测量技能通常是有益的。另一个重要而且在实验前通常比较困难的步骤是获取研究被试，即找到合适的被试群体然后确保他们的合作。一旦研究开始，实验者的测量技能就非常重要了。测量技能指的是与被试进行交流以及进行毫不偏颇的行为观察所必需的所有能力。数据收集结束后紧跟着的是统计分析，用它来确定在结果中可以发现什么样的可靠的潜在信息。最后一步是在学术期刊上发表以跟他人交流研究成果。

全书各章分别介绍了研究计划的各个流程。这一章的结尾部分对余下各章的内容做初步介绍，并进行简要概述。

练　习

1. 发展心理学研究关注的是真实世界中的日常生活问题，这些问题对个人、社会和政治都有重要意义。花上一周左右的时间，在你读报纸或听新闻时思考一下这种说法，看一看发展心理学原理在你遇到的新闻里具有什么意义。

2. 浏览发展心理学领域核心期刊的最近几期是快速了解当前热门主题的方法之一。这同样是为自己的研究获取思路的一个好办法。从表 1-2 中选择至少 3 本期刊，或者在图书馆中，或者在在线数据库中找到最近的几卷(注意：一卷通常的跨度是一年，包括好几期)。阅读一下所有文章的题目，对那些感兴趣的要阅读其摘要(简要总结了文章的内容)。

3. 选择两个你特别感兴趣的发展心理学主题，然后将每一个主题在 PsycINFO 中进行检索。

4. 大部分的搜索引擎都是指向与问题相关的一些书面的材料，而 YouTube 采用视觉呈现的方法来展示发展心理学中大量的研究成果是如何得到的。选择三种你感兴趣的结果然后在 YouTube 中搜索一下。

第二章 一般原则

举一些例子可以帮助我们更好地理解本章要讨论的问题。在接下来的论述中首先介绍两个发展心理学中的研究。我们将这两个研究简化，使得要讨论的问题更加突出。

第一个研究是布朗奈尔等人（Brownell，Swetlova，& Nichols，2009）关于年幼儿童的早期分享行为。他们研究中的参与者年龄非常小：一组的平均年龄为 18 个月，另一组的平均年龄为 25 个月。每个儿童首先学习一个简单的任务：拉动杠杆以得到一块点心。在接下来的实验试次中儿童必须在两个杠杆中做选择，拉动其中的一个杠杆只有儿童自己可以获得点心，而拉动另一个杠杆儿童自己和另一位成人实验者均可以得到点心。将对第二个杠杆的选择作为分享行为的测量指标。注意不管儿童拉动哪个杠杆他们自己都可以获得一块点心，做出分享决定的儿童不需要付出什么成本。

实验还包含另外一个变量。在一半的实验试次中，成人接受者只是静静地坐着，不发出声音。而在另一半的实验试次中，在儿童选择杠杆之前，成人接受者会表达出他对饼干的渴望（如我喜欢饼干，我想要饼干）。

结果见表 2-1，结果显示，在成人有语言表达的情况下，年长儿童比年幼儿童展示出了更多的分享行为；而在成人不表达自己对饼干的渴望时，这两组没有显著差别。也可以用另外的表述方法来阐述这个结果：在成人表达自己愿望的情况下分享行为更可能发生，但这只出现在年龄较大的儿童中。

表 2-1　在布朗奈尔等人的研究中儿童分享的比例

	成人安静	成人发声	总平均分
18 个月组	0.55	0.50	0.53
25 个月组	0.46	0.66	0.56
总平均分	0.51	0.58	

来源：改编自"To Share or Not to Share：When Do Toddlers Respond to Another's Needs?"，by C. A. Brownell，M. Swetlova，M. Nichols，2009，*Infancy*，14，pp. 117-130.

第二个研究关于生命全程中的另一个阶段。克利格尔（Kliegel）和他的同事们比较青年人（平均年龄 25.6 岁）和老年人（平均年龄 70.9 岁）在计划行为上的差异（Kliegel，Martin，McDanile & Phillips，2007），研究任务是计划一系列的事务（如付电子账单、从银行中取钱、看望在住院的一个朋友），使这些事务能以更有效的方式展开。被试需要考虑目标的不同位置，以及行动的最佳顺序（如在付账单之前先要去银行取钱），以及忽略提供的一些无关信息（如一些无关的位置、去探望朋友的理由）才能达到最佳的表现水平。

该研究中也涉及另一个变量。对于一半被试，实验任务是在一个看起来比较熟悉的环境中执行一系列熟悉的任务；对于另一半被试，任务要求一样，但是执行任务的情境是一个不熟悉或新异的环境，如这组的被试要先在星球 A 上交税，然后再到星球 B 上取钱，最后到星球 C 上拜访一位政治家等。

表 2-2 展示了结果，如最右列所示，青年人的表现比老年人要好。但是所有的这些差异来自于新异的环境。在熟悉的环境中，两组没有显著差异。

表 2-2　在克利格尔等人的研究中青年人和老年人在计划事务上的差异

	熟悉环境	新异环境	总平均分
青年人	6.98	8.51	7.75
老年人	7.02	5.90	6.46
总平均分	7.00	7.21	

来源：改编自"Adult Differences in Errand Planning：The Role of Task Familiarity and Cognitive Resources"，by M. Kliegel，M. Martin，M. A. McDaniel，& L. H. Phillips，2007，Experimental Aging Research，33，pp. 145-161.

注：当完成一项任务目标时会得分，在完成目标的过程中错误越少得分也越高，分数越高代表表现越好。

一、变量

本书从术语开始论述一般原则。心理学的研究涉及变量以及变量之间的关系。变量有两类：自变量和因变量。因变量（dependent variables）是结果变量——对它们的测量构成研究的结果。在第一个范例研究中，因变量是儿童分享的比例；在第二个范例研究中，因变量是执行事务的过程中参与者的得分。这类变量随着或依赖其他变量的变化而变化。研究者的核心工作就是确定引起因变量变化的变量是什么。可变是必要的，如果测量不到变化，那么就无法进行研究。

因变量是可以被研究者测量的，但不是研究者直接操纵的变量。相反，自变量（independent variables）是在研究者控制之下的变量。研究的目的就是要确定研究者所选择操纵的自变量确实与因变量的变化有关。在布朗奈尔等人（2009）的研究中自变量是儿童的年龄以及言语表达是否出现，而在克利格尔等人（2007）的研究中，自变量是被试的年龄和任务执行的环境。说这类变量是自主的，是指它们的数值是被事先确定好的，而不是作为研究结果出现的。可变依旧是必要的，如果自变量没有变化，就无法确定某个因素是否起作用。变化和比较是所有研究内在的固有本质。

在描述一个研究时，将变量分为自变量和因变量适用于很多研究，但不是所有研究。例如，你想知道儿童的智力水平和他们在学校的表现之间的关系。你可能测查一个样本的在校儿童，收集两方面的数据，一是在 IQ 测验上的得分，二是在学校中的分数等级。你感兴趣的是一个变量上的变化是否和另一个变量的变化有关。例如，高 IQ 的儿童是否更可能在学校表现得更好？在类似这样的研究中，没有可以被研究者操纵的自变量。包括 IQ、分数等级以及 IQ 和分数等级之间的关系都是本研究中的结果变量。这一类相关研究将会在后边详细介绍。现在通过这个例子要指出的是，不是所有的研究都符合自变量—因变量这一模式。

前面列举的两个范例研究可以帮助我们进一步了解自变量。有两种不同的定义自变量的方式。一种方式是通过实验处理逐步创造自变量。例如，在布朗奈尔等人（2009）的研究中操作的言语表达因素以及克利格尔等人（2007）的研究中构建的熟悉情境和新异情境。此外，在这两个研究中还有另一个自变量，就是年龄。显然，研究者不能像创造出熟悉情境和新异情境那样创造不同的年龄进行对比。在这里，控制不是体现在操纵上而是体现在选择（selection）上，选择理想年龄（如 25 岁或是 70 岁）的人作为被试。因为选择是唯一的控制方式，年龄和其他"被试变量"会造成特别的解释问题。对于这一问题，本章的后边会做详细论述。

在进一步论述之前，还有一些术语需要说明。自变量还可以称作因素（factors），变量的不同取值称为水平（levels）。因此布朗奈尔等人（2009）的研究可以说是一个 2×2 的因素设计，即在实验中有两个因素，每个因素有两个水平。同样地，克利格尔等人（2007）的研究也是一个 2（年龄）×2（情境)的因素设计。值得说明的是，将研究这样符号化有助于我们确定一个研究中单元或群体的数目。例如，克利格尔等人的研究中有 4 个(2×2)不同的群体：熟悉情境中的青年人、新异情境中的青年人、熟悉情境中的老年人和新异情境中的老年人。如果将性别也作为一个变量包括进来，研究会是一个 2×2×2 的设计，包含 8 个不同的群体(如青年男性在熟悉情境中、青年女性在熟悉情境中等)。

二、效度

所有研究都会涉及变量以及变量之间的关系。当我们要描述一个研究的时候，变量的结构就成为描述的中心：要检验什么差异，以及采用什么样的形式去检验差异。当我们要评价(evaluation)一个研究的时候，重要变量的结构就变成效度(validity)的问题。效度的问题也就是准确性的问题，即研究是否确实证明了研究者想证明的问题。在本书中介绍的所有研究方法都是为了解决从研究中得出的结论是否准确这一基本问题。

效度有不同的种类(Shadish，Cook，& Campbell，2002)，在本章中我们介绍三种：内部效度(internal validity)、外部效度(external validity)以及结构效度(construct validity)。在第九章中将会介绍第四种效度：统计结论效度(statistical conclusion validity)。

内部效度是涉及研究本身的效度。这类效度涉及的问题是，自变量和因变量之间的关系是否和研究者所描述的一样。对于一组变量和另一组变量之间的因果关系(或者缺少因果关系)我们是否给出了合适的结论。让我们以克利格尔等人(2007)的研究为例，他们的结论需要具备以下条件才能说是具有内部效度的：青年人和老年人在熟悉情境下具有等同的计划能力，但是在不熟悉的环境下计划能力不同，并且青年人在新异环境下保持了和熟悉环境下同样的计划能力。如果对于以上这些问题的解释是不确定的，那么这项研究的内部效度就值得怀疑。例如，如果青年人来自一个水平更好的群体——比如说都是大学生，而老年人群体中学历水平比较多样。如果是这样，我们就可以对本研究中青年人的表现做出其他的解释，这种计划能力上的不同并不来自于因年龄而产生的自然变化，而是能力水平的不同，更有能力的参与者在应对新异情境时会表现得更好(这一问题被称为选择性偏差，在后边会有详细的论述)。

外部效度的问题就是概括性的问题。外部效度是我们的研究发现是否

15

可以概括其他的样本、环境以及行为，而不仅仅是研究所涉及的样本、环境以及行为。我们希望我们的研究是具有预测力的。让我们以布朗奈尔等人（2009）的研究为例说明这一问题。如果他们的研究满足以下条件，可以说他们的研究是具有外部效度的：第一，研究结果可以应用于普通的学步儿而不仅是本研究中的学步儿；第二，研究结果可以应用于所有的分享行为而不仅是研究中特殊的分享行为；第三，研究结果可以应用于一般的情境而不仅是实验室所在的情境。如果任何一个结果不能概括到这几个维度中去，那么研究的结果就是缺乏外部效度的。例如，如果研究结果仅局限于实验室而不能应用于自然环境中的分享，那么这个研究的外部效度就是有限的。

上述哪种形式的概括性重要，这一问题要结合不同的研究来看。表2-3列出并简要介绍了与外部效度有关的最普遍元素。

表 2-3　外部效度的维度

维　　度	问　　题
取　　样	研究结果是否能够推广到比研究样本更大的群体中去
环　　境	研究结果是否能够推广到实验环境（如一个结构化的实验环境）以外的日常生活环境（如在家或学校中的行为）中去
研究者	研究结果是否只是由一个研究团队得到，还是任何一个研究团队都可以得到
材　　料	研究的结果是否只适合于研究中所使用的材料，还是在任何材料中都可以得出此结果
时　　间	研究的结果是否只在研究设计的时间段里才出现，是否考虑到了短期的意义（如测量只在下午进行）或长期的意义（如测量受到了历史事件的影响）

一个令人满意的研究要同时具有较好的内部效度和外部效度。坎贝尔等人（Campbell & Stanley，1966）指出"对于一个研究，具有内部效度是最基本的要求，如果一个研究缺乏内部效度，那么这个研究是不能说明问题的"。从逻辑上来说，内部效度确实是第一位的，如果在实验中都没找到有根据的结果，那么这结果几乎不可能具有概括性。外部效度同样是重要的，如果研究的结论不能概括研究以外的其他情况，那么具有内部效度的结论也是没有很大的价值。

好的内部效度也是第三类效度即结构效度（construct validity）的先决条件。结构效度和理论的准确性有关。对于研究所证实的原因和结果之间的关系我们是否给出了正确的解释？换句话说，就是我们假定研究有内部效度，而问题是我们是否知道为什么会产生这样的研究结果。

例如，假设我们确信布朗奈尔等人（2009）的研究的确引起了年幼和年长学步儿反应上的不同。那么为什么语言表达会产生这种效果呢？可能最明显的也是布朗奈尔等人最为满意的解释是：语言表达足以使年长儿童意识到成人对点心的渴望，因此激发了他们最初的亲社会倾向，而年幼儿童还不能运用这样的线索。也有可能是这种年龄差异有不同的基础，如儿童认为这种语言表达是一种要求他们服从的命令，年长儿童比年幼儿童更有可能服从成人的命令。如果是这样，那么研究真正测量的就是服从，而不是分享（像布朗奈尔等人在 2009 年的研究中提到的，进一步考虑发现这种解释的可能性非常小）。如果其他可能的解释不能被排除，那么研究就缺乏结构效度。

前边论述的问题在本书的不同部分还会出现。现在，让我们解决和效度有关的另一个问题，即在同一个研究中要使每一种效度都高是困难的。因为在通常情况下，一种效度的提高会阻碍另一种效度的提高。这种情况在内部效度和外部效度之间表现得最为明显。一般情况下，越是控制严格的实验其内部效度就越高，即研究者越能确信研究变量之间的关系和假设中的关系一样。但与此同时，严格控制的人工实验环境使得研究向非实验环境中的推广产生了危险。相反地，研究自然环境中自然发生的行为，这类研究的可推广性不存在问题，因为研究者欲推广的环境就是他所研究的环境，但是缺少实验控制使得确定变量之间的关系变得困难。

三、取样

确定研究的变量，即确定所要研究的问题是什么，如我需要操作什么自变量，这些变量会引起怎样的潜在结果需要我们测量。同样重要的是，要确定"谁"，即要选择什么样的被试来研究自变量和因变量之间的关系。

在研究中选取被试称为取样（sampling）。取样很重要，因为它限制了研究的范围。心理学不可能研究所有感兴趣的人。例如，要以婴儿为被试，但我们无法让全世界所有的婴儿参加研究，甚至不可能是全国的婴儿参加研究，也不可能让在同一地理环境中的婴儿都参加研究。因此，研究者所研究的是样本(samples),研究者希望通过对样本的研究将结果概括到研究者感兴趣的总体(poputation)中去。如果样本对于总体来说是具有代表性的,那么通过研究样本来概括总体的情况是合理的。显然这是一个外部效度的问题。

怎么判断一个样本对于它欲概括的总体是否具有代表性呢?从逻辑上来说,先要确定研究者感兴趣的总体是什么,没有必要广泛到全世界所有的婴儿,更可能这样来描述我们感兴趣的被试"在美国长大足月出生的健康的3个月的婴儿"。一旦确定了感兴趣的研究总体,接下来的任务就是从总体中随机取样了。随机取样(random sampling)是指总体中的每一个成员都有相同的可能性被选择到。如果总体中的每一个成员被选择的可能性是相同的,那么这样取样所得到的结果是样本的特征反映了总体的特征。取样要达到这一水平和样本的大小有直接的关系,100个人的样本要比10个人的样本更可能具有代表性。这一原则是使用大样本好还是小样本好的论据之一(在第八章还会介绍其他论据)。

在一些实际的研究中使用的是随机取样方法的变式,尤其遇到所要研究的样本有限且单纯的随机取样不能得到理想结果时更是如此。在分层取样(stratified sampling)中,研究者首先要确定可以代表研究总体的子群体。例如,研究者希望在研究中男女被试是均等的;又如,不同种族的被试在研究中所占的比例和现实中他们所占的比例相同;再如,在大学生样本中新生人数和老生人数一样。这样,就需要我们在不同的子群体中抽取理想比例的人作为样本。例如,在样本中有相同数目的男性和女性,在大学生样本中每个年级的人数占样本人数的25%等。

分层取样的目的是在样本中反映每个子群体真实的构成比例。相反过度取样(oversampling)的目的是使样本中的不同群体成员的比例和现实中的比例不一样。过度取样是有意加大一个或几个子群体在样本中的比例,以使这些群体的人数足以保证能够做出结论。例如,我们研究高校的学生,其中对比不同种族学生的情况是我们的研究兴趣之一,假设在我们工作的地方,亚裔美国人只占学校总人数的3%。在随机取样的情况下,即使我们取1000名被试,亚裔美国人也只有30人,这就难以做出结论。但在过度取样中,我们有意加大亚裔美国人在样本中的比例(如在样本中取6%的亚裔美国人,这样就会得到60个亚裔美国人被试)。这样,我们就有足够的子群体被试进行研究分析,同时其他子群体的样本也是足够的。

心理学家是否经常按照我们在教科书中所描述的那样进行取样呢?答

案是：不经常。在心理学研究中随机取样只是偶尔用到，也许在大型的测量研究中运用得更多一些，因为测量研究对样本的代表性要求更高。更一般的情况是，研究者在脑中确实有样本代表总体的观念，他们也极力避免所选取的样本完全没有代表性，但是很少能从一个总体中真正进行随机取样。妨碍随机取样最明显也是最常见的因素是地域限制。研究者常常从自己工作或生活的社区中选取样本。这样的取样称为方便取样（convenience sampling），它是基于样本的可获得性以及样本被试的合作性进行的取样。通过方便取样所获得的样本不能代表更大的范围，像种族、社会阶层这样的变量，通过方便取样难以获得具有代表性的样本。同样通过方便取样获得的样本也不能完全代表国家区域、社区等变量。

这些背离随机取样的情况有多么重要，对于这个问题没有一个简单的答案，相关的问题正在被研究。例如，研究者想对研究的问题做出怎样的结论，这涉及的问题是研究者没有随机取样，他是如何取样的，以及样本的潜在的代表性如何。本书将结合具体的研究回顾取样的问题。现在给出两条建议，一条建议给研究报告的读者，另一条建议给研究报告的撰写者。

建议读者认真阅读研究报告中关于取样方面的信息，并作为评价一个研究的重要方面。一个研究在各个方面都令人满意，但样本不具有代表性，那这个研究也不会有太大的意义。一个问题涉及会影响反应的人口统计学变量，最基本的人口统计学变量包括年龄、性别、种族；一些特殊的研究还会涉及收入水平、地理位置、健康情况等。另一个问题是招募被试的方法，从什么样的群体中抽取样本，最终有多少被试进入了研究，有多少被试完成了研究（如有被试中途退出了研究）。找到一个具有代表性的样本群体是一个好的开始，但这还不够，真正的问题在于最终研究的样本是否反映了初衷。

给撰写者的建议是，如果研究者不在取样部分做足够的介绍，读者就很难评判研究样本的好坏。将所有必要的信息都呈现给读者是研究者的义务。都要给读者传递怎样的信息，在美国心理学会（APA）出版的指南中（2010），以及哈特曼（Hartmann，2005）、罗斯诺和罗斯诺（Rosnow & Rosnow，2012）的著作中均有具体的介绍。

四、控 制

介绍控制的概念时需要和前面的内容联系起来。我们说过自变量是实验者要控制的变量，控制对于效度，尤其是内部效度的建立十分必要。选择恰当的被试也是实验者必须熟练掌握的一种控制。本部分内容讨论的是被试选定之后会涉及的一些比较重要的控制。

表 2-4 列出在研究执行阶段三种很重要的控制。在表中总结了每种控制的形式，并结合之前提及的研究给出了控制在研究中运用的范例，或讲述了如何运用控制。所有的控制形式以及范例都在行文中进行了进一步的阐释。呈现表格的目的是帮助我们了解它们之间的差异。

表 2-4　实验研究的控制形式

控制类型	实施方法	范　例
对自变量的控制	使实验操纵的关键因素对所有的参与者都是相同的	克利格尔等人（2007）的研究中，采用完全相同的方式给参与者呈现相同的指导语和"新异""熟悉"刺激
对实验情境中其他重要因素的控制	保持这些因素对所有被试恒定不变 对所有被试随机呈现其他因素的变化	在布朗奈尔等人（2009）的研究中所有参与者都在安静的房间中接受测试 在克利格尔等人的研究中，所有的孩子被随机安排测试的时间
对个体差异的控制	将被试随机分配到各个实验条件组中 在实验前对被试的重要特征进行匹配 在每个实验条件中测试所有的被试	在克利格尔等人（2007）的研究中，随机分派每个年龄阶段的一半被试到熟悉情境，另一半到新异情境 在克利格尔等人（2007）的研究中对被试的 IQ 进行测量，将相同 IQ 的被试分到不同的实验条件下（非实际操作） 在布朗奈尔等人（2009）的研究中，在语言表达情境和非语言表达情境中对所有的孩子施测

第一种形式的控制是和自变量有关的控制。例如，如果研究者对某种类型的强化感兴趣，那么研究者必须能够正确地对被试施加这种强化。如果发生任何一种意料之外的偏差，如形式、定时、一致性等方面的偏差，研究者就无法确定自变量到底是什么。还是以克利格尔等人（2007）对计划行为的研究为例，由于他们感兴趣的是情境产生的可能效应，所以他们需要给每位参与者呈现相同的新异—熟悉比较的项目。

这种形式的控制其实很简单，因为如果一个研究者想要研究某种因素产生的效应，那么该研究者首先必须能够产生这种因素。当然，要做到这一点，并不是如克利格尔等人（2007）的研究中那么简单，因为在其研究中，自变量的水平被定义为所呈现的两种不同的刺激材料。当实验操作很复杂时，给所有被试施加形式完全相同的变量可能会很困难；而当被试是儿童时，这种困难甚至会加倍，这一点之后会说到。

第二种形式的控制是与实验环境因素有关的控制。自变量必然产生于一定的背景环境之中，研究者的工作就是设计这样的一个背景环境。例如，在克利格尔等人（2007）的研究中研究者不仅要确定所要呈现的刺激和指导语，而且要确定施测的环境。比如，为了使干扰最小化，就要尽量保持实验室的安静和整洁。一旦研究者做出了这样的决定，他就需要确保每个被试在同样安静的环境中进行研究。

让我们对这一方面的术语做一介绍。因变量上得分的不同叫作研究的变异。其中由自变量引起的变异叫作首要变异（primary variance）；由其他因素引起的变异叫作次要变异（secondary variance）或误差（error variance）。实验者试图通过控制其他潜在变量的水平，使首要变异占总变异的比例最大。更重要的是，实验者要确保其他来源的变异与自变量之间不存在系统性的关系。例如，如果克利格尔等人（2007）在一个安静的实验室里对年轻被试进行测试，而在一个嘈杂的社区中心对老年被试进行测试，那么很明显，这里出现了两个自变量，即年龄和测试环境，但其中只有一个变量，即年龄是研究者有意设计的。这种两个变量无意中的结合叫作混淆（confounding）。一项好的研究的主要目的之一就是排除混淆。

从表 2-4 中可以看到控制变量的几种形式。我们一般通过让所有被试接受相同的变量水平来控制变量。例如，在计划能力上让所有被试的施测环境保持一致。但这种理论上的想法在实际中不一定可行。我们回到布朗奈尔等人（2009）的研究，在他们的研究中，进行测验的时间可能会影响学步儿的表现。每个家里有学步儿的父母都知道，小年龄的儿童可能在一天中的某些时候会更警醒，反应性也更高。儿童最近一次的进食时间也会影响儿童对点心的需要程度。如果布朗奈尔等人在上午对所有的年幼学步儿测试，在下午对所有的年长学步儿测试，那么就有可能造成严重的混淆。避免这种混淆的方法是在一天的相同时间对儿童进行测试，如早上 10 点。用这种方法可能会使得大多数研究要进行几个月才能完成，但是被试自身的一致性很可能是以天为单位来保证的，而不能以年为单位来保证。一种合理的替代方法是，允许儿童在不同的时间测试，但要确保这种测试时间的不同对于不同年龄组(本研究是年幼和年长的学步儿)是一样的。这里对于时间变量的控制不仅要均衡，还要随机化。也就是说，要将差异平均分布到各个小组中。

说到这里，大家可能很熟悉。因为这里所说的是经典的科学方法：为了确定某个因素的效应，应该让那个因素发生系统的变化(第一种形式的控制)，而让其他潜在的变量保持恒定(第二种形式的控制)。

另外还有第三种必要的控制形式。上面提到的"其他潜在变量"是指实验的情境因素，如实验室的嘈杂水平。变异的主要来源之一是被试间的个别差异，参加实验的被试不可能完全一样，他们之间的差异会增加最后结果的误差。没有办法来排除这种差异，控制的方法依然是分散这种差异而不是对其进行平衡。研究者应该确保这种差异均等地分布到各处理组中；或者说，使所有的小组在实验前保持同质。要做到这一点，研究者不仅要控制实验处理的形式，同时还要控制由谁来接受这种处理。

实验者如何对被试进行分组以保证各组在开始实验前是同质的呢？回答是，尽管不可能做到实验各组完全相同，但仍然有办法做到尽可能地与合理的期待相接近。最常用的方法就是将被试随机分配到各个实验组中去。随机分配(random assignment)意味着每个参加实验的被试被分配到任何一个实验组的机会是均等的。如果每个被试被分配到各个实验组的机会是均等的，那么与每个被试联系在一起的特征，如IQ、性别、相关经历等被分入各个实验组的机会也是均等的。这样做最可能的结果是所有这些特征能够均等地分布到不同的实验组中，而这样的结果正是研究者想要获得的。随机分配的逻辑和随机取样的逻辑是一样的，而且这一过程的成功同样依赖样本的大小。一个研究者不可能将8个人随机分成两组同时很自信地认为这种随机化产生的是两个同质组。如果被试达到80人，那么得到同质组的可能性就大得多了。

随机分配要比随机取样更多地运用于实验研究之中。事实上，随机分配被认为是"实验方法的关键属性"(McCall & Green，2004)。

尽管随机分配非常奏效，但是它也有一定的局限性。最大的局限性在于随机分配使得各实验组可能同质，但是它并不能保证各实验组确实是完全同质的。这之后的一个很明显的问题是，为什么要使用可能相等的组？为什么不确定我们希望各个组都相同的一些维度(如智力、性别、健康情况等，当然在不同研究中有不同的变量)，然后基于这些维度来匹配被试，即让各个实验组中有相同比例的高智商被试、相同比例的中等智力被试等？总而言之，为什么不基于确定的同质来分组？

对于这一问题的一般回答是，匹配要比它最初看起来难得多，而且它有时带来的问题比它能解决的问题要多。在第三章我们会进一步探讨被试选择与分配的问题，到时会给出更具体的回答，在第三章还会介绍获得同质的第三种技术——在每一种实验条件下对所有被试进行测验。

五、被试变量

（一）可操纵的变量和不可操纵的变量

到现在为止，我们讨论的都是在理想状态下的实验控制，即实验者在保持其他变量恒定不变的情况下，系统地操纵自变量，并且能随机地或在一定限制条件下随机地将被试分配到不同的处理组中。这些控制对于很多变量来说不仅是理想的而且是可行的，在前面引用的研究中能够看到这类控制。

然而，发展心理学家面对的研究领域是复杂的，并非所有他们感兴趣的变量均符合良好实验设计的要求，即具有可控性。还是以原来引用的研究为例，在前面两个研究中都有年龄变量，很明显年龄不是研究者能随机分配给被试的，年龄是被试带到实验情境中来的一种特征。年龄是一种被试变量（subject variable），或称分类变量（classification variable）或特征变量（attribute variable），是无法进行实验控制的、个体固有的特性。被试变量还包括种族、性别等。正如前面所说，如果研究者希望以这些特点作为自变量，他们必定要放弃操纵自变量这一控制变量的可能，唯一可能的控制是通过选择已经具有某种特征的人群来实现。

许多研究者感兴趣的变量尽管表面上看起来是可以操纵的，然而在人类实验中是不可以进行控制的。例如，从理论上来说，有母亲和无母亲的儿童的发展是否一样这一问题是很有趣的。但毫无疑问，我们不能操纵这样的变量。研究者能做的只是找到那些已经失去母亲的婴儿（如孤儿院的婴儿），然后利用"自然实验"来研究婴儿的发展。还有很多类似的例子，心理学家利用自然发生的事件来研究某种特征。例如，研究婴儿期营养不良、童年期失去父亲、老年期的社会隔离等。在这些例子中，自变量都是通过选择而不是实验操作产生的。

利用非操纵性变量进行的研究，因为它们不能实现控制操纵这一构成实验的核心因素，所以不能称为"真实验"（true experiment），这类研究在坎贝尔和斯坦利关于实验设计的文献中称为"前实验研究"（pre-experimental research）。由于这类研究缺乏控制，因而不能像操纵实验研究那样得出肯定的因果关系的结论。

不可操纵变量的研究，其缺陷在哪里？问题主要在两个方面：第一个问题是，这类研究不可能随机分配被试到各个实验组中去。由于不能随机分配被试，因而不能保证除研究者感兴趣的变量（有无母亲）以外，其他变量在各个实验组是同质的。因此，也无法确定研究的不同实验组之间的差异是否由研究者感兴趣的变量引起的。事实上，这就是前面提到的母爱缺失研究中存在的问题，孤儿院中的婴儿是全体婴儿的非随机化的子集，在这个子集中包含了很高比例的基因、器质性问题，因而孤儿院里的婴儿和其他婴儿之间的差异不能完全归因于孤儿院的抚养。在一个设计良好的实验中，可以通过随机化排除这种混淆。很明显，这方面的问题和内部效度有关，即我们不能确定自变量是真正的原因变量。

第二个问题关系到大部分被试变量的广泛性和长期性。孤儿院抚养、失去父亲、社会隔离、黑人（白人）、男孩（女孩）等均包含许多可能影响被试发展的因素。因此，即使我们发现了一个与某个被试变量有关系的显著效应，也还是不能确定具体的原因是什么。同样地，这也是前面提到的母爱缺失研究中存在的问题。即使某些不良的孤儿抚养方式没有提到，但是一直以来人们还是在争论，研究结果是由于孤儿没有母亲造成的，还是由于一般的认知（如知觉）剥夺造成的。即使认为母亲更重要，我们也不能确定母亲为婴儿所做的众多事情中哪个对于研究结果有更重要的意义。而在一个设计良好的实验中，这种因素的混淆是可以分离出来的，实验者不大可能去研究一个无法被解释的自变量。很显然，这个问题与结构效度有关。也就是说，我们无法确定是否对结果做出了正确的理论解释。

以上的讨论并不意味着研究诸如母爱缺失、性别或者年龄这样的变量对儿童的重要影响没有价值，但应当意识到这样的一种论证在整个研究中仅是第一步。

专栏 2.1 动物对照研究

　　您在阅读本章时可能会想到一些操纵性的变量。但我们在实际操作中却不能在人的正常发展中创造一些坏的环境，如让婴儿和其母亲长期分离、让胎儿暴露在一些有潜在危害的药物面前，或者其他。但是如果是动物研究呢？假定我们可以在其他物种身上进行这些操作（本书在后面还会细说），动物研究为那些不能直接在人类被试身上展开的研究提供了可能性。

　　事实上，在心理学也包含发展心理学作为一门科学的发展过程中，动物研究一直发挥着重要的作用（Carrol & Overmier，2001；Huag & Whalen，1999）。动物研究包含了很多种形式，并非所有研究都特意包含了消极的经验。然而，基于两个考虑，有关消极经验的研究在动物研究中是一个十分重要的组成部分，一是这部分的研究结果十分重要，另一个是不可能在人类身上进行类似的研究。

　　数十年的动物研究积累了大量有关有机体早期经验对其后期发展的重要性的研究。比如，有关黑暗抚养的研究用于探讨先天的机制和后天经验对于感觉发展所起的作用。选择性喂养是探索基因在生命发展过程中所起作用的有力工具。交换喂养与选择性喂养关注相同的问题，它是指婴儿与其生物学上的父母分离，由养父母喂养长大。显然，这些形式的研究不能在人类被试中以操纵的方式展开。

　　动物研究也包含了大量在开始部分提到的两个议题的相关工作。致畸学的研究探讨了在孕期的一些非典型经验，如接触药物、放射性物质及疾病等潜在的不良影响。在一些动物种类中使用致畸剂的对照研究为在人类身上自然发生的一些案例提供了有价值的对照和补充。动物的对照试验有助于我们理解早期社会经验的重要性，如母爱剥夺的效应。相关的最有名的研究是哈利·哈洛（Harry Harlow）有关恒河猴的研究（Harlow，1958）。哈洛的研究与人类有关孤儿院喂养的研究出现的时间类似，两类研究得到的结果类似，为早期社会环境的重要性提供了重要证据。

　　尽管有关其他物种的研究是十分重要的，但这些研究仍然存在一些局限。其中的一个重要局限是不同物种间的可推广性。致畸学的研究提供了一些著名的案例。当在怀孕中的某个时期使用药物萨利多胺，导致在20世纪50年代末和60年代初诞生上千的畸形婴儿。然而在萨利多胺在人类身上使用之前，已在很多动物种族身上进行过实验，但并没有发现不良效应。因此，可以在一种物种身上安全使用并不代表在其他物种身上也可以。

　　是否一种特定的经验在不同物种之间存在类似的效应呢？几十年来的动物研究为何时动物模型对于人类发展是有益的提供了一系列的指导方针（Gottlieb & Lickliter，2004；Overmier，1999）。对于很多事件，确实没有相近的动物可模拟。来自因变量和自变量两方面的因素都有可能造成这种结果。因此，没有动物研究可以告诉我们离婚对于儿童发展的影响，网络对于青少年功能的影响，教育对经济上成功的影响。动物研究也不能告诉我们为什么一些小孩比其他一些小孩更为成功，在语言学习速度上的差异，以及影响老年期生活满意度的原因。很多人类发展的议题仅仅

续表

> 局限于人类社会。
>
> 　　最后一个动物研究的局限在开篇就已经提到，就是有关"是否能"的问题。我们将在第十章探讨在所有有关人类被试的研究中的伦理行为，因此许多在 50 年前进行的研究今天已经不可能再进行了。动物研究也存在同样的问题（Akins，Panicker & Cunningham，2005）。故意施加的痛苦和损害性的经验是否是正当的是一个值得讨论的问题，这些道德指导原则使得这样的研究在现在更不常见。这对科学研究的可能性来说是个约束，但是这应该是大多数科学研究者愿意付出的代价。

（二）年龄变量

　　因为年龄变量在发展研究中的重要性，它得到了研究者的重点关注。大多数发展研究的一个研究要点就是要证明不同年龄的被试在某一因变量上的发展是否相同。尽管一些研究只有一个年龄组，它也有内在的年龄对比，在一般情况下年龄的对比是内隐的而不是外显的。例如，一个婴儿研究者，可能在研究中不采用较大年龄的儿童作为对比组，但有关婴儿能力的结果必定会利用年长儿童的很多信息来进行解释。一个很简单的例子是，除非研究者已经知道颜色视觉是构成个体能力的最终部分，否则他们不可能通过研究判定新生儿是否具有颜色视觉。

　　有时，发展心理学家对于发展心理学的很多研究"仅仅是有关年龄的差异"的事实感到很遗憾。但是弄清楚随年龄增长所发生的真实变化是发展科学的一项重要任务。这种描述不仅仅是任何科学的合理组成部分，而且精确的描述为解释性模型的建构提供了重要的基础。例如，只有当我们了解到年幼儿童不能理解守恒（Piaget & Szeminska，1952），我们才能建构一个模型来解释这一事实的原因，并最终探索儿童是从何处开始理解守恒问题的。

　　尽管我们同意发展研究是合理的，在发展研究中重要的是弄清楚什么随着年龄的变化而产生变化。事实上，要研究的不是年龄直接引起的变化，而是与年龄固定和必然联系的变量引起的变化。研究者要做的就是确定哪些潜在变量是真正重要的。

　　前面的讨论强调了实验控制的一个基本目标是建立除自变量以外在其他方面完全相等的被试组，这个目标在研究年龄这样的被试变量时尤其有意义。假设你要比较 7 岁和 12 岁的儿童，如果你要求各组除了年龄以外在其他方面完全相同，那你就必须找到生理成熟水平、在校时间以及阅历等都相同的 7 岁和 12 岁儿童，很明显这样的目标不仅不可能，而且具有相当的误导性。生理成熟、在校时间、阅历等都是和年龄有固定的、必然的联系的变量，因此它们应该是被研究的因素，而不应该通过实验控制排除在外。

另外，还有一些其他重要的潜在因素也不应该与年龄变量发生混淆。如果所有 7 岁被试都是男孩，而所有 12 岁被试都是女孩，那么就存在一种明显的混淆。性别不是年龄的固有部分，即男性不是 7 岁的固有成分，女性不是 12 岁的固有成分，因此不该让性别这个因素与年龄发生共变。如果 7 岁的儿童来自一所学校，12 岁的儿童来自另一所学校，那么也会有一种不太明显的混淆。也许就读学校因素可能不是太重要，但在一些研究中这种差异也是难以避免的。但是在选择学校时，选择那些在教育理念、地理位置、社会经济地位等维度上可以进行比较的学校，对研究者来说很重要，如果没有考虑到这些因素，那么明显的年龄变化可能并不真实。

从例子中我们可以看出，在对比年龄差异时，一般情况下决定什么可以与年龄匹配，什么是不可以与年龄匹配是显而易见的，但是这种可匹配的关系并非总是显而易见的或容易获得的。本书将会在第三章的年龄比较部分继续讨论这个问题。

六、结果

研究者操纵自变量是为了检验它在因变量上的效应。但是，可能的效应是什么？在一个多因素研究中——有两个或多个自变量的研究中——可能存在的效应有两种：主效应和交互作用。

（一）主效应

主效应（main effect）是自变量对因变量的直接效应，是研究者在比较一个单一的自变量——独立于研究中的其他变量——的不同水平时所要检验的内容。

克利格尔等人（2007）的研究涉及了主效应。青年人比老年人的表现要好。表 2-2 的最右边一列是主效应的平均值，它们是所有青年人和老年人在实验中的成绩在另一自变量水平（熟悉—新异对比）的累加平均。这个效应是主效应，因为我们仅仅考虑单一自变量——在这个例子中是指参与者的年龄。

克利格尔等人(2007)的研究包含两个自变量，所以可能还存在第二个潜在的主效应：实验情境的主效应。相关的值见表 2-2：所有被试在熟悉情境中的得分和在新异情境中的得分在年龄这一自变量的累加平均。在本研究中这两个平均数间的差距太小，所以没有达到显著性水平。同样的结论可以应用于布朗奈尔等人(2009)的研究：年龄(0.53 vs 0.56)以及情境(0.51 vs 0.58)(见表 2-1)。(本书将在第九章中讨论统计显著性的概念)

(二)交互作用

主效应是从孤立的角度考虑单个自变量的效应。相反地，交互作用(interaction)是同时考虑两个或多个自变量时提出的概念。当一个自变量的效应在另一个自变量的不同水平上发生变化时就存在交互作用。

以上的两个例子中都存在交互作用。在布朗奈尔等人(2009)的研究中交互作用指成人的语言表达在年龄的不同水平上效应不同：对年幼儿童没有显著效应，而对年长儿童有积极效应。这个结果也可以反过来陈述，年龄在语言表达这一变量的不同水平上效应不同：在没有语言表达的情境下没有年龄差异，在有语言表达的情境下有显著的年龄差异。注意，与主效应不同，在交互作用中是单个单元的平均数的相关(如 0.55、0.50 等)。

布朗奈尔等人(2009)的研究是一个这两方面交互作用的例子(因为涉及了两个自变量，所以交互作用是两方面的)。图 2-1 展示了这种交互作用。图 2-1 中的数据与表 2-1 中所用的数据是相同的，但采用图的形式能更直观地反映出交互作用的特点。特别值得注意的是，两条直线是非平行的。就图而言，交互作用是通过非平行线，即直线的交叉或分叉来反映一个变量在另一个变量不同水平上的差异性。相反，如果没有交互作用，这两条直线应该是平行的或者基本平行的，反映出一个变量的效应在另一个变量水平上恒定的。

在克利格尔等人(2007)的研究中也有一个两方面的交互作用。我们可以看到青年人比老年人的表现要好，但仅仅是在新异环境中。因此，年龄效应会随着实验变量水平的变化而变化。图 2-2 形象地显示了这种交互作用。

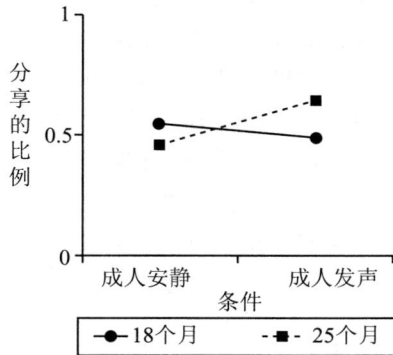

图 2-1 布朗奈尔等人的研究中年龄和实验条件的交互作用

来源：改编自"To Share or Not to Share：When Do Toddlers Respond to Another's Needs?"，by C. A. Brownell，M. Swetlova，M. Nichols，2009，*Infancy*，14，pp. 117-130.

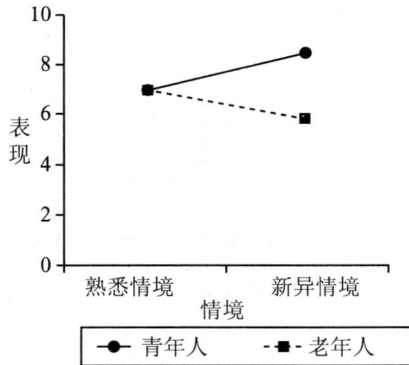

图 2-2 克利格尔等人的研究中年龄与条件的主效应

来源：改编自"Adult Differences in Errand Planning：The Role of Task Familiarity and Cognitive Resources"，by M. Kliegel，M. Martin，M. A. McDaniel，& L. H. Phillips，2007，Experimental Aging Research，33，pp. 145-161.

在以上的两个研究中，交互作用是指被试变量和实验操纵变量之间的交互作用。然而，交互作用并不限于这种设计，交互作用可以发生在任何类型的自变量之间。因此，交互作用在任何多因素实验中都有可能出现。本书增加了两个例子来说明这一点：第一个例子交互作用来自两个操纵变量之间，第二个例子交互作用来自两个被试变量之间。

穆尔(Moore，2009)的研究考察了在两个变量影响下的 5 岁儿童的分享行为，其中一个自变量是分享行为的接受者：朋友、非朋友和陌生人。另一个自变量是分享是否会造成儿童自身的损失，会造成儿童自身损失的条件被命名为"分享"，在另一种条件下儿童的分享行为不会造成其自身的损失，这种条件被命名为"亲社会行为"。图 2-3 展示了这个结果（"1，1"表示分享），而当分享行为会造成自身的损失时，儿童会更多地与朋友分享，然后是非朋友，与陌生人的分享最少。相反，当分享行为不会造成自身的损失时，儿童对陌生人和对朋友是一样慷慨的。在这种情况下，非朋友获得的最少。实验中一个变量在另一个变量的不同水平上效应不同。

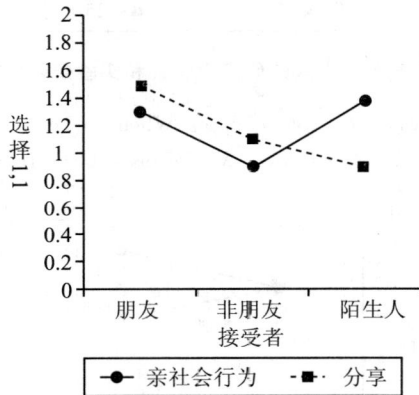

图 2-3　穆尔（2009）的研究中实验条件之间的交互作用

来源：改编自"Fairness in Children's Resource Allocation Depends on the Recipient"，by C. Moore，2009，*Psychological Science*，20，pp. 944-948.

萨姆特和他的同事们（Sumter，Bokhorst，Steinberg，& Westenberg，2009）想要探讨一个非常重要的问题：青少年对同伴影响的易感性（本书会在第十四章深入探讨这个问题）。易感性通过同伴影响的反抗量表来进行测量。图 2-4 展示了不同年龄和性别的参与者在该量表上的得分（分数越高代表反抗性越高）。我们可以看到女孩在整个青少年阶段比男孩报告了更高的反抗水平，差异最大的阶段在青少年中期，也只有在这个阶段性别差异达到了统计上的显著水平。因此性别的效应在年龄的不同水平上有所不同：在青少年早期和后期没有显著效应，在青少年中期有显著效应。

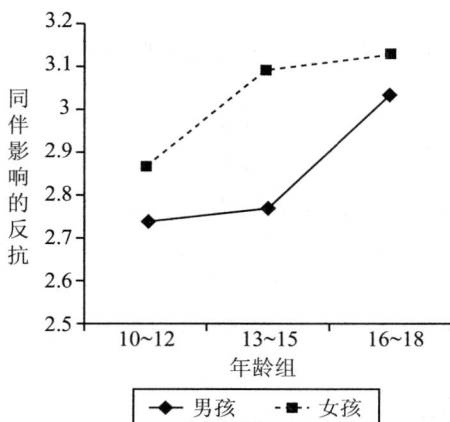

图 2-4 萨姆特等人的研究中年龄和性别的交互作用

来源："The Developmental Pattern of Resistance to Peer Influence in Adolescence: Will the Teenager Ever Be Able to Resist?", by S. R. Sumter, C. L. Bokhorst, L. Steinberg, and P. M. Westenberg, 2009, Journal of Adolescence, 32, p. 1015. Copyright 2009 by Elsevier.

比较这些图表，可以发现交互作用有很多形式，当涉及两个以上变量时交互作用会变得非常复杂。尽管有一些研究人员尝试过，但是很难弄清楚四维或五维交互作用的意义。

无论是从统计上或是从理论上来解释任何一种形式的交互作用都是一项复杂的工作，在这里要指出的是，有关交互作用的一个基本要点：两个变量之间显著的交互作用意味着应当谨慎地解释这些变量的主效应。例如，在克利格尔等人（2007）的研究中存在年龄的主效应，然而如图 2-2 所示年龄的主效应仅限于新异情境。相反，在布朗奈尔等人（2009）的研究中年龄的主效应不显著，这可能表明年龄这一变量没有显著的实验效应，然而交互作用告诉我们年龄是存在实验效应的，但仅限于两种实验情境中的一种。因此，交互作用表明这个世界比我们预期的更加复杂，在孤立的情形下分析自变量无法刻画变量作用的全景。

注意，我们刚才所说到的这点也可以放在外部效度的内容之中。交互作用效应表明自变量在结果推广上存在限制。比如，在克利格尔等人（2007）的研究中，年龄的效应并不能推广到情境的所有水平上，情境的效应也不能推广到年龄的所有水平上。相反，不存在交互作用支持结论的外部效度——变量至少在研究中的特定维度和水平上效应是恒定的。

31

七、对效度的威胁

就像我们所看到的，研究设计的最终目的是要对所研究的现象得出一个有效结论。如果实验设计不能排除结论中的不确定性和局限性，就不能算是一个成功的研究设计。本章我们提到了对效度有威胁的几个因素，在以后的各章中还会有所讨论。为了后面讨论能更好地进行，表2-5对一些威胁效度的因素进行了总结，包括一个综合的列表以及相应的必要定义。

表 2-5　效度的威胁因素

来源	具体描述
选择性偏差	分配进行比较的各组被试从开始时就不相同
选择性流失	在研究过程中，被试非随机的有系统偏差的流失
历史	除自变量以外，在研究过程中发生的重要事件的影响
成熟	在研究过程中，被试随着时间的变化发生自然的变化
测验	前测对后测结果的影响
反应性	实验安排对被试反应的无意影响
工具	研究过程中实验者、观察者或测量工具的非有意性的变化
统计回归	重测使最初的极端分数向平均数发展的趋势
低信度	因变量评价中的测量错误
低统计力	由于设计以及统计检验造成的检测出真实效应较低的可能性
单一操作偏差	用单一的方法操纵自变量或因变量采用单一的操纵
单一方法偏差	用单一的实验方法检验自变量和因变量之间的可能关系
补偿性竞争	由于控制组动机的提升和付出更多的努力导致实验效应的减少
士气低落	由于控制组动机的降低和付出的努力更少导致实验效应的放大

表2-5的内容主要来自坎贝尔和斯坦利的论著(1966)，这一论著接下来被库克等人(Cook & Cambell，1979)以及沙迪什(Shadish，2002)等人进一步详细阐述。当然表2-5没有穷尽所有对效度产生威胁的因素(沙迪什等人讨论了对效度构成威胁的37种因素)。但是，表中涵盖了以后章节中会涉及的对效度产生威胁的因素。另外，本书也并不期望这张表就能完全解释清楚。因此，列表的主要目的是为我们将会遇到的一些概念做出基本的引导。

小　结

以几个基本的术语和概念开头，本章指出所有的研究都有变量。因变量是研究的结果变量。例如，攻击性研究中攻击性行为的次数是因变量。自变量是由实验者控制的潜在原因因素。例如，对攻击性进行不同水平的强化。大多数研究的目的是确定自变量的变化是否会引起因变量的相应变化。例如，攻击是否随强化而提高。

所有研究的基本问题是效度。效度是指从研究中得出结论的正确性。本章我们讨论了三种效度，即内部效度、外部效度和结构效度。内部效度是指在研究的情境下得出的因果结论的正确性；外部效度是指研究结论的可推广性；结构效度是指理论解释的正确性。

研究者要做的另一个重要的决定涉及研究的被试。取样的目的是得到一个对研究者所要研究的总体具有代表性的样本。获得代表性样本的最一般方法是从目标人群中随机取样。事实上，发展心理学中的大多数研究采用的取样程序都不是完全随机的，大多数样本都以各种方式偏离完全的代表性。有时，这种偏离是研究者有意设计的或是有系统性的，这样做是为了使样本具有某种特征，分层取样和过度取样就是例子。更一般的情况是，这种偏差反映了采用方便取样的结果。对于不同的研究随机取样的重要性有所不同。尽管如此，代表性和外部效度是检验一个研究的重要指标。

接下来讨论的是控制的构成。三种控制对于确定原因和结果之间的关系很重要。第一种控制是对严格意义上的自变量的控制。第二种是针对情境中的其他潜在的重要因素的控制。要获得这种形式的控制有两种方法：保持其他因素的稳定以及将变量随机分配到所有被试中。第三种控制是针对被试固有差异的控制。本章讨论了一种获得这种形式控制的方法，即随机分配。其他两种方法（匹配和被试内设计）将放到后边的章节讨论。

在有些类型的研究中，控制程度受变量本身属性的限制。被试变量是指被试本身具有的、实验无法操纵的差异，如年龄、性别以及种族等。控制这种变量唯一的方法是通过选择。这种方法在某些情况下（如母爱剥夺）可能不符合伦理。尽管发展心理学家对一些非操作性变量抱有很大的兴趣，但由于缺乏实验操纵，难以建立因果关系的结论。在一个多因素变量关系中很难确定某一效应的真实原因，排除其他可能的偶然因素同样相当困难。

当存在交互作用时被试变量经常有特殊的意义。当一个自变量的效应依赖另一个自变量的水平变化时，就存在交互作用。与此相反，主效应是指一个变量的效应独立于研究中的其他因素。交互作用能产生于各种类型的自变量中，且有多种形式。交互作用是复杂的，因此对任何一个变量做出结论都必须谨慎。

本章的结尾是对效度概念的简单回顾，列出了多种对效度构成威胁的因素，并对整本书中将要讨论的主要威胁因素进行了概括。

练 习

1. 从流行出版物中(如报纸、杂志)至少找出三篇近期的与发展心理学研究有关的文章，然后分别列出这三篇文章中可能会威胁到效度的因素。如果文章对研究的描述不够充分，使你无法评价某些效度，那么请你列出还需要哪些信息才能进一步确定相关效度。

2. 假设你从以下年龄中选取研究的被试：6 个月、4 岁、12 岁、70 岁，请你列出你在每个年龄段选择被试的方法，并讨论按照这样的方法所选择被试样本的代表性。

3. 某些因素既可以作自变量又可以作因变量，在研究中这些因素是什么变量主要依赖于在研究中如何使用这些因素。考虑一下这些因素：焦虑、活动水平、学术准备性。请针对以上每个因素设计研究，使这些因素在研究中充当：①因变量；②可以通过实验控制的自变量；③附属变量；④相关变量。

4. 假设一个研究包含两个自变量 A 和 B，每个自变量包含两个水平，也就是一个 2×2 的设计。自变量 C 通过量表来测量，量表的得分范围是 0～50 分。对于以下每一个结果请画图表示，然后说出每个结果的含义。

(1)A 和 B 的主效应显著，交互作用不显著。

(2)A 和 B 的主效应不显著，交互作用显著。

(3)A 的主效应显著，A 和 B 的交互作用显著。

第三章 研究设计

第二章中涉及的所有研究都包括比较，在大多数情况下，比较是在一个自变量的不同水平之间进行的。如果自变量是诸如年龄等不能控制的被试变量，那么研究者应该选择不同水平的被试群体。如果自变量是实验可操纵的变量，研究者必须将被试分配到变量的各个处理水平中。在这两种情况下，研究者的选择和分配都必须保证能对变量的不同水平进行准确清晰的比较（内部效度），研究结果能推广到所期望的其他样本和情境中去（外部效度），并且能够为所发现的各种关系进行合理的解释（结构效度）。

这些步骤和目标都是实验设计（experimental design）需要探讨的问题。按照克林格等人（Kerlinger & Lee，2000）的说法，实验设计"是研究的计划和结构"，即通过这种方式将各个研究结合起来。尽管总体的目标——获得有效的结论——都是一样的，然而将研究结合在一起的方式是多样化的。事实上，克兰（Kline）在 2009 年的一篇文章中，介绍了 22 种不同的设计。本章要讨论的就是各种研究设计的几个最重要的差异特征。

在第二章中提到的几个研究样例也有助于解释一些基本概念和术语。布朗奈尔等人（2009）和克利格尔等人（2007）的研究都包括将一个实验操纵变量分为两个水平，前者是言语和非言语的比较，后者是熟悉情境和陌生情境的比较。克利格尔（2007）等人将不同被试分配到两个不同的实验条件下，这种方法叫作被试间设计（between-subject design）。布朗奈尔等人让所有被试都接受言语和非言语两种测试，这种方法叫作被试内设计（within-subject design）。在对比两个或更多实验处理效应时，研究者必须做出的一个基本决定：采用相同还是不同的被试。本章将讨论这两种设计的优缺点。

这两个研究样例都包含了实际年龄（chronological age）这一不可操纵的变量，并选择了相同的方法：测试不同年龄组的被试。这种测试不同年龄组被试的方法叫作横断设计（cross-sectional design），但它并非研究年龄差异的唯一选择。如布朗奈尔等人（2009）也可以只选择一组婴儿，在他们 18 个月大时测一次，7 个月后（25 个月时）再测一次。这种对同一组被试在不同年龄段进行重复测试的方法叫作纵向设计（longitudinal design）。

值得指出的是，被试间和被试内的比较以及横断和纵向的比较具有基本的相似性。两种方案的中心问题都是：在相同人群还是不同人群中检验差异。本章也将讨论横断设计与纵向设计的相对优势。

尽管布朗奈尔等人（2009）和克利格尔等人（2007）的研究在被试内与被试间这一点上有所差异，但它们在另一个更基本的方面是相似的，即都包括一个可由实验控制的自变量——在布朗奈尔等人（2009）的研究中为言语和非言语，在克利格尔等人（2007）的研究中为熟悉和陌生的情境。第二章中已经说过，不是所有的研究都包括这类真正被实验操纵的自变量。在相关和非实验设计中，变量仅仅是被测量，而不是被控制，研究者考察的是测量结果之间的相关，相关设计是本章第三个主要讨论的问题。

由于年龄对比是发展心理学研究的核心问题，本章将首先讨论各种包含年龄变量的研究设计，接着讨论实验设计的方法，最后介绍相关研究的优点和局限性。

一、年龄比较

如前所述，年龄只是在研究中可以被考察的众多变量之一。因为本章的重点是年龄，所以有必要提出年龄和其他被试变量的差异，它影响研究设计的选择。对性别或种族等变量感兴趣的研究者不可能等待被试从变量的一个水平向另一个水平转变，有关这些变量的研究必须采用相互独立的被试群体。然而对于年龄来说，现在6岁的孩子将来会变成8岁、10岁或20岁。正因为年龄存在自然的变化，研究者才有可能选择是采用被试间设计还是被试内设计。

需要进一步指出的是，如果要做一个男孩和女孩之间的对比研究，那么感兴趣的是男女之间的差异（当然也可以不存在差异）。如果要做的研究是关于6岁和10岁的比较，那么可能对这两个年龄组的差异感兴趣。但我们感兴趣的也可能是更深入的问题：6岁儿童将会变得像10岁儿童一样，或者10岁儿童曾经和6岁儿童具有一样的可能性。简单地说，我们的兴趣可能不仅仅在于年龄间的差异（difference），而在于年龄间的变化（change）。我们将会看到，发展研究中一个比较棘手的问题是，当不同年龄组表现出差异时，如何确定这些差异是否真正是由年龄发展引起的。

（一）纵向设计

纵向研究（longitudinal study）是指在跨越一定的时间间隔下，对同一个样本至少测验两次的研究方法。尽管没有一个绝对的标准来确定什么时候一个反复测验的研究应该被看作是"纵向研究",但至少存在两个大致的标准。第一,所涉及的变化通常是自然发生的而不是由实验操纵引起的。因此,在干预或训练研究中,尽管同一组儿童可能会接受多次测验,但这类研究所采用的延迟后续测验不能被归为纵向设计。第二,重复测验应当间隔足够长的时间。因此,仅是每隔一个星期对同一组儿童进行测验的研究,尽管进行了多次重复测验,也不一定是"纵向设计"。注意,"间隔足够长的时间"是由样本的发展水平而决定。如果研究对象是刚出生几天的婴儿,那么在测试初期,间隔一个星期的几次重复测验就可以被看作是纵向研究。

不难看出,纵向研究相对于横断研究更不常用。纵向研究要比横断研究花费更多的时间、金钱,更难以顺利完成。还是以第二章中的研究为例,布朗奈尔等人(2009)的实验大概用了几个星期就完成了。如果他们采用纵向设计而不是横断设计,这个研究起码要耗时 7 个月。这种对比在克利格尔等人(2007)的研究中就更明显了。如果他们采用纵向设计,就要用四五十年时间来等待他们的年轻被试变成老人。

纵向设计的时间跨度较长,只是一个实践性问题,虽然会造成一定的麻烦,但不会对结论的有效性构成威胁。然而与此相关的另一些问题会威胁到效度,如使用的测验和仪器的过时。因为纵向设计的关键在于前后测验结果的比较,所以研究者必须继续使用最初的测量方式。然而,一个测验在长期的研究中很可能过时或失去理论价值,而且新的测验和问题也会不断出现。比如,我们在 2015 年想要了解的东西可能与 1985 年不同。测验的过时性这一问题在长期研究中更为突出,如某些从 20 世纪 20 年代就开始的毕生发展研究(Kagan,1964),但是这对于一些短期的纵向研究来说可能并不是问题。

纵向研究中的另外一些问题和样本的特性有关。任何长期的纵向研究都需要被试在时间和精力上的保证(如果采用儿童样本,还得牵涉到父母)。因此,样本的选择在一定程度上要以某些前提为基础,如被试对研究价值的看法以及他们在地理位置上的稳定性等,否则他们可能不具有代表性,不足以让研究者从样本推论到总体。此外,任何单独的样本都是由同时代的一代人或称为代际(cohort)组成的,研究结果可能只适用于这一代人。例如,我们对个体在最初 30 年里的发展变化感兴趣,而我们选择的被试都出生于 1940 年,那我们所能了解的只是这批人在 20 世纪四五十年代的世界变化中是如何发展的。如果我们选择的样本是出生于 1940 年之前或之后的，那么得到的结果可能会有所不同。

尽管纵向设计的样本可能在许多方面都不具代表性，但是至少可以避免坎贝尔和斯坦利（1966）所提到的选择性偏差（selection bias）的问题，即最初选择了不一致的群体进行比较。纵向研究是对被试自身的比较，所以不存在选择性偏差问题。但是，纵向设计存在选择性流失（selective dropout），有时也称为损耗或亡失的问题。纵向样本中的个体可能会因各种原因从研究中流失，如不愿意继续参与研究、搬迁或者自然死亡（特别是对老年样本）等。如果这种流失是随机的，那么问题就只是样本的减小和早期时间与精力的浪费而已。然而，这种流失常常不是随机的，也就是说流失的那部分被试与继续参与的被试之间存在系统的差异。例如，在有关 IQ 的纵向研究中，流失的那部分被试在最初测验中的得分往往比剩下的那部分被试低（Siegler & Botwinick，1979）。由于年轻时期进行的测验包括那部分得分较低被试的成绩，而老年期进行的测验中不再包括这批人的成绩，这样会导致老年成绩比实际要高，即存在"正向偏差"。当然，我们可以只对剩下的被试进行年轻和年老时的比较，但这样一来，实验开始时不具有完全代表性的样本就变得更不具有代表性了。

在纵向研究中，被试重复接受了一般人群不会接受的心理测验，因此从样本身上得出的结果很难推论到研究者期望的总体上去。这里存在着坎贝尔和斯坦利（1966）提出的两种针对效度的威胁。其一是测验效应（testing effect），即先前参加相同或相似的测验对后续测验成绩的影响。例如，在相当短的时间内参加相同的智力测验会影响被试的反应。研究也表明，在这样的情形下确实存在练习效应（Rabbitt，Diggle，Halland，& McInnes，2004）。另一个问题是被试的反应性（reactivity），即个体意识到自己是研究的被试会影响其反应，且在长期、频繁施测的纵向研究中，个体对这一情况的了解对研究结果的影响则更大，因此这些被试的表现将难以代表典型的发展过程。

最后我们还需要注意的是，许多追踪调查都要面临复杂的时代特点的问题。在纵向研究中，不可避免地存在被试年龄和测试年代之间的混淆。这种混淆的成因是：年龄比较是在被试内进行的。在纵向研究中，我们必须要在不同年代测试不同年龄的被试。例如，假设我们要考察 15 岁至 20 岁的变化，我们选择了 1990 年出生的被试，在他们 15 岁时进行测试，在他们 20 岁时再测试。如果第二次测试结果与第一次不同，那么我们可能有两种解释：第一种解释是被试大了5岁；第二种解释是测试年代的差异：第一次测试时间是2005年，而第二次测试时间是2010年。在纵向研究中，年龄总是和测量年代纠缠在一起的。

这种潜在的问题成为真正问题的可能性有多大呢？决定因素之一是你所研究现象的本质。以老年研究为例，假设想研究的是视敏度如何随年龄而变化，在2000年时选择65岁的老人为样本，然后在2005年当他们70岁时进行第二次测量。尽管从逻辑上来说，发现的任何变化都可能是时代历史差异引起的，但是针对像视敏度这样的因变量时，这种解释就不太合理。更合理的解释是在65岁至70岁视觉系统会经历一系列生理变化。假如研究的是对机场安全的态度，结果发现被试在70岁时更关注这一问题，并期望机场变得更加安全。是年龄增长导致人们更期望机场安全吗？恐怕不是。由于在这两次测试中发生了"9·11"事件（本书从沙耶（Schaie）和肯斯基（Caskie）在2005年发表的文献中选出了这个例子），在这种情况下，用历史文化因素来解释可能更合理。然而，无论是哪种情况，标准的纵向研究所要的结论都是最合理的而非绝对的解释，年龄和历史年代之间的混淆永远无法避免。

前面列举了这么多问题，肯定有人会问谁还会使用纵向研究自讨苦吃呢？答案可能你已经想到了，正是因为纵向研究同时还具有一系列的优点（Hartmann，2005），接下来将介绍这一部分。

前面我们已经提过"随年龄的变化"和"年龄间差异"的不同。如果研究不同年龄的不同样本，那么研究能提供的直接测量只能是有关年龄间差异的，若想知道它是否能反映出年龄的变化，还需要进一步的推论。然而在纵向研究中，年龄变化的测量是直接获得的而不是推论出来的。尽管人们或许会追问为何会有这种变化，变化是否具有普遍性，但这种研究的焦点反映了发展心理学的中心问题，即随着时间的变化个体内部的发展。

由于纵向研究聚焦于个体内部的发展，因此特别适合研究个体发展的一致性或变化。假设你想了解儿童的IQ是稳定不变的还是会随年龄而变化，很明显你不可能测试不同年龄的不同被试，而是会长期跟踪一个儿童，研究其IQ在发展中的变化情况。不管研究者的兴趣在于个体发展的一致性还是变化特点，纵向研究都是最佳且必要的研究方法。

纵向研究的价值不仅在于追踪一种特质或一个行为系统的发展过程。事实上，纵向研究的应用范围非常广泛，几乎所有跨年龄的研究都可以采用这种模式。研究者可以用这一模式研究儿童早期发展的某一方面和成年后另一方面的关系，如两岁之前骨骼的成熟速度和青春期起始年龄之间的关系；也可以用纵向设计探讨早期生活环境的某些方面是否与日后个体发展的某些方面有关，如两岁之前父母的抚养方式是否与儿童中期至青春期的人格特点有关。只要研究旨在探讨早期与日后的关系，纵向研究的方法都是必要的。

支持纵向设计的最后一个理由阐述起来有些消极。替代纵向设计的最主要方法是横断设计，然而横断设计同样也存在许多批评。接下来将讨论横断研究中可能存在的问题。

（二）横断设计

横断研究是指对不同年龄的不同个体进行测试，因此横断研究不能直接测量到随年龄变化而产生的变化，也不能回答有关个体一段时间内的稳定性问题。正如我们看到的，横断研究的这些局限正是采用纵向研究的最主要原因。

除此之外，横断研究还可能存在一些其他问题。横断研究测试不同年龄的不同样本，这有可能引起选择性偏差。要进行比较的各组可能不仅在自变量（此处为年龄）上不同，在其他方面也有所不同。而这种不同可能会导致因变量结果的差异。

第二章中简短地讨论过以年龄作为自变量时的选择偏差问题，我们曾经说过，控制的目标并非要将年龄以外的所有差异都加以排除，而是要排除与年龄没有必然联系的差异；也曾提到在大多数研究中应当匹配的因素也相当明显，如性别、种族、社会阶层以及 IQ 等。在这里要补充的是，真正达到期望中的匹配并不容易。发展心理学家一般会从不同来源选取不同年龄的被试，如从医院的婴儿室选取新生儿，从同意参与研究的父母亲那里选取婴儿，从托儿所或日托中心选取学龄前儿童，从小学选取 5～11 岁的儿童，从初中或高中选取青少年。不同背景下的各组被试可能在很多方面存在不同。因此，即使研究者意识到匹配的重要性，但是选择有可比性的被试还是很困难的。

研究中选择性流失也可能会导致偏差。最初各组之间是平衡的，但由于一些被试中途退出而未完成测试，这种平衡就会迅速消失。问题不仅在于某一年龄组中流失的人数多于其他年龄组，与纵向研究碰到的问题一样：流失的被试可能与留下的被试有本质的差异。我们再次遇到选择性流失的"选择性"对效度构成的威胁。

不难想象，选择性流失会造成不同年龄组之间存在组间偏差。假设我们研究的是托儿所的儿童，将样本分成年幼儿童(2.5～4 岁)和年长儿童(4～5.5 岁)两个比较组。我们的程序要求相当严格，要求儿童理解各种指导语，并在一段相当长的时间内持续地做出恰当的反应。不是所有儿童都能够坚持做出这样的反应，因此就有一些儿童退出研究。年幼儿童组中退出的人数可能更多，其中能力较弱的儿童也较多。如果是这样，实际上最后进行比较的是两个不匹配的组。一个是较有代表性的年长儿童组，一个是不具有代表性的、偏向于优秀的年幼儿童组。很明显，这种有差异的流失将导致不易获得"成绩随年龄增长"的结果。

让我们回到对被试的最初选择这一问题上。本书已经两次提到通常在比较不同的年龄组时应当匹配什么，现在需要考虑的是"通常"以外的情形。

当要比较的各组之间年龄相差很大时，他们之间就会有许多潜在的差异，这样究竟应该匹配什么就显得不确定了。这个问题在比较年轻样本和老年样本时尤为突出，在这一点上最明显的就是受教育水平这一变量。现在，平均受教育水平比五六十年前有很大提高。假如我们想比较 25 岁和75 岁的群体，如果在这两个年龄组随机取样，年轻样本中个体的受教育水平肯定会高于老年样本中的个体，这样就产生了年龄和受教育水平的混淆；如果在老年群体中抽取样本时选取受教育程度较高的个体，那么在教育水平上达到了可比较性，但是这个样本显然对老年群体不具有代表性。这两个方法都不能令人满意，最好是两种方法的结合。然而不管怎样，从历史的角度来看，在比较各年龄层的成人时，年龄与受教育程度的混淆是不可避免的。

事实上，横断研究的一个很大的问题在于匹配。前面已经提过，研究年龄差异的纵向研究无法避免年龄和测试年代的混淆。这里要说的是横断研究则无法避免的年龄和出生年代组即代际之间的混淆。因为横断研究中样本的年龄不同，所以他们的出生时代和成长环境必然不同。刚才提到 25岁和 75 岁群体受教育机会不同只是其中一个例子，这样的例子还有很多。现在 75 岁的老人出生于经济大萧条时期，在童年期经历过世界大战，在青春期经历了另一场战争，直到中年才看到电视以及现代生活的其他物品。那么，如果我们发现 25 岁和 75 岁样本在因变量上存在差异，是应将其归因为年龄的不同还是生长时代的不同呢？

与本章所讨论的其他威胁效度的因素一样，年龄与代际混淆问题的严重程度取决于所研究的特定问题。在评价代际效应时，有两个因素是很重要的。一个是研究中的因变量。如果我们关注的是政治态度或 IQ 测试成绩，那么代际效应可能相当重要，且有关 IQ 的研究已经很清楚地证实了这一点（Schaie，2005）。如果我们研究的是心率或视敏度，那么代际效应就不是很重要了。总而言之，一个因变量越"基础"、越具"生物性"，受代际效应的影响越小。然而，值得注意的是，一个特定的变量是否"基础"还是值得争议的。例如，人造光源是否充足，以及电视的出现等因素的改变，也可能导致视敏度的代际差异。

　　另一个问题是研究样本的年龄跨度问题。代际效应在大的年龄跨度中表现得更为明显。事实上，代际效应首先是在研究老年人和年轻人的差异时提出的，并且仍然经常被讨论到。但也需考虑另一个极端，如果比较的是 3 岁和 4 岁儿童之间差异就无须担心一组儿童是在 2007 年出生而另一组儿童在 2008 年出生的问题。年龄跨度在儿童期内的两组被试可以认为他们是同一代人。

　　最后一个值得探讨的问题是测量等值（measurement equivalence）。如果想比较不同年龄组在某一行为或某一能力上的水平，我们需要一个能准确测量各年龄组行为或能力的程序。然而，通常适合某一年龄段的测验未必适合另一个年龄段。例如，同一个分类技能测验的指导语对 7 岁儿童而言或许恰到好处，但对 4 岁儿童来说言语要求可能过高。如果是这样，那么这个测验对不同年龄组来说测量的是不同的东西，对 7 岁儿童来说是测量分类技能，而对 4 岁儿童来说测量的是言语能力。尽管测验的结果 7 岁儿童的成绩要优于 4 岁儿童，仍可能反映出两个年龄组间的重要差异，但产生这一差异的原因可能并不是研究者想研究的。

　　测量等值的问题不只存在于横断研究。在任何跨年龄的比较研究中都会出现，纵向研究亦是如此。然而，纵向研究中等值性问题的形式不同于横断研究。以对攻击性的纵向研究为例（Cairns, Cairns, Neckerman, Ferguson & Gariepy, 1989），研究者先选择 4 岁儿童进行研究，当他们 12 岁时再研究，但研究者的兴趣不仅仅在于两个年龄段攻击性水平的比较。如果攻击性水平是研究的焦点，那么就会带来 12 岁时攻击形式以及攻击行为发生的环境与 4 岁时不同等一系列问题。事实上，纵向研究者真正感兴趣的是在儿童发展过程中，其攻击性是否保持个体差异的稳定性（stability of individual differences）。也就是说，一个在 4 岁时攻击性水平相对较高或较低的儿童在 12 岁时是否仍然如此。尽管某一儿童攻击的形式和频率在这些年中发生了很大的变化，但他可能在 4 岁和 12 岁时的攻击性水平都很高。关注个体在群体中的相对位置而不是绝对反应水平，可以部分避免测量等值性问题，然而对两个年龄组攻击性的有效测量仍然是必要的。

(三) 更复杂的设计

上述讨论表明纵向研究和横断研究都有各自的局限性。表 3-1 总结了这些问题。其中有些问题至少在理论上是可以避免的，如横断研究中的选择性偏差问题。然而有些问题是横向设计和纵向设计本身固有的，因此无法解决。例如，横断研究中年龄和出生年代的混淆或者纵向研究中年龄和测量年代的混淆。

近年来，传统纵向研究和横断研究的局限得到了很多讨论，这些讨论激发了几种研究年龄变化的新方法。由于这些新方法目前主要应用于对老年人的研究，因而本书将会在第十五章中详细讨论，这里只做一个简短的介绍。

表 3-1　纵向设计和横断设计存在的问题

纵向研究	横断研究
实施的困难（时间、财力的耗费）	不能直接测量年龄变化
测量可能过时	无法研究个体心理发展的稳定性问题
样本可能不具代表性	可能存在选择性偏差
局限于同辈群体	可能存在选择性流失
可能存在选择性流失	难以建立测量的等值性
重复测验效应	年龄和出生年代（代际）的混淆
难以建立测量的等值性	
年龄和测量年代的混淆	

图 3-1 是纵向设计和横断设计的图示化描述。图中的数字表示的是测量时间和出生年月相减得到的被试年龄。图中任意横排的数字代表的是纵向设计，在这个例子中表示对出生在同一年份的样本每隔 10 年进行重复测量。任意竖列的数字代表横断设计，在这个例子中表示在同一时间测量出生年份不同的样本。

测量时间

出生年代（代际）	1980	1990	2000	2010	
1940	40	50	60	70	→ 纵向
1950	30	40	50	60	
1960	20	30	40	50	
1970	10	20	30	40	

横断　　　　　　　　　　　　　　时间滞后

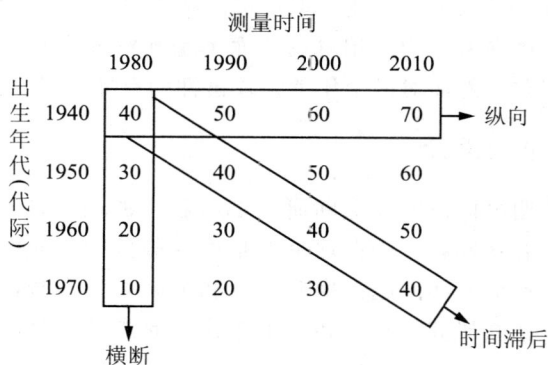

图 3-1　纵向研究、横断研究和时间滞后设计的范例

注：图中数字表示年龄

图 3-1 中还包括一个新的设计：时间滞后设计（time-lag design）。对角线上的数字列代表的是时间滞后设计。我们可以在 1980 年研究 40 岁的样本，1990 年研究另一个 40 岁的样本，2000 年研究另一个 40 岁的样本，2010 年再研究一个 40 岁的样本。很明显，这种设计方法不能提供年龄变化或年龄差异的直接信息，因为每次研究只能研究一个年龄样本。然而，它能提供纵向设计或横断设计中混淆年龄比较的有关因素的信息。具体而言，如果我们发现 40 岁样本中存在差异，那么我们就知道导致这些差异的是年代因素（主要存在于横断设计中），或测量时间因素（主要存在于纵向设计中），或这两个因素的结合。但我们无法确定哪个因素更重要，这表明时间滞后设计也有自己的缺点，即年代和测量时间的混淆。

时间滞后设计使用得并不多。然而，随着研究历史进程的发展，时间滞后比较有时会变得有用。例如，20 世纪 30 年代到 40 年代，皮亚杰（Piaget）第一次研究了儿童对守恒的理解。数十年后，他的方法得以推广，60 年代至 70 年代掀起了守恒研究的第二次热潮。最初的研究和新研究的结合构成一个时间滞后比较：年龄相同但出生年代和测量时间不同的两个组。在这里，因为 70 年代的儿童对守恒任务的反应方式和 30 年代的儿童基本相同，所以代际效应和测量时间问题就都显得不太重要。

IQ 测验则提供了一个相反的例子。参加智力测验儿童的成绩，要和测验最初编制时常模样本中的同年龄儿童的成绩相比较，本书在第十三章将就此展开更充分的讨论。如果把在 2010 年参加 IQ 测验的一个 10 岁儿童的成绩和 1990 年参加同一测验的 10 岁儿童的成绩进行比较，我们会发现，一般来说，随着时代的发展，儿童的 IQ 分数有略微的提高，这种现象被称为是弗林效应（*Flynn effect*，Flynn，1998），因为年龄在这里是不变的，这种测验分数的提高反映的是测量时间或（更可能）是代际效应。

纵向研究、横断研究和时间滞后研究有时被认为是"简单"的发展性设计，它们比序列设计（sequential design）简单。序列设计将纵向、横断、时间滞后各成分包含在同一个设计中，其目标是将年龄、代际、测量时间等效应梳理清楚，各成分可以按不同的方式结合和分析，因此存在几种不同的序列设计。本章将简要讨论两种类型，第十五章还将进一步讨论序列设计，在那里将会具体讨论目前采用序列设计的主要研究方案，而不再以假设的形式讨论。

首先介绍一下序列设计的逻辑。在理想的情况下，我们希望能在一个单一的分析中检验出三个潜在的重要因素：年龄、同辈群体和测量时间的作用。然而，因为这三个因素之间的相互依赖性使得我们无法做到。但是只要设定了其中的两个因素，第三个因素的水平就会随之确定。例如，如果我们想研究特定的年龄和同辈群体，那么测量时间必须由要研究的年龄和同辈群体决定。三个因素之间相互依赖的结果是在同一项研究分析中只有两个因素能作为自变量。各种序列研究根据其关注的因素而有所不同。在接下来要讨论的第一个例子中，自变量是年龄和同辈群体；第二个例子中，自变量是年龄和测量时间。

测量时间

		1980	1990	2000	2010
出生年代（代际）	1940	40	50	60	
	1950		40	50	60

图 3-2 代际序列设计的范例

注：图中数字表示年龄

图 3-2 是一个代际序列设计（time-sequential design）。代际序列设计中，样本是从不同的同辈群体（出生年份不同）中抽取出来的，并在相同的时间间隔内对他们进行重复测试，因此它包括两个（或多个）交叠的纵向研究。以图 3-2 为例，出生于 1940 年和 1950 年的两组样本在 20 年间进行了三次测试。这种研究比起传统的纵向研究和横断研究有其自身的优势。其一，由于多次测量，年龄变量不会与代际效应混淆（横断设计中的主要混

淆）。其二，因为样本是从出生年份不同的总体中抽取出来的，纵向比较就不会局限于一个同辈群体。其三，由于每一次都测量不同的年龄组，因此它包含了横断和纵向两个维度。其四，由于在不同的时间测量相同的年龄组，因此有一个时间滞后的维度。总的来说，代际序列设计所包含的信息比标准设计多，因而区分开不同因素作用的可能性较大。

测量时间

出生年代（代际）	1990	2000	2010
1930	60		
1940	50	60	
1950	40	50	60
1960		40	50
1970			40

图 3-3　时间序列设计的范例

注：图中数字表示年龄

图 3-3 是一个时间序列设计（time-sequential design）。时间序列设计包括两个（或多个）在不同时间进行的横断研究。在本例中，分别在 1990 年、2000 年和 2010 年对 40 岁、50 岁和 60 岁的被试进行比较。不同时间的取样可能是独立的（如三次测验中采用不同的人）或相同的（如对最初的被试进行纵向研究）。这种设计与代际序列设计有共同的优点，即能提供比传统的简单设计更多的信息。它的独有优点是不会混淆年龄和测量时间这两个变量（这是纵向研究中的主要混淆）。如果在不同时间对独立的样本进行研究，这种方法同样可以避免纵向研究中的一些问题（如选择性流失、重复测验效应等）。

第十五章会对这些设计进行更详细的讨论，在这里需要指出两点。第一，尽管序列设计能比简单的横断设计和纵向设计提供更多的信息，但相比之下它在时间、精力和金钱上的耗费更大。例如，实施图 3-3 的设计需要 20 年时间以及 9 组被试（独立样本时）。任何研究设计中都可能包含许多期望做到的事情，但实际能做到的仅是其中一小部分。最好的设计是那些能够实际操作的设计。

第二，传统设计对实验效度的威胁问题。在纵向设计中表现为年龄与测试时间的混淆，在横断设计中是年龄与代际效应的混淆。不同的研究会对效度构成一定的威胁是一个普遍的事实。虽然一项好的研究设计的目的是尽量减少效度的威胁，然而要排除所有能想到的影响结果解释的因素是不可能的，那么问题就变成弄清这些解释的真实程度。对于大多数的发展研究，特别是仅在儿童期内进行的研究，代际和测量时间效应基本上不会产生影响。在这些研究中就完全可以使用经典的横断和纵向方法。在这样的例子中，横断研究和纵向研究能提供随年龄变化的相当有效度且有用的数据。

专栏 3.1　微观发生学方法

我们可以看出，支持纵向研究的原因之一在于纵向研究可以直接揭示出变化，而这一点是横断研究无法做到的。然而，很多纵向研究仅限于证明变化的结果。也就是说，它只告诉我们被试在第一个时间点、第二个时间点、第三个时间点的样子。但是，纵向研究无法告诉我们被试从第一个时间点到第二个时间点，以及到第三个时间点是如何发生变化的，也没有告诉我们从第一个时间点到第三个时间点中间没有被测量到的状态。用罗伯特·希格勒（Robert Siegler）的话来说就是：纵向研究只提供了发展的闪光照片（snapshots）。

而微观发生法旨在提供发展的动态过程。微观发生法（microgenetic method）是指在要研究的行为即将发生变化的一段时间内对其进行重复的高密度的观察。可以看出微观发生法属于纵向研究，它也是在不同的时间点上对同一组被试进行重复的观察。但是与标准的纵向研究不同的是，微观发生法要求更频繁的观察。另外，它更强调捕捉变化的过程，而不仅仅是不同的表现水平。

让我们看一个例子，希格勒等人（Siegler & Jenkins，1989）研究了儿童简单数学计算策略的发展过程，如"3＋5＝?"。表 3-2 列出了儿童可能会使用到的策略。为了检验这些可能性，希格勒等人采用微观发生法研究了 10 名 4 岁和 5 岁的儿童，这些儿童还没有发展出解决简单算术题的更高级策略。实验共持续 11 周，这些儿童每周会参加 3 次实验。在每次实验中儿童都要解决 7 个问题，随着实验的进行，问题的难度将会逐渐加大。在实验过程中对儿童的表现进行了录像。同时在实验过程中，研究者直接对儿童使用的策略进行了多角度的提问。通过这样的研究，希格勒等人不仅证明了新策略产生的渐进性，而且记录了策略变化的先兆和条件。

表 3-2　在简单加法任务中儿童使用的策略

策略	以解决 3＋5＝? 为例
加和	伸出 3 个手指，再伸出 5 个手指，数手指："1、2、3、4、5、6、7、8"
手指识别	举起 3 个手指，再举起 5 个手指，不用数直接报告"8"

续表

简便的加和	边伸手指边数数："1、2、3、4、5、6、7、8"
从小的数字后开始加	报告"3、4、5、6、7、8"或"4、5、6、7、8"，边伸手指边数数
从大的数字后开始加	报告"5、6、7、8"或"6、7、8"边伸手指边数数
提取	直接说出结果，并解释说"我知道结果"
猜测	直接说出结果，并解释说"我猜的"
分解	报告"3＋5等于4＋4，所以得8"

来源："*How Child Discover New Strategies* (p.59)", by R. S. Siegler and E. Jenkins, 1989, Hillsdale, NJ: Erlbaum. Copyright © 1989 by Lawrence Erlbaum.

在谈到上述结果及其他微观发生法的研究结果时，希格勒（2006）指出，微观发生学方法可以有效地证明认知变化的五个论点。第一，这种方法可以告诉我们认知变化的轨迹（Path）：儿童通过怎样的次序和水平学习了新的知识。第二，这种方法可以告诉我们变化的速度（rate），即儿童掌握不同形式知识的快慢。第三，这种方法可以证明变化的幅度（breadth，或者广度）：当儿童学习了一个新能力后（如一种算数策略），他将在多大范围内运用这个新获得的能力。第四，这种方法可以回答关于变化的差异性（variability）的问题：儿童是否都遵循着相同的轨迹掌握了一个新的概念。第五，这种方法可以提供关于变化起源（source）的信息：儿童通过怎样的经验以及过程建构新知识。

讲到这里，微观发生法给我们的印象是，它是一种研究认知发展的特殊方法。目前运用微观发生法的研究大都集中在认知领域。研究主题包括记忆策略（e.g., Coyle & Bjorklund, 1997）、科学推理（e.g., Kuhn, 1995）、问题解决（e.g., Chen & Siegler, 2000），以及心理理论（e.g., Amsterlaw & Wellman, 2006）。然而，这种研究方法也不限于认知研究。例如，已有研究将其应用于母婴互动的考察中（Lavelli, Pantoja, Hsu, Messinger, & Fogel, 2005）。通过这个例子我们也可以看出，这种研究方法不仅限于研究年长儿童。另外，该方法不仅可用于对儿童的研究，还可以用于研究老年人（Kurse, Lindenberger, & Baltes, 1993）。

与所有的研究方法一样，微观发生研究也会遇到一些对效度有威胁的问题（Miller & Coyle, 1999；Pressley, 1992）。其中最大的问题是，在微观发生研究中，频繁且密集的观察本身可能会使所要研究的问题发生改变。例如，很多4岁的小孩根本不用花很多时间去解决算术问题，也不用回答他们是怎样解决算术题这类问题，但是在微观发生研究中要求他们这样做，这就使得微观发生法创设的环境与我们期望研究的真实环境有所不同。

这样的问题真的会影响微观发生法的效度吗？研究者列出的证据表明，至少在一些情况下不会对效度产生威胁（Flynn & Siegler，2007；Siegler，2006）。更多支持微观发生法的研究来自理论层面，因为对于发展心理学的研究来说，了解变化的发生过程是最基本也是最具挑战性的问题。因此，发展心理学需要并期待有更多的研究方法能够回答这个问题，微观发生法就是这样的研究方法之一。

二、条件比较

（一）被试内和被试间设计

现在，我们讨论如何在两个或更多的测验或实验条件下进行比较。前面已提过两种一般的方法：让每个被试接受所有的任务或条件，或者将不同的被试分配到不同的实验组。前者叫被试内设计，后者叫被试间设计。因为讨论这两种方法需要把它们反复比较，所以为了简单起见将它们放在一起讨论。

一个研究者如何决定进行被试内比较还是被试间比较呢？就好像是采取纵向设计还是横断设计一样，方便与否是一个重要因素。一般来说，被试内设计意味着需要的被试比较少。假如，我们想比较三个不同难度的任务，而每个任务需要至少20名被试来确定任务之间是否存在难度差异。如果采取被试间设计，就需要至少60名被试来完成实验。但如果采取被试内设计，只需20名被试。如果可供选取的人数量有限，被试内设计的经济性是很有吸引力的。

然而，被试内设计并非总是最便利的，要想样本小就要付出一些必然的代价，即每个被试都要付出更多的时间。这一点，无论是较长期的实验或是多项任务的实验都无法避免。尤其当被试是儿童时，长时间、反复的阶段任务会减弱儿童的动机和耐性。即使研究者不在乎这个问题，但家长和老师也可能会有意见。在这种情况下，采用被试间设计是最合理的方法。

统计方法也是影响采取被试内设计还是被试间设计的因素之一。适合被试内比较的统计检验和适合被试间比较的统计检验有一些不同。另外，如果差异的确存在，被试内检验会更加敏感，更可能表现出显著性差异。这是因为被试内设计产生的无关变异比较少。我们曾讨论过首要变异、次级变异以及误差变异，一个好的实验设计追求的是，将首要变异也就是与自变量有关的变异最大化，同时将由其他因素引起的无关变异最小化。之前也说过，不同被试之间不可避免地存在差异，而这也是无关变异的一个来源。因此，如果所有的实验条件都采用相同的被试，就能减少这种无关变异，从而提高比较的显著性，使得特定维度上的变异取得统计上的意义。

被试间设计和被试内设计都有自身特有的偏差。被试间设计的一个明显问题是选择偏差。因为不同的被试被分配到不同条件下，他们在不同条件下表现出来的差异很可能反映的是他们本身就存在的差异，而不是实验操纵的效应。被试内设计则不存在这种问题，因为接受每种实验条件的被试都是相同的。被试内设计相对于被试间设计的这种优点与先前讨论过的纵向设计相对于横断设计所具有的优点是类似的。

有两种方法可以排除被试间设计中可能的选择偏差（见表 2-4）。一种是根据潜在的重要变量来匹配被试。关于匹配的优势和劣势在这里不再赘述。另一种方法在第二章中也讨论过，即将被试随机分配到不同的实验条件下。如果样本足够大，且如果分配真的能做到随机分配，那么被试间原有的差异可以得到控制，被试和实验条件之间的混淆可以避免。正如第二章所讨论的，随机分配方法本身是完善的，问题在于前面提到的两个"如果"是否都能得以保证。

对被试内设计效度最明显的威胁是重复测量的效应。假设研究者决定采用被试内设计来比较几种认知任务之间的相对难度，每个儿童被试将接受所有测验。因为完成多项任务需要较长时间，儿童将随任务的进行，越来越容易产生疲劳和厌倦，那么他们在后面任务中的成绩会比在开始几项任务中的成绩更差。再有，儿童也可能一开始比较害羞和困惑，随着实验的进程逐渐变得放松和自信。在这种情况下，儿童在后面几项任务中的表现会比较好。在这两种情况下，重复测验的效应都会影响研究者真正感兴趣的任务之间的比较。

这种"疲劳"和"热身"效应都属于顺序效应。所谓顺序效应（order effect）是指，在实验从前期到后期的进行过程中，反应发生系统变化的一种倾向。一般来说，这种系统变化要么使成绩普遍提高，要么使成绩普遍降低。

被试内设计的另一个可能问题是延续效应（carry-over effect）。当被试对一个任务或条件的反应受到先前或之后的另一个任务或条件的影响时，即发生了延续效应。在此以一个简单的例子来说明这一效应。例如，为了比较 A 和 B 两个任务之间的相对难度，我们先假设每个任务单独呈现时被试的正确反应率为 50%。然而，当先呈现任务 A 时，被试解决任务 A 的经验为任务 B 的解决提供了积极的促进作用，使得被试解决任务 B 的正确反应率上升到 70%。与之相反的是，先呈现任务 B 时，任务 B 中的经验对解决任务 A 起到消极的阻碍作用，结果解决任务 A 时的正确反应率下降到 30%。在这一案例中，对一个任务的反应取决于这个任务在另一个任务之前呈现还是之后呈现，而未表现出成绩的普遍上升或下降。尽管具体的机制可能不同，然而顺序效应和延续效应在一个很重要的方面是相同的，即增加了解释任务或条件比较时的复杂性。

当实验者对不同的任务或条件采用不变的顺序连续呈现时，上述效应最有可能发生。简单的解决方法是：无论是对感兴趣的任务还是条件进行比较，都应该避免单一的呈现顺序。[①] 有两种解决方案可供选择：一是将任务或条件的顺序随机化。在特定情况下，当任务个数很多时，随机化可能是最明智的方法。

但是一般情况下，比随机化更好的方法是呈现顺序的平衡（counterbalance），我们用例子来说明这种方法。表 3-3 的左上部分是一个简单的例子，我们可以看到，平衡就是将某一特定任务或条件平均地分派到每种可能的序列位置中去。在这个例子中，任务 A 出现在第一、第二和第三位置上的次数均相等，并且任务 B 和 C 出现在 A 之前和之后的次数也相等。在这里，三个任务的每一种排列组合都使用了。很明显，任务越多，可能的排列就越多。如果有四个任务的话，就有 24 种排列组合方式（见表 3-3 的右上部分），五个任务就有 120 种。在这种情况下，完全平衡可能是不可行的。然而在其中选择几个合理的、平衡的顺序系列是可能的。表 3-3 的下半部分所列为四个和五个任务条件下可以采用的几个顺序的例子。

———————————

① 有时，平衡并不是最好的方法。在包含很多测验的相关研究中，最好采用一种顺序呈现测验，这一做法与其研究目的相一致。相关研究的目的并不是考察被试在不同测验上表现的差异，而是这些测验之间的关系。这时，采用不同的顺序呈现测验，会增加潜在的被试间变异，可能会导致相关的下降。参见卡尔森等人（Carlson & Moses，2001）对这一问题的讨论。

表 3-3　完全和部分平衡的例子

完全平衡			
三个任务	四个任务		
ABC	ABCD	BACD	CABD	DABC
ACB	ABDC	BADC	CADB	DACB
BAC	ACBD	BCAD	CBAD	DBAC
BCA	ACDB	BCDA	CBDA	DBCA
CAB	ADBC	BDAC	CDAB	DCAB
CBA	ADCB	BDCA	CDBA	DCBA
部分平衡			
四个任务	五个任务		
ABCD	ABCDE		
BDAC	BEDAC		
CADB	CAEBD		
DCBA	DCBEA		
	EDACB		

　　平衡与随机化相比有两个优势。第一，它能够确保不会出现任务和呈现顺序之间的混淆，这是单独采用随机化难以保证的。第二，因为排除了混淆，研究者能对不同的呈现顺序进行比较并能避免顺序效应和延续效应。值得注意的是，这些优点只有在样本容量足够大、每种顺序呈现次数都足够多且相近时才会表现出来。这一点为我们前面所说的被试内设计所需被试数量少于被试间设计的观点增加了限定：如果研究者对顺序效应感兴趣的话，那么被试内设计所需要的被试人数就将大大增加。

　　本书已经讨论了研究者在决定选择被试间设计还是被试内设计时可以权衡的几个因素。然而，在有些情况下是无从选择的。也就是说，所研究问题本身的性质决定了应该使用的设计类型。当兴趣在于被试内表现模式时，就必须采用被试内设计。当兴趣在于实验操纵带来的明确、稳定的变化时，就必须采用被试间设计，现在详细讨论这几个要点。

　　支持被试内设计的原因和前面谈到的支持纵向设计的原因相似。我们知道，研究个体随时间产生的一致性和变化的问题需要采用纵向研究，因为它研究的是相同个体的发展。同样，了解在既定时间内两种或更多测量之间的关系，也需要采用能对相同个体进行不同测量的被试内设计。例如，我们希望知道一名儿童的社交技能是否与他受同伴欢迎的程度有关（Cillessen & Bellmore, 2002）。很明显，我们不能评价一组儿童的社交技能，评价另一组儿童的受欢迎程度，而是必须对一组相同的儿童进行两种测量。又如，我们希望了解儿童的智力是否与他们的年级高低有关，我们不可能只对一个样本的智力进行分析，而只对另一个样本的年级高低进行分析，我们必须对所有孩子都同时进行这两方面的测量。所有这些例子说明了被试内设计的一个基本原理，即确定发展中的相互关系和模式。

由操纵引起的变化问题在某些方面与先前提到的纵向研究中的测验效应以及被试内设计中的延续效应类似。被试执行了一项任务或接受了某实验条件处理后可能会出现某种改变，使得他们不能再参与其他任务或实验条件。假设我们想比较几种训练守恒概念方法的有效性，我们选择一组还没掌握守恒概念的儿童，对他们进行条件 A 的训练，我们就不能再使用条件 B 对同一组儿童进行训练。因为，如果条件 A 是有效的，那么很多儿童可能已经掌握了守恒概念。相似地，那些旨在被试身上引起持久变化的研究，如针对弱势儿童群体的干预方案、针对心理不正常儿童的治疗方案以及针对年轻父母的家长教育培训方案等都存在类似的问题。在以上每一种情况下，如果要比较不同方案的有效性，我们需要的是将不同被试分配到不同方案中的被试间设计。这一情况也存在于那些旨在引起更加集中的、短期变化的研究中。例如，我们想知道引导儿童使用言语复述是否可以提高他们在短时记忆中的表现。那些已经被教过复述策略的儿童在没有言语指导时仍然可能采用这种方法，因此如果想要进行复述和非复述之间的比较，我们需要测试不同的被试。

这里可能有人反对上述例子的结论。在上述言语复述的例子中，我们感兴趣的不是不同处理的作用，而是被引导使用言语复述的儿童是否比没有被引导的儿童表现得好。的确，在先引导儿童使用言语复述后，我们不能期待在随后不引导的情况下，儿童真的不使用言语复述。但是为什么不换一种顺序呢，即先不引导儿童使用言语复述，测试其记忆表现，再引导儿童进行言语复述，之后再一次测试其记忆表现。这样做就是坎贝尔和斯坦利所说的单组被试前后测设计。这种实验设计的原理是：从前测到后测的任何进步变化都是实验处理的效果。如果这个原理是有效的，那就无须再设计一个对比的实验组。

在某些简单的情况下，单组被试设计能够满足研究者的目的，然而这种设计并不具备普适性。从先前讨论过的实验控制来看，这种设计的弱点是很明显的：它难以排除实验处理与其他可能影响前测与后测反应的因素之间的混淆。

我们以一个干预项目为例对此进行说明。假设我们对一组 4 岁的发展较差的儿童进行"学业准备"测验，然后对他们实施一项长达一年的干预以提高他们的学业能力，在干预结束时进行重测，结果发现成绩有显著的提高。这证明了我们的干预项目是有效的吗？答案显然是不一定的。成绩的提高可能来源于儿童 4 岁到 5 岁期间的生理成熟，坎贝尔和斯坦利称其为成熟（maturation）变量；也可能来自于儿童在干预计划实施的这一年时间里经历的其他事件，坎贝尔和斯坦利称其为历史（history）变量；可能由于第一次测验中获得的练习效应，坎贝尔和斯坦利称其为测验变量。也可能来自于第一次测验中得分较低的人再次测验时分数会自然提高，坎贝尔和斯坦利称其为回归变量。单组被试设计无法排除上述假设。如果增加一个不实施干预项目的控制组，所有这些可能的影响因素就能够得以排除。

我们可以对被试内设计和被试间设计的比较进行一个总结，表 3-4 列出各种讨论过的优缺点。

表 3-4　被试内设计和被试间设计的比较

因素	设计的比较
便利性	被试内设计的被试少；被试间设计中每个被试花费的时间少
统计检验	被试内设计更有统计检验力
顺序效应和延续效应	被试内设计存在这些问题；被试间设计不存在这些问题
可能的选择性偏差	被试间设计存在该问题；被试内设计不存在该问题
研究兴趣是被试内的变化模式	必须用被试内设计；不可以用被试间设计
研究兴趣是能产生持久变化的条件	必须用被试间设计；不可以用被试内设计

被试内设计和被试间设计都有多种形式。下面将讨论最重要的两种：匹配组设计（被试间设计的一种形式）和时间序列设计（被试内设计的一种形式）。

(二)匹配组设计

比较不同的实验条件时，需要保证被分配到各种实验条件下的被试在研究开始时是同质的。我们已经讨论过创造这种同质的方法有两种：一是将被试随机分配到各个实验条件下，二是在各实验条件下重复测试相同的被试。现在讨论第三种可能的方法：使用匹配组设计（matched-group design），即被试在实验前就已经匹配好了。

正如在第二章中看到的，我们需要按照诸如年龄、性别等特征变量匹配被试。然而，实际上任何一个被试间设计在匹配被试方面都存在局限性。问题是，为什么仅仅在特征变量上匹配被试，为什么不能对所有潜在的、重要的变量进行匹配呢？稍作思考就可以得到答案，我们不可能识别所有重要的潜在变量，即使可以也难以得到必要的数据，达到恰当的匹配。部分匹配是经常采用的匹配方式，而且部分匹配总比没有要好。为什么有时又不用部分匹配呢？因为事实证明，部分匹配既有优点也有缺点。

儿童研究中最经常用到的匹配变量是 IQ，那么我们就以 IQ 为例来说明。如果我们想对儿童在 IQ 上进行匹配，首先要对所有的被试实施智力测验（或到学校获取已有的智商测验数据），然后将 IQ 相同或相近的儿童分在一组。每组儿童的总数取决于实验条件的数量——有两个实验条件的话，就要有成对的儿童；有三个实验条件的话，就要有三人一组的儿童，以此类推。在确保每组儿童智商相同的前提下，将儿童随机分配到各个实验条件中去。这里要注意，在匹配组设计中随机分配仍然很重要。同时还要注意，事先对 IQ 进行匹配保证了各实验组中被试的 IQ 相同，而单独的随机化是不能保证这一点的。

匹配法的长处在于，它对那些可能导致结果发生偏差的变量进行了恰当的控制。如果智商确实与因变量有关，那么我们必须保证智商和实验条件之间没有混淆。匹配法还有一定的统计上的优势，与被试内设计相似，匹配组设计减少了无关变异，因而提高了统计检验力。特别是当我们预期统计检验力可能较低（如样本量有限或预期两组之间的差异较小）时，匹配法的优越性就更加明显。

匹配法的主要缺点是进行匹配是否值得。匹配需要研究者投入相当多的精力，尤其是当需要先进行测量才能选取合适的被试时（相对于已经存在的数据而言）。如果匹配的变量事实上与因变量没有关系，那么进行匹配就没有意义。如果样本量很大，同时进行了随机分配，那么各组就可能是同质的，再进行匹配也没有太大的意义。最重要的是，我们的努力应该是高效的。任何一个研究方案都应该是从一系列有潜在价值的程序中选择一个相对精练可行的程序，而不是把有限的时间和精力投入在对研究没有帮助的程序上。

除了可能浪费精力，匹配有时还会造成一些特殊的问题。在有些情况下，进行匹配前的预测会影响被试对后来测验的反应（坎贝尔和斯坦利的反应性变量）。例如，将儿童带出教室进行 IQ 测验会引起某些儿童的焦虑，使他们对随后邀请他们参加游戏的主试的友好性产生怀疑，导致主试力图营造的轻松游戏氛围变得没有成效，实验的效度也会受到影响。匹配也会增加被试流失。如果被试是按照前面所述的方式进行匹配的话，那么关注的实验单元就变成匹配小组，而不是单个的儿童。例如，在三个实验条件下将三组儿童按照 IQ 水平进行匹配，一旦三人小组中的一名儿童因为某种原因退出了实验，那么其他两名儿童也只能被取消。一旦出现了流失，匹配的代价就可能很高。

当研究者想在最初不同质的被试组中制造同质时，匹配是很具有吸引力的方法，但并不完全可靠。前边讨论的教育水平不同的年轻人和老人就是一个例子。下面再来看另外一个例子，来自尼尔等人（Neale & Liebert，1986）的研究。假设你想知道中学毕业生和肄业生相比是否能够在以后取得更好的经济地位，但是在研究时你考虑到了这两组人在智商上的差异——可能毕业生的平均智商是 105，而肄业生的智商平均值是 90。智商的不同使你对研究所发现的差异有了另一种解释：经济地位的差异可能只反映了认知能力的不同，与是否完成学业无关。因此，你决定将毕业生和肄业生的智商进行匹配，在排除了智商的影响以后，就可以更好地将经济地位差异归因于是否完成了学业。

但以上程序至少存在三个问题，这里先讨论两个。第一，这个程序的外部效度有限，因为两组中至少有一组不能完全代表其所属的总体（高智商的学生退学的较少，低智商的学生毕业的不多）。第二，在单一维度上进行匹配可能会导致其他与完成学业有关的变量不匹配。假设你决定选择智商水平为 90 的被试分配给毕业组和肄业组。在这种情况下你可能得到一个典型的肄业生组；然而毕业生组的成功可能与其智商关系不大。这些智商为 90 的毕业生能够顺利毕业，可能是由于他们具有其他特征，如动机水平较高、家庭环境较好等。相反，如果选择平均智商为 105 的被试，可能得到一个典型的毕业生组，而此时肄业生组可能是因为其他一些与学业有关的因素导致其退学。单维度的组间匹配可能会在无意中导致各组更加不相似，而不是更加相似。

匹配不同质群体的第三个问题在于，它可能导致与统计回归有关的效应。第四章在谈到统计回归作为一种对效度的威胁时，将详细探讨为何回归效应会成为匹配设计的问题。

（三）时间序列设计

时间序列设计很容易通过一个研究来介绍。克罗泽等人（Crozier & Tincani，2007）计划采用干预方案来提高一个 3 岁孤独症孩子托马斯（Thomas）的课堂表现，特别是想让这个孩子在早上上课的时间内能安静地多坐一会儿。他们的研究与其他时间序列研究一样，分几个阶段进行。

第一个阶段称为基线（baseline）阶段：测量在通常教学情况下目标行为的最初频率。如图 3-4 所示，托马斯确实很难做到安静地坐着，事实上在研究开始时，他站着的时间比坐着要多。第二阶段是第一次运用实验处理的阶段：给儿童讲述研究者编制的"社会故事"，故事中对目标行为进行了描述，并引导孩子回答各种关于故事理解的问题。如图 3-4 第二部分所示，"社会故事"使孩子离开座位的时间急剧下降。第一次实验处理之后紧接着是恢复基线阶段，可以看到离开座位的时间又上升了。最后再一次实施"社会故事"干预，问题行为又恢复到比较低的水平。

克罗泽等人的研究是 A-B-A-B 时间序列设计的一个范例：最初的基线阶段（第一个 A），紧接着第一次运用实验处理（第一个 B），接着是第二个基线阶段（第二个 A），再接着是第二个实验处理（第二个 B）。让我们来想想每一个阶段的基本原理。第一个基线阶段很明显是必要的，为了确定实验处理的任何效应，我们必须知道目标行为最初的、干预前的水平。第一个干预阶段同样是必要的。那么为什么不在实验处理已经减少问题行为的情况下停止实验，还要进行另一轮 A-B 设计呢？原因在于，如果只采用一个 A-B 设计，效度可能受到各种与被试内设计有关变量（如成熟、历史等）的威胁。当研究只有一个被试的时候，很难排除这些因素对效度的威胁，因为变化可能是一种随机的波动，甚至在没有施加实验处理的情况下也可能出现。如果撤掉实验处理后目标行为会再次出现或增多，我们就更加肯定实验处理对减少目标行为的作用；如果第二次实验处理又伴随着目标行为的下降，那么实验处理的作用就更加值得肯定。当然，出于实践和伦理上的考虑，也需要在 A-B-A-B 设计中加最后一个 B 阶段。

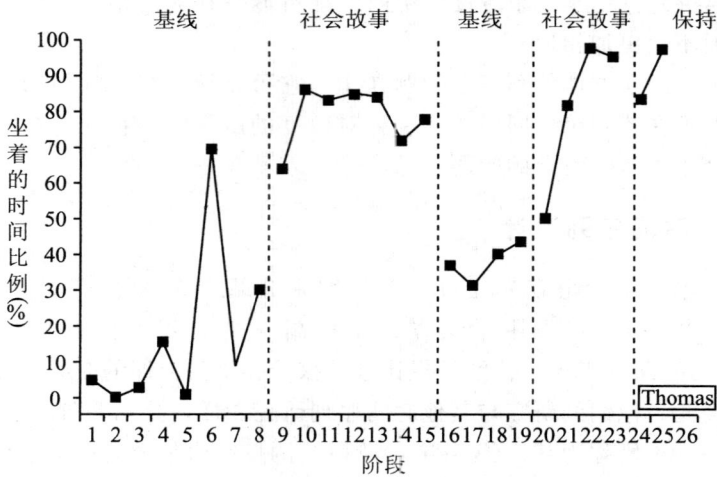

图 3-4　克罗泽等人的时间序列设计研究的结果

来源："Effects of Social Stories on Prosocial Behavior of Preschool Children with Autism Spectrum Disorders"，by S. Crozier and M. Tincani，2007，*Journal of Autism and Developmental Disorders*，37，p. 1809. Copyright 2007 by Springer Publishing.

可以看出，时间序列设计(time-series design)是被试内设计的一种特殊形式。即每一个被试都接受自变量的每一个水平，然后比较同一被试接受实验条件前后的反应。然而，时间序列设计与前面讨论过的被试内设计又有一些区别。在大多数被试内设计中，自变量的各水平是指不同的任务或处理(如在布朗奈尔等人的研究中是言语和非言语的比较)，而时间序列设计的各水平是指是否实施实验处理。大多数被试内设计的比较是在同一实验阶段完成的，而时间序列设计中的比较则扩展到几个重复的阶段上。大多数被试内设计的研究对象是样本或被试小组，而很多时间序列设计只针对单个被试(single-subject)。事实上时间序列设计是研究单个对象时采用的最主要的研究设计方法，它的目的就在于弄清某一实验处理对被试的影响。最后，时间序列设计常常有实际的目的，即验证某一针对问题行为的干预计划是否有效。因此，时间序列设计在临床和教育中比较常见。

时间序列设计的执行和解释都很复杂，在这里不做讨论。时间序列除了像克罗泽等人这样通过实验创造的时间序列以外，还包括自然发生的时间序列(如伴随经济波动的购买行为变化)。无论是实验创造的还是自然发生的时间序列，它们都可以有多种形式，而不仅限于 A-B-A-B 这种形式。

关于时间序列设计的更多介绍可以参看费雷尔等人（Ferrer & Zhang，2009），卡兹丁（Kazdin，2003），以及维利瑟等人（Velicer & Fava，2003）的著作。

三、相关研究

第一章介绍了发展心理学研究中几个当代重要的社会问题，现在我们回顾其中的一个问题作为介绍相关研究的例子。

麦克劳德等人（McLeod，Atkin，& Chaffee，1972)关注了电视暴力对儿童攻击性的影响。他们用各种方法对六年级至十年级的儿童的攻击性进行测量，也调查了样本中每个儿童平均看了多少暴力电视。他们的研究兴趣是，看暴力电视是否和攻击性有关，也就是说看暴力电视多的儿童是否具有更强的攻击性。在他们的研究中（也在许多类似的研究中）确实存在相关，研究的结果支持了假设，即看暴力电视促进了攻击性。

麦克劳德等人（1972）的研究就是一个相关研究（correlational research）的例子，之所以称其为相关研究是因为在研究中没有操纵自变量。麦克劳德等人的研究没有控制被试所看节目的类型，也没有控制被试表现出的攻击性水平，只是当看电视以及攻击性出现的时候对其进行测量，其目的是看这两列变量之间是否存在关系。这种关系可以是正向的，即某一个变量的测量分数越高，对应的另一个变量的得分也越高，如麦克劳德等人的研究就是这样；这种关系也可以是负向的，即某一个变量的测量分数越高，对应的另一个变量的得分则越低。

相关研究的研究结果通常是通过相关分析（correlational statistic）得出的，在第九章中会有详细的阐述。现在要注意的是，相关统计是对变量之间关系程度的测量；它的取值范围是−1（绝对负相关）到0（无相关）到＋1（绝对正相关）。在麦克劳德等人（1972）的研究中相关系数在一定的范围内变化，这取决于被试的年龄、性别以及测量攻击性的方法。大多数的相关系数在 $0.2 \sim 0.3$，这反映了电视暴力与攻击性之间存在中等程度的正相关。

尽管相关分析主要是为相关设计研究服务的，但是一个很重要的方面需要注意，即统计与设计是不同的。除了相关分析以外的其他统计方法也可以检验相关研究的研究结果。例如，在麦克劳德等人（1972）的研究中，研究者可以将被试看电视分为高、中、低三个等级，然后通过 t 检验或方差分析分析三组儿童的攻击性水平。这样尽管该研究用了不同于相关分析的统计方法，但是研究本身还是相关研究。正因为实验设计和统计是相互独立的，所以一些研究者倾向于认为上述这类研究是非实验（nonexperimental）的，即这类研究只是对变量进行了测量，而没有对变量进行实验控制。

（一）相关和因果关系

很明显，相关关系并不能证明因果关系。也就是仅仅知道两个变量相关，并不能说明它们之间是否有因果关系。因此，麦克劳德等人（1972）的研究结果虽与电视暴力引起攻击性这一假设相一致，但不能证明这一假设是正确的。

在讨论为什么相关关系不能反映因果关系之前，有必要澄清一点，即因果关系可以反映变量间存在相关关系。也就是说，如果这两个变量有因果关系，我们应该能（除非一些特殊的情况）在它们中间找到相关关系。因此，相关关系是因果关系的必要但非充分条件。

相关研究的这种根本的局限性源于缺乏实验控制。我们已经强调了很多次，实验控制——控制自变量的性质、分配被试到各实验条件、控制其他潜在的重要变量——使得研究可以得到能揭示因果关系并具有内部效度的结论。因为相关研究缺乏这些控制，它能做的就是证明两种或多种测量之间的共变关系，但不能告诉我们为什么。

和大多数相关研究一样，对麦克劳德等人（1972）的研究结果有三种可能的解释。一种可能性是，观看暴力电视造成了儿童的攻击性增强。如果在研究中麦克劳德等人通过实验控制了电视的观看，他们的结论就更可信。但是由于实际上没有实验控制，那么就有第二种可能性，即攻击性本身比较强的儿童喜欢观看暴力电视。在这种情况下，是攻击倾向引起了儿童观看暴力电视增多。还有第三种可能性，观看暴力电视和攻击性均由第三因素引起，而它们之间并没有直接的因果关系。例如，父母特定的教养方式会促进儿童的攻击性行为和对暴力电视的偏好。这样，尽管这两个测量结果共变，但彼此之间并没有因果关系。

总之，如果变量 A 和变量 B 之间存在相关，就可能有三种解释：A 引起 B，B 引起 A，第三因素 C 引起 A 和 B。

很明显，无法确立因果关系是相关设计的一个很关键的局限。那么为什么要采用这种设计呢？主要原因是这种设计常常是我们能够做到的最好的设计。很多变量因为伦理或实践的原因不能进行实验控制，如父母的教养方式等。在这种情况下只能采用相关研究。而其他一些情况，实验控制虽然是可能的，但很困难，尤其是当目标是将实验控制与自然情境相结合的情况。暴力电视和攻击性的例子就属于这种情况。我们可以对电视的观看进行实验控制然后测量其后的攻击性，很多研究的确是这样做的，然而这类研究因其人为性和缺乏外部效度而常常受到批评。而像麦克劳德等人(1972)的研究，关注的两个变量是明确的：自然状态下的看电视行为以及自然发生的攻击行为。相关研究的最后一个优点是，和实验研究相比它允许我们测试的变化范围更广。在暴力电视和攻击性的实验研究中，我们可能不得不被局限在两种至三种电视类型中。而如果是相关研究，范围就可以扩展至全部的自然发生的经历，从最少每个星期观看 2～3 小时到每星期观看多达 40～50 小时。

（二）加强因果推论的方法

相关设计不能确定因果关系，然而有一些技术能提高推论因果关系的合理性。在这里，将讨论几种这样的技术。

第一种策略尽管是非常基本的常识，但仍然值得注意。在有些情况下，A-B 因果关系中的一种可能性可以通过变量的属性得以直接排除。假设我们发现身材和攻击性水平之间有正相关，如果说身材通过某些方式影响着攻击性，是有道理的(尽管我们还需要去确定具体是如何影响的)；然而，要说攻击性水平是身材不同的原因显然不合理。这种情况下我们只能接受两种假设：A 引起 B 或 C 引起 A 和 B，而排除了 B 引起 A。

上述逻辑分析的方法可以帮助我们分析 A 与 B 之间的因果关系的方向，下面的方法则尤其适合排除第三因素 C 的影响，即利用偏相关技术(partial correlation technique)。所谓偏相关就是采用统计的方法排除一个变量对另外两个变量之间相关作用的干扰。偏相关技术所能做到的，是在保持可能产生影响的第三个变量恒定时，验证两个变量之间的相关。这一方法相当于当每个被试在变量 C 上得分相同时，考察 A 和 B 之间相关如何，或者说在控制 C 后，A 和 B 之间的相关是否仍然显著。

假如我们发现，观看暴力电视和攻击性之间存在正相关，但怀疑这个相关实际上是由第三个因素引起的，如父母的教养方式，那么就可以利用偏相关技术。假如能测量到教养方式的有关信息，就可以利用偏相关技术排除教养方式对暴力电视和攻击性之间相关的干扰作用。如果相关系数基本保持不变，就能得出结论，即父母教养方式不是重要的干扰因素。反之，如果相关系数显著下降，则表明教养方式在电视—攻击性的相关中的确起到了重要的作用。

尽管具体的程序不同，但偏相关技术与匹配技术在目标上是相同的，研究者都是通过使待比较的小组同质来排除混淆因素。在匹配中，同质是在获取结果之前通过分派被试完成的；在偏相关中，同质是在获得结果之后通过统计排除混淆因素来完成的。偏相关技术也存在与匹配技术相同的局限性，即不可能排除所有的混淆因素。换句话说，还有很多混淆变量C，研究者既无法测量，也无法全部控制。

第三种方法是根据变量间的时序关系从相关数据中提取因果关系。这种方法利用了先有因再有果这一事实，通过追踪A和B之间相关的变化，我们能更清楚地了解究竟是A引起B，还是B引起A。

进行时序关系研究需要采用纵向研究。设想我们研究5岁儿童看暴力电视的时间以及每个儿童的攻击性水平，同时设想我们研究3年以后这些儿童看暴力电视的时间以及他们的攻击性水平。显然，我们将会获得两个标准的相关研究：一个是5岁儿童的相关研究，一个是8岁儿童的相关研究。同时我们也将获得一个时序相关研究，通过这个研究我们可以检验5岁时的测验和8岁时测验的相关性。假如我们发现5岁时看电视和8岁时的攻击性相关，而5岁时的攻击性和8岁时看电视无关。也就是说，儿童早期看电视水平的差异可以预测后期的攻击性水平的差异，但是早期的攻击性水平之间的差异并不能预测后期的看电视水平的差异。这样的结果和看电视导致攻击性这一假设相符。但即使在像我们所给的例子这样明显的研究中，它也并不能证明这一假设，它只能给论点增加一些支持。

最后一个加强因果推论的方法其实也是研究方法的一个基本要点，即有时可以采用实验检验来补充相关方法。换句话说，我们可以操纵我们认为是原因的那个变量并测量它对其他变量的影响，从而建立一个真正的自变量—因变量关系。在有关电视暴力的研究中就有很多这样的实验，它们控制电视的观看然后测量随后的攻击性。这些研究提供了相关研究缺乏的实验控制。因为我们用实验方法操纵了变量A，A和B之间的因果方向就不再是不确定的，B的变化必定是随A的变化而产生的。而且，由于我们能控制自变量以外的其他因素，这样就不会有第三个因素混淆A和B之间的关系，因此我们对得出的因果关系更加确定。

这个例子恰好显示了会聚操作的价值所在。在研究一个复杂的、很难研究的课题时，我们需要采用会聚操作（converging operation）。会聚操作，又叫多重方法（multimethod operations），是指采用多种不同的方法来研究特定的问题。相反，仅仅采用一种方法可能对效度产生威胁，即沙迪什等人在 2002 年提出的单一方法偏差（mono-method bias）。这种方法的基本原理是，任何方法的缺点在某种程度上都能由其他方法来弥补，通过会聚不同来源的数据得到的结论比仅从单一数据来源推导出的结论更可靠。

这一论断也适用于研究电视暴力与攻击性这一问题。在这一问题上，实验方法尤其适合因果关系的识别，但它同时也存在很多会降低其外部效度的问题（如人为性、反应性等）。相关设计可以避免实验研究的很多缺陷，但它对因果关系的解释有局限性。由于每种方法都有自身的不足，所以我们需要会聚来自不同方法的数据。这样通过相关研究，我们能够更加确信实验所表明的观看电视对攻击性的影响在现实生活中具有普遍性；相应地，通过实验操作获得的电视暴力影响攻击性的事实可以为我们做出"观看电视能够导致攻击性"这一推论提供依据。

现代统计分析技术能够从相关数据中分析出因果关系，而这些技术的范围已经大大超出了这里介绍的内容。特别是结构方程模型（structural equation modeling）这一极具影响力的方法在这里没有提到。简要的介绍可以在麦卡勒姆等人（MacCallum & Austin，2000）以及厄尔曼等人（Ullman & Bentler，2003）的论著中看到，具体主题研究可以参看《儿童发展》杂志（Connell & Tanaka，1987），更详细的介绍请见克兰（Kline，2010）和舒马克等人（Schumacker & Lomax，2010）的著作。

小　结

本章主要讨论了实验设计的三个问题：不同年龄组的比较、不同实验条件的比较以及实验设计和相关设计的比较。

在不同年龄组的研究中，最普遍的两种设计是纵向研究和横断研究。纵向研究是在一段时间内对相同的被试进行研究，这是直接测量年龄变化的唯一方法，也是研究个体在一段时间内的稳定性和变化的唯一方法。它的不足之处在于太耗费时间和金钱，因此并不常用。另外，纵向研究也很难避免各种偏差，包括研究过程中被试的选择性流失、重复进行相同测试引起的测验效应，以及不可避免的年龄与测量时间的混淆。

横断研究考察的是不同年龄的被试。横断研究比纵向研究更经济，能避免很多纵向研究存在的问题，而且对很多研究来说更合适。然而，横断设计也有其局限性。因为对每个被试只研究一次，所以不能提供年龄变化的直接证据。不同年龄组取样过程中的选择偏差会妨碍年龄比较。另外一个问题是横断研究和纵向研究都有的，也就是测量的等值性，即选择对每个年龄组都适用的测量工具。最后，横断研究还无法避免被试的年龄和他所属群体的时代或同辈之间的混淆。

传统的纵向研究和横断研究的局限性促进了其他设计的发展。时间滞后设计在改变群体和测量时间的同时保持年龄恒定，这种设计能够评估传统设计中那些与年龄相混淆的因素。还有各种序列设计，它们将简单纵向、横断和时间滞后方法结合在一起。序列设计能提供更多的信息，但它耗费更大，同时也无法排除所有的干扰因素。

本章的第二部分主要讨论的是比较不同任务或实验条件的设计。主要方法是被试内设计和被试间设计。在被试内设计中，每一名被试接受所有任务或条件；而在被试间设计中，不同被试被分配到不同的任务或条件中。被试内设计有时更经济，对统计检验更敏感，且能避免诸如选择偏差等影响被试间设计的一些问题。当研究兴趣是被试内的表现模式时，被试内设计也是必不可少的。同样，被试间设计也能避免很多被试内设计存在的问题，特别是由重复测验引起的顺序效应或延续效应。当实验操纵的目的是产生明确和持久的变化时，必须采用被试间设计。

接下来讨论了被试内设计和被试间设计的几种特殊形式。在匹配组设计中，被试在被分派到各实验条件之前就已经匹配好了。其优点在于能确保各组被试在影响实验表现的变量（如智商）上相等。其缺点包括：更费时费力；进行匹配前的测试可能会影响在实验任务上的反应；如果任意一名匹配好的被试退出研究会造成更多的被试流失；可能系统性地匹配了一个变量而使得其他变量变得不匹配。在时间序列设计中，实验者反复执行和撤销实验处理，并记录与之对应的行为变化。这类设计主要用于临床和教育研究，是单一被试研究的常见形式。

最后一部分是相关研究。在相关研究中没有对自变量的控制，而是测量两个或更多的变量，研究者的兴趣在于弄清一个变量上的得分是否与其他变量上的得分一起变化。当不能或很难对变量进行实验操纵时，相关设计是唯一可选的研究方法。相关研究的优点在于它比实验研究包含更多的变量水平；缺点在于由于缺乏实验控制，它无法说明因果关系。减少因果关系不确定性的方法包括对可能的因果方向进行逻辑分析，以统计方法将第三个变量的作用剔除掉的偏相关，采用纵向研究考察相关模式的交叉滞后相关以及对其中的一个变量进行实验操纵。

练 习

1. 本章提到，要区分年龄效应和代际效应是很困难的。现在，请你想想你自己这代人的经历与其他时代的人的经历相比有何不同？这种代际差异会对横断研究产生何种影响？

2. 通过想象序列设计的具体结论及其含义，我们能更好地理解序列设计的复杂性。下表中显示了一个代际序列设计。其中，IQ 是因变量，我们假定不同组的 IQ 平均水平在 90～110。那么，请你根据下面提到的结果估计相应的平均数，使其与以下每一种结果相一致：①仅仅是年龄效应；②仅仅是代际效应；③年龄和测量时间的共同作用。

		测量时间		
		1990	2000	2010
		平均年龄	平均年龄	平均年龄
代际	1930	60	70	80
	1940	50	60	70
	1950	40	50	60

3. 在这一章里，我们强调了纵向研究的价值与难度。另一种可以使我们研究个体在一段时间内的稳定性和变化的方法是回溯法。回溯法指的是及时回顾过去的经历，通常以某些成人的目标表现开始，然后尽可能地收集其在早期发展过程中表现出的先兆或促成因素。显然，这种研究的难点在于如何对过去事件进行精确的测量。现在请你从自己的发展历程中选取一系列较为突出的经历，如学业成绩、朋友关系或是全家出游的经历。然后尽你所能，重新组织这些贯穿你童年时期的发展图景。你可以请你父母完成相同的任务，然后将你们重新建构起来的资料进行比较。如果可能，还可以将你们的重构资料与能反映该时期状况的客观记录进行比较（如报告单、家庭相册）。

4. 正如本章所述，对变量 A 和变量 B 之间的相关关系有多种可能的解释：A 引起 B；B 引起 A；另一因素 C 引起 A 和 B；或以上几种可能性的组合。下面列出了一些在实际的发展研究中得到的正相关的例子。请你对每一个例子，尽可能多地为每种相关找出可能的合理解释，并列举你所能收集到的各种证据，最终判断它们的关系。

(1)父母的体罚和儿童的攻击性。

(2)父母的推理能力和儿童的亲社会行为。

(3)长相的吸引力与受欢迎程度。

(4)IQ 与学业成就。

(5)学业自我概念与学业成就。

(6)活动量与老年期的心理素质。

第四章　因变量的测量

第二章介绍了自变量和因变量的基本区别：自变量是可以控制的因素，因变量是要测量的结果。第三章有关实验设计的大部分内容涉及的是在研究初始阶段构造和联合自变量的各种方法。本章的关注点将转移到最终的因变量部分：测量研究结果的方法。

测量是一个涵盖范围广泛的话题，因此有关测量的讨论将贯穿整本书，在不同的问题上反复出现。特别是在讨论发展研究中具体问题的章节（本书第十二章至第十五章）中，我们将对如何测量那些发展心理学家感兴趣的概念进行大量的讨论。本章的目标仅仅是提供有关测量的一些基本问题的概要——如果需要可以对这些问题进行更深入和细致的研究。

本章的内容结构如下：首先介绍对理解测量非常重要的一些基本概念——概念的操作定义，如测量的不同水平之间的区分、测量的信度和效度等核心概念；后续章节主要介绍两种重要的测量方法：用以测量某种心理特质的标准化测验设计和对行为的观察测量，这两类测量方法又衍生出其他更为普遍的相关问题。

一、一些基本概念

仍然通过一个例子为将要探讨的问题提供背景。巴塞洛等人（Bartholow & Anderson，2002）对暴力电子游戏对青年人（大学生）攻击行为可能产生的影响感兴趣。被试被随机分配到两组中的一组。一组被试花10分钟玩电子游戏"格斗之王"（该游戏的目的是尽可能多地、快地和暴力地杀死对手）；另外一组被试花费同样的时间参加高尔夫球赛。然后，每个被试都和一个研究被试（实际上是主试的助手）参加一个竞争性的反应时游戏。在实验中，当另外一个玩家反应太慢时，被试可以对他实施惩罚。惩罚是通过耳机传递一个爆炸声，爆炸声的强度分为从60分贝到105分贝的10个不同水平。施加惩罚的强度作为衡量攻击性的指标。

结果如图4-1所示，实验条件的主效应显著，玩"格斗之王"的被试要比玩无暴力游戏的被试施加了更高强度的惩罚；但是实验条件和性别的交互作用也显著，电子游戏经验的影响只体现在男性被试身上。

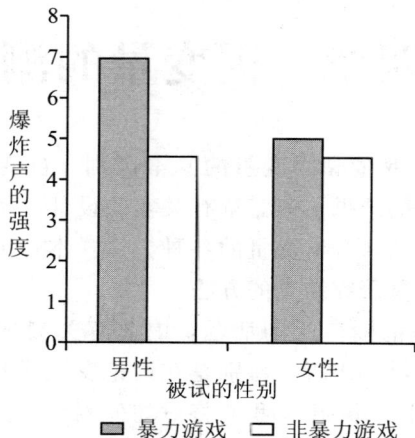

图 4-1　巴塞洛等人的研究中惩罚强度与条件和被试性别的关系

来源："Effects of Violent Videogames on Aggressive Behavior：Potential Sex Differences"，by B. D. *Bartholow* and *C. A. Anderson*，2002，*Journal of Experimental Social Psychology*，38，p. 287. Copyright 2002 by Elsevier.

（一）操作化

有两种可能的方式对巴塞洛等人的研究结果进行概括：①"玩暴力的电子游戏会增加青年男性的攻击性行为"，以及②"在实验情境中，玩格斗之王10分钟，会增加被试在游戏之后对一个看不见的陌生人传递高强度白噪音的可能性"。很明显，第一种陈述方式更有趣并且更具有可概括性。但是第二种陈述在某种程度上更加准确，因为它准确地描述了做了什么以及发现了什么，而第一种陈述方式只是真实数据以外的一种概括性结论。

巴塞洛等人（2002）的实验数据的两种概括方式提出了一个问题，即对研究者希望从实验获得的结论以及研究的实际操作和测量结果之间的重要区分。"电子游戏暴力"和"攻击性"是很有意思的概念，非常值得研究。发展心理学家研究的其他一些课题也是如此，如智力、创造力、自我概念、性别形成。问题是像智力或创造力等这些特质并不是即时、自动就可以观察到的实际"物体"；如果要研究它们，就必须以某种方法使其操作化（operationalized），也就是说，转换到一种具体的可测量的形式。所有的研究都需要测量，而所有的测量都需要将那些泛化的概念具体化。

操作化（operationalized）的另一种表达方式为操作定义（operational definition）。操作定义是根据用产生和测量变量的操作来定义一个变量。因此，温度可以定义为在某一特定容器内汞柱的位置。智力可以定义为在斯坦福—比内智力测验上的成绩。回到巴塞洛等人（2002）的研究中，攻击性可以按照前面提到的两种概括性陈述中的第二种来定义。在这些情况下，操作定义都同实际使用的测量操作具有明显的联系。

让我们考虑一下将理论概念转换成具体的测量指标的工作如何能够让研究者和研究报告的读者都明白。我们来设想一个关于学前儿童攻击性的观察研究。研究者对于在幼儿园情境中的社会强化引发的攻击行为很感兴趣。对研究者来说，第一个任务就是要确定这些相当宽泛的概念的每一个操作定义。因为有大量的方法可以对这些心理概念进行操作化，所以所需要的决定就涉及从所有可能方法中选取最独特的指标。比如，研究者可能会决定将社会强化定义为某种语言表达的组合（如"很好""不错"）、某种面部表情（如对儿童的微笑），以及某种非言语的行为（如轻拍或拥抱）；攻击可以被定义为有意伤害他人的各种身体行为的组合（如打、踢、掐）。不管选择哪些具体的测量指标，研究者之后的工作都要尽可能精确地实施测量并且向读者准确地传达所做的一切。

此研究的读者同样也有工作要做。读者必须首先从认识前面的观点开始，即像社会强化和攻击性这样的概念有很多可能的操作定义，任何一个研究只能包括这些可能的定义中的一个。这一观点意味着研究中所使用的特定的操作定义可能不符合读者自身对社会强化和攻击性意义的预想，而且这个定义也可能不符合读者在其他研究中遇到的类似概念。因此，读者必须做的就是不管以前了解的概念是什么，至少阅读研究时先将其放置一边，只是关注目前研究中实际是如何做的。对于阅读心理学报告的读者必须获得的最重要的技能就是，不受摘要和讨论中所出现的动听的结论（如"社会强化引发攻击性行为"）的影响，根据实际使用的具体操作来评价研究。如果具体的操作过程不能令人满意，那么整体的结论就很难让人信服。

（二）量化

从整体化向具体化发展的研究趋向是测量的一个特点。而测量的另一个特点是量化（quantification）。用测量理论的先驱者斯蒂文森（S. S. Stevens）的话来说，"测量是根据一个或多个规则将数字分配给客体或事件"(Stevens，1968)。然而，在不同形式的测量中数字和规则的性质是变化的。因此测量得出的结论也是各不相同的。

这种涉及数量上的改变定义为测量的水平(levels)或等级(scales)。按照斯蒂文森(1968)的观点，在测量中一般会区分出4个水平。每个水平都要满足所测量的各个系统中的基本功能，也就是说，为每个观察量分配一个数值，各数值起到区别这些观察量的作用。但是，它们也能以某些不同的方式起到这种作用。

测量最简单的形式为称名量表(nominal scale)。称名(nominal)就是"命名"的意思，也就是将一些质性标签赋予样本中的每个观察量。设想你对研究学前儿童玩具的使用偏好很感兴趣，你呈现4种不同的玩具给儿童并让他们每人选取一种玩具来玩，你的测量包括记录儿童选择了哪种玩具。这个例子中的测量就是称名的，因为你所做的全部工作就是给每个反应分配一个标签。当然，你可以将标签变成数字形式，如当儿童选择卡车时记录为1，当儿童拿起泰迪熊时记录为2，如此等等。这些数字仅仅是替代性标签，没有任何数量的意义。称名量表最独特的一点是，它处理的是质性的类别而不是数量的差异。

回到前面提到的攻击性的例子来说明测量的第二种形式。假设我们让学前班教师评价班上儿童的攻击性。我们使用一个5点的评定量表，从"非常具有攻击性"到"没有任何攻击性"。在这个研究中测量的水平可以构成一个顺序量表(ordinal scale)，我们要做的是根据量级排列观测值。在这个例子中，与称名量表相比，我们的观测中存在量上的维度，并且测量将所有的观测值都放置在这一维度上。因此，我们可以说"非常具有攻击性"的儿童比"一般攻击性"的儿童更加具有攻击性，而"一般攻击性"的儿童比"没有任何攻击性"的儿童具有更多的攻击性，或者说类别5比类别3的攻击性强，而类别3比类别1的攻击性强。然而，我们仍然不能探讨它们之间差异的大小。例如，我们不知道5级和3级之间的差异同3级和1级之间的差异是否相同。当然，我们也没有任何保证说获得5级评定的儿童的攻击性是那些获得1级评定的儿童的5倍。我们所能讨论的只是它们的顺序性。

在第三种量表，即等距量表(interval scale)中，上面提到的顺序量表的缺陷有所改善。在等距量表中，量表的标度点不仅仅具有顺序性还具有等距性。一个通常的例子(虽然是非心理学的)是温度计。对温度的测量显然是顺序性的：40°C比30°C热，而30°C又比20°C热。另外，温度计的每一标度点之间都是距离相等的。因此，我们可以说 40℃ 和 30℃ 之间的差异同 30℃ 与 20℃ 之间的差异恰好相等（在物理学意义上而非心理学意义上的感觉）。正如我们看到的，这种量上的精确性对一个顺序量表很重要。

但等距量表仍然存在一个缺陷：没有绝对零点。当然，温度计存在一个零点，但是温度计上的零点只是作为划分其两边数值的一个人为规定的点，而不是量表上的真正的最低点，它并不意味着所测量的属性完全不存在。若一个量表不仅满足一个等距量表的所有标准，并且还存在一个真正的零点，那这种量表就是比率量表（ratio scale）。比率量表通常的例子是对如身高或体重等物理特征的测量。一个天平的标度不仅包括相等间距的重量值，还具有一个真正的零点，即在天平上不存在任何重量。正因为有了绝对零点，一个比率量表允许有比例性质的陈述，而这在等距量表中是不可能的。例如，我们可以说，40 磅是 20 磅重量的两倍。但我们不能说40℃是 20℃ 热度的 2 倍。

表 4-1 总结了我们刚才讨论的各量表之间的差异，我们可以翻到第九章统计分析的测量部分，我们将看到测量的水平也是决定哪种统计测验适合使用的一个因素。

表 4-1 测量的水平

水 平	特 点	样 例
称名量表	分配在质性上相区分的类别而不考虑数量上的意义	性别、种族、政治党派
顺序量表	在量的维度上根据数量级排序	友谊等级、社会等级
等距量表	在相等间距的量的维度上安置	IQ 分数、年级当量
比率量表	在相等间距并且有绝对零点的量的维度上安置	反应时间、错误率

（三）测量的维度

当要把泛化的概念（如攻击性）转换成具体可测量的形式（如打和踢）的时候，我们就需要对选择何种形式而进行讨论了。然而，那些与所选择要测量的客体相对应的一般性维度还没有讨论。测量理论家提出了大量这种测量的维度或"面"（Messick，1983），这里先谈一些，之后再讨论其他方面。

一个基本的决策要考虑到所关注目标行为的具体方面。想象一下刚才假设的对学前儿童攻击性进行测量的研究者，已经选择了"打人"作为攻击

71

性的测量指标，但仍然要精确地决定将要测量的"打人"是什么。例如，研究者可能决定记录行为的发生频率（frequency），也就是说，某个儿童出现多少次打人的行为。这种直接进行频次计数的方式或许是我们对"攻击性水平"的常规意义的最直白的指标。然而，另一种可能是不针对行为发生的频率，而是针对行为的强度（intensity），就是说，不管儿童发出多少次打人的行为而只是看他每次打人有多重。强度同样与我们通常对"攻击"的定义有明显的联系。还有一种情况既不关注频次也不关注强度，而是关注行为发生的时间（timing）。例如，研究者决定聚焦于引发打人这一行为的潜伏期（latency）或迅速性，或者是打人行为总的持续时间。这种频次—强度—时间的三分法并不能应用于所有对心理特质进行检测的反应测量，然而它的应用范围很广。当它不能使用的时候，一般还有其他维度，因此也有其他的方法来测量。除非有独立的测量目标，否则研究不会得出有价值的结果。

对测量某一行为的哪个方面的讨论显示出最初的测量决策，并且主要集中在外显行为上，但并不是所有测量都将外显行为作为测量的目标。一个对攻击性感兴趣的研究者可能对攻击性想法或幻想很感兴趣，这是一种潜在的心理内容而不是实际的行为。这个研究者仍然会从外显的一些可测量的行为中推测这种心理内容（如对攻击性幻想的自我报告）；然而在这个例子中，对行为的测量只是作为达到我们所期待结果的一种手段。同样，对攻击性情绪的研究者可能会引发被试对这种情绪的口头报告，但是和前面一样，实际的测量目标是其他的方面而不是外显行为。另外，对于一些激发攻击行为的反应测量，情绪的研究者可能会绕开所有外显行为而去测量生理上的变化（如心跳加速、血压升高）。情绪只是处于测量表面之下的大量概念中的一个，本书之后的章节会提到各种例证。

我们已经从前面的段落中大概了解到测量有几种不同的可能维度。一种维度很明显就是将隐藏的事物公开化。在一些情况下我们的兴趣在于实际的行为；在另一些情况下，我们的兴趣在于那些不可见的更普遍的概念（思想、动机、愿望等），这些概念需要从可观察的行为背后去推测。在某些情况下测量操作的具体目标是一种外显的行为（如打人）；在另一些情况下测量目标是隐藏的，是人类的眼睛无法观察到的（如心跳）。最后，在某些情况下实际的测量和具体的目标是匹配的，但在另一些情况下并不匹配。例如，测量打人行为，我们感兴趣的是儿童打人的频率，而我们测量的也是这个。然而，情绪的研究者可能对心率并不感兴趣，但是心率是推测情绪特点的一个简单线索。

刚才讨论的不同测量维度的比较有时候也被称作指标—样例（sign-sample）区分。有时候测量的是目标概念的样例，也就是，感兴趣行为的具体实例（打、哭、笑等）；有时候测量的只是指标，不是目标本身，而是可以推测出目标的一些指标（上扬的眉毛、心率的变化等）。当然根据其在研究中的用途，同样的测量可以既作为指标又作为样例。对哭的研究中，哭就是很明显的指标——许多指标中最典型的一个；哭又可作为样例，从中可以确定依恋关系的特点。

最后一个区分关注测量操作的目标，也就是，我们希望用所获得的分数做什么。在一些情况下，测量的目标是确定被试的个体差异——测量样本中的个体在攻击性或依恋或其他特质上差异到达何种程度，这一目标尤其可能出现在相关研究中。在这类研究中，研究者通过探索以测定一组分数的变量（如儿童攻击性的个体差异）与其他组分数的变量（如父母教养子女的差异）之间的关系。而另一些研究的兴趣并不在个体差异上，而是在于立即测定要研究的行为。例如，思考一个有关社会强化与攻击性的假设研究。这个研究的目标会将攻击的起伏变化与是否呈现强化相联系，而不是测量哪一个儿童具有更多或更少的攻击性。我们还可以思考一下巴塞洛等人（2002）所做的实验研究。这个研究的目标同样不是测定个体攻击性的差异，而是看攻击性的变化是否是特定经验的函数，如暴露于暴力的电子游戏中。

刚才讨论的对测量目标的比较有时候被称为特质—状态区分。从测量特质的角度来说，我们的兴趣在于人们一般意义上是什么样的——通常的目标是将测量的特征同一些其他测量或者对同一样本的测量联系起来。从测量状态的角度来说，我们的兴趣在于人们某一时刻是什么样子的——通常的目标是将即时的反应变量和某些潜在决定性的目标行为联系起来。不管从哪种角度进行测量，最重要的是选择一个关于目标概念的恰当的操作定义。另外，具体测量中不管聚焦于特质还是状态，其操作过程可能都是相同的。例如，如果将某种身体动作的联合指标（打、踢、掐等）用于个体攻击性差异性的测量，那么这种测量方式也适用于对攻击的即时决定因素的实验研究中。然而，在这两种研究中，即使测量的方式相同，它们实施和使用的方式也可能不同。当关注点在人群中的个体差异时，行为的取样问题就变得比较重要：我们按照感兴趣的维度将被试进行排序的程度取决于我们获得每个人行为的代表性样本的程度。当关注点在一个对目标行为的实验操作上时，取样问题和个体差异的重要性就退后了：现在我们关注的目标是一个单独的、可比较的行为取样，这一行为能揭示出我们要寻找的效应。毫无疑问，这种情况下先前存在的个体差异成为障碍而不是目的，因为这种差异会导致误差变异，使我们研究变量的效应变得模糊。

这一节中我们关注到随测量方式而不同的一些维度，表 4-2 中总结了所讨论过的维度。正如所看到的，对测量过程较为完整的处理（e.g., Messick，1983）也添加了一些其他的方面。尽管维度和选择具有多样性，但在某种水平下只要选取很简单的一点：我们选择那些能满足具体研究目标的测量。

表 4-2　测量的维度

维　度	描　述
行为层面	行为的哪个方面（如频率、强度、时间）被测量
外显—内隐	测量目标是外显的（一种实际的行为）还是内隐的（如生理的变化）
指标—样例	测量是来自可推断的感兴趣的概念中的一个指标还是目标概念的一个例子
特质—状态	关注点在被试稳定的个体差异还是在实验操作的即时效应

（四）测量的来源

设想你是一个对攻击性感兴趣的研究者，再设想你成功地操作所有我们之前考虑过的决策步骤，因而你计划记录下（我们假设）某一组身体动作来作为攻击性的实例。你将分析这些动作发生的频率，你的目标是确定研究样本在攻击性上的个体差异。你希望能够这样进行描述，因此，约翰尼具有很高的攻击性，比利具有中等程度的攻击性，汤米没有攻击性等（附加适当数量）。然而，仍存在一个有关测量的基本问题，你打算如何获得约翰尼、比利和汤米实际行为的证据？佩尔泽尔等人（Pelzel & Abbott，2011）将这一问题称为"数据来源"，我们通过什么背景和程序将一般的测量决断转换成行为的实际数据？

心理学家通常有三种方法来获得实验证据：一种是在自然情境中观察行为（自然观察法），一种是在某种特殊的环境或背景中激发行为（实验法），最后一种是通过个体自我认识获得对行为的报告（言语报告法）。每种类型都有自己的假设。例如，在实验室研究中可以激发某类外显的行为，或者测量某种潜在的生理过程，或者通过纸笔测验收集信息。言语报告法，可以采取问卷的形式或者面对面访谈的形式，信息可以由儿童的家长、教师或儿童自己（较大的儿童）来提供。测量有大量不同的具体形式；然而所有形式都可以划分为这三种基本的方法。

表 4-3 总结了这三种方法的区别并提供了一个有关每种方法优缺点的简明评述。请不要期待能够从表里列出的简短几点中获得对测量方法的完全理解。这个表的目的只是说明测量之间的区别以及介绍本书中将出现的问题。当我们面对发展心理学研究中的不同主题时，除了会看到每种方法的优势与不足之外，还会看到这三种研究方法的使用是相对平衡的，并且它们还有一些具体的形式。

表 4-3　测量的来源

来源	优势和不足
自然观察	在自然情境下获得儿童行为信息的唯一一直接来源。然而，观察者的存在可能改变情境和目标行为，并且观察者也许不能准确地记录一些行为。再有，一些行为（如知觉过程）不可能在自然情境中进行观察
实验室研究	对实验室环境的控制可以保证研究的行为能够发生，并且可以使测量的准确性和被试间的可比性达到最大程度。另外，对某些因变量（如生理变化）来说，实验室研究是唯一的选择。但是，在某种程度上实验室环境和真实环境存在差异，在实验室中测量的行为不能概化到真实环境中
言语报告	言语报告提供的信息范围比其他研究方法提供的信息更多。儿童发展中，可以提供多种来源的信息，包括同伴报告和自我报告。但是，只有一些行为可以通过言语报告法获得。另外，言语报告不是对行为的直接测量，由于各种原因它们有时提供的信息并不准确

专栏 4.1　透视大脑：测量大脑活动的方法

正如本文中所提到的，不是所有心理学的测量方法都将外显的行为作为它们的目标。特别是在婴儿和年龄较小的儿童身上，对潜在的生理过程的测量也可以提供大量的信息，因为他们的外在行为通常很有限。在本书之后的章节中我们将看到大量的例证。

尽管生理测量可以追溯到心理学产生初期，可以检测到的生理过程的类型直到技术发展后才得以扩展。特别是近些年来，研究大脑的技术有了很大的进展（Hanson & Bunzl, 2010; Zelazo, Chandler, & Crone, 2010）。这些技术使得科学家第一次能够不仅检测到大脑的解剖结构还可以检测到人们进行不同任务时大脑的活动（activity）。《发展科学》（*Developmental Science*）杂志的一个特殊专题中（Casey & de Haan，2002）讨论了7种功能性影像技术（functional imaging techniques）的优缺点，这里我们只介绍其中的3种。

一种技术称为正电子发射断层影像（positive emission tomography，PET）。PET是将一种放射性同位素注射到血流中来测查大脑中代谢活动。那些放射性物质释放的地方就是特别活跃的"点亮的"脑区，PET的扫描器可以提供活跃脑区的图片。例如，在语言加工过程的研究中，大脑左半球区域倾向于特别活跃，证明了存在对语言加工特定的脑区。

因为PET需要注射一种放射性同位素，所以它被认为是一种相对"侵入性的"（invasive）方式，而且这种方法不能用于对儿童的常规研究中（事实上，美国食品和药物管理局严令禁止其使用）。到目前为止，临床案例诊断需要合理使用程序，有关儿童临床案例的PET研究目前还很有限。

相比较而言更具广泛应用性的一个技术是功能性核磁共振成像（functional magnetic resonance imaging，fMRI）。当一个脑区被激活时，血流量以及这一区域的血氧浓度会增加，含氧的血液比不含氧的血液更容易被磁化。fMRI的操作过程是使用了一个强大的磁铁来记录血液含氧水平的改变。图4-2给出了fMRI产生的某类图像的一个例子。这个研究的问题是面孔感知和位置匹配任务是否涉及大脑不同区域的功能。如图4-2所示，这些任务确实涉及大脑的不同区域，而且在儿童和成人中都如此。但是，研究也揭示出发展的差异性，成人比儿童表现出更为集中的脑区激活现象。

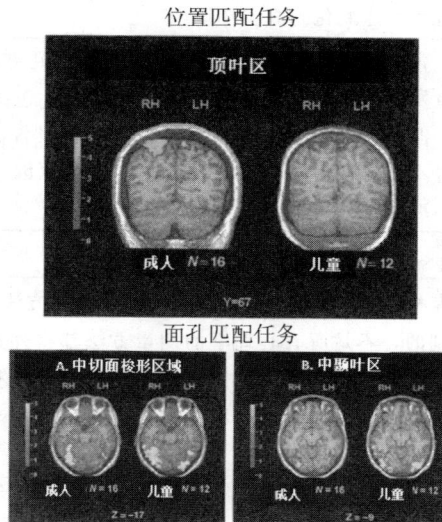

图 4-2　功能性核磁共振影像

注：在进行不同的认知任务时，使用无线电波和较强的磁场以提供大脑中血流和化学变化的图像。儿童和成人在完成不同任务时，大脑的不同区域都被激活了。（RH＝右半球，LH＝左半球）

来源："The Development of Face and Location Processing：An fMRI Study"，by A. M. Passarotti，B. M. Paul，J. R. Bussiere，R. B. Buxton，E. C. Wong，and J. Stiles，2003，*Developmental Science*，p. 6，p. 108，p. 109. Copyright 2003 by Blackwell Publishers.

尽管 fMRI 没有 PET 那样的潜在危险性，但它的使用需要被试在较长时间内保持不动，这对儿童来说很难做到。因此，这种方法很少用于年龄低于 5 岁或 6 岁的儿童。但经常用于研究关于年长儿童和青少年的一些主题。

图 4-3 给出的仪器则是第三种技术：事件相关电位的测量（event-related potentials，ERPs）。贴在头皮上的电极记录下呈现某一特定刺激之后的神经元活动。相对于 PET 或 fMRI，这一技术可以应用于更广的年龄范围。事实上如图 4-3 所示，它甚至可以用于婴儿。这一技术也可以应用于较宽范围的研究领域，如注意、记忆、语言、阅读和面孔感知（Taylor & Baldeweg，2002）。

图 4-3 记录事件相关电位的仪器（ERPs）

来源：Courtesy of the Benasich Lab

我们要明白尽管这些技术的方法不同，但每种技术都有类似的基本目标：提供进行不同任务操作时大脑内部活动的图片。研究中一个基本的问题是任务的比较：在何种程度上是相同或不同脑区涉及不同活动的表现？对发展心理学家来说，还有第二个基本问题：在何种程度上能够得出结论认为从婴儿期到儿童期，再到青春期，及到成人期这一过程中，大脑活动是相似的还是有差异的？正如图 4-2 所揭示的，答案经常转变为相似性和差异性的混合：大脑组织和功能的基本方面在生命早期就表现出来了，但是进一步的发展要随着成熟和经验而产生。

最后一个问题——发展全程中任何时候都会面对——考虑到个体的差异，很多任务中个体间的表现品质存在差异，并且我们能够从对大脑的测量中区分成功和不成功的表现。我们也可以从大脑类型中辨别出更为极端的和普遍的个体差异，特别是不同的临床症状和发展失调。我们这里提到的技术已经发现了多种失调症，包括诵读困难、孤独症以及注意缺损多动障碍（ADHD）。新的影像技术除了科学价值外还有明确的应用价值。

二、测量的质量

正如我们所见到的，测量终归是一个决策的过程：从较大范围的可能性中选择评价目标概念的具体方法。在这一节中，我们将谈到如何识别相关因素来满足某个特定测量的需求。

在第二章中提到，"变量"部分的"因变量"意味着我们所获得的分数必须具有一些变化的范围来作为研究检测的因素的一个函数。因此，一个好的测量标准就是能够生成期望的水平和因变量值的范围。相反的情况是分数聚集在一起，这时就可能没有产生作用效果。这类问题经常在相关研究和有限制范围的问题中有所探讨，然而它也用于实验设计。再次思考第二章中讨论过的克利格尔等人（2007）的研究。在研究中被试不得不计划6个任务。设想他们不呈现6个任务，而是只呈现两个任务。在这种情况下，大部分被试将会表现得非常好，也就没有发现研究本身设计探讨的背景效应（熟悉—新奇对比）的可能性了。

克利格尔等人（2007）研究的假设实验说明了范围限制（restriction of range）的一种类型，即所谓的天花板效应（ceiling effect）。当一个任务太简单导致大多数被试都能获得或接近量表分数的上限时，就产生了天花板效应。相反的情况也有可能出现，因为任务太难使得分数都聚集在量表的下限。你也许能猜到，这一问题被称为地板效应（floor effect）。天花板效应和地板效应都会危及研究的效度，因为它们会掩盖各组之间的真实差异。

只要足够小心，通常是有可能避免天花板效应和地板效应的。具有相似任务和样本的初步研究可以先尝试探索找出所期望的难度水平。如果仍然存有疑虑，可以使用预测验来改善测量。但是不管研究者多么小心，当同样的任务和实验程序用于不同发展水平的被试时仍有困难存在。比如，一个任务对某个年龄组的儿童来说难度水平是恰好合适的，但对稍微大一些的儿童可能就会产生天花板效应，而对稍微小一点儿的儿童就可能产生地板效应。

对任务的跨年龄匹配问题的讨论，涉及测量等值这一基本问题。正如我们在第三章看到的，测量等值就是无论何时一个研究对不同组被试进行比较的问题。其基本问题就是研究的程序和测量对不同组是否同样公平和有效，在发展研究中这一问题通常出现在对不同年龄群体的比较上，但是也可出现在对自然形成组的比较中（Knight & Zerr，2010）。测量等值是跨文化研究中的一个焦点，在第六章讨论跨文化研究时我们再回到这个问题上。

对测量等值的一个考虑因素是由于通常情况下，对目标概念的单一操作是不够的。一种测量对一个群体可能合适但对其他一些群体就不合适了。这一点实际上还有更普遍的说法，即使当组间比较不是要探讨的问题时，单一的测量方法对于得出结论也有潜在危险。沙迪什等人（2002）将一种测量操作的过度使用称为单一操作偏差（mono-operation bias）。他们指出，任何单一操作几乎都肯定会产生目标概念代表性不足的问题，也就是说，只是抓住了我们要测量问题（攻击性、智力、性别形成等）的某些方面。此外，所有的测量都包含一些任务特殊性的无关信息（如所使用的特殊刺激、指导语的准确用词、参加研究的特定个体），因此仅仅在一个测量过程中很难了解有多少分数是真实的目标而有多少是无关的。当我们能够使用一些不同的测量形式而不仅仅是一种形式的时候，就可以更加肯定我们得出的结论。这一点应该很熟悉，在第三章中已做了关于因果问题单一方法取向危险性的论述。这两种情况的解决办法都是使用会聚性操作（converging operations），而不是仅用一种方法研究（Eid & Diener，2006）。

对测量质量的讨论还要考虑到两个对测量评价很重要的概念：信度和效度。信度（reliability）是指测量的一致性或可重复性。问题是一种测量技术重复应用是否能够产生同样的或者至少具有高度相似性的测量值。重复使用的测量之间具有的一致性程度越高，信度就越高，测量的一个目标就是要使信度最大化。效度（validity），正如其通常的意思指准确性，在这里指测量的准确性。问题是测量产生的值能否准确地反应目标概念，也就是说，我们能否真正测量到我们想要测量的东西？很明显，效度是有关任何测量评价的全部问题所在。它是一个整体目标，包含了所有在本节中讨论的具体问题。

无论何时我们测量任何东西都会面临信度和效度的问题。但是在实践中，这两个概念常常同两种类型的测验相联系：标准化测验和观察评定。标准化测验和观察法是本章下一节要探讨的主题，本书将在这两种形式的测评背景下总结性地提出有关信度和效度的问题。

三、测验

目前，还没有统一的标准来评价在什么情境下某种测验操作被称为测验（test）。这里使用的测验这个词是指标准化的测量工具，其目的是评价某种重要的心理特质。令人感兴趣的心理学特质有很多，并且还有更多的测验来测量它们，有关这些测验来源的文章（有些列在表 4-4 中）可以涉及几千篇。我们在之后的章节中会看到一些例子：对婴儿气质的测量（第十二章），学前儿童的心理理论（第十三章），年长儿童性别认同的发展（第十四章），以及生命全程各阶段的智力（第十三章和第十五章）。就像一般的测验，这些例子因不同的测量内容而相互区别，如目标是哪个年龄的群体，使用哪种激发反应的形式，以及测验的分数如何使用等问题。但是，所有这些测验都同样必须满足信度和效度这两个标准。

表 4-4　心理学中标准化测验的来源

高曼，米歇尔（Eds）（2008）．未出版的心理测量目录．华盛顿：美国心理学协会．   Goldman，B. A. & Mitchell，D. F.（Eds.）．（2008）．*Directory of unpublished mental measures*. Washington，DC：American Psychological Association.
马多克斯（2008）．测验—第六版．奥斯丁，版前．   Maddox，T.（2008）．*Tests-Sixth Edition*. Austin，TX：Pro-Ed.
墨菲，盖辛格，卡尔森，斯皮斯（Eds）（2011）测验（已出版第八版）．林肯：内布拉斯加大学印刷．   Murphy，L. L.，Geisinger，K. F.，Carlson，J. F.，& Spies，R. A.（Eds.）．（2011）．*Tests in print* Ⅷ. Lincoln：University of Nebraska Press.
斯皮斯，卡尔森，盖辛格（Eds）（2010）．第十八届心理测量年鉴．林肯：内布拉斯加大学印刷．   Spies，R. A.，Carlson，J. F.，& Geisinger，K. F.（Eds.）．（2010）．*The eighteenth mental measurements yearbook*. Lincoln：University of Nebraska Press.
健康和心理测量方法（Health and Psychosocial Instruments）   在线数据库：ebscohost. com/academic/health-and-psychosocial-instruments-hapi

（一）效度

测验的效度问题很直接：测验是否真正测量了它所要测量的东西？例如，如果是一个 IQ 测验，是否真正测量了智力的个体差异，或者说人们分数上的差异是否还有其他偏差？很明显，只是测验被称为"IQ"这一事实并不能决定它的效度问题，我们需要其他标准。总的来说，有三种主要的效度标准。

第一种是测验的内容效度。内容效度是指测验的题目足够代表感兴趣的概念领域。测验是否包含了我们想测量的目标的所有重要方面，并且各个方面的权重是否恰当？假设我们设计一个测验用来研究四年级学生的算术能力，那一个只含有加法题目的测验的内容效度相对较差，而一个包括加、减、乘、除问题的有代表性的取样测验就具有较好的内容效度。

内容效度通常是有必要的，但并不总是很容易获得。即使是小学算术这样范围限定的目标，在取样适合性问题上仍会产生不同意见。例如，应该有多少两位数问题，有多少三位数问题；问题应该被嵌入到哪种或哪些情境中。当目标为小学数学时更复杂，内容效度实际上就不可能被证实了。例如，智力这样较大的概念，不管题目的取样范围有多大，只通过内容分析所有测验也不可能呈现为一个包括智力各个方面的完整的有代表性的取样。

第二种形式的效度是效标效度。效标效度中的问题涉及一个被试在测验上的表现是否同所要研究特质的某种测量有关——同某种外部效标有关。在算术知识测验中，一个合理的效标可以是整个学年的算术成绩。同这一成绩高度相关的测验就具有好的效标效度。在智力的例子中，通常的效标是用 IQ 测验的成绩来预测学业表现或者标准化的成就测验的成绩；实际情况却是，历史上因为预测学业成绩的需要促使发展出第一个较完善的 IQ 测验（1905 年比内和西蒙的智力测验）。从更广泛的角度来说，对主要功能在于预测实践目标的测验来说，效标效度是其效度的主要形式。因此，效标效度应用在 SAT 或 GRE 等测验来预测学业表现，用 40 码冲刺的时间来预测职业足球运动员的成就上，以及其他各种领域中。

有时候我们会对两种形式的效标效度进行区分。当一个测验与某种同时出现的外部效标有关时，我们称其具有同时效度（concurrent validity）。例如，我们发现二年级时测量的 IQ 成绩同其学业表现存在相关，我们就可以说这个 IQ 测量具有同时效度。当一个测验同某种未来的外部效标有关时，我们称其具有预测效度（predictive validity）。如果我们发现二年级测量的 IQ 成绩同高中时候的学业表现有关，我们可以说这个测验具有预测效度。

最后一种效度的形式是结构效度。在心理测量中，结构效度一般被认为是测验效度最重要的形式，不幸的是，它也是研究者最难获得的。本书将在这里对这个复杂的概念进行一个简要的说明。很多资源都对此有更深入的讨论，包括博尔斯波姆（Borsboom，2005）；博尔斯波姆等人（Borsboom，Mellenbergh，& van Heerden，2004）；克隆巴赫（Cronbach，1990）；恩布雷特森（Embretson，2010）等的著作。

结构效度独特的地方在于它的理论背景。正如克林格等人（2000）所说，"这不仅仅是一个测验效度的问题，研究者必须尝试验证测验背后的理论"。因此，出发点是我们想要测量的一些概念（智力、创造力、自我概念、焦虑等）的理论。从这个理论出发，可以获得不同的预测。这些预测包括某种类型实验操作对测验分数影响的假设。例如，假设我们试图获得一个焦虑测验的效度。在这种情况下，我们可以预测如果提高一个测验情境的压力需求将导致测验上更高的分数；相反，如果减少外在的压力将导致较低的分数。如果观察到此种形式的结果就可以为这个测验的结构效度提供一份证据。

除了实验研究外，相关关系的数据在建立结构效度中也很重要。所预测的相关关系有两类较为典型。一类预测反映出有关概念的测量同其他测量之间呈正相关关系的假设。例如，假设我们设计一个有关焦虑的测验，我们可以预测焦虑的自我报告与通过焦虑指标（如心跳加速）表现出的生理变化之间存在相关关系。在理论上相联系的测量之间具有的这种期待的相关表现被称为会聚效度（convergent validity）。另一种预测则关注哪些测量不能同其他测量相关的假设。例如，在一个有效的测量焦虑的测验中，证明某些类型的生理变化与自我报告的焦虑不相关这一点也很重要，因此将一般的唤醒作为例外排除结果之外。理论上不同的测量之间这种差异性的证明被称为区分效度（divergent/discriminant validity）。这两种类型的证据都很重要。威尔金森（Wilkinson）指出"在建立一种测量方法时，不能测到它不该测到的东西同测量到应该测到的东西是同等重要的"。

正如前面讨论过的，同效标效度一样，结构效度是通过很多期望的测量之间相关关系的证据建立起来的。然而，这两种效度之间还存在一些重要的差异。效标效度通常只有一个我们希望去预测的独立的外部目标，如学校的表现；而结构效度则是一个整体的相互关系假设的网络。在效标效度中目标是对实践目的的一般性预测；而结构效度的目标是一个潜在理论的有效性问题。因此，尽管可能容易混淆，但对后一种形式的测验效度的命名和第二章中实验效度的一种形式相同并不是偶然的。在两种情况中理论的准确性是问题的关键：一种情况是有关测量的，而另一种情况则是将研究作为整体对待的。

（二）信度

除了效度之外，标准化测验还必须具有令人满意的信度。测验的信度问题比较直观，即测验测量的东西是否具有一致性。例如，设想一下在连续几天里我们给儿童施测一个 IQ 测验，然后比较所得的分数。高度相似的分数说明测验具有很好的信度，显著不同的分数则说明测验信度很差。

IQ 测验的例子说明信度的一个通常的形式：重测信度（test-retest reliability）。有两种方式可以获得重测信度。一种方式是在两种不同的情境中施测同一测验。但是，显然如果测验是相同的，儿童就可能记住大量的反应方式，这种情况就会人为地夸大信度（如果儿童感知到重新对测验施测并将其作为一种应该变化答案的信号，也可能会缩小信度）。为了避免这个问题，重测信度有时候通过一种替换形式的程序来测量。正如名称中所表明的，替换形式的方法需要两种不同的但等值的测验版本，在时间 1 中施测一个版本的测验，在时间 2 中施测另一个版本的测验。同样，测验反应的高度一致性说明了测验具有高信度。

第二种主要的测验信度类型被称为内部一致性信度（internal consistency reliability）。这种信度主要涉及在一个时间段内一个单独测验中不同项目之间的一致性程度的问题。获得这种信度通常的做法就是将测验划分成奇数项和偶数项，然后比较这两个类别之间的答案，因而被称为"分半"法。同样，回答的一致性高说明信度高。当然，要注意到只有当不同的题目测量的是同一个结构的时候才能计算这种信度。如果测验题目的目的是测量不同的东西，那么我们就不必期待它们之间具有相关。

还有其他一些概念用以处理独立测量之间的一致性问题，将信度同这些概念进行区分很重要。假设我们施测 IQ 测验时不是间隔 1 天而是间隔两年，如果我们发现获得的两个分数之间具有本质差异，那么我们是应该得出结论认为 IQ 测验不具有一致性，还是应该认为儿童的 IQ 在两年间发生了真实的变化？假设我们决定测量体重来代替智力，如果我们的测量表明儿童 9 岁时比 7 岁时重 15 磅，那应该认为我们的量表不可信吗？当然不是，更有可能的结论是，儿童的体重在两年间确实发生了变化，也就是说，体重不像儿童身高增长那样具有稳定性。儿童功能的很多方面（包括在 IQ 测验上的表现）都不像儿童生长那样具有绝对的稳定性。因此，区分一个测量的信度和一种行为的稳定性很重要。

区分测量的信度和一种行为测量能够概化的程度是很重要。概化（generalization）是指行为跨情境一致性的问题。假设我们对学前儿童的攻击性感兴趣，我们走进一所幼儿园并记录下儿童表现出来的多种攻击性行为，从中得出对每个儿童的攻击性水平的测量。然后，我们走进儿童的家中并在那里测量他们的攻击性表现。我们发现在学校的攻击性测验同在家里的攻击性测量之间的相关很弱，总之一句话，两种分数之间存在大量的不一致。我们能否得出结论说其中的一个或两个测量都不可靠呢？尽管这是一种可能的结论，但也许更合理的结论是攻击性行为从一种环境到另一种十分不同的环境中不具有一致性。如果是这样，我们的研究发现这种现象同概化的程度有关，而不是和信度有关。

现在很有必要总结一下我们刚才所做的各种区分。信度是一个测量的特性，稳定性和概化程度则是行为的特性。信度是研究者一直寻求如何最大化的；而稳定性和概化程度则是研究的现象，不能最大化的。最后，只有我们先获得一个满意的信度之后，才能研究这些现象；只有我们能够确定我们的测量在一个特定的时间和情境下是可靠的，我们才能研究行为的跨时间（稳定性问题）或跨情境（概化问题）一致性。

本章的这一节讨论了测验的效度和信度。这两个概念的关系很容易辨别。信度是效度的必要非充分条件。如果一个测验的分数一致性程度很低或没有一致性，则这个测验很难提供对研究特质的有效测量。但是，只有一致性不能保证一个测验是有效的。我们可以设计一个"智力"测验，其中包含测量单脚跳能力。这个测验的分数也许具有很好的跨项目（两脚跳）和跨时间一致性，但是这一好的信度并不能说明我们成功地测量了智力本身。

（三）关于相关的一些内容

我们已经看到相关在决定信度和效度上非常重要。在很多例子中，我们都想要高相关。当我们评估效标效度或会聚效度时就是这种情况，判断信度时也是这样。但是在有些情况下，我们希望相关低一些，尤其是判断区分效度时就是如此。在这部分，本书思考了一些由于错误原因导致相关高或低的理由，即人为增大或减小相关值的因素。

导致相关值减小的最重要的因素是低信度，在这一点上再多介绍一些术语。任何被试在一个测验中的分数都可以被看作是由两部分组成：真分数，或者说在被测量的维度上的真实值，以及来自不完美测量的误差。很明显，"误差"只是探讨信度的另外一种方式，完美的信度是没有误差的；相反，误差越大，信度越低。当我们把测量值 A 和测量值 B 进行相关时，我们实际上在把两对对最终值有贡献的值进行相关：A 的真分数加上测量误差，B 的真分数加上测量误差。测量误差被定义为随机的、无关的，因此测量误差降低了相关。误差的比例越大，信度越低，可能的相关越低。

低相关的另外一个来源是全距的限制。一个相关是指一个测量的方差与另外一个测量的方差之间的相关，而且只有当每种用于相关的测量出现了足够的变异时，相关才有效。每种测量分数的有限全距会降低可能的相关。极端情况就是，如果每个人在其中一个测量上的分数都一样的话，相关系数必然为 0，因为没有方差用于相关。

那么相反的情况，被误导的高相关是怎样的呢？在发展性研究中，相关仅仅会出现于随着年龄增长而产生的一般改变。例如，假设我们让 3 岁、4 岁和 5 岁组的儿童完成一系列认知任务。平均来说，3 岁组在所有任务中的表现都是最差的，而 5 岁组表现最好。一定会出现一种情况，这些测量将会正相关，即使他们之间没有什么真正的关系。有两种方式可以避免这种虚假的高相关。其中一种是在每个年龄段内单独计算这些相关；另外一种是使用偏相关技术，从相关中排除年龄的效应。

如果被用于计算相关的任务采用了相似的方法，也会出现相关。例如，我们呈现的所有认知任务本质上都是高度语言形式的，都需要与成年主试持续合作。如果是这样，那些在这类任务中感到愉快的儿童在所有任务中的表现相对较好，而那些感到不愉快的儿童表现差，无论是评估哪种特定内容都是如此。由于任务间方法重叠导致的相关可以说是反映了共同方法偏差（shared methods variance）。避免这种可能性的方法是用不同的方法评估，如使用较少的语言形式进行评估看看会发生什么。

四、回归

让我们暂时回到重测信度。不够完美的信度是指一个测验第二次施测获得的分数同第一次施测获得的分数存在差异。说到差异的方向性有可能会远离这种一般的陈述，也就是，在第二次测验中分数是否有可能会提高或降低。在个体水平下，不可能准确预测出第二次比第一次的分数更高还是更低。但是在群体水平下，我们可以做出一种预测：平均来看，第一次测验中低分的被试将在第二次测验中获得更高的分数，而在第一次测验中高分的被试将在第二次测验中获得较低的分数。这种再测时的初始极端分数趋向组平均分的现象被称为趋向平均数的回归（regression toward the mean）。

在考虑为什么会发生这种现象之前，我们先看一个具体的例子。假设我们用一个 IQ 测验来测量一个样本中的儿童，并获得图 4-4 所示的分数分布。一些儿童的分数显著低于平均分（空圆圈），而另一些儿童的分数则在平均表现的范围内（画线的圆圈）。现在我们假设一周之后对同一样本施测同一测验，并获得如图 4-5 所示的分数分布。图 4-5 表明，平均来看，最初低分的儿童分数提高了，而最初高分的儿童分数则降低了。因此，两组儿童都"向平均数回归"了。但是由于一些最初的平均分数提高或降低了，整体的范围和平均数还保持最初的状态。

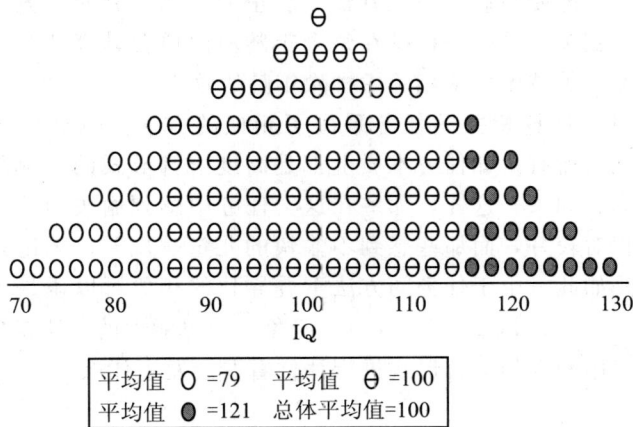

图 4-4　初次施测一个 IQ 测验获得的假设分数分布

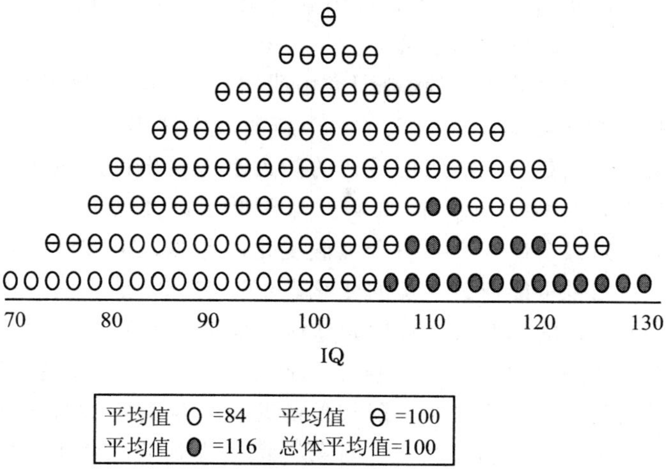

图 4-5　再次施测一个 IQ 测验获得的假设分数分布

　　为什么会产生回归呢？如前所述，一个测验中任何一名被试的分数都可以被认为包含两个成分："真分数"以及不完善测量的误差部分。对误差一般存在两种假设。一个假设是真分数的误差为正态分布的。这就意味着小的误差比大的误差出现的可能性更大，也意味着误差夸大或缩小个体分数的概率是相等的。第二个假设是误差的发生具有跨被试和跨测试情境的随机性。这就意味着对某一个被试来说误差在一个测验和另一个测验之间是无关的，第一个测验的误差同第二个测验的误差之间没有关系。

　　现在看图 4-4 中的分数，测量的误差如何影响这些分数呢？具体地说，那些实际上夸大或缩小了分数的相对极端的误差，如何影响所获得的分数分布？假定那些低分的儿童（空圆圈）一般都会遭受不定数量的消极方面的误差，这是很合理的，这也是他们分数低的一个原因。同样，一般来说高分儿童会或多或少受到某些积极方面误差的影响，这也是他们分数高的一个原因。但是当我们重新测量这些儿童时会发生什么呢？前面说过，误差在一个测验和另一个测验之间是无关的。因此极端的误差不可能以同样的方式影响同一个儿童。对于任何一个儿童来说，最有可能的结果是存在一个相对较小的误差，其对真分数夸大或缩小的可能性均等。这种测验间误差的"均等"保证了低分倾向于提高，而高分倾向于降低，总而言之，我们会发现朝向平均数的回归。

　　回归提出的基本问题应该是显而易见的，就像通常较低的信度会危及研究效度一样，回归也是一个危险因素。另外，因为回归是一个系统现象，它可能会产生系统的错误结论。

例如，假设在之前所述的 IQ 研究中我们不仅重新测量了儿童的 IQ 还在第一次和第二次测验中间引入了一个新的教学课程。图 4-4 和图 4-5 中给出了结果，然后我们可能依据最初的能力水平得出课程效果的结论：课程提升了低能力儿童的 IQ，但事实上却压低了高能力儿童的 IQ。显然，在这个例子中回归会使人产生一个虚假变化的印象，但实际变化并没有发生。并且，回归也可能掩盖真实的变化，也许实际上课程对高能力儿童是有益处的，但获得的真实分数被回归造成的损失抵消了。

类似于刚才提到的干预研究例子也许是发生回归效应最普遍的情况，因为这类研究关注于那些最初表现较差的儿童。某类配对组设计也会受到这一问题的影响。让我们考虑一个对第三章中提到的肄业生—毕业生例子稍微改变的版本。设想现在你的研究兴趣是 IQ 分数跨时间的持久性：毕业生比肄业生更能保持他们的能力吗？你在家长总体的初始 IQ 分数的中心水平（如 97）上匹配了两组被试，并在 10 年后对其进行重测。只考虑回归，我们可以预测毕业生的平均分数将会提高（因为从人群中选择了相对低分的成员）而肄业生的平均分数将会降低（因为从人群中选择了相对高分的成员）。同样，回归可能使我们测量的独立变量之间的实际关系变得模糊不清。

五、观察的方法

对行为的直接观察在心理学中既是一种最有价值的，也是一种最有挑战性的测量方法。因此，本章中总结了在行为观察的过程中会涉及的一些较为复杂的议题。

首先我们需要明确一些事情。在某种意义上，所有的研究都涉及对行为的观察。我们还有其他方式获得因变量吗？有。但是在某种情况下，对行为的记录本质（差不多）是自动化的。心跳速率的反应可以通过心电图来记录，问题解决任务的判断可以通过按压按钮来显示。对发育成熟的被试可以使用问卷来引发他们各种反应。不管在这类研究中有什么其他问题，行为记录的准确性通常并不是问题。

在观察研究中，记录的准确性绝对是个问题。观察研究通常关注的是相当大范围的自然的正在进行的行为，这种行为不是可以自动记录下来的。相反，一个人类观察者需要对当前有意义的行为进行判断，因此核心的问题是观察者如何才能准确地做出这些判断。

让我们把观察法划分为三个基本的议题：决定观察什么，决定如何观察，以及决定观察的准确性。一些更深入有用的资源可以参考巴克曼等人（Bakeman, Deckner, & Quera, 2005），哈特曼等人（Hartmann, Barrios, & Wood, 2004），佩莱格里尼（Pellegrini, 2004），尤德等人（Yoder & Symons, 2010）等的著作。

（一）决定观察什么

在单一水平上，回答"是什么"的问题很简单。显然，研究者通常希望给出一个对可观察行为的初始界定。行为的特性决定了观察的评定是否是一个合理的选择。一些行为本身比其他行为更容易被观察到。例如，攻击性本来就是观察测量的对象：一个出现有频率的、外显的、容易"可见"的行为。其他测量技术（如评价量表、人为的测验）也存在，但它们可能通常不符合研究者的目的。相反，心跳速率的改变或一般的生理反应就不是观察测量的对象。这些反应在某些情况下很难也不可能看到，可以使用其他更敏感的测量方法。

一旦研究者不只是停留在最初的设想而是开始使用观察技能，并且试图确定要记录行为的某一方面时，事情就会变得更加复杂。假设我们正在研究母亲和婴儿的交流方式。我们知道一开始不能记录下所有的行为，观察总要涉及一些从某时某刻抽取出来的具体行为，但是我们应该抽取到何种具体的水平上？我们应该记录下母亲挑起眉头、睁大眼睛、张开嘴角、发出声音吗？还是我们应该在一个更加综合性和解释性的层面上观察并记录下母亲微笑着同她的婴儿说话呢？我们是应该保持在这种综合与解释的水平上，并指出母亲似乎在鼓励婴儿刚才产生的行为呢？还是我们应该转换为一个相对更为综合的水平并记录下母亲对婴儿采用了一种友好积极的行为方式呢？

刚才提出的几点区分通常会以观察的微观水平取向及相反的宏观水平取向来讨论。微观观察系统（molecular observational system）聚焦于相对容易获得的行为细节，与实际行为保持密切联系并且对发生的行为保持基本中立的描述。当然，这一系统仍然存在一些细节的缺失并涉及某种对行为的解释，即使如此，还是试图达到相对完整的、具体的、非评价性的程度。相反，宏观观察系统（molar observational system）则稍微远离真实行为，将微观水平的单元综合在一起以达到一个更具评价性的全面的类别。"微笑"或"拥抱"是在相对具体水平上的整体类别的例子，"鼓励"或"安慰"则是在一个更综合性和解释性水平上的例子。

正如先前所假设的，微观和宏观的对比实际是一个连续体而不是相互分裂的。观察系统可以嵌入各种程度的特异性和解释。表 4-5 和表 4-6 给出了母婴交流方式研究中两个系统的样例，清楚地划分成微观的和宏观的两类观察系统。表 4-5 描述了奥斯等人（Als，Tronick，& Brazelton，1979）的研究，他们的研究兴趣在于婴儿同其母亲交流中表现出的组织和适应的基本形式。表 4-6 描述了兰姆（Lamb，1976）的研究，他关注在一个陌生情境中婴儿同其父母保持联系的方式。研究发现两个综合性的整体差异，部分/从属以及接近/依恋。

有两个一般因素可以决定一个研究者的工作最有可能处于微观—整体连续体中的哪个位置。一个因素是研究背后的目的。如果研究兴趣是不同情感状态下的面部活动的剖析图（Izard，1989），那么很明显需要一个微观系统。如果研究兴趣是微笑或笑的社会决定因素（Sroufe，Waters，& Matas，1974），那么一个更为宏观的系统可能更有意义。

第二个观察水平的一般决定因素是可行性。不管研究者多么希望观察，最终决定观察系统的因素是什么可以被观察到。例如，如要记录微观水平的细节只有在观察者能保持与被试非常接近的情况下，或者行为可以被拍摄下来时才有可能实现。研究者在其他环境下（当然也包括最自然的情境）工作就不得不接受一个更为整体的观察系统。再深入考虑下去，简短表达出来就是观察的信度问题。如果两个独立的观察者对所观察的事物不能意见一致，那么观察就是没有意义的。有时候一个微观系统中需要精确的细节可能超出了观察者的能力，迫使研究者转向稍微概括一些的记分类别。有时候一个宏观系统中（母亲的行为是真的拒绝，还是仅仅试图让孩子的行为转变）的解释可能阻碍了观察的一致性，迫使研究者的观察同实际的行为水平更为接近（如离开儿童）。不管具体问题是什么，最基本的一点就是，在一个观察系统中对行为表现的细节和解释的水平总是由研究的目的和可行性来决定的。

表 4-5　一个微观观察系统的例子——在母婴交互作用中记录婴儿的行为

Ⅰ．**发声类型**

①没有；②单独的声音；③咕哝声；④喃喃声；⑤哭；⑥惊呼声；⑦笑。

Ⅱ．**视觉注意的方向**

1. 凝视的方向：①朝向妈妈的脸；②离开妈妈的脸；③追随妈妈的脸；④部分面部，鼻子水平；⑤部分面部，鼻子以下；⑥部分面部，鼻子以上；⑦全部面部，鼻子水平；⑧全部面部，鼻子以下；⑨全部面部，鼻子以上。

2. 头部定位：①朝向，鼻子水平；②朝向，鼻子以下；③朝向，鼻子以上；④部分面部，鼻子水平；⑤部分面部，鼻子以下；⑥部分面部，鼻子以上；⑦全部面部，鼻子水平；⑧全部面部，鼻子以下；⑨全部面部，鼻子以上。

3. 头部位置的左/右调整：①婴儿左边；②婴儿右边。

4. 眨眼和具体的眼部动作：①眨眼；②眼睛斜视；③离开并聚焦于能具体列举的物体（如椅子表面），这些物品不是母亲用来作为交互作用关系一部分的工具；④眼睛明显移动到与鼻子中轴线相对的一边。

Ⅲ．**面部表达**

1. 婴儿脸颊的位置（仅为例子中的）：①自然放松的位置；②拉长的，凹陷的；③向上抬起的或鼓起的。

2. 眉毛的位置（仅为例子中）：①自然放松的位置；②团簇并中心抬高；③闪现——快速抬高或降低。

3. 嘴部位置（仅为例子中）：①自然放松的位置；②不紧张的轻微张开；③大笑；④大张开。

4. 眼睛张开大小：①自然；②睁大；③微闭；④紧闭。

5. 舌头位置：①没有伸出；②舌头伸出但没有超出嘴唇；③舌头伸出并超出嘴唇。

6. 具体的面部表情：①哭；②做鬼脸；③板着脸；④谨慎的/严肃的；⑤遮掩；⑥打哈欠；⑦自然；⑧打喷嚏；⑨安稳；⑩高兴；⑪微笑；⑫喃喃地低语；⑬大笑。

Ⅳ．**身体姿势和动作**

①向前倾斜或双倍的超出；②身体转向一侧；③拱形；④向后倾斜；⑤向一侧下垂；⑥自然；⑦母亲使其改变位置；⑧移动到垂直的平面；⑨头部竖直抬高离开衬垫或者脖子伸展并且躯体拉长；⑩向前倾斜后背笔直。

Ⅴ．**四肢动作**

1. 四肢动作的幅度：①没有；②小；③中；④大。

2. 四肢运动的数量：①没有；②1 个；③2 个；④3 个；⑤4 个；⑥因为母亲的位置只能看到手臂——1 个运动；⑦同⑥一样——2 个运动。

3. 运动的位置：①没有；②身体中部；③身体中部到肩膀；④两侧。

4. 具体的手臂和手的姿势：①擦眼睛；②手放到嘴里；③挥臂；④手指乱动；

续表

> ⑤手在身体中部握在一起；⑥四肢向前伸展。
> 　5.具体腿部姿势：①踢；②受惊吓乱动。

来源："Analysis of Face-to-Face Interaction in Infant-Adult Dyads"（pp. 43-44）by H. Als，E. Tronick，and T. B. Brazelton. In M. E. Lamb，S. J. Suomi，and G. R. Stephenson (Eds.)，*Social Interaction Analysis*（pp. 33-76），1979，Madison：The University of Wisconsin Press. Copyright © 1979 by The University of Wisconsin Press.

表 4-6　一个宏观观察系统的例子——在亲子交互作用中婴儿的行为

部分的/从属的行为	
行为	定义
微笑	一种眉毛没有皱在一起，而嘴角收缩并上扬的面部表情
看	朝着所关注的人的方向凝视
发声	包括除了哈哈笑和大笑的所有直接的非痛苦的声音，作为笑的例子列在表中
提供	婴儿对成人提供、出示或指出一个物体或玩具
接近的/依恋的行为	
行为	定义
接近	每 15 秒单元记录一次，婴儿在距大人 3 英尺（约为 0.91 米）范围内
趋向	从远处移动到 3 英尺（0.91 米）之内的动作，也就是接近某人的行为
惊呼	任何朝向成人的不信任类型的发声
触摸	当儿童对成人的身体或衣服进行了身体接触时做记录
够取	儿童朝向成人的方向举起或移动手臂的动作
寻找捡起	以下一种或多种方式表现：惊呼、够取、发声，或紧抱着成人的腿

来源：改编自"Twelve-Month-Olds and Their Parents：Interaction in Laboratory Playroom".By M. E. Lamb，1976，*Developmental Psychology*，12，pp. 237-244. Copyright © 1976 by the American Psychological Association.

（二）决定如何观察

假设一位研究者到了一所幼儿园，手里拿着笔和键盘准备观察感兴趣的学前儿童的行为。这个研究者如何记录下他感兴趣的数据呢？

一种可能是以叙述的形式写下来，描述行为是如何发生的。这种技术被称为叙事记录（narrative record），其他经常使用的词汇有样本记录

(specimen record)和始于贝克等人(Barker & Wright)的 1951 年的先驱研究行为流取向(stream of behavior approach)。当然，即使是在最完整的叙事记录中也需要有一些选择性。一般在一个时间中只关注一个儿童，其他儿童的记录只是作为与目标儿童的交互关系。在对目标儿童进行观察时，研究者必须连续做出判断并决定哪些行为足够重要并记录下来，哪些行为(如眨眼、吞咽)是可以忽略的。研究者还要决定在哪种水平上描述行为，如约翰尼攥紧自己的手，形成一个拳头，是威胁其他儿童。在叙事记录的方法中，观察者的工作在某种程度上就像一个摄像机—录音机的结合体，虽然是一个内部带有强大决策者的相机记录器。

尽管刚才提到了叙事记录取向的一些限制，但它的一个主要优点在于它的相对完整性。同其他观察方法相比，叙述记录能保存更多的相关行为的信息。这种相对完整性使得叙述记录对那些需要详细记录某个特定儿童的实践者们特别有用。因而叙事记录被广泛应用于教师的教学情境中或者临床医生针对个别儿童的个案研究的记录工作。这种记录也可以用作一项研究计划的起始点，可以在之后提出更系统化和更集中的方法来研究现象。最后，叙事记录并不总是作为研究的预先阶段。如果实施记录的过程具有足够的技术性和系统性，那么叙事记录可以作为一个研究的基本数据。在这种情况下，叙事记录提供了原始的数据，之后深入的编码和分析是很有必要的，它能在行为的连续体中提取出行为单元和研究的现象。

从实施的代价方面来看，编译叙事记录是一个高成本并且耗费时间的过程。并且对观察者的要求也非常多，因为有可能出现不同形式的主观性和偏差。研究者最终会获得大量的信息，但只有很小比例的信息是研究感兴趣的。研究者也可能在进行观察之前就有了清晰的目标和假设，在这种情况下叙事记录可能就是一种非常不经济的数据收集形式了。因此，其他较为聚焦的观察形式就显得更有意义。

第二种观察的基本方法是时间取样(time sampling)，有时候也称为间隔取样。有两个特征可以将时间取样和叙事记录相区分。首先，时间取样关注的是相对较少的具体并且明确定义的行为，而不是关注整个正在进行中的连续行为。表 4-5 和表 4-6 中给出的微观和宏观取向的例子，就是时间取样方法的实际应用。这里，预先精确定义好一组具体的行为，并且只记录这些行为。因为已经存在了精确的定义，就不需要写下对行为的描述性记录，而是使用某种核查表或编码系统。第二种区别特点是将观察阶段划分为精确的并且相当短的时间单元。观察者可能观察 15 秒转而记录 15

秒发生的事情，再观察另一个 15 秒，记录下来，如此反复。时间取样的"取样"部分有两层意思，只有一少部分进行中的行为被检测到，并且只有整个观察时段中一些片段被包括在内。

第三种基本方法可以通过一个例子来介绍。在一个经常提及的被称为"经典"的儿童心理学研究中，道（Dawe，1934）着手研究学前儿童的争吵。尽管很多学前教师可能对争吵有不同的理解，争吵相对很少发生，平均 3.4 小时出现一次。因为行为的出现频率很低，叙事记录和时间取样对这个研究都是低效的方法。时间取样还可能产生误导。对观察者来说，如果争吵正好发生在一个非观察时段就很有可能错过，或者如果争吵跨越了观察时段就只能观察到一部分了。道采取的方法被称为事件取样（event sampling）。在事件取样中，目标行为本身而非时间作为分析的单元。进行事件取样时，观察者一开始就要仔细定义所要研究的行为。然而使用事件取样时，观察者只需等待行为发生然后才开始记录。记录有多种形式，从叙事的描述到预编码的核查表。不管记录采用哪种形式，聚焦于作为基本单元的目标行为能够使观察者抓住信息（如行为的平均持续时间或前提和结果），而这可能是时间取样方法会遗漏的地方。

尽管将时间取样和事件取样作为相互独立的方法来介绍，但现代技术是可能在一个研究中包含这两种方法的。很多记录仪器提供了时间的持续性记录，使观察者可以根据事件来记录，也可以按照需要进行各种基于时间的分析。巴克曼等人（2005）提供了很好的关于这种可能性的描述。

总之，影响一个记录系统选择的因素同那些影响微观—宏观观察系统的决策一样：目标和可行性。在一些观察研究中（如临床案例的报告）叙事记录是基础，在其他更聚焦的研究取向中，如时间或事件取样则更为合适。不管研究的目标是什么，研究者必须选择一个能够在已有的环境中使用的方法，最终获得一个在花费的时间和精力上比率较为合理的可用数据，而不能对时间或观察者的能力设置不可能的要求。有关不同记录系统增减的深入讨论可以在相关资料中找到（Bakeman et al.，2005；Hartmann et al.，2004；Mann，Have，Plunkett，& Meisels，1991；Yoder & Symons，2010）。

专栏 4.2　经验取样法

一天晚上，一个青春期的女孩儿正坐在她的房间里看为明天准备的历史作业。突然，一个连接在她腰上的设备开始发出"哔哔"声。这个女孩儿立即停止学习，打开手边的一个笔记本，记录下她在"哔哔"声响之前的各种细节，包括她的活动、思想以及情绪。

　　我们假设这个青少年是一个被试，她参加的实验的名称为寻呼机研究，正式的标签是经验取样法（experience sampling method，ESM）（Conner，Tennen，Fleeson，& Barrett，2009；Hektner，Schmidt，& Csikszentmihalyi，2007）。在最近一些年，ESM 已经成为自然环境中观察研究的一个有价值的补充。正如前面看到的，观察类的方法为自然发生的经验和行为提供了一个非常重要的窗口，但是这些方法也有局限。观察者在场会改变人们的行为。一些感兴趣的现象，如思维或情绪，可能很难或不能被观察到。所以，观察的范围必然受限，在一种或两种不同的情境中可能只观察几个小时。

　　经验取样法被用于提供一个关于个体日常经验和行为的更全面的样本。ESM 是一种自我报告的方法，所以不需要将观察者引入情境中。但是，它与大多数自我报告的方法在一些重要方面上不同。这种测量大多数采用问卷或访谈的形式，反应者尝试回忆过去的经验或者提供一些关于其态度或归因的一般性总结。相反，无论被试当时正在做什么，ESM 提供了即时的、在线的记录，如果能够成功执行，有足够的证据支持这种方法的信度和效度（Hektner & Csikszentmihalyi，2002），比起其他方法 ESM 能提供关于日常经验的更细节、具体、全面的描述。

　　在基本的 ESM 中，有可能存在一些变异。记录的次数和间隔（一般被安排为随机发生，所以间隔不定）存在较大差异。所记录的反应可能是开放式的（写下当前活动的描述）或更封闭式的选择（从一张答题纸上选择可能性），或者是二者的混合。反应可能是非常仔细、客观地关注当前的活动，或者可以涵盖很多思维、情绪以及评价。最后，由于科技的发展，笔记本也可以被手提电脑代替，能够让反应者向最终的数据文件输入反应（Christensen，Barrett，Bliss-Moreau，Lebo，& Kaschub，2003）。

　　这种方法可以用于做什么呢？答案是在心理学不同领域的广泛使用，除了发展心理学，ESM 在很多领域被证明有益，包括临床心理学、咨询心理学、社会心理学、学校心理学、组织心理学、运动心理学、婚姻关系和沟通研究。同样的数据经常可以有多个用途。这种方法的一个优点是，一旦出现了一个数据库，不同调查者可以用其解释不同的问题，分析被试反应的不同方面。用支持者的话来说，"一个好的经验取样法数据库就像一个虚拟的图书馆，可以接下来多年产生独特的成果"（Hektner et al.，2007）。

　　经验取样法研究的最低年龄界限是 10 岁，所以这种方法并不适用于儿童期。但适用于青少年，很多有价值的经验取样法研究都是用于青少年。图 4-6 举了一个例子，该图说明了美国青少年将其时间花费在哪些地方（至少 20 世纪 80 年代中期是这样）。表 4-7 展示了该种方法的一个跨文化应用，比较了青少年在一般文化背景中的时间使用。需要注意的是，这些结果证实了一个普遍印象，美国学生比东亚学生花费更少的时间在学校和学习上，但花费更多的时间用于社会交往、组织活动。

　　对于我们大部分人来说再次体验青少年的生活是困难的，经验取样法提供了一种接近青少年经历的最好方法。

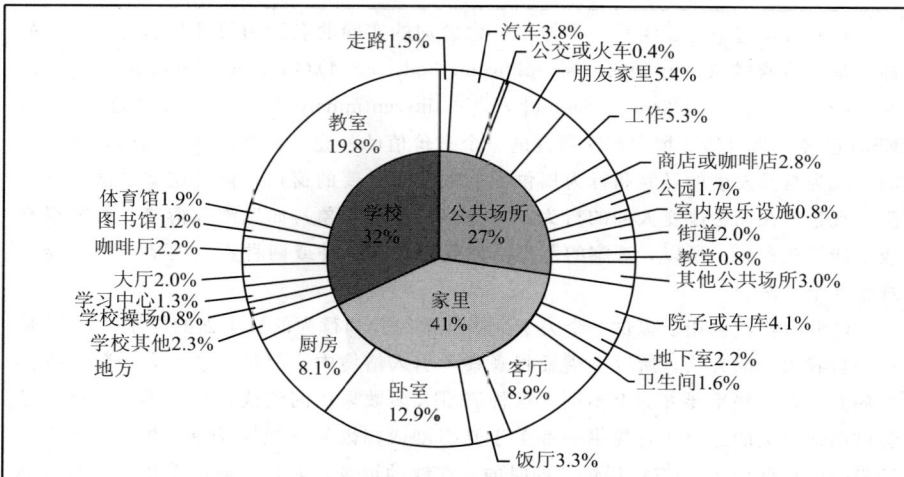

图 4-6 经验取样法显示的美国青少年的时间使用

来源："*Being Adolescent*"，by M. Csikszentmihalyi and R. Larson. Copyright ©
1986 by Mihaly Csikszentmihayli，Reed Larson.

表 4-7 不同文化下青少年每天的时间使用估计

	美国	欧洲	东亚
工作时间			
家庭劳动	20～40 分钟	20～40 分钟	10～20 分钟
有偿劳动	40～60 分钟	10～20 分钟	0～10 分钟
学校工作	3.0～4.5 小时	4.0～5.5 小时	5.5～7.5 小时
总的工作时间	4.0～6.0 小时	4.5～6.5 小时	6.0～8.0 小时
自由时间			
看电视	1.5～2.5 小时	1.5～2.5 小时	1.5～2.5 小时
社交	2.0～3.0 小时	数据不充分	45～60 分钟
组织活动	40～80 分钟	30～100 分钟	0～30 分钟
总的事件	6.5～8.0 小时	5.5～7.5 小时	4.0～5.5 小时

来源：改编自 "Adolescents' Leisure Time in the United States：Partying，
Sports，and the American Experiment"，by R. Larson and S. Seepersad. In S. Verma
& R. Larson（Eds.），*New Directions for Child and Adolescent Development*：
No. 99. Examining Adolescent Leisure Time Across Cultures. Copyright © 2003 by
Jossey-Bass.

(三)决定观察的准确性

这一节开始考虑对观察准确性的两个具体威胁，包括对信度棘手问题的讨论。

一个观察研究中记录的行为可能由很多前提条件和当时的因素造成。然而，一个我们不希望影响行为的因素就是观察者的存在。但观察者的存在以及伴随而来的知道一个人正在被观察，可能会以各种方式改变行为。这种效应一般称为反应性(reactivity)：实验安排对被试行为的非有意的效应。在观察研究的情况下，反应效应通常是指观察者影响(observer influence)的问题。

在观察研究中反应性到底有多重要一直是研究者争论的问题。有证据表明(e.g.，Brody，Stoneman，& Wheatley，1984；Russell，Russell，& Midwinter，1992)当知道正在被观察时，大人和儿童都会表现的不一样；但也有证据表明在某些情况下，行为并不总是受到观察的影响(Yoder & Symons，2010)。哈特曼等人(1990)提供了有关影响反应效应概率的因素的有益讨论。

这一讨论之后将涉及一些减少观察者影响可能性的技术。一个技术是使被试习惯观察者的出现，也就是说，在开始观察之前要先将观察者介绍到情境之中，只有当被试逐渐习惯了观察者并且他们的行为也已经转向正常之后才能开始记录。这一技术有时候被称作"消失在僻静之处"(fading into the woodwork)。它的一个变式是让已经成为情境中自然而熟悉的一部分的人，家长或教师，来进行观察，但这一变式却并不总是使用。这种使用已经出现在情境中的人来收集观察数据的方法被称为参与式观察(participant observation)。参与式观察的概念也包括研究者自身成为情境的一部分并被观察的情况。例如，一个对疗养院感兴趣的研究者要加入一个疗养院的员工中几个月，因此不需要引入观察者之外的潜在偏差就可获得感兴趣的事件。本书将在第七章有关人种志研究的讨论中回到参与式观察的概念上。

另一种减少观察者影响的普遍策略是掩盖正在进行观察的事实。例如，可以采用一个隐蔽的相机来拍摄行为，或者通过单向镜来观察参与者。当然，也可能不这么做，这些技术只有在特定的环境中才具有可行性。另外，进行秘密观察还存在伦理和法律的限制。我们在第十章将会看到，不经过他人同意而进行观察会产生一系列的伦理问题。

观察研究中的第二个基本问题是观察者偏差（observer bias）。在第五章中将更全面的讨论到，罗伯特·罗森塔尔（Robert Rosenthal，1976）最先进行的大量研究表明，研究者带给被研究者的期待有时候能使他们的结果产生偏差，致使结果朝着研究者期待或渴望的方向发展。在观察研究中，危险就是观察者可能看到并记录下他们期望发生的而不是真实发生的事件。

肯特等人（Kent，O'Leary，Diament，& Dietz，1974）所做的一个研究提供了例证。在这个研究中观察者观看录像，录像放映了一个假想课程的基线阶段和处理阶段，课程目的是在教学环境中减少破坏性行为。有一半的观察者被告知预测从基线阶段到处理阶段破坏性行为会减少，另一半则被告知预测没有变化。事实上，所有观察者看到的是同一录像，在录像中没有任何行为类型的改变发生。然而当后来让被观察者们对课程的有效性进行整体评价时，那些引导期待破坏行为会减少的观察者中有90%报告说确实发生了减少；相反，那些引导期待没有变化发生的观察者中有70%报告说没有变化。我们注意到有趣的一点是当观看录像时，两组在所做的实际行为记录上并不存在差异，只是在对整体评价时才产生了期待的处理效应。

肯特等人（1974）的研究发现揭示了一种减少观察者偏差产生可能性的方法，尽可能使记分类别具体化和客观化。对分数解释的回旋余地越大，观察者加入自身偏差的机会就越多。另一种减少观察者偏差的一般方法是不让观察者知道研究的假设或者不让其知道参与者属于哪个群体。这种对潜在有偏差的信息的抑制被称为盲设计（blinding）。基本原理很明显，如果没有期待存在，那么就不会有研究者期待效应的危险。不幸的是，盲设计很困难并且在某些情况下不可能达到。另外，即使盲设计有可能实现，也绝不可能总使用。

最后一组问题围绕着信度的概念，前面提到信度是指测量的一致性。在观察的方法中，关键问题是观察者间一致性（interobserver agreement），两个或更多独立的观察者能否对一个行为做出同样的解释。这种一致性是得出观察具有准确性的结论的必要条件。但它不是充分条件，因为有可能两个观察者都做出类似的对行为的错误解释。两个观察者的错误记录不可能得出正确的结论，但是它们可以达到很高的一致性。这也是一个普遍问题的具体例证，信度是效度的必要非充分条件。

有很多方法可以计算信度（Bakeman et al.，2005；Hartmann & Wood，

1990）。对某些类型的数据来说相关统计比较合适。两个观察者记录之间的相关越高，信度就越满足要求。另一个经常使用的指标是一致性百分数。假设有 20 个时段记录某种行为发生的可能性。两个观察者在 20 种情境中有 19 种能达成一致，这将产生 95％的一致性百分数，是高满意程度的信度。20 种情境中只有 13 种能达到一致将产生 65％的一致性百分数，这就不能认为是令人满意的。实践中，这种简单的对一致性百分数的测量通常要使用一个公式进行调整，就是 Kappa 指数（Kappa index）（Cohen，1960）。Kappa 指数指向的问题是观察者之间偶然达成一致的概率，当一个特定评分决策的基线概率很高的时候极有可能发生。回到之前我们描述的例子，假设两个观察者记录了 80％时间发生的行为。如果这样，他们的记录将同只存在于偶然情况下的时间实际比率一致。Kappa 指数考虑到基线的可能性，因而提供了这类情况下一致性程度的更真实的图景。

　　用来使信度最大化的程序很容易描述，应该在开始收集实际数据之前对观察者进行认真的培训。记分系统也应该尽可能清晰和具体。可以使用预测验来训练观察者以及改善评分系统，那些被证明是不经常使用的或不可记分的类别就会去除或者转换成更可用的类别。最后如果可能的话，录像或录音可以用来形成持久的可重复播放的行为记录。

　　正如前面所建议的，在收集数据阶段尽可能获得信度是值得期待的。然而，同样也可以期待在一个研究过程中对信度进行持续的监控。里德（Reid，1970；Taplin & Reid，1973)的研究就做到了这点。在泰普森和里德的研究中，首先训练观察者达到一个可以接受的信度水平。之后，一组观察者被告知不再对信度进行评定，而另一组观察者被告知会对他们进行阶段性的不定期的信度检查。事实上，每个观察者的记录都一直按照预先制定的评价标准进行检查。结果很清楚，那些期待自己的评价会被检查的观察者比那些没有信度评价期待的观察者能保持更好的信度。最初可信的观察者当不再被监控而导致其信度降低的倾向被称为观察者漂移（observer drift），这是随时间推移观察者变得不那么准确的两种表现之一。另一种是一致性漂移（consensual drift)，在一起工作的观察者以同样的方式偏离准确性的倾向。要注意的是与观察者偏差相反，一致性漂移中观察者之间的一致性仍然很高，产生这种结果的原因是两个观察者以同样的方式出现误差。

　　同在这一节中讨论过的其他问题一样，观察者偏差和一致性偏差是较普遍的一种威胁效度的具体形式。在这种情况下的普遍威胁被坎贝尔和斯坦利(1966)称为工具性效应(instrumentation)，指测量工具在整个研究过程中的非有意性的改变。测量工具随着观察者漂移或一致性漂移而出现的改变是由观察者造成的。尽管没有人非常确定，但主试或观察者的改变很可能是心理学研究中工具性效应的最普遍形式。

正如这部分开头提到的，观察法既是心理学家的最有价值的方法之一，也是最具挑战性的方法之一。通过引用一段说明这一点的文章来总结这部分，这段话来自两个研究幼儿行为的先驱研究者。

通过大量的实践从多种标准衡量来看，人类观察者是拙劣的科学工具：没有标准，不能随时校正，并且经常是不一致的或者不可靠的。平衡这些缺陷的是人类具有的超乎寻常的感知力、灵活性和精确性。所面临的挑战是，如何在充分利用人类观察者的鉴别能力的同时执行加以约束的观察。(Yarrow & Waxler, 1979)。

小　结

这一章开始介绍了一些测量的基本概念。我们研究中涉及变量的定义——操作化——以何种方式测量。测量总是包括将宏观概念转换为某些更具体、客观并且可以计量的形式。这种转换涉及从更多的可能性中选取特定的测量方法。在各种选择中，我们必须决定要测量行为的哪些方面（如频率或强度）、测量指标是外显的还是内隐的、关注点是瞬时状态还是持续特质。研究者还必须在三种一般方法中选择数据收集的方法：自然观察、实验室研究和口头报告。

在评价一个测量的质量时有一些重要的因素需要考虑。测量必须能够产生期望的水平和取值范围，避免产生地板效应或天花板效应。当被研究者包括不同组别（如不同年龄的儿童）的时候，测量等值的问题也必须考虑到。使用不同的方法可以避免单一操作偏差的问题。最后，研究者必须能够保证测量操作的信度（一致性）和效度（准确性）。

在标准测验的讨论中较为充分地论述了信度和效度的问题。在测验中，效度问题指测验是否测量到想要测的东西。测验的效度有三种形式：内容效度、效标效度和结构效度。这些形式中最复杂的就是结构效度，建立结构效度要涉及实验和相关的数据，以及在测量之间相关性上的会聚效度和区分效度的证据。

信度问题指测验测量的东西是否具有一致性。信度有两种形式：重测信度和内部一致性信度。还要考虑到如果测验没有达到好的信度就会威胁到效度：朝向平均数的回归。回归是指初始的极端分数在重测的时候变得不那么极端的倾向。在干预研究和某种形式的匹配组设计的研究中需要考虑回归的问题。

接下来介绍了另一个测量的重要形式：观察的方法，主要有三个基本议题。第一个议题是行为记录所在的特异性水平。一个微观水平的观察系统试图抓住相对容易获得的行为细节，一个整体水平的观察系统包括了更宏观和解释性的类别。研究的目标决定了研究者的工作是在微观到整体水平的连续体上的何处展开。另一个是可行性：一个特定的观察系统只有当所要求的观察能够准确获得的时候才是可以使用的。

目标和可行性也和讨论的第二个基本议题有关：记录观察的方法。叙事记录能够提供正在发生的行为的最完整的记录。更为聚焦的观察方法包括时间取样和事件取样。这两种情况要更进一步决定具体记录的类别，然后在时间单元（时间取样）或者感兴趣的行为（事件取样）的框架内做出观察。

最后讨论的议题是关于在观察研究中可能产生的问题。观察者影响是反应性的一种特殊形式，它是指人的行为可能由于知道自己正在被观察而发生改变。文中讨论了各种能够减少这种偏差的技术。观察者的期待是另一个可能的偏差来源，最好的避免这种偏差的方法就是减少期待。观察的有效性取决于观察者间信度保证，也就是两个或更多独立观察者对行为如何分类的一致性。对信度的监控应该贯穿整个研究中，以预防观察者偏差和一致性偏差的现象。

练 习

1. 文中强调的重要一点是任何特定的理论概念都有许多不同的操作定义。思考以下的概念：利他主义、创造性、智慧。为每个概念给出一个定义以及至少两个操作定义。同样也对至少两个你特别感兴趣的其他概念进行操作定义。

2. 在发展心理学中选择某个你特别感兴趣的概念（如智力、创造性、气质、自我概念——任何感兴趣的成果），找出至少两个用来测量这个概念的个体差异的标准化测验，比较评价这两种测量。在你自己的研究中会选择哪个测验？为什么？

3. 假设有一项任务需要你确认一个测量创造性个体差异的新测验的有效性，你需要收集哪些证据？

4. 利用书中的引用资源，找到一个与你日常生活相关的经验取样法的应用。至少找一天，做这类研究的被试，这样的安排意味着随机的间隔并记录目标反应。评估这种方法采集你日常体验的重要因素的程度。

5. 假定你已经获得了至少一个大约 12 个月婴儿的家长的许可。如果可以的话，最好能获取文中讨论过的拉姆(1976)文章的复印件，研究一下有关观察的评分系统的描述，然后自己尝试应用这个观察系统。注意你必须在家庭环境的观察中对实验室程序进行一些调整，但是也可以在家庭环境中至少复制实验室研究的某些方面。如果你能在一些情境中和不同的家长—孩子尝试练习将非常有价值。如果能和班上的其他同学组合成对进行观察就更好了，这样可以计算你的观察者信度。

第五章 研究程序

目前为止，我们讨论过的绝大多数问题主要关注的是研究设计中的相关决定。譬如，应该采用何种方式选择被试，然后又如何将其安排在不同的实验条件下进行假设检验；哪种方法是比较不同年龄（或者不同实验条件）被试行为或作业表现的最佳方法；如何选择更合适的工具，用于测量我们考查的问题。简而言之，应该如何设计一个研究，最终能得到有效的结论。

很显然，诸如此类问题的决定是至关重要的。但是，正如第一章论述的那样，对于一个好的研究来说，仅就上面提到的相关问题进行回答仍然是不够的。因为做出研究设计，选择了恰当的测量工具，只是将我们带到了进行研究实践的边缘。接下来，必须通过测验或者通过对被试的观察来将这些决定付诸实施。在研究设计的实施过程中，我们仍然会面临各种各样的挑战。本章主要论述在研究设计实施的过程中可能遇到的挑战以及克服这些挑战的方法。

一、标准化

研究程序的标准化是绝大多数研究期望达到的目标。标准化（Standardization）是指保证实验程序的各个方面对所有的被试来讲都相同。为了达到标准化，研究者必须事先确定研究程序的各个方面应该如何处理。例如，指导语应该如何表达，刺激应该在何时以何种方式呈现等。一旦此类问题的解决方案确定下来，接下来研究者就必须确保标准化程序在研究实施中被严格贯彻执行。

正如第二章中论述的那样，标准化的根本目的在于满足实验控制的需要。任何一个研究者在实施研究的过程中都必须控制实验情境的诸多方面。例如，自变量的水平，测量因变量的方法，以及实验条件中的其他因素等。如果没有进行诸如此类的控制，我们将无法理解研究的内容。此外，我们也将无法解释研究所发现的结果。

下面我们简单考虑一些由于没有做到充分的标准化，而引发诸多问题

的案例。想象一个旨在探讨学龄儿童短时记忆发展的研究计划。假设研究
对象是一年级和四年级的儿童；研究的程序是主试向被试呈现一系列熟悉
物体的图片，一次一张，然后让儿童尽可能多地回忆刚才呈现的物体图
片。表5-1显示了在这个研究中，主试可能偏离标准化程序从而使结果产
生偏离的各种情况。例如，主试很可能无意间给不同儿童呈现的图片不同
或时间不同。或者主试忘了提示一些参与研究的儿童，所有图片项目可以
按照任意顺序来回忆报告。而当人们尽力回忆一个项目列表时，这样的提
示非常重要。还有可能是，主试给一些儿童更多尝试回忆的机会，从而诱
发了更好的总体成绩。

表 5-1　一个记忆发展研究中对程序标准化偏离的可能方式及其可能导致的结果

程序的成分	标准化程序	对程序标准化的偏离	可能导致的结果
指导语的表达	告诉所有儿童所有项目可以自由（或按照任意顺序）回忆	只提示部分儿童，顺序不重要	一般地：引入了不期望的变异，结果不能被清晰地解释 具体地：如果在不同的年龄组指导语产生系统性变化，那么年龄差异可能被掩盖或被人为地制造出来
刺激呈现时间	对于所有儿童，每张熟悉物体的图片呈现时长相同	呈现图片的时长因图片不同或者儿童不同而不同	一般地：同前一种情况 具体地：如果呈现时长因不同年龄或者条件而不同，那么可能得出有关组间差异的错误结论
回忆探查程度	对所有儿童预先设定相同的回忆探查次数	一些儿童比其他儿童接受更多的回忆探查次数	一般地：同前一种情况 具体地：如果尝试的次数因不同年龄组而不同，那么年龄差异可能被掩盖（或抵消），或者被人为地制造出来

　　如表5-1所示，这些对研究程序标准化的偏离可能产生各种各样的问
题。至少，不完善的标准化就意味着不确定性。具体表现为，在研究过程
中由于研究程序标准化的不完善，我们无法清晰地界定实验条件的确切成
分，因此也就无法清晰地解释获得的研究结果。此外，这种不确定性也可

能使研究产生的描述性信息被掩盖。例如，假设我们不知道呈现的时长以及使用的探测方法的次数，那么就无法对回忆的不同水平进行清晰比较。这种不确定性也会影响研究结果的外部效度。也就是说，如果研究结论是基于一些特殊（不期望且未知的）程序的混合操作，那么这些研究发现对于研究者期望推广的情境就不具有概括性。

不完善的程序标准化可能也会对研究的内部效度造成威胁。如果对程序标准化的偏离在比较的各组中具有系统的差异，就会产生内部效度的问题。例如，假设主试对年长儿童比对年幼儿童使用了更多的回忆探查策略（这种做法可能源于主试对年长儿童的信心，即年长儿童更有可能回忆出正确答案，而且正确回答可以通过某种策略而被探测出来），在这种情况下，非常显著的年龄差异反映的却是一种研究程序的差异性处理。我们很可能得出一个不正确的因果关系结论，因而缺少内部效度。

因此，研究程序标准化至关重要，而且达到研究程序的标准化又好像很容易。简而言之，要想达到研究程序的标准化，我们只需要在进行研究之前，事先制订良好的研究计划和研究程序，然后将其付诸实施。事实上，正如那些经验丰富的研究人员所知，事情远没有那么简单。其中原因很多，首先，我们很难预料在研究中可能出现的所有程序性问题。其次，当真正面对研究参与者时，我们很难恒定地维持耗时长且内容复杂的研究程序。尤其是，许多被试并不总是按照研究者期望的方式进行反应，我们面临的问题和挑战就更为复杂了。更不用说，当被试中有一些调皮捣蛋的孩子时，他们的举动往往对最有经验的研究者来说也是始料未及的。此外，大量有关儿童的研究都期望采用自然而然的方式与儿童交流，让儿童感到放松，进而专心于任务与操作。因而，对被认为是达到标准化最容易的途径照本宣科可能削弱了那些保持儿童兴趣和反应性的自然感。

使研究程序标准化达到满意的最佳途径主要依赖研究者的经验，包括做研究的一般经验和处理研究中不同年龄群组与各种研究程序问题的具体经验。一般经验需要研究者在长期的研究中不断积淀，而研究中所必需的具体经验却可以，或者部分可以通过预实验/测验而获得。也就是说，在真实实验开始之前，对研究设计和程序进行事前测验。仔细的预实验能够帮助研究者事先消除研究程序中存在的缺陷和不确定性。因此，当第一个真正的被试进入实验之前，我们就已经达到了研究程序的良好标准化。此外，预实验/测验也能够帮助研究者使研究程序变得更为流畅，对指导语的传达及与被试之间的交互变得更为确信，从而避免了那种照本宣科、僵硬死板而使年幼儿童感到不适的行为。而且，预实验/测验可以帮助研究者对那些有问题被试的表现进行预期，进而做好应对准备，达到避免偏离程序标准化脚本的要求。但是在涉及儿童的研究中，一名优秀主试不仅要具备按照程序标准化脚本按部就班操作的能力，还要有一种以既不偏离实验又不疏远儿童的方式适应不同儿童的能力。

（一）对程序标准化的偏离

研究程序的标准化是人们在进行发展科学研究时期望的，然而程序的标准化并不是一个不可置疑的目标。有时，不太完美的研究程序的标准化也是可以理解和接受的。其实，我们已经在第二章中看到过这样一个范例，研究中儿童的行为导致了对研究程序标准化的偏离。在这一部分，我们将讨论另外几个类似的范例。

在第二章中本书提出一个观点：程序的完全标准化是绝对不可能的，这里的完全标准化，是指使研究程序的每一部分对于所有被试都是同样的。例如，如果我们正在做一个个体测验，我们不可能在 10 月 30 日的上午 10:00 测验每一个被试。测验时间对于不同被试来讲是有差异的。当然，我们也不可能将诸如学校活动、户外天气、午餐的吸引力或其他一些影响儿童表现的因素都保持恒定。正如在第二章中见到的，问题的关键不是要让所有方面对每个被试都一样。相反，我们能做到的是，确保任何潜在的使标准化发生偏离的因素在我们所比较的群组中具有相等的分布。如果将这些因素相等地分布在我们关心的不同群组中，那么我们就可以避免将感兴趣的自变量与无关变量相混淆。

此外，对程序标准化的偏离也可能是在发展研究中为了使同一个研究适应不同的年龄组而导致的。例如，一个跨越学前和大学年龄段的科学推理研究（e.g.，Kaiser，McCloskey，& Proffitt，1986）。在这个研究中年龄是一个自变量，按照研究的一般假设和惯例，我们应该确保研究程序对所有年龄段的被试不存在系统差异。但是，要求所有研究者都按照完全相同的方式对待 4 岁的儿童和 20 岁的大学生，是不可能做到的。首先，即时的测验环境可能不同。通常儿童在自己学校闲置的房间里接受测验，而那些成年大学生则在他们大学校园的某个实验室里接受测验。其次，程序的指导语表达至少部分的不同。一个 20 岁的大学生不会愿意报名参加一个邀请他们来"做游戏"的实验。另外，即使我们能够确保对于不同年龄组使用的指导语相同，但声音的节奏和语气也可能不同。因为，对于 4 岁的儿童和 20 岁的成人大学生来讲，人们在自然情境下采用的对话风格是完全不同的。

前面提到的案例并不是为了表明在进行被试年龄组跨度较大的发展科学研究中，我们研究程序的标准化和控制水平就应该降低。在跨年龄段的群组研究中，研究程序的标准化仍然是至关重要的。此外，诸如凯撒（Kaiser）等人的研究程序中关注的问题内容等任何明显而关键的要素，对所有被试来说都必须是相同的，否则，进行年龄段比较就没有意义了。但是，对于程序的其他方面来说，不同年龄被试的研究内容选择就是一个程序功能平衡的问题，而不是一个语义平衡的问题。也就是说，我们的目标是确保程序适宜于不同年龄组的所有被试。一个小学图书馆与一个大学实验室很明显是不同的场所，但是对我们研究的被试组来说，它们可能同样是一种非常自然而熟悉的环境。因此，在这种情况下，相同的内容并不是房子本身，而是对测验环境的熟悉程度。相似地，这一逻辑也支持研究者在指导语的表达、语调、反馈和赞扬等要素上进行相应调整，以适宜不同年龄的被试。因此，在发展科学研究中，研究者试图解决的问题是设计一套程序，使该程序不仅在某一年龄内部是适宜的，而且在不同年龄组之间具有可比较的意义。在这种情况下，研究者面临的挑战是，必须确保跨年龄段的程序调整没有使我们偏向某一个或某些我们感兴趣的年龄群组。

对严格标准化的偏离的最后范例可以在探索性研究（exploratory research）中看到。顾名思义，探索性研究旨在开拓新的研究理论，采用一些新的非主流方法来探讨某些很少被人们探讨的问题的研究方法。这种研究实质在于研究者进行创新的可能性，包括发现不可预期结果的可能性、检验各种研究方法的可能性，以及从一般意义上按照别人的程序对其实验进行验证性的研究和修改其程序进行拓展性研究的可能性。

探索性研究的经典范例，可以在皮亚杰的许多研究中找到（e. g.，Piaget，1926；Piaget & Szeminska，1952）。在本书后面的一些章节中将更全面地看到，皮亚杰的许多重要研究发现之所以被认为是非常成功的，是因为他的研究总是在探索和发现新现象，并依照预先设定的程序在儿童反应的指导下采用质疑或提问的灵活方式对相关现象进行探究。的确，从精确的意义上来讲，在一个严格标准化的研究中，这类实验和变化是绝对不允许的。

（二）过度标准化

正如我们看到的那样，标准化总是无法达到完美。完全的标准化是不可能的，因为对不同的被试来讲，某些属性总是变化的。无论研究者期望的程序标准化有多高，被试的反应可能最终还是迫使主试对预先设定的程序标准化产生偏离。尤其是，对一个新的内容领域进行探索的研究者可能会有意地放弃研究程序的标准化而满足探索和发现各种可能性的需要。

假设我们正在设计一个常规研究。我们的研究设计采用单个年龄组，制订良好的研究程序，对实验条件进行良好控制，而且研究兴趣是为了尽可能精确地识别某些具体变量之间的关系，而不是一个开放性的探索研究。那么，在这种情况下，我们是否应该追求最高程度的程序标准化呢？

坎贝尔和斯坦利(1966)认为，事实上存在过度标准化的问题。他们的范例是一个有关劝导的研究，用来比较理性求助与情感求助有效性的差异。为了提高程序的标准化，研究者决定对每一种求助条件使用唯一版本的录音刺激，这样便可以确保所有被试在指定实验条件下接受同样的刺激。这样的控制是我们期望的，因为在实验之前已经对实验条件的成分进行明确的界定。但是，事实上保持所有变量恒定不变意味着我们可能无法识别究竟是实验条件的哪些方面导致了我们发现的结果。对研究结果能够给出解释的核心因素可能正是我们研究的信息的情感内容与理性内容；也可能是录音中说话者的性别；或者是录音中说话者的某一个与众不同的声音；或者是信息被传达的节奏和语气；还有可能是最重要的因素来自上面提到的这些属性的组合，如一个男性说话者使用独特声音的情感性求助。从这个意义上讲，对于所有被试来讲，保持恒定不变的因素很有可能就是自变量的一部分。一个较好的方法可能是，当我们将真正感兴趣的变量保持恒定，如信息内容恒定，而让这些无关因素(性别、声音等)对不同的被试而不同。那么，任何的结果都将更加可信地被归因于信息内容本身。

很显然，过度的标准化会导致研究外部效度的降低。在刚才我们描述的研究中，研究的目的是获得一些有关情感信息或者理性信息的劝导效应的一般性结论。我们不希望看到的是，结果依赖录音中某一说话者独特的特征，或者独特的表达方式，而使研究结果不具有超越本研究条件的概括性特征。

此外，过度标准化也会降低研究的结构效度。结构效度要求我们能够对发现的任何结果给出正确的解释，在上述例子中，信息的情感内容是重要的。如果录音中说话者的特征变成重要而必须考虑的因素，那么这一研究的结构效度就会降低。

过度标准化潜在的危险也为科学研究的重复性验证(replication)提供

了论证。重复性验证，依照定义，在劝导的假设研究中使那些诸如情感内容与理性内容的信息保持恒定。同时，改变程序中其他一些特征，尤其是，如果重复性验证是被不同的研究者在不同的实验室里操作，程序中的其他特征一定会被改变。在这种情况下，传达劝导请求的说话者以及与被试交互的测验者将各不相同，研究进行的场所和时间也将发生改变。尽管重复性验证研究的情境发生了诸多改变，但是如果我们发现情感请求或理性请求具有与以往研究同样的劝导效应，那么我们就会更加确信，是信息的内容导致了相应的结果。相反，对原先结果的重复性验证的失败表明，在程序设计时假定的诸如表达者声音等不相关特征，可能并不是完全的不相关。

二、导致偏离的因素

在前面的部分中，我们已经看到，无论标准化不足还是过于标准化都可能在研究中导致一些问题。在这一部分，我们将更加具体地讨论研究程序对研究效度的影响。表 2-5 是对坎贝尔和斯坦利（1966）以及沙迪什等人（2002）讨论的概括。在这里我们讨论研究程序对效度影响的四个具体方面：工具性偏差（instrumentation）、选择性偏差、历史偏差和反应性。

正如第四章提到的，工具性偏差指的是在研究进程中测量工具、主试或观察者的改变，因此，将其放在非完美标准化这个一般标题下，研究程序中某些假定保持恒定的一些因素，事实上在研究进程中发生了改变。尽管从某种意义上讲，这种改变从字面上来说包括工具的改变（如一个秒表因为天气变得潮湿而开始发生故障），但是一个在大多数的发展性研究中更常见的问题是，充当测验者或者观察者的人类工具的变化。主试可能会在研究进程中越来越熟练，并确保指导语的顺畅传达。相对地，随着研究的推进，主试也可能变得不耐烦或者沮丧，并开始以一种敷衍的方式行事。在以上任一种情况下，研究程序对于早先施测的被试和后期施测的被试是不同的。

当研究进程中引入的变化与我们考察的一个自变量相混淆时，工具性偏差就出现了。例如，一个研究的目标是比较幼儿园儿童和二年级小学生对一些实验任务的反应。研究者决定在测验二年级之前先测验幼儿园的儿童被试。这样的决定有很多的原因。例如，可能仅有一个教室，以及相关的许可协议一次只能处理一套；或者一个班的儿童希望"一起来玩游戏"而不愿被分散；或者许多教师更喜欢在教室里迅速完成测验等。但是，也就是屈服于这些方便性因素的时候，研究者却将那些混淆性因素引入了研究。如果随着时间的推移，被研究者可能发生各种变化，这样研究者将无法清楚解释幼儿园儿童与二年级儿童之间的差异。

工具性偏差问题不仅出现在年龄比较的研究中，而且也常见于对两个或多个实验条件的比较研究中。通常在多实验条件的研究中，最简单的数据收集方法是按照一种条件接着一种条件来进行数据采集，因为这种做法只需要研究者每次掌握一套材料和程序。但是，这种方便性却是以潜在的工具性偏差与自变量的混淆为代价的。更好的做法应该是，在研究进程中为每种实验条件分配大约相等的测验时间。

一种实验条件结束后进行另一种实验条件的数据收集程序还可能引入另一种对标准化的偏离的因素。例如，目前对于所有与儿童相关的研究均要求获得家长应允，在这种情况下，偏离就可能发生。试想，研究者从小学的一个班级里分发了 30 份许可协议，其中 15 份协议被迅速地返回，这15 名儿童在条件 1 下被测验；一周后另外的 15 份协议被返回，这些儿童在条件 2 下被测验。在这个案例中，对效度的威胁（除工具性偏离外）是一种选择性偏离。那些迅速将许可协议返回的家长与那些较迟返回协议的家长很可能存在系统性差异。如果这是事实，那么这两组父母的孩子，除了接受条件 1 和条件 2 不同的操纵外，可能在其他方面也存在差异。

此外，测验时程安排与年龄或实验条件可能导致变量混淆的另一种情况是，被试生活事件的影响。也就是说，尽管我们在研究过程中可以确保测验者或者工具保持恒定，然而在整个研究的不同阶段，被试经历的生活事件均可能成为重要的影响因素。任何曾试图在放假前一天或者只是在星期五下午对在校学生进行施测的发展研究者，均应该对这种现象有所察觉。因为，发展研究往往发生在被试大量生活事件的进程中，因此我们必须确保这些无关事件没有影响我们感兴趣的比较。

这一点为坎贝尔和斯坦利（1966）提出历史变量（history variable）的概念提供了桥梁作用；他们在解释研究情境以外的事件对研究结果的影响时，使用了这个术语。尤其是，在前后测设计的研究中，除自变量效应外，一些相关事件也可能为研究结果提供另外的解释。让我们回到第三章中有关教育干预计划对年幼儿童学业技能影响的案例，来对历史变量的影响作进一步的解释。试想，在干预开始后不久，一个新的教育电视节目开始播出，这样在前后测之间，儿童表现出来的任何提高都可能与干预毫无关系，而结果可能是由那个无关事件——收看新播出的电视节目引起的。

在第三章中我们知道，解决这种由时程引起的问题的简单方法是设计一个不进行处理的控制组。这个控制组中的被试与实验组被试经历同样的历史事件，但不接受任何实验处理。在干预研究中，我们很可能简单地考察一组儿童在干预前后的差异。然而值得一提的是，控制组的设定并没有消除无关历史事件对实验结果的所有影响。因为，在特定情况下，某一个历史事件可能与实验干预交互地发生作用。例如，我们的教育干预可能只有与支持性的电视节目内容结合在一起时才会发挥作用，而仅仅通过干预或电视节目都不足以带来儿童学业能力的变化。在这样的案例中，一个非处理的控制组是不可能澄清究竟发生了什么的，并且在这个案例中，我们很可能严重地降低了研究结果的普适性。

三、被试的反应性及相关问题

反应性问题是影响研究效度的又一个重要因素，值得我们将其作为一个部分进行讨论。正如表 2-5 中所提到的那样，反应性指的是实验安排对被试行为的无意影响，或者更简单地讲，反应性就是当人们被研究时可能与他们没有被研究时的行为有所不同。在以成人为被试的研究中，这种效应主要来自被试的外显意识（explicit awareness）：他们正在参加一项心理实验。在以儿童为被试的研究中，这种外显知识（explicit knowledge）就可能不存在。的确，在婴儿期早期，这种现象显然不可能出现。但是，被试处于被研究状态的事实可能改变任何人的行为，因此反应性可能对任何年龄段的被试来讲都是一个问题。

以往在对成年被试的研究中，研究者识别了许多有关反应性的问题，有两个问题特别值得一提。其中一个案例源于马丁·奥恩（Martin Orne，1962）运用催眠控制个体对研究任务的兴趣。他期望能够找到一个令人厌烦的任务，以至于任何没有被催眠的被试最终拒绝继续参与下去。常识性的任务是要求被试进行随机数字对的重复相加。任务是写在一张纸上的224 道问题，研究者给被试分发了 5000 张演算纸。结果持续了 5.5 小时后，许多被试仍然在工作。随后，奥恩为被试接下来的操作添加了进一步的约束：每一张纸在用完后必须被撕成至少 32 片。尽管这个任务明显非常荒诞，但是一些被试仍然继续工作直到实验人员要求他们停下来。

上述研究及奥恩所做其他研究表明，参加实验的被试可能有时，尽管并不总是如此(Berkowitz & Donnerstein，1982)会竭尽全力做那些他们察觉到实验者想让他们做的任何事情。这种"优秀被试"的行为可能包含了对实验指导语遵照的一般性意愿，同时也可能包含着被试对研究背后假设预期的尝试性验证。从奥恩的角度讲，被试会对实验的要求特征(demand characteristics)进行反应，这里的要求特征概括了将实验假设传递给被试的所有线索(Orne，1962)，这种偏离性反应导致了众所周知的要求效应(demand effect)。

导致反应性偏差的第二个因素被称作评价理解效应(evaluation apprehension effect)(Rosenberg，1965)。与"优秀被试"相对照，这里引入的是另一个术语，"自尊心强的被试"(prideful subject)(Silverman，1997)。自尊心强的被试，通常指的是那些为了获得更多正向评价而表现行为的被试。简而言之，他们尽力让自己看起来好。当然，这种良好的表现可能与实验者的期望是一致的，在这种情况下，要求因素(demand factor)与评价因素(evaluation factor)会聚到了同一个结果中。但是，这两个因素并不总是同义词，如被试试图给出一些他们认为不同凡响(sophisticated-sounding answers)(评价因素效应——译者注)且超越了实验者预期的回答(非要求因素效应——译者注)。事实上，西尔弗曼(Silverman，1977)引用了一些证据表明，当要求因素与评价因素冲突时，被试通常优先表现出评价因素效应。

尽管要求因素效应与评价因素效应可能出现于各种研究中，但是研究表明，评价理解效应(evaluation apprehension effect)在使用自我报告测量(self-report measures)的研究中可能表现得最为显著。从字面上我们很容易明白，自我报告测量收集的数据是由被试对他们个人信息(如特征、经验、行为等)的言语报告组成的。在这类研究中，被试歪曲他们的回答，使之听起来更好是非常容易的，而且对被试个人来说也是有益的。例如，在一个儿童养育状况的调查研究中，即便事实上一个母亲的确偶尔打孩子，她也很可能报告绝没有打过孩子。

在这个部分讨论的许多研究是以成人为被试的，那么，这些效应在发展研究中又是如何表现的呢？很显然，如果我们以足够年幼的儿童为被试，我们就没有必要担心那些从成人研究中识别出来的要求效应和评价效应。但是，即使以年幼儿童为被试，实验条件的奇异性或非自然性也有可能诱发儿童的反应效应。正如我们预期的，当实验是在实验室里，而不是在熟悉的家庭环境中进行时，婴儿最有可能表现出焦虑和不适。当被陌生成人提问时，学前儿童可能只是表现出应付性的应对或者退缩。再有，他们可能因刺激材料或者成人的注意而变得异常兴奋，以至开始做任何他们想做的事情，而不是研究者希望他们做的事情。到了学龄阶段，儿童开始非常明显地表现出在成人研究中描述的经典反应性效应。以学龄儿童为被试的研究人员可能非常熟悉这样的情景：儿童总是不断依据成人的表情获得关于研究者期望的反应线索；在回答完每个问题之后总是要问"我是对的吗"，对取悦成人特别关注。

如何减小反应效应呢？因为反应性源于一种正在被研究的意识，一个显而易见的解决办法就是掩盖正在进行研究的事实。各种程度的伪装都是可能的。对于那些以年幼儿童为被试的研究者来说，将实验任务介绍成"游戏"，而不是"测验"或者"实验"，是一种既简单又普遍的策略。这种伪装技术通常是有效的，因为它比那些复杂的术语能够向儿童传递更多的信息，同时与提及测验相比，能够避免唤起儿童的焦虑。对于那些以学前儿童为被试的研究者来说，他们不得不花些时间与年幼被试一起玩，进而与儿童建立一种亲密关系（rapport）。这种试图打消被试疑虑的行为并不能确保儿童不出现焦虑和抵触，但是这种做法能降低被试做出消极反应的概率。

在准自然情境下的研究，反应性出现的概率最低。下面来考虑一个学前儿童对不同玩具偏好的研究。研究者通过将儿童带到实验室，然后向儿童施测一份玩具偏好问卷的方式来研究这个问题。在这种情况下，这种测量直接且效率较高，但是反应性（如对被提问的焦虑、只说成人研究者想让他们说的等）出现的概率增加了。另一种研究方案是，将儿童带到一个特别的实验室，实验室房间内摆满玩具，让儿童从中选一个玩具来玩，研究者只简单地观察记录儿童所选出来玩的那个玩具。尤其是当玩具以一种更自然的方式提供给儿童时（如"当我整理完这些公文后，你就可以玩这些玩具了"），反应效应就可能不会发生。第三种研究设计是在教室里进行观察；毕竟，玩玩具是学前儿童生活的重要组成部分。如果能够在没有被觉察的情况下观察儿童的行为（如通过单向玻璃），那么对被试反应性的控制就不是问题了。

最后我们要讨论的一种研究设计是，在一些情况下，如果无法直接观察被试行为，但儿童对玩具的偏好行为可以通过一些物理结果进行推断。例如，研究一天中不同玩具的受欢迎程度，研究者可以在放学后通过考察哪些玩具仍然在架子上没被碰过而进行推断。研究更长时间段里玩具的受欢迎程度，研究者可以通过追踪玩具的物理磨损情况来进行推断，看哪个玩具在学年结束的时候仍然光亮如新，那些玩具却已经变得破旧不堪了。很显然，这里不可能存在反应性效应。韦伯等人（Webb，Campbell，Schwartz，& Sechrest，2000）在他们的书中对这种使用"无干扰测量"（Unobtrusive Measures）而获得行为数据的方法进行了详细的讨论。对于许多需要通过面对面访谈收集数据的研究，格林尼等人（Greene & Hogan，2005）以及拉格瑞卡（LaGreca，1990）的书籍也提供了大量有价值的建议。

（一）被试的反应定势

下面我们讨论另一个与反应性密切相关的主题，被试的反应定势（response set）。反应定势就是被试以一种预先设定的偏离方式对问题或者任务做出反应的倾向，这种预先设定的偏离与任务内容无关。根据这个定义，我们在反应性中讨论过的"优秀被试"的行为就可以被认为是一种反应定势。因为"优秀被试"总是试图说出或者做出实验者期望的内容或者行为，而不是对任务本身做出反应。

首先用一个研究案例来说明这一部分的主要观点。图 5-1 显示了一个任务，这个任务还将在第十二章中皮亚杰的数的守恒（Piaget & Szeminska，1952）部分被更全面的讨论。正如数的守恒显示的那样，守恒指的是在一个集合中物体的数量不发生改变，尽管这些物体的知觉外形发生了变化。图 5-1 显示了可以用来研究守恒问题的几种外部知觉变式及相应问题。

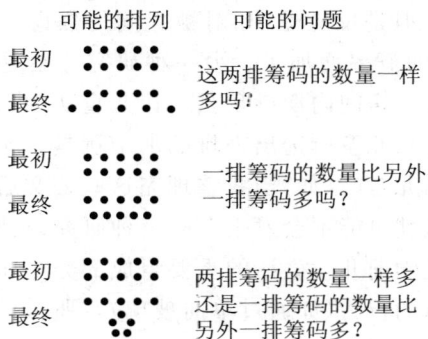

图 5-1　在守恒概念研究中所用筹码的排列与变式以及对应的提问

对于守恒任务而言，儿童可能引入哪种反应定势呢？一种通常的反应定势是"总是说是"（yes-saying），也就是无论问什么都说"是"的一种倾向。很显然，正如图 5-1 显示的前两个变式那样，只要这种单方向问题被使用，这种"总是说是"的倾向就是一个潜在的问题。尽管儿童的回答可能与他们面前的问题毫不相关，但是当研究者问被试"一样吗"，而被试回答"是"，研究者将会认为这样的被试具有数的守恒概念。

如图 5-1 中的第三个变式所示，这种"总是说是"的倾向可以通过使用双向问题被识别出来，但是其他问题仍然可能存在。一些儿童倾向于选择最后的选项（choose the last-named alternative），也就是说，他们倾向于同意成人提问中最后的那个备择假设。如果问题的表述总是像第三个范例中给定的那样，结果将是一致的（但是可能是冒充的）非守恒。另外一些儿童可能有变化答案的倾向，即随着问题的重复从一种回答变成另一种回答。在守恒问题的研究中，这种变化答案的模式既可能出现在不同的实验中，也可能只出现在同一个实验中，因为有关守恒的提问总是出现在知觉改变前后，而这些提问似乎是连绵不断的。最后，在类似守恒任务研究中，位置偏好（positional preferences）可能是被试的另一种反应定势。例如，幼儿可能总是选择离他/她较近的列作为数量最多的列。

接下来，我们讨论一下反应定势的几个基本观点。首先，尽管前面我们是以守恒任务为例列举了一些反应定势的问题，但是这些问题绝不仅仅局限于守恒问题，或者更进一步说，这些反应定势问题也不仅仅局限于儿童。可能在任何时候只要我们的研究诱发的是言语反应，那么诸如"总是说是"的偏离就可能被引到我们的结果之中。正如我们将在第十一章中看到的那样，某些类型的位置偏好，甚至在新生儿身上也有所表现。

其次是有关反应定势的解释。无论问题的描述是怎样的，对于守恒问题，如果儿童总是回答"是"，这将意味着什么？这样的反应很有可能被看作是其不能守恒的证据。也就是说，那些求助于这种简单反应偏向的儿童可能几乎无法理解有关守恒现象的实质。的确，这种解释通常是合理的。问题是我们无法确信我们对结果的判断。如果儿童一致地选择最长的一列作为最多的，那么他们已经给出了一个明显错误的回答。但是，那些总是说"是"的儿童只是没有对任务进行反应，可能因为他们并不理解我们所测量的现象，或许是因为对问题的描述感到困惑，或者是他们没有被激发起来进行认真的思考，或者除了存在反应定势外可能还有许多别的原因。

最后一点要说明的是，研究者应该通过各种方式减少被试的反应定势。在守恒范例中，研究者可使用最简洁的语言，或者在测验开始前对被试进行一些言语训练，实验中使用激励策略尽量确保儿童认真思考并回答问题等。但是，无论对程序多么熟练，在某些情况下被试的反应定势可能还是不可避免的。在这样的案例中，关键在于研究者要至少能够识别反应定势发生的可能情境，以防被试的行为被错误地解释。因此，仅仅使用单个实验研究守恒概念很难理解儿童反应的真实意义。呈现大量变式的实验，能够为确保儿童对守恒概念的理解提供坚实的依据。这样，研究者就可以真正地相信某一个儿童的反应是非守恒的，或者只是显示了一些不相关的反应偏向。

专栏 5.1　档案数据

当人们意识到他们在被研究时，反应性的威胁就出现了。正如文中提到的那样，克服这种威胁的一种方法就是，不通过直接研究人的方法来收集数据，也就是对我们感兴趣的现象进行"无干扰测量"。

无干扰测量可以采用多种形式。但是，毫无疑问，对于心理学家来说最有价值的就是使用档案数据。档案数据（archival data）指的是已经收集到、且可用的、有关某一人群样本的原始数据。档案研究是为了回答研究问题而对这些信息进行分析的过程。

那么哪种类型的档案包含的信息更丰富呢？《无干扰测量》（Unobtrusive Measures）（Webb et al.，2000）一书提供了许多范列。其中，对于许多信息源，我们大多数人不将其看作研究数据的可能信息源。这些可能成为研究数据的信息源包括墓志铭、自杀笔记、给编辑的信、医生的笔记、销售记录、城市指南和天气变化等。其他的信息源包括那些通过更加系统化的方式收集到的数据，如出生、结婚和死亡记录。无论获得了怎样的信息，它都可能在研究中发挥各种作用。在一些范例中，我们感兴趣的数据可能只是描述性信息，如全国普查数据能够提供一个社会的现状和变化。当你阅读任何一本发展心理学教科书时，你都会发现许多来自普查和官方统计的研究结果（如不同年龄女性的出生率、不同国家儿童的死亡率等）。在一些情况下，档案记录也可能为我们的研究提供了自变量。例如，如果我们试图考察天气对行为的影响，这个研究就发挥了档案记录的功能。在一些范例中，档案资料能够为我们提供一种理解有趣现象的发展性变量。列如，从男性与女性的墓志铭中，我们可以获得两种性别在不同时期、不同社会地位情况的相关证据。

对于发展心理学家来说，最有价值的档案资料是由早期研究者收集，现在却可以被其他研究者使用的研究数据（Remler & Van Ryzin，2011；Trzesniewski，Donnellan，& Lucas，2011）。这些数据包括一些最大型的、最有影响力的纵向研究，例如，在20世纪20年代发起的几个关注生命全程的研究就是这种研究方法的范例。在第六章中我们将会看到一个有关该方法的应用范例，在那里我们将介绍格伦·埃尔德（Glen Elder）在大萧条时期（Great Depression）对美国儿童的研究。这些数据还包括大量全国性调查研究，其中一个明确目的就是共享数据。表5-2列出了一些主要途径。

表 5-2　发展心理研究者的主要调查兴趣

调查名称	目　的	网　址
国家健康访谈（NHI）	评估行为和健康状态，包括评估健康照料情况	cdc. gov/nchs/nhis. htm
健康和营养调查	评估儿童及成人的健康和营养状态	cdc. gov/nchs/nhanes. htm.
青年冒险行为调查（YRBS）	理解和预防青年的冒险行为	cdc. gov/Features/Risk Behaviors
国家级教育进度评估	评估美国学生在多种学科中的进度	nces. ed. gov/nations reportcard
国家级教育纵向研究（NELS）	通过对一个样本纵向追踪 12 年来评估教育经验	nces. ed. gov. surveys/nels/88
儿童早期纵向计划（ECLS）	纵向评估三代人的入学准备和早期学校经验	nces. ed. gov/ecls
青年的国家级纵向调查（NLSY79 和 NLSY97）	评估两代美国青年人从学校到工作转换和从青少年到成人转换的问题	bls. gov/nls/nlsy79. htm bls. gov/nls/nlsy97. htm
青少年健康的国家级纵向研究（ADDHEALTH）	纵向追踪一个样本来考察青少年健康和性征变化	cpc. unc. edu/projects/addhealth
未来监测	对多代青少年和青年的价值观、态度及信仰变化的评估	monitoringthefuture. Prg
破碎家庭及儿童主观幸福感研究	考察面临贫困威胁和破裂威胁的家庭的经历	crcw. princeton. edu/ff. asp
健康和退休研究（HRS）	评估美国老年人在退休前后的状态	Hrsonline. isr. umish. edu

　　使用档案数据的研究均属于间接性研究。因此，大量的挑战有待克服（Donnellan, Trzesniewski, & Lucas, 2011; Elder & Taylor, 2009; Zaitzow & Fields, 2006）。一个最基本的挑战是我们感兴趣的信息并不在手边。毕竟，那些信息收集的初衷与我们应用的愿望多少有点儿不同。在一些情况下，我们可以对数据重新编码来反映我们感兴趣的问题。在另一些情况下，研究者可能不得不放弃感兴趣的具体问题而根据数据能够提供的信息进行分析。对于不同的数据类型，选择性的问题被

> 提了出来。因为有的数据只是对过去某一情况的调查，只在特定时期具有意义，而另外一类数据却可能具有跨越时空的生命力。由于档案数据通常是指那些旧的数据，这就可能存在不同辈和历史偏差问题——我们做出的结论到底有多大的普遍性？
>
> 最后一个警告对你来说可能已经出现了。如果我们所分析的档案数据是作为追踪研究项目的一部分被收集的，就像表 5-2 中所列的情况一样，那么档案资料无干扰测量的价值就不存在了，此时我们仍需要考虑被试的反应性及相关问题。另外，档案数据的另一个有价值的方面在于档案数据，特别是那些在长期追踪研究中获得的数据，提供了触及发展心理学核心问题的丰富论据，而这样的数据是为数不多的研究者收集过的。正如一位评论员所言，档案数据就像一个"专业知识的宝藏"（Tomlinson-Keasey，1993）。

（二）被试间的交流与信息扩散

霍尔卡等人（Horka & Farrow，1970）的研究显示了一种看起来有点儿古怪的反应偏向，这种偏向与前面内容讨论的任何反应性模式都不一样。在他们的研究中，要求被试（一所公立小学五六年级的儿童）在一组黑色无意义图片中识别一系列白色字母。使用的刺激材料见图 5-2。在同一天内一半的被试在上午接受施测，使用的刺激是图中底部的那组图片；另一半被试在下午接受施测，使用的刺激是顶部的那组图片。研究程序是要求被试用 4 分钟的时间对图片进行观察，然后向研究者报告他们看到的字母，正确识别图片的被试将得到 50 美分的报酬（在 1970 年这是一份较大的奖励）。

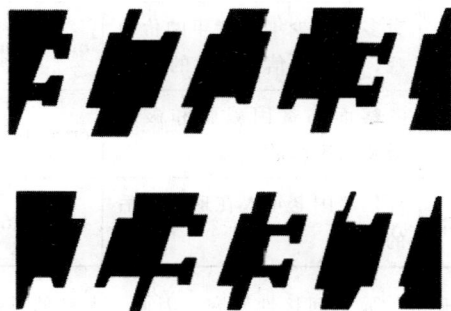

图 5-2　霍尔卡等人（1970）使用的刺激材料

来源："A Methodological Note on Intersubject Communication as a Contaminating Factor in Psychological Experiments"，by S. Horka and B. Farrow，1970，Journal of Experimental Child Psychology，10. Copyright © 1970 by Academic Press.

　　下午的被试显示了反应偏向。在下午接受施测的大量被试报告，他们看到了"LEFT"这个词。也就是说，他们给出的是上午的正确反应，回答"LEFT"的比率接近于下午正确答案出现的两倍。当"LEFT"作为真正刺激呈现时，正确反应的频率是上午的两倍。

　　很显然，一些下午参加实验的被试在接受施测前已经和上午接受施测的被试交流过。在上午的测验结束后，研究者将正确的反应告诉了所有被试，这意味着只要说"LEFT"这个词，他们就可以获得50美分。尽管他们也被提醒不要将有关这个研究的事情告诉任何人，但是结果很明显，这个警告并不有效，因为一些被试可能认为这是一个帮助朋友的机会，或者仅仅将其看作在问题解决中显示自己知识渊博的机会。

　　霍尔卡等人的研究显示了被试可能带入实验的另一种反应偏向，这种偏向源于前面的被试将一些与研究有关的信息告诉了后来的被试。这种被试之间的交流（intersubject communication）可能导致许多不良后果。例如，有时由于别的被试已经告诉了他们正确的答案，或者前面的被试把程序中被认为是秘密的部分提示给后来的被试等，后面的被试可能会表现得比他们本来要好。但是，有时对于不同的被试来讲程序已经不一样了（正如在霍尔卡等人的研究中），因为他们接受的信息太混乱了以至于帮了倒忙，结果后面被试的表现会更糟。的确，只要曾经听过年幼儿童对研究经历的复述，我们就会明白，实验中发生的程序与儿童的陈述之间有相当大的差别。特别是当后面的被试对研究内容或多或少有期待时，交流效应就会作为儿童听到信息的函数而变得相当普遍。总之，被试交流引入的反应偏向最终导致了结果效度的降低。

　　那么被试间的交流效应是否无处不在呢？很显然，对于一些研究来说，交流效应不是问题。特别是以婴儿为被试的研究（但是要提防父母亲之间的交流），还有在被试互不相识或实验期间被试没有机会互相接触的研究中，交流效应不会出现。从某种意义上讲，霍尔卡等人的研究设计似乎具有一些将交流最大化的特征。这些特征包括答案的简单性、唯一性、可传播性，而且如果给出正确反应还有利可图等，但是这些特征在其他研究中是不多见的。因此，当试图从霍尔卡等人的研究中获得概括性的一般结论时，我们就必须保持谨慎。此外，正如霍尔卡等人所说的，他们设计的研究程序与许多以儿童为被试的学习和问题解决研究有相似之处，其研究存在正确答案，且正确答案非常容易在儿童之间传播。此外，该研究更一般的特征是，实验是在公立学校中进行的，在那里被试之间相互认识，而且有大量的机会相互交流，这种现象在以儿童为被试的研究中非常常见。的确，在心理学的所有领域中，但凡涉及学龄儿童的研究，被试之间的交流最可能成为一个问题（Edlund, Sagarin, Skowronski, Johnson, & Klutter, 2009, 可查到有关大学生交流的证明）。

另一种非常特殊类型的交流效应就是信息扩散。信息扩散指的是实验组并非故意将处理效应扩展到了没有接受处理的控制组。例如，我们以一个学前干预计划为例，该计划旨在为那些在学校教育中可能失败的儿童提供学业准备训练。在这个研究中，常用的方法是将被试分成两个组，接受干预的实验组和不接受处理且只参与比较的控制组。但是，如果这两个组都来自同一个社区，几乎非常确信，在干预实施的几个月期间，儿童之间一定会有接触和交流。因为，他们可能一起玩耍，并且父母们可能谈论并比较儿童的笔记等。因此，干预的任何好处并不仅仅局限于实验组。相反，假定没有接受处理的控制组也可能接受一些新经验，因此显示一些收获和进步。为了避免这种现象对实验—控制对比强度的稀释，一些干预计划设计了两个控制组，与实验组来自同一社区的近距控制组（proximal control group）和一个来自不同社区的远距控制组（distal control group），这样远距控制组作为非接触组就为检验扩散效应提供了机会。

四、实验者偏向效应

我们已经讨论了各种各样的偏向，包括由于研究者对程序的错误预期引入的偏向。但是除了要求效应之外，我们考虑到的偏向，本质上都是没有方向的，也就是说，偏向的存在既可能支持又可能拒绝研究假设。现在让我们讨论最有趣也是最有害的偏向形式，即研究者为了获得他们期望的结果，使他们的研究发生了系统的偏离。这种系统的偏离就是我们熟知的实验者预期效应（experimenter expectancy effect）。在第四章观察研究的部分，我们讨论过这种效应出现的可能性，本部分将更广泛地讨论这个主题。

有关实验者期望效应的探索性研究是由罗森塔尔（1976）展开的。在罗森塔尔设计的一个典型研究中，大量本科学生被招募为主试，这些主试被随机分成两个小组。作为训练的一部分，每个小组都被告知实验所期望的可能结果，也就是说，他们已经知道了研究者期望（可能希望）发现的是什么。但是两个组接受的预期训练正好相反。例如，其中一个小组被告知，研究者期望从被试那里获得良好的表现，但是另一个小组被告知研究者期望得到不良的表现。除被告知的期望不同外，两个组接受了同等的训练，在研究进程中遵循相同的研究程序。尽管遵循了相同的研究程序，两个小组获得的研究结果却存在显著差异，而差异主要源于诱导预期。简而言之，主试发现了他们期望发现的内容。这种效应已经被不同主题的研究以及不同年龄的被试所验证。

那么，研究者的预期是如何发挥作用的呢？表5-3列出了偏向产生的11种可能依据。最有趣的是前5种偏向。因为这些偏向都是以研究者无意识的方式或者可能通常是相当微妙的方式体现出来。这在罗森塔尔和其他一些研究者的工作中可以得到相关支持。尽管在研究的过程中，每种偏向都可能出现，但是需要指出的是，识别实验者预期效应发生的真正位置和时间通常是很困难的。

表 5-3　导致实验者偏向效应产生的原因

无意偏向
1.	实验者可能通过诸如语调变化等无意识的非言语线索影响被试的行为
2.	实验者可能通过诸如身体语言或面部表情的变化等无意识的身势线索影响被试的行为
3.	实验者可能通过无意识的言语强化线索影响被试的行为
4.	实验者可能无意识地错误判断被试的行为
5.	实验者可能无意识地错误记录被试的行为
有意偏向
6～10.	实验者可能有意地参与了上面的实践之一
11.	实验者可能捏造数据

来源：改编自"Fact, Fiction, and the Experimenter Bias Effect", by T. X. Barber and M. J. Silver, 1968, Psychological Bulletin Monograph Supplement, 70, pp. 1-29.

如何使实验者偏向效应最小化呢？一个明显的方案是，测验者在数据收集开始之前必须接受严格训练。这种训练应该强调标准化，因为对标准化的偏离为偏向的引入提供了途径。如果可能，测验者不仅应该接受有关标准化程序的训练，而且应该在测验进行中被阶段性地监控，以确保标准化的程序被贯彻始终。对预期结果的额外报酬应该避免。此外，研究者应该避免使用非货币的差异性奖赏。例如，当一个测验者带回期望结果时，以明显喜悦的方式进行回应；当带回的结果与预期不一致时就表现出明显沮丧。因为偏向效应依赖于预期，因此我们应该尽量避免测验者形成清晰的预期，应该尽量避免让测验者知道研究背后的假设（如实验条件或者控制条件等）或具体被试的身份。这就是第四章中提到的盲设计。

尽管我们提出避免实验者偏向的方法是比较容易的，但是贯彻这些避免措施并非易事。尤其是，保持测验者或观察者对实验情况的一无所知，有时是非常困难的。因为在一些研究中，主要研究者（即设计研究的人）也测验被试，在这种情况下，保持测试者对研究假设的一无所知显然是不可能的。此外，无论他最初是否一无所知，测验者在研究过程中不可避免地会对研究目的和可能结果形成假设。在许多的情况下，测验者对被试身份的全然不知也是不可能的。例如，当他们的施测对象是 3 岁儿童和 5 岁儿童或者是一个男孩和女孩，测验者将会知道被试的年龄与性别的知识，这些也足以使他们的行为有所偏向。值得注意的是，发展研究者使用的主要自变量，如被试的年龄等，几乎是无法被屏蔽的。

似乎毋庸置疑，发展研究中实验者的预期效应的确存在。但是，这种现象出现的频率如何，他们的存在导致了多少错误的结论仍存在许多争论。所有研究者应该尽量避免这一方面的争论，也就是说，我们应该尽量以减少实验者偏向可能性的原则来设计、执行并报告研究。

五、被试的流失

这一章大部分内容关注的是，在与被试互动时可能出现的一些问题。被试的流失也是不得不考虑的一个方面。被试流失的实质是无法保留被试数据或者不能将被试数据引入结果的分析。造成被试流失的原因有很多，包括研究者对实验程序标准化的严重偏离，被试对实验安排的强烈反应性回答，被试拒绝放弃反应定势等。此外，某些被试群体或某些类型研究可能遇到了一些麻烦，导致被试的流失。甚至在操作很好的研究中也会这样。例如，一些婴儿在实验过程中可能睡着了，或者在整个研究中不停地哭；学前儿童可能会在实验程序的关键时候去洗手间；在纵向研究中，在测验完成之前，被试可能搬家或者死亡。

有关被试流失最基本的观点就是应该减少这种流失。研究中的被试流失可能造成各种问题。从实验者和被试角度来讲，这会浪费大量的时间。如果流失已成定局，那么研究者可能最后不得不应用更小的样本来做出结论。关键的是，如果流失是有选择性的，那么研究效度可能受到质疑。这其实是第三章中许多部分讨论的问题。通常，研究中被试的流失是有选择性的，这些被试可能能力上不是那么强，或者参加研究的动机没有很好地被激发，或者不太愿意按照陌生人的要求行事等。这样的流失可能影响结果的外部效度，也就是结果的概括性，因为研究者可能不再对他希望概括的群体进行研究。如果被试的流失对于不同年龄和条件来说情况不同，也会影响研究结果的内部效度。

减少被试流失的方法可以从本章讨论的各种问题和相应的解决策略中得到启示。值得重申的是两条一般性的建议。第一条建议，在对儿童，特别是学前儿童或学步儿进行测验之前，研究者首先应与儿童建立亲密关系。第二条建议，在开始正式研究之前，应对研究程序进行广泛预实验。许多研究者，因为实验程序对很多被试不适用，而不得不以失败告终，关键在于他们可能忽略了研究中的预实验阶段。

除了减少被试流失的数量，研究者还应做好如下两方面的工作。一方面，尽可能客观而长远地预测被试数据不可用的标准。在研究开始时，研究者应该准确地知道被试可能做出什么行为会导致他们的数据不能使用。当然，具体标准因不同的研究而发生改变。标准包括儿童可能去睡觉或者婴儿不可控制地啼哭、学前儿童无法通过前测，或者一些年长儿童或成人的实验性欺骗等。对于这点来说，只收集一个被试的所有数据来看这些数据是否与我们的假设一致，进而决定是否保留数据的标准是非常不可取的。不可取的关键在于，研究者可能着迷而保留了与他们预期相匹配的数据，而排除了与其预期不匹配的结果。

另一方面的工作是第二章中提到的，我们要清晰地报告拒绝被试的标准，以及被试被拒绝的数量。因为读者对一个研究做出评价时，被试的流失是一个需要考虑的因素。

值得注意的是，刚提到的这一点不只应用于被试的流失，还适用于数据的流失。在有些情况下某个被试的大部分数据是有用的，但某个特定试次或者测量结果需要被舍弃。在这种情况下研究者面临多重决定。第一个决定是，有用的数据是否足以证明将该被试保留在本研究中。第二个决定则是如何在统计上处理缺失数据，这个问题有多重可能性和复杂性（Graham，2009）。最后，再一次提醒研究者们对"保留/舍弃"决定保持客观标准的重要性，并再次强调向读者清晰说明这些标准很重要。

小　结

这一章讨论了从抽象的研究设计到实验程序的实施过程中可能出现的各种问题，提到了许多与被试互动时可能遇到的情况，及减少这些问题的途径。

其中，核心的概念是标准化，即保持实验程序中最重要的因素对所有被试都相同。标准化实质上就是实验设计中有关控制思想在程序上的对应物。如果没有保持标准化，程序可能因不同的被试而发生变化，在这种情况下就会出现偏向，结果就不能被清晰地解释。最好的测验者是那些能够将标准化与自然性结合起来的人，是那些足够灵活地适应每个被试的人。

尽管标准化是我们希望的，但是对标准化的一些偏离也是不可避免的，而且通常是很感性的。完全的标准化是不可能的，因为程序的一些方面对于不同被试来讲必须有所变化。在以不同年龄组为被试的发展研究中，必要的变更是为了使程序对于不同年龄组而言，具有同等的年龄适应性。在探索性研究中，研究目的是探究某一新的研究领域或者有趣的现象。因此，灵活性可能比标准化更加重要。最后，程序中任何保持恒定的因素（如收集数据的测验者）很有可能变成自变量的一部分，这种过度标准化可能导致结果的概括能力具有局限性。允许不相关特征在不同被试之间变化可以提高研究的效度。

接下来，讨论转向一些威胁效度的具体问题。工具性偏差指的是在研究的不同阶段中，物理设备、测验者或观察者的改变，导致研究者不期望的研究结果的变化。当这些改变与年龄或者实验条件发生混淆时，尤其应该引起注意。当一组被试在其他组被试之前接受施测时，这种混淆最有可能出现。测验条件与测验顺序的混淆还有可能源于选择偏向：那些迅速返回许可协议的家长可能在许多方面与那些反应较慢的家长有所不同。研究以外的诸如假期兴奋等事件的影响，为平衡不同组间的测验顺序提供了第三方的原因。在前后测设计的研究中，这种称为历史偏差的研究之外的事件可能引起对效度的威胁：研究进程中没有控制的事件发生导致了研究结果的变化。

对于效度相当普遍的威胁来自反应性：非故意的和基于被试行为的偏差效应。被研究最多的两种反应性分别是"优秀被试"行为和"自尊心强的被试"行为。其中，"优秀被试"行为指的是，被试试图尽力按照实验者期望的方式进行反应；而"自尊心强的被试"行为指的是被试试图看起来一切良好。减少反应性最普通的方式就是使用能够减少实验操作和测量外显化的程序。一个密切相关的问题是反应定势，即被试以一种预先设定的偏向方式进行回答的倾向。此外，研究者也必须避免被试间的交流和信息扩散。因为在被试间的交流和信息扩散的情况下，被试的回答因与其他被试的接触而产生了偏向。

当研究者的预期影响了研究发现时，一种特别有害的偏向就产生了。这种实验者预期效应可能以各种方式出现。尽管研究者们对这种现象的普遍性存在争议，但是在任何研究中，实验偏向都是一个应该被考虑并应该被尽力避免的问题。如果可能，测验者和观察者应该进行双盲来减少可能的预期偏向。对测验者进行程序标准化的训练和监控对于消除研究者预期效应也是非常重要的。

在某些情况下，本章讨论的许多问题非常严重，以至于一些被试数据不得不被舍弃。有关被试的流失问题也有一些主要的观点。第一个观点是，这种流失应该被减少。因为它可能影响该研究的外部效度和内部效度。第二个观点，也可用于被试数据的缺失部分，是研究者应该事先决定拒绝被试数据的标准，应该在最后的报告中清晰地报告拒绝被试数据的数量，以及被试数据被拒绝的原因。

练　习

1. 从第十二章到第十五章的练习将包括实践性活动。也就是说，建议大家设计一个研究，针对不同的被试组施测不同的测验。接下来，假定你已经对上面的建议进行了实践性的操作。如果你的研究程序具有一定程度的挑战性（如不只是发放问卷），并且你能够在不同场合对研究程序进行试验，这样结果会更好。如果这些都已经完成了，那么请作为一个测验者，对你从指导语、刺激或测验等的使用中获得的经验进行评价。你可能希望将被试的反馈录制下来以便日后来听，这样做同时也有助于诱发被试进一步的反馈。在这些问题中，请你思考程序的标准化问题、自然性问题、表达的清晰性，以及发生要求效应或实验者偏向效应的可能性。

2. 本章引用韦伯等人的著作《无干扰测量》并描述了该方法如何在发展研究中被使用的范例。尽你所能找出更多类似的研究范例。如果可能，参照《无干扰测量》，根据其中的方法和讨论的范例对你的观点进行评估。

3. 从发展心理学中选择一个让你特别感兴趣的话题，并查找 3 个能提供相关数据的档案数据记录，比较不同来源的可用的信息。

4. 从表 1-2 中列出的杂志中选出一本，从实验者预期效应的角度考察最近一期发表的所有论文。对每篇论文考虑如下两个问题：①针对作者研究的问题和使用的方法而言，研究者的预期可能影响结果吗？②假设对第一个问题的回答是肯定的，那么在排除这些影响方面，这个研究是如何成功实现的？

第六章 研究的情境

大多数与此相关的主题是指如何进行研究——如何组织实验设计、如何在研究的过程中将问题与偏差降到最小。然而，心理学家不同于大多数科学家的地方在于他们还需要决定在什么环境中进行研究，同时这一决定也将反过来影响研究的实施。与其他一些科学领域的研究不同，心理学的研究可以在广泛的情境中进行，从严格控制的、人造的实验室环境到幼儿园、运动场或超市等这些日常的自然环境。每种情境都有利弊，每种情境都适用于一类特定的研究问题。本章中将要讨论的第一个主题是各种情境的优点和缺点。

本章关注的第二个主题是发展出现的情境，也就是说，我们感兴趣的行为其发展与表达的环境情境是什么样子，我们如何才能更好地研究不同的情境。关于此主题，已经在当代最有影响力的概念化环境模型——布朗芬布伦纳（Urie Bronfenbrenner）的生态系统方法中进行了讨论。

正如我们所知，布朗芬布伦纳的理论定义了几个影响儿童发展的环境水平，任一环境水平都需要我们关注。这一章的第三部分即聚焦在跨文化研究的挑战和收获上。

一、实验室与现场

对研究情境进行分类有多种方法。在此采用的分类系统源于罗斯·帕克（Ross Parke，1979）的文章，详见表6-1。

表6-1 研究情境的分类

	因变量源（Locus of dependent variable）		
		实验室	现场
自变量源（Locus of independent variable）	实验室	1	2
	现场	3	4

来源：改编自"International Designs"，by R. D. Parke. In R. B. Cairns（Ed.），The Analysis of Social Interaction：Methods，Issues，and Illustrations(pp. 15-35)

　　帕克首先从现场情境与实验室情境的直观区别开始讲起。现场研究是在被试所在的自然环境下实施，如操场、超市等场所。实验室研究发生在一个人为设计的特定情境中，这一情境可能与被试所在的自然情境非常不同，被试只因研究需要才被单独带到这样的情境之中。例如，一辆流动的实验室研究车，在车内可以通过耳机呈现不同的声调，同时记录被试对声调的心率反应。

　　在帕克的分类图式中涉及的第二个因素是自变量与因变量之间的区别。无论是在实验室还是现场情境中，研究中的自变量都是可操作的，而因变量则是可以被测量的。实验室与现场情境、自变量与因变量的结合就形成了表 6-1 所示的四个区域。

　　在讨论表 6-1 中符号代表的潜在意义之前，了解一些限定条件是必要的。像刚刚给出的例子，现场—实验室的区别似乎很清晰。然而，这种区别却经常是模糊的。实验室情境可以进行变化，以至于最大限度地与自然环境相适应。现场情境也会由于实验控制和测量程序的影响而失去它的自然特征。基于这些原因，现场—实验室的区别最适合被看作一个连续体，而不应采用二分法。另外，"自然"不是一个单一的结构，相反它会随着自然情境的变化而产生不同的维度。帕克（1979）讨论了三个维度：一般的物理环境、直接的刺激环境、情境中出现的社会媒介。由于这些复杂性，在讨论中用到的"现场"与"实验室"应被视为简化形式，这对于做出方法学上的分界点是有用的，而不应该被看作是对更复杂的现实的曲解。

　　对于自变量与因变量的区别而言，也必须要考虑一些条件。正如我们所知，不是所有的研究都包括一个可以操纵的自变量。在某些情况下，变量本身的特性是排斥实验操作的。第二章所讲的被试变量（subject variables）就是一个例子，如年龄、性别、种族就是通过被试的选取来进行控制和研究的，而不是通过实验操纵的。在其他的情况下，不进行自变量操纵可能是由于研究兴趣在于研究两个或更多因变量之间的关系。这就是第三章所讨论的相关研究（correlational research）。因此，表 6-1 中的自变量部分没有应用到。然而，因变量部分总是被用到，所有的研究都涉及对结果的测量，并且既可以在实验室，也可以在现场中进行测量。

　　一个具体的研究事例有助于详细说明我们的讨论。这个例子是我们以前遇到过的：电视暴力与攻击性行为的问题。电视中的暴力是否会使儿童更具攻击性呢？这是一个有趣的、值得研究和备受争议的问题。这一问题可以而且已经被表 6-1 所示的四种方法研究过了，它对于我们现在要探讨的内容是一个很好的例子。然而，在这一章及接下来的章节中我们也将遇到其他例子，当然我们要考虑的主要问题是这四种方法适用于哪些研究问题。

(一)设计 1：实验室—实验室研究

这一标题下的研究可能最符合大多数人对于"心理学实验"概念的定义。在一个可控制的实验室情境下进行操纵，这种实验操纵的结果也在相同的实验室环境下进行测量和评定。在电视暴力与攻击性行为的例子中，可能有如下具有代表性的安排顺序：首先被试被随机分配在两种条件下，实验组观看有暴力画面的电视节目，而控制组则观看无暴力画面的节目。两组儿童被单独带进实验室并在那里观看为他们设计的特定电视片断。不久后，会在相同的实验环境中给两组儿童一个实施攻击性行为的机会。如果实验组的攻击性远高于控制组，那么就将之作为电视模仿产生影响的证据。

实验室控制研究呈现出一些重要的优点。一是对于自变量的控制程度。在电视对攻击性行为的影响研究中，研究者能够严格控制呈现给儿童哪种类型的影片以及在什么样的情境下放映这些影片。在我们看来，如果想得到一个清楚的因果结论，这些严密的控制是必不可少的。总而言之，实验室研究使内部效度尽可能地最大化了。

第二个优点就是在对某些现象的研究中，我们有可能对感兴趣的自变量进行系统的探索。一旦一种基本的实验室范式得到了发展，我们就有可能设计出很多实验变式。比如，电视暴力与攻击性的例子，我们可以改变攻击行为的真实性、攻击者的种类、攻击者模仿攻击行为后的结果、被试观看暴力电视节目和表现出攻击性行为之间的时间段。因此，我们能够得出一个超出一般性的结论：攻击的模仿性能够增加攻击性行为，并使我们对如何以及为什么会出现这种模仿效应做出更准确的判断。

实验室研究的第三个优点在于因变量。根据定义，因变量能够自由变化，因此也不在研究者的控制范围之内。但是，因变量必须是可以测量的，并且在结构化的实验室环境中，这种测量通常应该最容易进行。例如，在实验室中录制一段后来能够重复播放与分析的攻击性行为是可能的，但是这种做法却不大可能在操场或家庭环境中应用。完全不用观察者而采用能实地录音或自动录音的仪器来配合研究，也是可能的。能够对接受到的每一次击打都进行记录的自动化玩偶 Bobo(Deur & Parke，1970)则是另外一个自动记录的例子。最后，正如我们随后即将讲到的，除了在有控制的实验室情境中，一些因变量是很难被测量到的。

实验室范式也有其不足之处。实验室研究的优点可以概括为一个词"控制"，同样地，其不足也可概括为一个词"人为性"。尽管，根据与研究感兴趣的真实生活环境的相似性程度的变化，实验室环境也可以有所变化。但是，它们总是在某些方面与真实环境不同，而且通常都是与真实环境不同的。问题也因此而产生，在实验室中获得的结果能够推广到更自然的实际生活中去吗？这个需要在内部效度与外部效度之间权衡的问题已经在第二章中讨论过。正如我们所言，增加实验内部效度的那些因素经常会降低其外部效度。

以电视暴力与攻击行为为例。无论将看电视的机会展现得多么自然，儿童在实验室中观看电视还是与在家里观看有着一定程度的区别。首先，观看行为不是发生在儿童家里。无论是物理环境还是社会环境都可能是不一样的。其次，儿童通常是与兄弟姐妹或伙伴们一起看电视的，而在实验室却是单独观看。再次，实验中成人还要明确地指导孩子观看特定的电视片断，这又是一个不一样的地方。成人给孩子呈现的电视素材可能会透露一点儿对电视内容以及孩子随后的模仿行为鼓励或支持的成分，这种情况在家里是不会出现的。最后，孩子在实验室里看电视的时间必然是相当短暂的，所以，用一天几个小时的观察行为来概括其长期效应，这种结果还有待进一步验证。

因变量同样也存在局限。至少有部分的伦理原因，攻击性行为的实验室测量经常涉及一些虚假的攻击行为，如击打一个玩偶，或者给在另一个房间的一个看不见的儿童实施一个所谓的疼痛刺激（这个方法类似于第四章描述的巴塞洛等人的研究）。这种行为与真实生活中的攻击行为相比缺少人际间的互动，并且在成年人实验中并不能得出消极反应的结果。这种反应能否预测在攻击不被允许环境下的真实攻击性行为是存在争议的。即使不考虑伦理因素，在实验室中获取复杂的社会行为测量这本身就很困难。我们会在后续的章节中看到，对于发展心理学家来说，对感兴趣的行为进行的实验室模拟经常与真实生活情境下的行为是不同的。在某些情况下，研究问题本身的性质决定了它不能使用实验室研究范式。例如，我们的研究兴趣是学校操场上对熟悉同伴的攻击行为，那么实验室情境根本就不在研究范式的选择范围之列。

另外，实验室研究尤其容易出现反应问题和反应定势，这些问题我们将在最后一章讨论。在实验室中的儿童可能会变得焦虑而没有反应，或者做出成年人期望的反应，或者注意力被奇特的仪器所分散等。正如第五章所述的那样，实验设计有时候可能会被掩饰，而反应也可能会被降低到最低限度。实际上，以学前儿童和小学儿童为被试的大部分研究使用的实验室是儿童所在学校没有使用过的一些房间——陌生的、放置着仪器设备的环境，无不传达出"实验室"的字眼，这种研究本身的意义不大。儿童被不熟悉的人带入不熟悉的环境中，他们不知道会有什么样的经历，所有这些异于常态的举动都会产生各种偏差。

与表 6-1 的顺序不同，我们接下来先讨论与刚刚谈过的实验室研究差别最大的一种方法——现场研究。一旦讨论过实验室研究与现场研究，那么表格中两种研究相结合的部分就很容易理解了。

(二)设计 4：现场—现场研究

现在让我们来关注一下自变量的操纵和因变量的测量都发生在自然情境中的那一类研究。的确如前所述，实验操纵与测量必定会在某种程度上改变"自然"情境。与实验室方法相区别的现场研究，它的起始点就是自然环境，这一情境处在实验室—现场这个连续体的尾端。

以费什巴赫等人(Feshbach & Singer，1971)所做的电视与攻击性问题的研究为例。被试都是生活在各个居民区的处于青春期前期和青春期的男孩子。在 6 周内，费什巴赫等人能够控制参加实验的被试所看电视节目的内容。期间，一半男孩被随机分配观看暴力电视节目，另一半被试被分配观看无暴力内容的电视节目。因此，在这个例子中，在被试真实的生活环境中对观看的电视节目进行了操纵。管理者和监督者对被试在这 6 周内发生的攻击行为进行评定，以确定电视观看的效应。因此，测量因变量的地点也是在自然情境中。

现场研究的最大优势体现在"自然"二字。关于电视与攻击性之间的关系，我们主要感兴趣的是在家里观看电视是否会影响儿童在家里、学校、操场上的攻击行为——因为在这些场景中儿童才会自然地表现出他们各自的可能行为。正如我们所知，实验室研究只能为此问题提供一个间接的答案，因为实验室研究既没有操纵儿童在家中的看电视行为，也没有在自然情境中测量攻击行为。然而，现场研究关注的焦点正是这些自然情境与行为。这一事实就意味它的外部效度可能要比实验室研究高。如果我们能够努力对自变量进行控制，并精确地测量因变量，那么现场研究的内部效度也会很高。

现场研究劣势在于前面所述句子中的"如果"，在自然情境中某些操纵与测量不是没有可能，只是实现起来相当困难。现在让我们来考虑一下涉及控制一段时间内许多儿童观看电视节目内容的问题。像费什巴赫等人那样的现场研究或者试图对受"控制"的群体，如寄宿学校的青少年进行的研究仅仅是少数，当我们了解到这些情况时便不会感到惊讶了。从这样的群体与情境中获得的结果是否能推广到更为自然的家庭环境中，也是备受争议的。此外，在自然情境中，实验控制的使用本身就会发生显著的变化。很少有儿童是在成人的完全监控下观看电视的，这种突然间强加的控制会导致各种反应的出现，或者会产生混淆结果。例如，在费什巴赫等人的研究中，有证据表明观看非暴力电视的男孩变得很沮丧，由于错过了喜欢的节目，他们会变得更具攻击性。

应该注意到刚才讨论问题的重要性会随着各种自变量的不同而有一定程度的变化。与观看电视相比，在现场情境中的一些变量更适于进行自然的、无反应的操作。例如，在触觉刺激影响的研究中，让妈妈每天抚摸婴儿 15 分钟是很容易的（Weizmann，Cohen，& Pratt，1971）；在儿童的阅读效应研究中，将不同的书搬进家中是很容易的（Whitehurst & Lonigan，2001）。在现场情境中，一些变量比电视节目更加难于操纵。有时候实际与伦理一起限制了实验操纵的可能。父母养育子女的习惯是一个普遍而重要的例子。在其他情况下，研究者的兴趣在于被试对特定的、严格控制的刺激的反应，这种刺激本质上是人造的，如听觉适应研究中的重复音调、短时记忆研究中的词表。有时候自然情境中可以包含这种刺激，但是在实际操作时往往存在困难，因为情境可能很快就变得不"自然"了，情境中出现的其他因素将使结果出现偏差，混淆被试间的差异。在这些例子中，对研究目的来说，实验室研究是研究者最明智的选择。

现场研究存在的第二个普遍问题是前面涉及的第二个"如果"：因变量的精确测量。以听觉习惯化为例。习惯化（habituation）是指随着刺激的不断重复，人们对刺激的起始注意反应强度减弱或是降低了，就好像"习惯了一样"，当刺激不断重复出现，心率会逐渐恢复正常状态。当然，心率不是一个能在现场情境中进行测量的因变量。即使调查者能将心电图仪（electrokardiogram，EKG）装到被试家里，所有的电线、电极、各种组成部分显然是与自然情境相脱离的。当心理反应作为因变量时也存在同样的争论。

争论并不仅仅限于心理测量的范围内。发展心理学家感兴趣的许多反应要想在自然情境中发生与测量都是非常困难的。皮亚杰研究的许多概念都停留在分类阶段。皮亚杰相信守恒概念是儿童思维的重要组成部分。然而，守恒却很少直接、清楚地出现在儿童自然情境的行为中。而且，它的出现与否要依赖为此目的而明确设计的实验，如图 5-1 所示的测验。正如第十三章将要讨论的，要想使这些测验尽可能地接近实际生活，尽可能地像非测验一样，仍然存在一些问题。但是一些概念的外在表现还是需要了解的，这种外在表现必然会改变处于实验室—现场研究连续体另一端的实验室研究。

先前所述重点是说一些行为是具体的（如心率），或是抽象的（如对守恒概念的理解），因此这些行为很难在自然情境中进行测量。那么攻击性行为呢？攻击性行为毕竟是一种频繁发生的、明显的、可观察的、固有的社会行为，这种社会行为在现场情境中进行测量似乎是有希望的。在我们看来，在现场情境中测量攻击性要比在实验室中测量有更明显的优势，但是可行性、精确性的问题依然存在。对社会行为的现场测量通常有两种方法（回顾表 4-3 的内容）：第一，让认识儿童的某人评定其行为（见费什巴赫等人的研究）；第二，直接观察行为的发生。第四章已经讨论了观察技术，考虑到社会发展的特殊方面，将在第十四章讲述评定与观察。这两种测量方法的复杂性也是显而易见的。目前，只简单指出一般性的观点，无论什么样的行为，在现场情境中精确测量都是非常困难的。

（三）设计 2：实验室—现场研究

在这种研究情境中，自变量是在实验室中进行操纵，因变量在现场情境中测量。以约瑟夫森（Josephson，1987）的研究为例，将二、三年级的男孩随机分配到学校一间没有用过的房间里观看暴力或非暴力的影片。因此，自变量是在实验室情境中操纵的。随后让男孩们在学校体育馆玩地板曲棍球，并观察记录他们的身体攻击行为（行为的频率）。因此，因变量是在现场情境中测量的。

约瑟夫森研究的优势在于前面谈过的实验室操纵与现场测量结合的独特优势。这样的研究对自变量进行了很好的控制，对因变量进行了生态化和有效的测量。实验操纵的加强增强了结果的有效性，结果代表真实生活中的攻击行为的可靠性也提高了。此外，实验操纵和现场测量的结合使自变量与因变量在时间与空间上实现了分离，这在实验室—实验室或现场—

现场研究中是不太可能的。这种分离在本质上增加了结果的可推广性，降低了反应偏差的概率。比如，在约瑟夫森的研究中，对攻击性行为测量的时间、地点都与观看电视时不一样，这样就减少了儿童由于直接情境线索或成人对模仿的期待导致的简单模仿的可能性。

实验室—现场研究的缺点同样可以分别从实验室方法和现场方法两方面来讨论。自变量的实验室操纵提高了人为性和不可推广的可能性，因变量的现场测量增加了精确测量的问题。另外，将实验室成分和现场成分综合进同一个研究中，有时会有实际的困难。尽管它们有潜在的优势，但是在发展心理学研究中，实验室—现场研究事实上只占很小的一部分。

（四）设计 3：现场—实验室研究

在这种情况下，自变量是在现场情境中进行操纵的，因变量在实验室中测量。我们以帕克等人（Parke，Berkowitz，Leyens，West，& Sebastian，1977）的研究为例。帕克等人的研究与前面谈到的费什巴赫等人（1971）的研究有部分相似之处。他们的被试都是处于青春期的男孩，其中一半被试在自己的宿舍观看 5 天的暴力影片，而另一半观看非暴力影片。而对观看影片的效果的测量是在随后的实验室测验中进行的。在测验中被试有机会给看不见的同龄人（实际上不存在）进行电击。所以，实验室情境就可以用来评估自然情境中观看电视的效果了。

再次强调的是，这种方法的优缺点主要取决于实验室和现场研究得出的一般观点。自然情境对于自变量来说是一个道德问题，而对于因变量的测量来说则是一个严密性问题。不利的一面是，试图对自然情境进行实验控制有可能导致自然性与控制性双方面的降低。在实验室中的因变量测量的确会增强精确性，但是这种人为性的指标与真实生活中的攻击性行为有着不确定的关系。此外，特殊的困难可能在于，在同一研究中同时包括实验室研究和现场研究。

（五）回顾与评价

对不同情境研究的讨论产生了两个主题。一是对于研究者想取得的不同目标的权衡。我们期望进行的是那些能够产生明确因果结论并且可以将结果推广到各种各样的真实生活情境中的研究。这就要求我们必须对自变量进行精确的控制，对因变量进行精确的测量，要使研究情境与真实的自然情境有足够的相似性，这样才能够进行推广。这种与目标相联系的研究结果是很难实现的，因为方法上的选择有利于一个目标时往往又会与另一个目标相背离。

接下来讨论第二个主题。由于研究问题的方法没有哪一种是完美的，所以仅采用单一的某种方法也是不合理的。针对某一特定问题而采用的众多不同研究方法是可取的。这就是我们提及的会聚操作方法。会聚操作背后的潜在思想是一种研究方法的优点至少在某种程度上能够弥补另一种研究方法的不足，并且由多种方法的聚合证据得出的结论要比由单一研究方法得出的结论具有更大的确定性。

让我们结合电视攻击性问题来谈谈以上的争论。我们可以看到使用任何一种单一的方法来研究这一问题都会遭到各种各样的批评。然而，正如我们所做的那样，如果我们发现前面提到的四种研究方法得出了同样的结论，也就是说，电视暴力会促进攻击性行为的发生——于是，我们就更有信心去相信这个结论是有效的（Anderson et al.，2003）。

到目前为止，我们一直在讨论各种方法的可能性，现在让我们面对一下实际问题。如果你阅读过很多心理学读物，你就会发现前面讨论过的四种研究方法在心理学研究报告中出现的频率是不一样的。虽然对于不同的主题、不同的杂志会有所差异，但是包括发展心理学在内的绝大部分心理学研究基本上都是以实验室研究为基础的。对于自变量的控制来说，这是很真切的事实。针对某一主题在现场情境（如家里或学校）中进行的测量，我们可以在本书中找到几个例子。然而，实验研究仍是主导，完全以现场为基础的研究还是很少。

大多数心理学研究的实验室情境都存在问题吗？许多评论家也表达了同样的关注。麦考尔（McCall，1977）说："我们很少有时间让行为脱离实验控制而在自然情境中对行为进行系统的观测。"布朗芬布伦纳（1977）说："许多当代发展心理学的研究都是尽可能在最短的时间内，在有陌生成人在场的陌生情境中观察儿童不同寻常的行为的科学。"为避免你觉得20世纪70年代提出的这些观点，到现在这种情况已经改变，我们再看一下对这一问题最新的观点。罗津（Rozin，2009）写道，"心理学这门学科，将天平更多倾向于精确的实验和假设检验，而不是检验和描述自然环境下的基本现象"。梅丁（Medin，2011）也同意："我们的领域过多关注实验室研究，而很少进行自然情境研究"。

许多研究者都为实验室研究进行辩护（Anderson，Lindsay，& Bushman，1999；Berkowitz & Donnerstein，1982；Kerlinger & Lee，2000；

Mook，1983）。这些研究者既不否认对于实验室研究来说有时候外部效度是个问题，也不否认如果在可能的情况下就在更为自然情境中进行研究的价值。然而，他们为支持实验室研究提供了两个论点：一个是概念性的，另一个是经验性的。

概念性的观点关注的是实验室研究的目标。这些目标不是为了重复真实生活情境甚至每一个细节。毕竟真实生活已经存在，如果有可能在自然环境中探索自变量与因变量之间的关系，那就没有必要走进实验室了。实验室研究的要点是排除自然环境中所有干扰研究的混淆因素，因此需要对一些自变量能否影响因变量有个清楚的判断。当然，这种说法不能够推断出一个变量确实影响了另一个，然而这却是得出这样一个结论必走的一步。与复杂的真实生活情境相比，简化的实验室环境似乎总是有许多人造的特点，这是一个不争的事实。但是这种特点不仅仅是实验室研究令人担心的副产品，更确切地说，从方法上的成功与逻辑性而言，这种人造的程度是必要的。

经验性的观点关注的是实验室研究对效度的影响。这也是第三章对于横断研究与纵向研究的讨论中遇到的一个问题。特定的研究形式也许会对效度产生潜在的威胁，这也是它们能否应用于特定场合的一个经验性问题。对一些实验室研究来说，如果人造性和相关威胁因素（反应、期望效应等）是很重要的问题，那么由这些研究得出的结果将不可能形成一个清晰、一致的描述。尤其是对于相同的问题，它们将与用其他研究方法得到的结果不一致，如许多基于现场研究的方法。相反地，如果实验室与现场研究取得一致结果，这种研究结果的一致性不仅仅是针对电视与攻击性这一主题，而是针对许多主题的（Anderson et al.，1999）。那么，实验效度就得到了一定的支持。显然，这就是会聚操作的论据。

在对本节进行总结之前，应该对本节中的一个主题——少有的现场研究加以说明。对于在下面两章中要讨论的两种研究——定量研究与应用研究来说，现场研究确实是处于突出的地位。当我们叙述那些主题时，将会对现场研究做更多的说明。此外，专栏6.1讨论了在现场情境中进行测量的一种很有影响力的现代方法：在博物馆中实施研究。

专栏 6.1　博物馆中的研究

很自然地，大部分在自然情境下尝试研究发展的问题都是在家中进行的，这是大部分儿童所处时间最多的环境。毋庸置疑最普遍关注的第二个自然情境研究场所是学校。但是家庭和学校并不能排除儿童发展中其他环境的影响。还有什么自然环

境能给研究者提供一个窗口来看儿童的学习和发展呢？

在过去的 10 年，一篇实证研究考察了儿童去博物馆时的表现（Haden，2010；Paris，2002）。在很多国家，参观博物馆都是儿童的普遍活动。在美国有超过 16000 个博物馆，很多都会为儿童提供教育机会，这些博物馆每天平均吸引 200 万参观者。

在博物馆中的研究采取多种形式（Leinhardt，Crowley，& Knutson，2002）。对发展心理学家来说，一个特别的研究兴趣是父母在儿童参观博物馆时是如何帮助孩子获得一些知识的。例如，父母如何给孩子解释各种展品，以及他们如何回答孩子可能提出的各种各样的问题？一般来说，这些研究聚焦到所谓的交互展品，这些展品可以给部分参观者提供亲自体验的机会。例如，参观者可能有机会实施简单的科学实验（图 6-1 显示了一个例子），或者用各种建筑材料建立微观模型，或者温和地处理小的海洋动物。尽管各种形式的科技馆是研究普遍关注的焦点，艺术和历史博物馆（e.g.，Tennenbaum，Prior，Dowling，& Frost，2010）也对研究有所贡献。

将博物馆作为一个实验室来研究的研究者面对很多方法上的挑战。在博物馆研究是一种观察研究，同样它也有观察研究通常会有的挑战。甚至，由于环境的噪音、较弱的声音和博物馆环境中的视觉复杂性，准确记录和解释行为的困难也可能会加大（Allen，2002），从而可能会引起反应问题和自我表现偏差。由于伦理原则禁止在被试不知道的时候进行行为观察，所以在研究中父母知道他们的行为是被记录的，因此我们看见的可能不是父母平常的行为。

大部分的博物馆研究是相关研究设计，它们记录各种自然发生的行为，并且探索这些行为间的关系，这对未来研究有所限制。因为是相关设计，很难建立因果关系，如证明一个特定的父母行为导致儿童的一个特定反应。因此，特别值得注意一些实验研究（e.g.，Benjamin，Haden，& Wikerson，2010；Tennenbaum et al.，2010），在这些研究中不同的父母在观察阶段之前会受到不同的指导，因此可以得到更加确定的因果推论。

尽管我们在这里更关注的是方法而不是结果，但是对这些研究中的一些发现可以进行简要介绍。最普遍的发现是父母确实可以帮助儿童在博物馆参观中获益，尽管这里会有一些个体差异，一些父母会在这方面做得更好。因此，儿童在有父母陪伴时比没有父母陪伴时会参观得更久，会在父母向他们解释发生了什么的时候更多地谈论自己的想法，当父母可以在旁边提供帮助时，他们更可能会成功完成实验操作。大部分父母提供的解释是简单的（Crowley & Galco，2001），然而，确实有帮助。

进一步研究发现了一些不那么积极的结果。克劳利和他的同事们做的研究发现当参观各种科学展品（包括图 6-1）时，父母对儿子进行解说的可能是对女儿的 3 倍。其他研究在家庭亲子互动中发现了类似的性别差异（Tenenbaum & Leaper，2003）。好的方面是，研究指出这种性别差异不是不可避免的，特别是当展品设计成鼓励性别平等时（Callanan & Braswell，2006）。

对于亲子研究的主要理论基础是维果茨基的发展的社会文化理论（Vygotsky，

1978)，其地位在近些年得到显著提高。维果茨基的理论强调社会中介以及社会经验对儿童认知发展的作用。很明显，对于大部分儿童来说，父母是一个非常重要的社会中介，而博物馆研究提供了考察父母扮演角色的方法。

图 6-1　圣何塞儿童探索博物馆中互动科学展品西洋镜

注：当观察者从旋转鼓的小孔看进去时这个工具会造成运动错觉

来源："Share Scientific Thinking in Everyday Parent-Child Activity", by K. Crowley, M. A. Callanan, J. Jipson, J. Galco, K. Topping, and J. Schrager, 2001, Science Education, 85, p. 715. Copyright by John Wiley & Sons.

下一步的工作就是要从不同的角度来关注情境。这就是布朗芬布伦纳的生态系统（ecological systems）方法（1979，1989；Bronfenbrenner & Evans，2000；Bronfenbrenner & Morris，1998）。

二、生态系统

生态系统方法强调的是儿童发展所处的情境及对儿童发展非常重要的不同情境之间的内部关系。虽然前面的章节也涉及情境，但是在这里有着不同的意义。前面讨论的情境关注的是研究发生的地点，可以粗略地将之区分为两种环境——实验室与现场。然而，按照定义来讲，发展总是在现场中发生，儿童总是在各种自然情境下（家庭、学校、操场等）生活。布朗芬布伦纳理论直接指向的问题是如何最好地研究各种情境或生态系统，并加以概念化。

让我们通过前面一节对家庭、学校、操场这些环境的描绘来理解布朗芬布伦纳的想法。每一种情境不仅包括一个物理维度，还包括典型的活动和重要的社会主体——父母、兄弟姐妹、老师、同伴。这些因素组成的环境在布朗芬布伦纳的概念下被称为微观系统（microsystem）。微观系统是各种生态系统中最接近儿童的一层并且最能直接作用于儿童。在家中，家庭成员间的相互作用也在微观系统概念之下。还有许多，如在操场上与朋友们一起玩耍、在学校与老师谈话等。

发展心理学中的大多数研究都关注微观系统，因此很容易找到相关的例子。的确，本书中的大多数例子都有微观系统研究的形式。例如，本章前几节中为了阐明研究情境时用到的电视暴力与攻击性的例子。当我们研究电视对攻击性行为可能的贡献时，我们的兴趣点在于直接经验的效应：儿童在电视中看到的与听到的如何影响他们随后的行为。更概括地讲，当我们研究榜样（电视或其他）对于儿童发展任一方面的影响时，我们关心的是微观系统：儿童和生活在其世界里的社会主体在一起获得的直接经验对其自身的影响。

当然，心理学家关注的微观系统是很容易理解的，它是因果关系发挥作用和儿童发展发生环境的一个层次。但是，真正的问题是，为什么我们还要关注其他方面？也就是说，如果我们想要得到一幅关于发展的完整图景，还有哪些其他层面或系统必须加入这个微观系统呢？

图 6-2 所呈现的是布朗芬布伦纳给出的答案。如图 6-2 所示，生态系统理论在微观系统之上又假定了三个情境层面。中间系统（mesosystem），是指处于微观系统中主体之间的关系系统。比如，它包含父母参与儿童的学校活动，或儿童的同胞兄弟姐妹与其同伴间的交互作用。外层系统（exosystem）是针对可能影响儿童但是又不直接参与儿童发展的那些社会系统而提出的一个术语。制定与儿童相关教育政策的学校理事会属于外层系统的组成成分。宏观系统（macrosystem），是指儿童发展所处的文化或亚文化。宏观系统本身就包含多个相互嵌套的层面。例如，对于一个美国儿童而言，宏观系统不仅包括一般意义上的美国文化，还包括他生活所在的东北部城市具体的文化特点，可能还包括与该城市相毗邻的城市中特定民族的某些具体特点。

图 6-2 并没有展示出更多的情境形式。最近，布朗芬布伦纳的模型又增加了一个时间系统（chronosystem），是指研究发展的情境所处的时间阶段。随着时间变化，针对儿童发展的各种系统及其相互关系发生变化，儿童自身也在发展。因此，对于情境因素的全面理解必须包括时间维度。

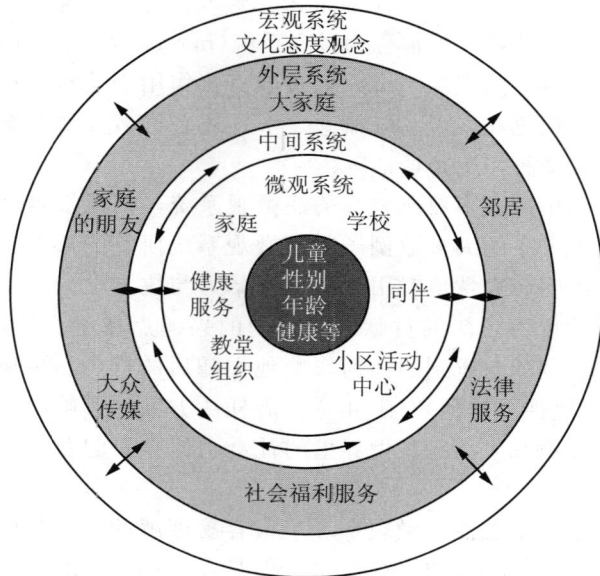

图 6-2 布朗芬布伦纮的生态系统模型

来源："Fr 于 om Sociocultural Risk：Dangers to Competence"，by J. Garbarion. In C. B. Kopp and J. B. Krakow（Eds. ），The Child：Development in a Social Context（pp. 630-685）. Copyright © 1982 by Addison-Wesley Longman Publishing Company，Inc.

生态系统概念的意义是什么呢？特别是它在方法学上的意义是什么呢？也就是说生态系统理论如何影响研究的执行与解释呢？布朗芬布伦纳（1979）给出了如下一个解释："生态研究，显著的主效应可能在于交互作用。"他的意思是说，当同时考虑到第二个生态系统时，我们单独对一个生态系统进行研究出现的效应在某些重要方面有可能需要再次斟酌。生态系统作为一个内在相互交织和相互影响的概念可以通过图 6-2 中嵌套圆环来体现。我们一次只能研究一个生态系统（一般情况下也是这样做的）——最普通的微观系统，但是系统不是孤立存在的。相反，微观系统总是嵌套在一个中间系统之内，微观和中间系统又嵌套在更高、更普遍的系统层级中。

两种或更多的生态系统描述所揭示的交互作用是什么？我们来分析两个例子以说明。在布朗芬布伦纳的早期著作或是受此理论影响的其他研究文献（Moen，Elder，& Luscher，1995；Pence，1988）中可以很容易地找到其他例子，这些例子都较全面地代表了布朗芬布伦纳理论及其研究意义。

在这里首先对第一个例子做一些简单的描述，在第十四章中将会有更详尽的概括说明。第十四章要讨论的一个主题是父母教养方式以及由鲍姆林德(Baumrind，1971，1989)主持的一项很有影响力的研究计划。鲍姆林德确定多种父母教养风格，我们关注其中的一种——权威型(authoritarian)。鲍姆林德认为这是一种过多运用威胁、惩罚手段来显示父母的权威力量，而很少运用温情与理性手段使儿童社会化的方法。这样总结之后，看来权威型教养方式并不是一种很明智的方法，事实上，研究认为它根本就不是一种好的教养方法。在鲍姆林德的研究中，权威型教养方式都是与孩子的低成就相关。另外一些研究者们采用其他测量方法，以不同的年龄群体为对象进行的研究验证了这一结论(Lamborn，Mounts，Steinberg & Dornbusch，1991)。

然而，我们引用的所有研究多数都是以白人、中产阶级为样本。因此，对于宏观系统而言，它们是有局限性的。多恩布什和他的同事们(Dornbusch，Ritter，Leiderman，Roberts，& Fraleigh，1987)以一个多种族(白人、非洲裔美国人、亚裔美国人、西班牙人)的青少年与他们的父母组成的样本检查了鲍姆林德风格效应。虽然研究结果与其他研究有一定的相似之处，但是只在白人家庭中清楚地看到了预期的父母实践与儿童成就之间的关系，而其他种族群体的结果却表明了存在例外和限制，特别是亚裔美国家庭的结果很有意思。虽然，在这些家庭中父母权威性教养方式的比例很高，但是他们的孩子在学校中依然保持很高的成就。因此，在亚裔美国文化这个宏观系统内，权威型父母教养方式与以前以白种人为对象的研究相比，显然得出了一个更为积极和有意义的结果。其他一些研究也证实权威型风格在特定的文化群体中是有积极效应的，如在非洲裔美国人、亚裔美国人身上(Parke & Buriel，2006)也得出和前面亚裔美国人样本一样的结果。

在阐述亚裔美国家庭的结果时，布朗芬布伦纳(1993)曾引证一位亚裔美国学生的话，从中可以看出一些文化差异。他问学生："亚洲人是如何看待权威型的父母?"学生说："我们知道我们的父母有多爱我们。"

儿童教养的例子涉及微观系统与宏观系统之间的交互作用。下面的例子将介绍外部系统与时间系统对儿童发展的影响。埃尔德和他的同事们(Elder，1999；Elder & Caspi，1990)研究了 20 世纪 30 年代的经济大萧条对儿童发展的影响。为了顺利开展研究，他们运用了档案数据，也就是说纵向的数据来源都是在 20 世纪 30 年代收集的，他们使用多种方法对这些数据进行了重新记分与再分析(回顾专栏 5.1)。研究的总目标是描绘出埃尔德所指的生命历程(life course)的各个方面:社会化发展的顺序,同龄人的角色以及人们一生所经历的事件,还要结合对他们群体来说比较具体的历史事件。

我们着重关注四组男孩:在经济大萧条前,一半的人处于学前的年龄段,另一半的人处于儿童晚期;在每个年龄组都有一半人的父亲失业,另一半人的父亲没有失业。

在那些父亲失业的家庭中负面效应很突出,经济压力也很大,这并不令人惊讶。当经济大萧条到来时,这些负面效应对那些学前的年龄男孩打击更大。在这些家庭中,经济收入的变化、家庭生活中成员间角色关系的突然多变(不一致的规则、不断增加的紧张氛围、作为榜样的父亲形象的降低等)都会对男孩的发展产生不利的影响。然而,在经济大萧条的那段时间里,如果男孩年龄稍微大一些,他们有可能扮演成年人的角色或是担负家庭以外的责任,因此他们受家庭动荡影响的程度相对就会减弱。一个有意思的现象是与男孩子相比,负面效应很少影响女孩,不管在经济大萧条初期她们的年龄多大,结果都是她们不容易受到影响。因此,研究证明了不是外部系统(父亲的工作)对微观系统(家庭关系)的简单影响,而是这两个系统间存在交互作用。恶劣的经济环境会对不同的孩子、不同类型的家庭产生不同的影响。此外,从特殊的历史事件影响(经济大萧条)与这一事件对于不同发展水平的儿童的不同影响中,可以看到时间系统的效应。

表 6-2 总结了埃尔德的生命历程模式的核心思想。前面的两条原理清楚地反映了刚刚讨论的两个结论:历史事件的重要性、历史事件与个体发展水平之间的交互影响。第三条原理也被经济大萧条研究的结果所证明:经济大萧条对于儿童的影响受到他们的父母、父母子女关系变化结果的调节。

表 6-2　埃尔德的生命全程发展模式原理

1. 个体的生命全程包含在他们经历过的历史时间与事件之中,并被其塑造
2. 出现在一个人人生中的连续转折点或事件对发展的影响只是暂时性的
3. 人类生活是相互依存的,通过这个相互依存的关系网络展示了社会历史影响
4. 在历史与社会环境提供的机遇与约束条件下,个体通过选择与行动来建构他们自己的生命全程

来源:改编自"Children of the Great Depression"(pp. 304-308),by G. H. Elder, Jr.,1999,Boulder,CO:Westview Press. Copyright 1999 by Westview Press. A member of the Perseus Books Group.

也许从我们对研究的简要描述中不能看出第四条原理的适用性，但是它也是埃尔德的概念的核心。不论是对于生命全程还是布朗芬布伦纳的生态模式，适用性都是很重要的。强调那些对儿童产生影响的因素的介绍，可能给人造成这样一种印象，认为消极被动的儿童的发展是由其遇到的环境塑造的，这可不是生态方法的目的。的确，布朗芬布伦纳像众多第一代发展心理学家一样赞成这样一个普遍被接纳的命题：儿童在其自身的发展中扮演了积极主动的角色，他们不仅对其所处环境做出简单反应，更重要的是在某种程度上进行创造。实际上，布朗芬布伦纳已经谈到（1989），关于生态系统的早期论述产生了意想不到的和具有讽刺意味的后果，即鼓励了研究者过于关注外部情境而忽略了儿童自身特征，也就是用"没有发展的情境"代替了早期同样错误的"没有情境的发展"。显然，我们需要包含发展与情境两者的研究。

三、跨文化研究

这一部分将继续讨论发展的环境，聚焦在布朗芬布伦纳模型中的最外层：发展所处的一般文化。接下来在这一节列举不同形式的跨文化研究。在这一部分，对这种研究需要思考两个问题：我们希望从跨文化研究中学到什么；在比较不同文化时，我们会遇到哪些挑战。

（一）跨文化研究的目标

跨文化研究的最根本原因是很明显的，但是仍然值得再次强调。发展心理学的普遍目标是描述和解释人类发展的自然现象，因此这种发展不是只发生在美国或者欧洲，而是发生在整个人类身上的。当然，我们不能奢望做到这一点，除非我们的研究可以包括更多的世界文化。据估计，发展心理学至少90％的知识来源于美国和欧洲的研究，因此还有很多研究需要我们去做。

跨文化研究对发展的基本理论问题的回答也是必要的。很多这个领域的主要理论认为其在发展中具有普遍性，也就是说，发展在世界上所有儿童或人类身上是一样的。你对发展心理学课程中的一些著名的例子可能会非常熟悉。例如，弗洛伊德对恋母情结普遍性的观点，乔姆斯基语言普遍性的理论，皮亚杰的一般阶段理论，以及科尔伯格的道德推理普遍性的理论。检验这些理论的唯一办法是探索世界上不同的文化。因为这个样本很难实现，所以需要更谨慎地看支持这些观点的证据。但是，需要指出的是，只需要一个反例，就可以推翻普遍性的观点。

对跨文化研究的进一步分析，扩展了研究提供的自变量的范围。例如，在不同的文化中，父母抚养方式是不同的，很多研究都指出了这种不同的影响。但是，一旦我们的样本具有文化多样性，我们可能会发现更大的变异，这可能反过来揭示了在单一文化中不存在的效应。而且，我们还可能会发现文化特殊性的效应，因为一个特定的自变量在不同文化中可能具有不同的作用。这一点与权威型儿童抚养方式的例子有些相似。

另一个跨文化关心的例子是儿童发展中学校教育的作用。在西方，研究学校教育作用的基本困难是所有的孩子都会上学，因此，在自变量上没有变异（即去或不去，我们还可以检验学校教育类型或多少上的差异）。但是，我们可以找到一些文化，不是所有儿童都会上学，或者不同儿童上学的年龄不同。这些文化可以提供学校教育作用的证据，而这些是我们在西方工业化世界的研究中很难提供的（Cole & Packer，2011）。

（二）跨文化研究的挑战

和年龄一样，文化只能作为被试间变量进行研究，而不能进行实验操纵，因此在跨文化研究中样本问题十分严峻。

在跨文化研究中，样本有两个水平。第一个或一般的水平取决于要研究哪种文化。一般来说，研究者自己的文化提供一个起点，随之而来的问题是哪些文化被用来作比较。在大部分例子中，研究的问题决定了这些文化。例如，如果要研究学校教育的影响，就需要寻找一个或多个存在一些孩子不去上学的文化。但是正如那些批评者指出的（Bornstein，2002；Campbell，1986），对任何两个文化的比较（如一个去上学一个没去上学）都不是决定性的，因为除了所关心的变量外，这两个文化在其他方面也可能存在差异。使用一个具有两类多个文化的样本更好，但是这种影响可能仍然会存在，特别是由于实际条件限制了可以包括的文化数量的时候。

第二个样本问题也与之相关，关系到每个文化中选择研究地点的问题。现在问题是我们应该匹配样本中的哪些方面？在比较不同年龄时同样讨论过这个问题：做比较时（在这里是文化比较），两者之间本质上的差异是什么，以及在做比较时必须排除哪些额外因素？一些情况相对比较简单。例如，如果我们使用的美国样本来自纽约，之后我们可能会在其他文化中找大城市样本。但是对于很多其他的维度，本质—无关很难做出决定，事实上，通常比对年龄比较时更难。任意两个文化在很多方面都会有所不同（如经济收入水平、宗教信仰、政治体制、文明水平、城市—乡村区别），哪些因素应该被控制，哪些因素应该允许变化？科恩（Cohen，2007）对这个问题做了一个很好的讨论。

跨文化研究中的第二个挑战是关于测量工具。要想有效地进行文化比较，必须保证我们的测量在不同文化下发挥相同的功用。一般起点都是研究者自己的文化，这些测量可以提供有效的信息。在一些例子中可能会在新的文化背景下使用这些没改变的测量方式，但是通常测量需要做出一些改变，至少需要将这种测量方法翻译成一种新的语言。一个传统的方法是回译（back translation），新文化的研究者将测量方法翻译为自己的语言，然后另一组翻译者将其再翻译回原来的语言，再比较新版本和原版是否匹配。埃尔库特（Erkut，2010）讨论了回译中的一些问题，以及改良后的方法可能会产生更有效的测量工具。

正如埃尔库特（2010）和其他批评者（e.g.，Hambleton & Zenisky，2011；Pena，2007）指出的，准确的翻译是产生新文化的测量工具必需的条件，而非充分条件。测量工具的问题往往不是语言上的，而是功能上的：这种工具在新文化中是否具有其在原文化中一样的意义，这是一个很难回答的问题。在实质上改变工具来适应新文化可能背离了研究的比较目的。如果使用不同的研究工具，我们要如何比较不同的文化？但是，使用没有改变或者改变很少的工具可能会使比较结果有偏差，更有利于原文化，至少如果没有进行加工的话，文化差异并不完整。熟悉跨文化研究的人都能很容易举出一些"西方中心"偏差的例子。

对于这一问题的讨论基于两个假设：我们的研究目标是比较不同文化的差异，研究的起始点是西方文化。正如将在下个章节看到的，对文化研究的质性方法是不同的。对质性研究者来说，通常起始点是对文化的兴趣，而不是研究者自己的文化，其目标是了解这一文化，而不是与西方文化比较。

本书简要列举一些这部分进一步的资源，事实上，跨文化心理学中有很多不错的结果（e.g.，Berry，Poortinga，Breugelmans，Chasiotis，& Sam，2011；Bornstein，2010；Kitayama & Cohen，2007；van de Vijver，Chasiotis，& Breugelmans，2011），可供大家参考。

小　结

本章第一部分详细介绍了发展心理学研究发生的情境。它是根据结构性的实验室情境与自然现场情境之间的区别来组织的。在每一种情境下，自变量都可以被操纵控制，而因变量也可以被测量，这样就形成了四种一般性的设计。

在实验室—实验设计指导下的研究倾向于使自变量的控制和因变量的准确测量增加到最大限度。所以，这样的研究通常有很高的内部效度。此外，发展心理学的一些课题只有在实验室环境中才能被清晰地研究。但是，其负面作用在于实验室控制和测量通常与我们感兴趣的真实情境有很大的不同之处，并且这种实验室的人为性增加了外部效度的问题。实验室研究也特别容易遇到反应性和反应偏差的问题。

现场研究的优缺点往往与实验室研究的优缺点相反。在现场—现场设计指导下的研究，其主要的优势在于自变量和因变量都是在自然情境下操纵和测量的。所以人为性和随之而来的外部效度欠佳的问题就减少了。这种研究的局限性主要在于其可行性，与实验室情境相比，在自然情境中控制自变量和测量因变量往往更加困难，而其他变量的存在可能会使这种控制和测量成为不可能。

这两种方法的结合（即实验室—现场研究和现场—实验室研究）所产生的优缺点则是由实验室研究和现场研究带来的一般问题决定的。一个更大的优势在于这样的研究实现了自变量和因变量在时间和空间上的分离，这一特点有时可能会提高实验的效度。

回顾完实验设计之后，讨论转向回顾和评价。这部分强调了聚合性操作的价值：尽可能使用多种方法来研究同一个主题，这样就可以用其他方法的优势来弥补使用其中任何一种所不可避免的缺陷。

本章的第二部分主要从不同角度来解决研究情境问题。布朗芬布伦纳的生态系统方法确定了发展所发生环境中多个内部相互联系的层次。微观系统是最接近儿童的一层，它由影响儿童发展的社会主体动因（如父母、同伴）和直接经验构成。中间系统是指儿童各种微观系统之间的关系，如父母对孩子在学校表现的影响。外层系统是布朗芬布伦纳针对可能影响儿童但是又不直接参与儿童发展的那些社会系统而提出的术语，学校理事会、地方政府和父母的工作场所都是这样的例子。最后，宏观系统是指儿童发展所处的文化或者亚文化。包含并潜在影响所有系统的是时间系统，即发展所发生的时间情境。

简洁描述布朗芬布伦纳理论的最一般含义就是需要研究许多研究中关注的微观系统过程之外的环境情境。其中我们特别感兴趣的是两个或者更多的生态系统之间的交互作用，如不同文化或亚文化情境下一种特殊的父母社会化训练对孩子的不同影响。前面讨论过的两个例子就说明了这样的交互作用。

这一节还进一步讨论了布朗芬布伦纳模型的最外层水平：宏观系统。进行跨文化研究的理由包括验证发展的文化普遍性观点、拓展自变量的范围，以及更普遍地在不局限于特定的文化背景下探讨发展的一般问题。跨文化研究的挑战是选择可比较的不同文化样本以及建构在不同文化下有同样效度的测量工具。

练 习

1. 第二章中所用的两个例子都是实验室研究。两个例子中，实验的操纵和操纵效应的测量都是在实验室情境进行的，如布朗奈尔等人（2009）的研究。如果不在实验室中，尽可能去想象你将如何在现场情境中进行同样的研究，描述一下如何进行以及面对的主要困难是什么？

2. 如前文指出，博物馆已经成为自然情境下观察行为的重要来源。指出发展心理学中另一个也是研究焦点的公共情境（非学校的情境），概括出这一情景下的两个研究问题。

3. 与布朗芬布伦纳的生态系统框架的其他层面相比，我们可能更容易指出影响我们发展的各种微观系统（如父母、朋友、老师等）。思考一下中间系统、外部系统、宏观系统在我们发展中所起的作用。这些高水平的情境因素如何造就了你？如果生态系统有所变化，那么你的发展历程会有什么不同呢？

4. 正如本章提到的，大多数发展心理学的研究都只考查了微观系统对发展的影响。选几个你感兴趣的发展结果，说明你将如何研究中间系统与外部系统的影响。

5. 人类相关区域档案（www. yale. edu/hraf）是一个共享数据库，这个数据库包括几百个不同文化的各种信息。如果你的大学能够使用这一资源可以做下面的练习：提出文化心理学中你感兴趣的问题，并在档案中搜索相关数据。

第七章 质性研究

众所周知，质性研究方法是非常具有特色且值得引起发展研究足够重视的研究形式。想要完整地呈现这种方法，用一整本书也不为过。事实上，也的确有很多这种类型的书（e.g.，Denzin & Lincoln，2011；Marshall & Rossman，2011；Yin，2011）。本章的目的只是对什么是质性研究做一个简要的介绍。

首先，必须强调一下，前面一些章节中讨论的发展科学研究的许多原则，对于本章涉及的质性研究方法来说仍然是适用的。一项研究之所以被称作是好研究，是因为无论采用何种研究方法，它的研究设计均遵循了一项好研究应该遵循的基本原则和标准。但是，因为质性研究的宗旨与前面讨论过的其他类型研究的目标有所不同，因此这种目标取向上的差异也就导致了它与前面的研究范式相比，在操作方法和评价方式上会存在一些差异。

一、质性研究的特点

什么是质性研究？回答这个问题最恰当的方式就是将质性研究与别的一些研究方法进行对比，从而获得结论。或许大家已经猜到，与质性研究相对的主要研究方法就是定量研究，而定量研究则是本书讨论的主要问题。

定量研究有如下几个主要特征。首先，从字面上讲，定量研究是一种将研究问题数量化，包括为所测量的变量赋值，然后基于数值进行统计分析的研究方法。正如第四章中提到的，数据存在不同的类型，相应地，第九章中的统计类型因此也有所不同。但是，定量研究最明显的特征在于，在该方法主导下研究问题的提出和解决都是在某种类型的定量框架下表示的。

定量研究的第二个特征是它强调在小组水平上的比较。在定量的方法中，很少关注具体个体的情况。的确，这种策略旨在试图减少与人群个体差异相关的"误差方差"（error variance）。假定一个小组中的被试（即某一自变量的一个特定水平）是同质的，比较的关注点为组间差异。

定量研究的第三个特征表现在对代表性和概括性的强调。定量研究的这个特征与其第二个特征密切相关。在定量研究中，研究者并不关注每个个体的数据特征，他们的兴趣在于探索在多大的程度上能够确信某一群体的某些特征。因此，抽样的代表性问题是非常关键的。

定量研究的第四个特征是强调因果解释。这种对因果推断的强调反映了定量研究内部效应优先的特征，也就是强调变量之间因果关系的精确性。从方法层面上讲，这意味着定量研究具有对变量进行实验操作的倾向。

定量研究的最后一个特征，也就是第五个特征体现在这种研究的起点上。定量研究的起点一般始于对研究文献的分析，如果文献检索表明某个基础理论问题或者某类问题的探讨具有重要意义，而已有研究并没有完全回答提出的问题，那么定量研究则将以为科学领域提供进一步认识（科学知识）为己任，就相关问题开展研究。此外，这种研究方法还强调对来自客观现实的问题进行一种无偏见、无价值取向的探索。

其实，第二章引用的两个范例对上面提到的所有特征均有所体现。两个范例均从许多研究者关注的一些有关发展的基本问题入手；它们均期望能够抽到具有代表性的感兴趣的群体样本；为了揭示导致因果关系的因素，它们均包含了实验比较。并且，正如表 2-1 和表 2-2 显示的那样，它们都将数据用于结果描述，并使用这些数据进行了各种小组水平上的比较。

那么，与定量研究相比，质性研究有什么不同呢？首先，就研究起点来讲，质性研究的目的并不是探究那些对所有人都一样的客观现实的某一方面。事实上，质性研究有个基础假设，它认为对所有人都不变的客观现实进行研究是一种误导。因为自然科学回答的是存在于恒定不变且可知的物理世界中的问题，但是社会科学的目标，并不是世界本身，而是物理世界中人的经验，这些经验是变化的，由个体建构的。根据质性研究的观点，研究应该关注人们赋予他们经验的意义，尽管这些意义往往是因人而异的。因此，定量研究者对恒定不变的客观现实的探索就被质性研究者对因人而异的主观意义的探究替代。

关注人们对现实解释的观点对于抽样问题具有重要启示。因为在某种程度上，人们的经验是个性化和主观化的，无法预期某一个体或者小组是否可以成为其他个体或者小组的代表。因此，质性研究对某些样本进行研究，并不是因为他们具有代表性，而是因为研究者对这些样本本身感兴趣。通常在质性研究中，研究者对某些样本感兴趣是因为这些研究对象被边缘化、被忽视或者处于危险之中，如在贫困环境中生活的儿童，或者具有同性恋倾向的青少年，或者在工作中面临障碍和歧视的妇女等。价值取向问题通常是质性研究的重要成分，而且一些（尽管绝不是所有）这样的研究具有非常显著的政治价值。

如果研究关心的是人们如何解释世界，那么在控制非常严格的人为实验条件下对其进行研究就没有意义了。因此那些强调控制、操作和因果推理的定量研究者，在质性研究中，开始让步于关注对人们经验的情境性、自然性和丰富性的描述。同时，定量研究中，专家—被试的单向关系也开始让步于质性研究中研究者与被试之间更加平等的相互依存关系。尽管通常熟知这样做是非常困难的，但是为了理解被试对世界的体验，研究者必须进入被试的生活世界，成为其中的一部分。

我们最后比较这两种不同研究方法的名称传递的信息。质性研究未必就没有数字；事实上，有的质性研究使用了数字记分方法，而且涉及一些统计性比较。但是，数量化并不是该方法本质上的，任何定量的成分只是通向最后目标，即探究人们理解世界的方式的一个步骤而已。因此在质性的研究中，数据通常以文字形式呈现，而不是用数字来表达。文字数据包括被试的谈话，以及研究者对被试言语和相关行为的解释。在接下来的一个小节里，我们会看到一些相关研究的范例。

可以用两种方式总结刚才讨论的两种研究方法的比较，卡米克等人（Camic，Rhodes，& Yardley，2003）所写的一篇文章通过比较地图（定量研究的象征）和录像（质性研究的象征），提出了很多刚才提到的要点。

地图非常有用，它简洁且精确地传达了一个地点的方位，并且根据距离和方向传达了它和其他地点的关系。但是就算是最精确的地图也无法传达那个地点真实的样子。相反，录像能生动地传达出观察者不断变化的视角。虽然这种视角是有选择性的而且也不便于导航，但是它能传达人们在那个地点时的主观体验。

表 7-1 列出了一个更正式的质性研究与定量研究比较的小结。该小结是本书作者对前人（Greswell，2009；Denzin & Lincoln，2011；Gliner & Morgan，2010）研究成果的概括和再加工。很显然，他们的研究成果在一些方面是重叠的，同时也有一些方面需要补充完善。事实上，一些评论者已经为这个表的补充和完善做了大量工作。因此，该表将有助于研究者迅

速思考定量研究与质性研究的异同。

表 7-1 质性研究与定量研究的比较

定量研究	质性研究
强调研究内容的客观性	强调研究内容的主观性
研究对象是唯一可触摸的现实	研究对象为多重建构的现实
重视简约性	重视整体性
常用实验方法	常用描述方法
遵循演绎的逻辑过程	遵循归纳的逻辑过程
研究者与被研究者是分离的	研究者与被研究者无法分离
与情境无关	情境依赖性
无价值取向	有价值取向

二、质性研究的方法

　　质性研究者如何收集数据呢？在某些地方，质性研究者与定量研究者使用同样的数据收集方法。当然，有一些方法仅限于质性研究。例如，对自然情境下行为的观察是质性研究中非常重要的方法。此外，访谈感兴趣的样本也是质性研究中具有重要价值的方法。

　　定量研究中用的一些方法的确很难在质性研究中找到，特别是那些自动记录行为指标的方法（如生理指标的测量）。除此之外，（质性研究与定量研究在收集数据时采用的方法要比它们使用的具体策略的差异要小。）选择采用访谈法进行质性研究的研究者不可能使用一个封闭式访谈，或者一份封闭式问卷，要求被试在实验者提供的选项中进行选择。他们更可能使用一种开放的提问形式，而且提问的方向至少部分是因被试的反应而定的。同样，决定采用行为观察法的质性研究者也不可能使用一个预先设定的编码系统，而是通过在方框里画钩来记录行为出现的频率，他们更可能的策略是采用足够开放记录行为的形式，这样有助于获得感兴趣的所有行为；因此随着研究的深入，需要记录的内容可能会发生改变。

　　当然，无论数据的收集方法和数据的本质是什么，在质性研究的最后阶段，人类观察者总是试图理解和解释他们观察到的所有现象。但是在定量研究中，研究的目的在于减少解释性因素得到足够简洁、客观的结果，使得任何用同样方法的人均可对其结果进行解释。在质性研究中，研究者的判断力起到非常重要且根本性的作用。有研究者认为，在质性研究中，"研究者就是收集数据的工具"（Mertens，2010）。但是，需要指出的是，研究者不只是用录音或者照相机来记录数据，他们也负责对数据进行解释（interpret）。

这里提到的观点与第五章中介绍的有关质性研究的一些特征有关。正如前面讨论的不像定量研究，标准化在质性研究中并不具有重要意义。如果一定要引入标准化，那么通常是在数据收集后期，而不是在一开始就将标准化作为质性研究的本质要素来考虑。一个相关的观点是，在质性框架下所做的研究对应于第五章中讨论的探索研究（exploratory research）或者发现研究（discovery research）。当然，定量研究者也做探索研究，但是他们在这种研究中所花时间的比例并不是很高，因为通常探索研究只是更系统的标准化研究的序曲。而在质性研究中，探索研究通常是质性研究的全部，而不仅仅是序曲。

上面提到的这些一般性观点仍然无法回答质性研究者究竟如何开展工作的问题。在质性研究中，可以按照不同的方式将所使用的各种具体方法组织起来。表 7-2 显示了从早先列出的多种来源中概括出的一个类型列表。接下来的部分，将详细阐述对发展心理学来说非常重要的研究方法，即叙事研究，人种志研究和个案研究，并给出相关范例。此外，乔吉等人有关现象学研究的论述（Giorgi & Giorgi，2005）、查默兹（Charmaz）的扎根理论（Charmaz，2005）、麦克马伦（McMullen，2011）有关语篇分析的论述，以及威尔金森（Wilkinson，2008）对焦点小组的论述也都是非常具有代表性的质性研究方法。

表 7-2 质性研究中使用的研究方法

方　法	描　述	数据类型
叙事研究	收集日常经验故事	访谈、观察和文献
现象学研究	理解一种现象经验的实质	长时访谈
扎根理论	发展一种基于现场数据的理论	对 20～30 人进行访谈进而发展分类和对理论进行详细的阐释
人种志研究	描述与解释一个文化和社会群体	主要是观察和访谈，通常是很长一段时间里在现场中进行，结合额外的人为因素
个案研究	对一个个案或者多个个案发展一种深度分析	多种来源，包括文献资料、档案资料、访谈和观察

（一）叙事研究

正如名字所显示的那样，叙事研究主要关注叙事，也就是人们讲述关于他们生活的一些故事。用穆雷（Murray，2003）的话来说，"叙事心理学主要关注我们在社会交互中讲给别人的或者我们自己的故事的结构、内容和功能"。由于甚至非常年幼的儿童也能够讲故事，因此这是一种非常适宜研究发展问题的方法。

叙事方法已经被应用于各种不同的群体，从学步儿童到老年人，跨越不同文化或者西方文化的各种亚文化。事实上，它已经成为文化心理学的重要研究方法之一（Shweder et al.，2006）。

叙事研究的资料收集方法，因研究目的和样本群体的不同而不同。有时叙事研究的资料存在于自然情境下人们本能的沟通中，通过观察便可以收集到；有时它们需要通过研究者与被试之间非正式的谈话而获得；而有时它们则需要通过较正式的访谈才能被诱发出来。穆雷（2008）和恩格尔（En-gel，2005）分别为成人群体和儿童群体叙事数据的收集提供了指导性建议。

尽管叙事数据可以被诱发出来作为研究的一部分，但是值得强调的是，叙事方法不只是一种理解研究群体的工具。相反，叙事是人的本能行为，与研究的要求无关。叙事是我们理解自身和周围其他人的一种基本方式。此外，叙事也是成人对儿童社会化的途径之一。

作为范例，下面将讨论佩吉·米勒（Peggy Miller）及其助手们所做的一些工作（Cho & Miller，2004；Miller，Cho，& Bracey，2005；Miller，Fung，Lin，Chen，& Boldt，2012；Miller，Fung，& Mintz，1996；Miller，Wiley，Fung，& Liang，1997）。他们的研究包括发展和文化两个维度，被试是来自4个社区的母亲和她们2～4岁的孩子。4个社区分别为，一个中产阶级的美国社区，两个工薪阶层的美国社区，一个中产阶级的台湾社区。在每种条件下，研究者在几个特定的时间段里对被试家庭的交流情况进行录像，并对母亲被试进行访谈。观察和访谈的目的是收集"个体经验故事"，也就是人们在日常对话中所讲的故事，因为人们总是将他们已有的生活经验引入日常对话（Miller et al.，1996）。

结果显示不同社区的被试"个体经验故事"的相同与不同之处。事实上，在每一种社区条件中，母亲被试无论在与其他人交往中还是在与自己孩子的谈话中都讲了许多故事。当儿童在场时，母亲被试讲的故事可以分为三类：第一类是儿童充当听众，母亲讲有关他人的故事；第二类儿童基本上充当听众，母亲讲有关儿童自己的故事；第三类是儿童作为一个积极的合作者和合作叙事者，母亲讲有关儿童自己的故事。此外，在所有的社区条件中，儿童事实上均参与了故事讲述，而且随着年龄的增长，儿童开始充当更为积极和独立的角色。并且所有条件下的结果均表明母亲的叙事风格和叙事强调的一些方面也逐渐反映在儿童的叙事行为中。

中国样本与美国样本之间最显著的差异是在讲述有关儿童的故事时母亲潜在的教导目的。中国母亲通常以儿童的违规行为为焦点，采用讲故事的方式来向儿童进行道德教育。表 7-3 提供了一个范例，在该范例中，姐姐与妈妈一起提醒年幼儿童过去的错误行为。尽管美国的母亲也会通过讲故事来达到这种教育的目的，但是她们这样做的次数要比中国母亲少得多，而且对于中产阶级样本来说尤其如此。相反，美国母亲似乎更注重培养儿童的自尊心，因此母亲讲的许多故事倾向于关注儿童积极的行为与事件，即使讨论违规行为时，她们所用的语气通常是非常幽默的，而不是教导性的。

表 7-3　在中国家庭中一个教导性叙事案例

母亲	【看着儿童】嗯，嗯，那天你和妈妈，还有姐姐去上音乐课。感觉好玩吗？
儿童	非常好玩。
母亲	老师给你什么东西没有？
儿童	没有，没有给我发棒子。
母亲	没有给你棒子。那么你，那你又做什么了？
儿童	然后我哭了！
姐姐	哭得很响，"哇！哇！哇！"
母亲	啊，你那时哭了？是，你不住地哭，"哇哇，为什么不【做出用手去擦眼睛的姿势，挥舞拳头】，为什么你不给我棒子？【呜咽声】你为什么不给我棒子？【呜咽声】你没有这样吗？
姐姐	【对妈妈说】就是这样，"你为什么不给我棒子？"【拍手】
母亲	【对儿童说】棒子。【叹惜】哎，你让妈妈丢脸了……我真想将头钻进地里。对吗？【微笑，摇头，再微笑】
姐姐	几乎想晕过去……妈妈几乎气晕了。

来源："Self-Construction Through Narrative Practices: A Chinese and American Comparison of Early Socialization", by P. J. Miller, H. Fung, and J. Mintz, 1996. Copyright © 1996 by the American Anthropological Association.

　　尽管中国台湾人和美国人的家庭在他们的叙事经历以及他们运用讲故事的方式表现出巨大的差异，但是美国样本内部最显著的差异主要表现在叙事的频率上。在工薪阶层样本中，关于成人和儿童的故事出现的频率都相当高，一组母亲被试在 1～2 小时的访谈中平均包含了 65 个故事。这个发现表明，尽管叙事行为可能是儿童自我理解和社会化的一个普遍特征，但是在某些文化群体中发挥着特别重要的作用。按照研究者的话说：

　　工薪阶层的成人非常热心参与家庭和社区的个人故事叙述活动，他们有大量的故事而且富有技巧……从儿童早年起，他们就将儿童带入了这种有价值的活动之中。这些家庭中的儿童体验了充满故事的家庭环境。因此，到 3 岁时，讲述有关个人经历的故事可能变成他们的第二天性（Miller et al.，2005）。

（二）人种志研究

　　从字面意义上讲，人种志指的是"对人的描述"。该方法起源于人类学，后来逐渐拓展到别的社会科学领域。正如表 7-2 所示，人种志研究的目标旨在描述和解释某一文化群体的核心实践。

　　人种志研究以揭示某一文化的本质为己任，很显然这是一个富有雄心和挑战的目标。这样的研究不可能很快获得结果。为了达到研究的目的，人种志研究者通常几个月甚至几年沉浸在所研究的文化中。此外，人种志研究也不可能仅仅根据一种形式的证据而获得结论，因此研究者往往需要收集各种类型的数据。当然，观察是任何人种志研究不可缺少的一部分，通常采用的方法是第四章所讨论的参与性观察。也就是说，人种志研究者总是尽可能地尝试将自己变成一名文化参与者，而不只是一位站在一边的旁观者。同时，访谈也是人种志研究非常重要的研究方法。特别是当某种文化实践活动的意义无法通过观察和参与而理解时，访谈就显得非常重要。另外，像日记或者书信等物理记录可能也是非常有用的。

　　人种志研究通常经历三个阶段（Miller，Hengst，& Wang，2003）。第一个阶段，研究者需要提出一个有待检验的一般性问题，并进入目标群体。这个阶段是非常具有挑战性的，因为这个阶段的完成一方面依赖于目标群体的接纳，另一方面依赖于研究者的背景与目标群体之间的适应。第二个阶段是数据收集。正如我们看到的，这个阶段可能是时间最长的阶段。此外，在研究的进程中可能出现一些特殊的重点和方法。当然，这也是质性研究通常会遇到的问题。最后一个阶段则是对数据的分析与解释。

正如前面指出的那样，在人种志的研究进程中，研究者通常会面临许多不期而遇的问题。特别是当研究者的目标旨在了解一种新的文化时，这些问题的出现几乎是必然的。并且研究者是不可能漫无目标地走进一个新的场所，相反他们往往只带着自己的研究问题和研究预期进入研究场所。也就是说，进入研究现场之前，研究者一定已经具有了某种概念框架和一系列有待探索和检验的假设。因此，人种志研究最大的挑战之一便是如何做到坚持指导性假设与保持经验开放性的恰当权衡。特别的挑战在于，必要时需要放弃自己的文化前概念。正如米勒等人（2003）指出的那样，人种志研究者必须避免使自己采用想当然的方式，且避免用带有文化倾向性的理解去解释目标群体的行为与文化。

在先前的章节里讨论了一些有关跨文化心理学的研究。正如所见，通常这种研究的目标是比较不同的文化，一般来说在问题和方法上都以研究者自己所处的文化为基础。应该清楚的是，文化的人种志研究方法，也可以称为文化心理学（cultural psychology）是完全不同的。用某位作家的话来说，"文化心理学是有关探讨其他的（除了自己的）看待世界的方式，是如何能够有意义、明智且清楚明白的"（Cohen，2007）。

正如之前所说的，尽管人种志研究通常与大陆隔绝的文明相联系，但是这种研究的成果却也可以被用于解释大陆文明。相对于成年人而言，从某种意义上讲儿童或者青少年的世界展示的是一种不同的文化，因此这也可能成为人种志研究的一个主题。近些年，大量的人种志研究者将儿童或者青少年作为他们的研究对象。这里作为范例，将介绍一个来自巴里·索恩（Barrie Thorne，1993）的研究。

索恩的研究兴趣主要是探讨学龄期儿童性别关系和性别差异的发生与发展。为了考察该问题，她用了长达近一年的时间对两个小学的学生进行观察。她用的研究方法主要是观察和访谈，观察对象的学龄跨度从幼儿园到小学五年级。在这些研究中，索恩尽可能就将自己扮演成一名儿童。上课时，坐儿童用的课桌；午饭时，和儿童一起在食堂用餐；操场上，参加儿童的游戏和谈话等。当然，让大人来完全扮演儿童是绝不可能的，也是不明智的，同时索恩也并没有试图这样做（如她并没有参加课程）。这一点适用于任何以儿童为对象的人种志研究。但是，扮演儿童是为了从儿童的视角而不是从成人的视角来体验学校这个"独特的世界"。这样做的另一个目标是让儿童尽可能地感觉到，研究者不是一位成人，而更类似于同伴。这样，研究者就可能参加他们私密的谈话和社交活动，而这些活动往往是别的儿童都无法介入的。通过这种技术和方法，索恩能够对性别差异和性别分离的发生以及普遍性的结果（在她的研究报告中，其中一章叫作"男孩与女孩在一起……但是绝大多数是分开的"）进行详细的描述和研究。同时，这种做法也有助于识别大量导致这种差异的重要因素，它们广泛存在于学校活动以及儿童自身的行为与态度中。

索恩的研究只是那些进入儿童和青少年世界，并试图对其进行人种志研究的大量尝试之一。其他的范例包括对少年女童友谊的研究（Hey，1997），少女杂志对青春期前女童重要性的分析（Finders，1996），对生活在群体家庭中的青少年交往模式的研究（Emond，2005），对幼儿园儿童午餐时的行为分析（Nukaga，2008），以及对物品滥用治疗中心青少年的研究（Reisinger，2004）等。

（三）个案研究

个案研究包含了对一个在某些方面能提供有用信息，且这些信息值得引起重视的个体的集中性研究。在这个一般性的基础上，个案研究有很多种方式（Yin，2009）。首先，并不是所有的个案研究都属于质性研究，个案研究也可以用量化的方式来完成。不管是质性还是量化研究，这个特别的案例能被选出是因为它很有趣也很重要（在临床或教育个案研究中通常是这样），也因为人们相信它能反映出一些重大的问题，当然也有可能是这两个原因都存在。一些重大的问题是这种研究的基础，就这方面来说，一个案例能被挑选出来是因为人们相信它在某种研究者想要了解的环境中是典型的。但是，人们时常会挑选一些恰恰并不典型的而它在某种程度上来说是非典型或是极端的案例，因此这些研究便提供给我们一些只在正常经验和发展的范围内无法获得的证据。罗尔斯（Rolls，2010）在一本书里便描述了像这样的一些在心理学上相当出名的案例。

分析案例的方法也不尽相同，任何或所有一般性的质性研究方法——观察法、访谈法、档案法、文本分析法——确实也可以应用在个案研究中。一个支持个案研究的人提到的，个案研究提供了各式各样的方法，有很多种方式都能做个案研究（Stake，1995）。接下来将来简单地看一个使用了多样化方法的研究。

最后一个差别是研究的组成单元。在一些例子中，组成单元可能是一个个体。儿童心理学中最著名的案例——一个被称为妖怪的小女孩——就属于这个类型（Curtiss，1997；Rymer，1993）。本章末尾最后一个练习的主题便是一个更进一步的例子。然而，对于个案研究来说更通常的组成单元并不是一个个体，而是一些更大的群组、项目或机构。因此，我们也能用个案研究来分析废除了种族隔离的学校、最近刚组成的同性别班级、回到学校学习的大龄成人群体，或者是夫妻中有老年痴呆症的配偶。

用来说明个案研究方法的例子是群组水平。一项重要政策表明了中学必须要对学生的学科方向保持关注，即哪些学生要被分配到其他学科方向的决定，以及做出这种分配所遵循的标准。奥克斯等人（Oakes & Guiton，1995）对在很多可能很重要的方面（如种族、社会经济地位等）差别很大的加利福尼亚的三个中学进行了一个学科方向的个案研究。按照典型的个案研究方法，他们从很多来源收集了多方面的证据。这些证据包括多种类的书面信息，涵盖了学生手册、课程介绍、招生计划和副本，也包括在学校的观察和对相关人员的访谈，这些相关人员包括课程主任、校长、顾问、教师和学生。正如质性研究的大多数案例一样，访谈的性质并不是一开始就固定的，而是随着研究的进程而发展。另一方面，这也是质性研究的特点，这些访谈和其他类型数据的收集绝不是无法控制的。先前的研究和相关的理论会提供大量有帮助的理念来指引研究者搜寻什么样的信息以及如何去搜集它们。

表 7-4　奥克斯等人的中学学科方向研究的结论

命题 1：学校认为学生的能力、动机和抱负是固定不变的
命题 2：课程设计试图去适应学生的特点，而不是去改变学生
命题 3：学校为成功提供优势
命题 4：因为人种、种族和社会地位能预示能力和动机，所以它们也会影响课程选择
命题 5：结构规则限制了课程的适应
命题 6：资源的减少和人口结构的变化也限制了课程和分配
命题 7：无规则有益于最有优势的学生

来源："Matchmaking: The Dynamics of High School Tracking Decisions", by J. Oakes and G. Guiton, American Educational Journal, 32, pp. 10, 11, 13, 15, 23, 25, 26, Copyright 1995 by Sage.

奥克斯等人（1995）用 7 个决定和影响学科方向的"命题"总结了他们的发现，表 7-4 呈现了这些命题。他们的研究与先前的研究一样，表明了学科方向的决定是多因的，并且学科方向的影响对于不同的学生来说差别非常大。在一些例子中，学科方向发挥了预期的作用，即学生接受了对他们来说最优的课程，学生和社会都从这种才能与机会的结合中获益。然而经常发生的情况是，很多因素都对这种最优结合的可能性起到了反作用，包括有限且减少的资源（命题 6），也包括组织和管理上的考虑（如有限的人员、规定的要求），这些都限制了学校的选择（命题 5）。也许最重要的是命题 1 所表达的被广泛持有的信念体系，即在学生们进入中学时，他们的能力和其他相关的特点是固定的，因此学校的职责是去适应而不是去改变学生之间的差异。总体上来说，正如命题 3 和命题 7 指出的，这种适应对于高成就的上大学的学生效果最好，因此使得这种在机会和成就间的差异在社会中传播得更加广泛。

专栏 7.1　混合方法研究

会聚操作的重要性是贯穿本书的一个主旨。正如我们看到的，这个主旨与本章非常相符。质性研究与量化研究都有明显的优势，因此对于很多问题来说，这两种方法的结合能让人们更好地理解。因为很多研究者都只在其中一种方法上受过训练，所以一般在一系列独立的研究里会出现这两种方法的结合。然而，在同一个研究中同时包括质性和量化方法也是可能的，这种研究就被称为混合方法研究（mixed methods research）。

艾布拉姆斯（Abrams）及其同事的一项研究就是这样一个例子（Abrams, Shannon, & Sangalang, 2008）。他们研究的主题是一个具有重要实际意义的话题：为什么大部分因犯罪入狱的青少年在释放后很快又会再犯罪？他们比较了两个组：在重返社会前参加了一个为期 6 周的生活计划的近期释放青少年，与一个没有参加该计划的比较组。问题是过渡计划是否会加强这两组已经接受过的各种干预的影响。

该研究的量化研究得出的部分答案是否定的，这个研究在量化方面的因变量是再犯罪率，即释放后 1 年内被指控犯罪的可能性。有很多因素会影响再犯，最显著的因素是犯罪前科的数量。然而，这两组的结果并无差别。

这个研究的质性研究部分是为了补充和澄清量化研究结果。质性方法部分包括对参加该计划的那部分被试以及一些职员深入的半结构式访谈。表 7-5 展示了一部分回答。访谈数据（当然，在这里展示的只是很小的部分）揭示了这个计划大量的益处，正如我们看到的，这些好处在量化结果中是不明显的。但是这些资料显示了一些"可能阻止这个计划能更加有效"的局限之处。

表 7-5　艾布拉姆斯等人研究的质性研究部分中回答的例子

青少年被试的回答
我的意思是，现在，我在行动前会考虑得更多……因此我的意思是，我对自己了解得更多，对我伤害过的人了解了更多。有很多孩子没有认真地对待这个计划，我从这个计划中得到了很多益处

续表

如果我和他们（我的朋友）在一起并正有打架发生，我会出手。在有人伤害到我表弟时，我不能只是会站在那里看着他们打他，我也不会停止打架。但是如果在这个房子，他们叫我去打架，我会说不，去做你自己的事吧

因为那是我选择的生活（帮派）。这很自然。如果你要成为帮派的一分子，被枪击和要求开枪，然后进监狱，这就会成为你生活的一部分，所以当它（被捕）发生后，如果你选择这么做你就不能生气

职员的回答

他们（青少年）找到了想要从这里出去的理由……结束时的关注点便是是否有什么是值得让自己回家的，但很多这样的孩子没有。有很多人去做了看护，最后他们做了一些有意义的事。如果他们在最后感到绝望，那么他们就完全没有从中获益。

我认为（职员们）并没有获得真正搞清楚这些孩子正在发生什么的机会。不管是孩子的错，因为他们没有开诚布公，或是系统的错，因为让人们一直在忙于文书工作，职员们并没有获得这种机会。

来源："Transition Services for Incarcerated Youth: A Mixed Methods Evaluation Study", by L. S. Abrams, S. K. S. Shannon, & C. Sangalang, 2006, Children and Youth Services Review, 30, pp. 530, 531, 532. Copyright 2006 by Elsevier.

混合方法研究可以有很多种形式。在一些案例中，质性方法和量化方法都用相同的被试，在一些案例中两种方法用不同的被试；在某些案例中，一种方法的其中一部分被试构成另外一种方法的被试，艾布拉姆斯等人（2006）的研究就使用了这种方法：在参加了项目的被试中只有一小部分青少年参加了研究的访谈部分。

混合方法研究在两种方法的实施时间上也有很多种。在某些案例中，这两种方法是同时应用的。艾布拉姆斯等人（2006）的研究就是这样的例子。然而，更普遍的情况是这两种方法相继使用（Collins, Onwuegbuzie, & Jiao, 2006）。在某些案例中，最开始的量化研究可以帮助改善接下来要被应用在质性研究中的方法。在另一些案例中，先使用质性方法，接下来的量化方法的数据可以帮助解释质性结果。

大体上与质性研究方法一致，混合研究方法似乎越来越多地得到人们的使用，影响力也越来越大。有关这种方法的更进一步的阅读资料也很丰富，包括各种关于这个主题的书（Creswell & Plano, 2011; Hesse-Biber, 2010; Tashakkori & Teddlie, 2010; Todd, Nerlich, McKeown, & Clark, 2004）和一本专门关于混合方法研究的期刊——《混合研究方法杂志》（Journal of Mixed Methods Research）。

三、概览与评价

这里我提供三个基本观点，随后提供对质性方法进一步阅读的建议。

如果你曾经阅读过一些有关质性研究的著作，第一个观点可能你已经想到了。可以确信的是，对于质性研究的本质和目标问题，那些写质性研究著作的学者们一般容易达成共识。但是，在较具体的水平上，对于特征的概括、强调的重点，甚至术语的使用还存在相当的分歧。质性方法并不只局限于心理学，它可以应用在很多其他学科上，包括人类学、社会学、教育学、市场学以及妇女研究等。因此，这里的小结只是对你在别的著作中可能遇到的情况进行粗略描述。

第二个观点涉及质性研究当前在发展心理学中的地位。在这个问题上，存在不同的观点。本书的评价是质性方法非常重要且正在获得重视，但是在绝大多数的主流著作中质性方法仍然显著次于定量方法（确实，就像这本书一样）。当然这种处境并不令人惊讶。大多数的研究者、杂志的编辑和教科书的作者接受的是定量研究训练。而且，在某种程度上，质性研究的使用的确受主题和出版安排的制约。例如，维果茨基理论传统取向的工作通常采用质性研究方法（e.g.，Nelson，2003），这一点有点像文化心理学的研究（e.g.，Miller et al.，2003）。女权主义取向的发展心理学是当前另一个活跃的主题（e.g.，Miller & Scholnick，2000）。出于对出版物销路和受众的考虑，从表 1-1 和表 1-2 中容易发现，最有可能刊登质性研究报告的杂志是《人的发展》（*Human Development*）《Merrill-Palmer 季刊》（*Merrill-Palmer Quarterly*），以及《儿童与青少年发展新进展》（*New Directions for Child and Adolescent Development*）。

第三个观点，探讨质性研究与定量研究的互补性问题。有一些作者，包括一些既属于质性研究又属于定量研究阵营的作者认为这两种方法是无法兼容的。他们激烈地倡导，一个研究只采用其中的一种方法，但是我们绝大多数人更多地认为这两种方法是一种补充而不是一种矛盾。也就是说，可以通过同样有效的途径来研究人的发展的不同问题。至少这将意味着，如果能够意识到定量与质性两种方法对研究主题的价值，那么对任何主题的知识都可能是最丰富的。对于特殊的主题，这可能意味着在同一个研究中（混合法研究在专栏中有讨论）或者在整个研究计划中，两种方法的联合使用。

最后提到的补充性方法，是现在大家非常熟悉的，那就是理解人类的行为是一件非常具有挑战性的任务，采用多种方法总比仅用一种方法研究要好得多。

在近几年，有关质性研究的文献激增，因此相关的资源已经不再缺乏。而且许多发展心理学家已经证实了质性研究方法对发展心理学来说是非常有用的（Christensen & James，2008；Daly，2007；Freeman & Mathison，2009；Greene & Hogan，2005；Smith，2008）。

小　结

本章主要讨论质性研究。质性研究是对应于心理学常用的定量研究范式的一种研究形式。质性研究不是直接指向某一客观现实，相反，质性研究主要关注人们赋予经验意义的方式，其中质性研究的一个重要假设就是这些主观的解释应该因人而异。因为存在个体差异，因此在抽样时就不会强调代表性和概括性的问题，而只强调识别感兴趣的研究对象。研究这类群体的目标不是检验理论性预测或者进行小组水平的比较；相反，质性研究的主要目标是理解研究对象的主观体验，而且这些体验要尽可能地来自被试视角。因此，数量化比较与统计比较并不是质性方法的内在特征，相反，质性研究主要关注对人们体验丰富性的描述。

质性研究的目标主要反映在它使用的方法上。通常，定量研究者强调控制与操作。质性研究则更加关注背景、自然性和探索性，而不强调对假设的检验。具体有7种常用的质性研究方法：叙事研究、现象学研究、扎根理论、语篇研究、焦点团体、人种志研究和个案研究。本章详细讨论了叙事研究、人种志研究和个案研究，并为每种方法给出了发展研究的范例。本章还讨论了混合方法研究，即在同一个研究中质性和定量方法的结合。

本章概括了质性研究的三个一般性特点。第一点讨论了质性研究方法相关著作的多样性。虽然对于质性研究大家有一个共同的核心观点，但是对于区分不同的方法和在他们强调的研究方式上会有差异。第二点涉及该方法在现代发展心理学中的地位，结论是它的使用一直在增加但仍然不多见。最后，第三点重申了会聚操作的价值，即强调了质性研究与定量研究的补充本质，并期望这两种方法的联合使用将会使一个领域的研究更加完整而丰富。

练 习

1. 人种志研究的目标是进入某种与我们的文化不同的文化情境并对其进行理解。从广义（如从国家和种族的角度）或者从狭义（如从所属大学群体的角度）的视角考虑你的文化群体。想象一位人种志研究者，来自一个非常不同的背景，但他希望了解你所在群体的文化。对于这位人种志研究者来说，你认为他面临的最大的挑战是什么？为什么会面临这样的挑战？

2. 本练习假设，你能接触到至少两位学龄前儿童的母亲，一位是高加索人，一位是亚裔美国人。首先，阅读在本章中列出的来自米勒等人（1996）的资料，然后由此引发并记录下你的样本中类似母亲与孩子的对话。在考虑文化差异的前提下，讨论你的发现有哪些与米勒等人的结论相符。

3. 个案研究可以针对一个个体或者是一个大的单元，本章的例子便是后者。一本由杰夫·罗尔斯（Geoff Rolls）所写的《心理学中的经典个案研究案例》（第二版）（*Classic Case Studies in Psychology*）总结了一些非常著名的对单个个体的个案研究。找到这本书，阅读在发展心理学这一部分你最感兴趣的研究。你认为这个研究提供的最重要的观点是什么？个案研究方法是如何让这些观点实现的？

第八章 应用研究

正如第七章所述，鉴别质性研究与定量研究的常用方法就是考察一个研究的目标取向，从某种意义上讲，目标取向的差异决定了我们求助的方法的特征差异。

在第一章中首先讨论了为什么做发展心理学研究，正如那里论述的那样，我们做研究有两个基本的目的，第一个目的就是为基础科学的进步而研究，因为研究能够推进人们对人的发展的理解；另一个目的则是为了应用，为了改善儿童以及其他弱势群体的生活。这两个目标绝不是不相容的，而且当我们从基础研究转向应用研究时，那些支持良好研究的基础方法、原则是绝不会改变的。但是应用研究往往提出一些具体的挑战，使得基础研究的复杂性和挑战性增强了。因为本书的绝大部分是处理基础研究的问题，所以这一部分的目的旨在阐释一些有关应用发展研究的观点。

那么，什么是应用研究呢？这里有几个定义。费舍等人(Fisher & Lerner，1994)将应用发展心理学定义为旨在推进发展性进程和避免发展性障碍的心理学。勒纳等人(Lerner，Jacobs，& Wertlieb，2003)提供了一个相似的定义，应用发展心理学是一门旨在对有关人的发展进行描述、解释、干预和预防，并促进相关知识使用的综合性学科。最后，勒纳(2010)写道"应用发展科学包含对基本问题的描述和解释的整合……从而提高人类生活条件"。总而言之，应用研究的目的是提高研究对象的生活质量。

许多研究主题和研究形式都属于应用发展心理学研究的范畴。表 8-1 给出一些研究主题，并针对每一主题提供了相关的研究范例。表 8-1 中有一部分的内容来自费舍等人(1994)的研究和著作，也有一部分来自一些研究者针对应用研究方法的讨论(e. g.，Zigler & Finn-Stevenson，1999)。

表 8-1 在发展心理学中应用研究的范式

分 类	目 标	范 例
评估	在某一风险目标人群中识别发展意义上的一些重要特征	使用新生儿筛查测验来识别遭受产前压迫的婴儿的发展状况 使用斯坦福—比纳 IQ 测验识别贫困家庭学前儿童可能存在的认知迟滞

续表

分 类	目 标	范 例
干预	通过改变环境，避免、矫正或者减少发展性问题	开端计划项目（Head Start）或者相似的计划旨在提高处于劣势背景的学前儿童的学业准备、认知能力和社会性 对那些有记忆困难的老人提供记忆训练
有关社会重要问题研究	对那些法律意义上重要问题的判决提供相关证据	在可疑性虐待的案件中，针对儿童证词的精确性开展研究 针对青少年物品滥用检测的研究
公共政策提案	使用来自研究的知识来帮助决策	使用来自发展研究的发现，建构家庭以外的儿童照料的质量标准 将来自发展研究的发现整合进法庭关于离婚案件中监护权和探访的决定
心理学知识的传播	使那些可能从中受益的人获得研究的结果	出版一些给青少年家长建议的小册子或者书籍 心理学家在一些与他们知识相关的机构（如学校董事会、法庭、养育室的设计公司等）中提供咨询服务

很显然，表 8-1 中提到的所有主题都是非常重要的。接下来的内容主要讨论表格里的前三个部分：重要社会问题的研究，对风险人群的评估和用于避免、矫正问题行为的干预研究。对这些问题的应用研究可以参见其他著作（Fisher & Lerner，1994a；Fisher & Lerner，2005；Lerner et al.，2003；Maholmes & Lomonaco，2010；Sigel & Renninger，2006）。还有一些研究已经成为公共决策方面较为优秀的研究（Aber，Bishop-Josef，Jones，Mclearn，& Phllips，2007；Bogenschneider & Corbett，2010），另外还有一些应用研究结果得到推广（Shonkoff & Bate，2011；Welch-Ross & Fasig，2007）。这里也特别指出，有一些杂志和简报特别关注应用问题。表 8-2 列举了与之最相关的一些资料。

表 8-2　应用发展心理出版物

《应用发展科学》（*Applied Developmental Science*）
《应用老年学杂志》（*Journal of Applied Gerontology*）
《应用发展心理学杂志》（*Journal of Applied Developmental Psychology*）

《儿童未来》(*The Future of Children*)
《心理科学日程》(*Psychological Science Agenda*)
《公共兴趣心理科学》(*Psychological Science in the Public Interest*)
《儿童发展研究协会社会政策报告》(*SRCD Social Policy Reports*)

一、重要社会问题的研究

哪些主题被列入了社会重要问题的行列？表 8-3 列举出了一些应用发展心理学中常关注的研究主题示例。这些主题只是一部分，想了解其他主题可以简单地浏览一下表 8-2 列出的出版物目录。

这里主要关注其中一个研究范例：在可疑性儿童性虐待案中儿童作为见证人。因为该范例是这些主题中最重要的主题之一，而且也是得到了广泛研究的一个主题。针对这个问题的研究界定了司法发展心理学（forensic developmental psychology）这个领域（Bruck & Ceci，2004；Malloy，Lamb，& Katz，2011）。

表 8-3　应用发展心理学中的研究主题示例

青少年怀孕	文化素养
攻击性与暴力	婚姻破裂与离婚
儿童的目击者报告	大众媒体、电视和计算机
忧郁症	肥胖症
发展心理病理学	养育与家庭教育
家庭暴力与虐待	儿科心理学
早期儿童护理与教育	贫困
早期童年教育	早产
教育改革和学校教育	预防科学
老年人护理	成功儿童和家庭
移民家庭	战争创伤

一些统计资料有助于提醒我们这个问题的重要意义。预计，在美国每年至少有 10 万儿童在法庭上作证（Ceci & Bruck，1998）。这个数据并不包括大量儿童在法庭外提供证据的案件。儿童作证的案件涉及许多主题，但

是在犯罪审讯中常见的案件是儿童性虐待，每年大约 13000 起。在判定为性虐待的大多数案件中，儿童目击证人也是这种虐待罪成立的主要证据。而且在许多的案件中，儿童是唯一的目击证人。

年幼儿童的证词是可信的吗？这样的证词是否应该被法庭采纳？正如我们引用的数据所显示的那样，对这些问题的回答是至关重要的。

这些问题可能很难找到答案，尽管我们没有考虑到许多研究者对儿童记忆问题进行过研究（有关记忆的主题我们将在第十三章中专门论述）。但我们对儿童记忆的典型研究与对儿童虐待记忆情境的研究不具有相似性，一般存在两个方面的差异。

第一种差异指的是记忆的内容不同。在基础科学文献中，我们研究的记忆主要关注儿童对良性内容的记忆。要求回忆的内容通常是诸如对词表等随意性材料，或者是一次家庭旅行之类的个人的快乐经历。相对地，在虐待案例中的记忆是一种非常负性的且通常具有高度创伤性的个人经历。此外，大多数的基础记忆研究只要求经历一次的记忆经验或者事件。虐待有时是一次性的事件，但是它也有可能在相当长的时间里多次发生。在许多基础记忆研究中，儿童是记忆材料的被动接受者；而在虐待案件中儿童可能充当了参与者而不只是一个旁观者。最后，在基础记忆研究中，儿童没有理由不报告他们记住的任何东西；但是，在虐待案件中他们报告的内容就未必可信。因为，复杂的社会和情感因素可能影响了儿童的报告。例如，儿童可能会因为作为参与者感到非常内疚，或者不愿意将家长或者朋友牵涉其中。因此，儿童所说的可能与他们所记忆的内容是不一样的。

第二种普遍性差异主要表现在提问方式上。在基础记忆研究中，提问方式的设计通常是最优化的，也就是能够最大限度地提高儿童回忆的精确性。因此，许多研究者使用清晰且直截了当的问题，提供恰当的鼓励和社会支持，通常根据以往研究结果为儿童提供帮助，以尽可能地让儿童的表现最佳水平。的确，精确的回忆是绝大多数现实情境中法庭访谈的目的。但是在开始之前，儿童总是被诸如父母亲、老师、医生、律师和警察等许多人提问。而这些人中绝大多数不是记忆领域的相关专家，无法用最佳的方式对儿童进行提问。较多提问者参与的现象就引入了一个在绝大多数实验室研究中不常见的因素，即提问场合；研究显示，通常情况预计有 12 种不同的提问场合，但是在一些特殊的案件中儿童被提问的场合可能更多。此外，在某种程度上，真实法庭的提问总是滞后的，在一些案件中尤其如此。有时，事件发生几年后法庭才开始对儿童进行就相关事件调查。而且法庭对儿童的提问通常并非直截了当，相反法庭的提问可能包括各种各样的暗示、提示和强化，这可能引导儿童向着特定的答案进行回答，从而出现反应效应。这种对儿童反应的塑造是非常可能的。特别是，当提问者相信他们已经明白了事件的真相或者对某一结果非常感兴趣时，这样的儿童反应的塑造现象就更有可能发生了。下面是来自法院记录的案例，这个案例提醒我们有时问题可能具有很强的引导性。

检察官：你必须压在布丽奇特身上吗？

鲍比：是的。

检察官：当你压住布丽奇特时，你的私处在哪？

鲍比：我忘了。

检察官：你是否记得你告诉朱迪小姐你必须将你的私处放在她的私处旁边？你当时必须这么做吗，鲍比？

鲍比：没有，先生。

检察官：你当时说什么？

鲍比：没有，先生。

检察官：你说没有或有了吗？

鲍比：是的，先生。

检察官：她用勺子碰你了吗？

儿童：没有。

检察官：没有？好吧。你喜欢她用勺子碰你吗？

儿童：不喜欢。

检察官：不喜欢？为什么？

儿童：我不知道。

检察官：你不知道？

儿童：不知道。

检察官：当她碰你的时候你对凯莉说了什么？

儿童：我不喜欢那样。（Ceci & Bruck，1998）

发展科学的研究应该如何对这种复杂的现象进行回应呢？很显然，我们需要面对的第一个挑战便是寻找或者设计一种类似于真实虐待情境的提问情境。目前，对该问题的解决有两种尝试性方法。第一种方法便是创设实验条件，使得其中包含我们感兴趣的真实生活情境的元素。例如，一些研究者让儿童与实验者一起参与西蒙说（Simon Says）游戏。在游戏过程中，儿童和实验者彼此触摸对方身体的某些部分（White，Leichtman，& Ceci，

1997)。在另一个研究中，儿童被试与一个穿着小丑服装的成人一起参与一项交换衣服的游戏。在游戏过程中，小丑服饰的一些部分会从成人被试身上脱下给儿童被试穿上，同时也会从儿童被试身上脱下给成人被试穿上，期间成人被试对儿童被试进行拍照(Rudy & Goodman，1991)。

尽管许多这样的研究刻画了真实案件情境的一些方面(如，脱衣服、拍照等)，但是它们仍存在非常明显的局限性。也就是说，这些情境都漏掉了虐待情境的一个核心要素，即遭受虐待的创伤。很显然，研究者不能有意地使儿童遭受创伤。但是，他们能够设计一些活动，在这些活动中儿童遭受创伤的经历被再现了，上面提到的第二个研究就属于这个范式。此外，实验情境能够唤起儿童痛苦或者不自在的感觉，包括当问及有关去看牙医的经历(Peters，1991)、接受药物注射的经历(Goodman，Hirschman，Hepps，& Rudy，1991)、接受生殖器和肛门检查(Eisen，Goodman，Qin，Davis，& Crayton，2007)、经受导尿(Quas et al.，1999)，和经受痛苦的医疗程序(Chen，Zeltzer，Craske，& Katz，2000)。尽管这些诱发的体验与虐待的创伤并非等价，但是这样的体验的确刻画了儿童遭受虐待时现实情境的一些特征。

正如前面提到的那样，在这种研究中通常遇到的第二个挑战便是如何模拟受虐待者可能经历的各种提问。这也是许多研究者关注的焦点。例如，一个儿童可能在几周之内被提问了多次，或者在不同场合被不同的人提问。为了模拟这样的情境，在实验设计中儿童可能会被告知对发生在他们身上的事情要"保密"(Bottoms，Goodman，Schwartz-Kenney，Sachsen-maier，& Thomas，1990)，或者让一位警察而不是让一位研究助手来进行提问(Melinder & Alexander，2010)。这样，可能最终的探索性变量就变成提问本身，即直接提问(如"告诉我究竟发生了什么")与提示性提问或者引导性提问(如"他吻了你，是吗？""他吻过你多少次？")。正如我们所知，提示性提问是许多案件处理过程的一部分，因此识别儿童对成人提示的易感性就显得非常重要了。

尽管这里主要关注的是研究方法而不是研究发现，但是在这里仍然有必要向大家指出在该领域研究文献中存在的几个普遍性结论(进一步讨论见 Bottoms，Najdowski，& Goodman，2009；Bruck，Ceci，& Principe，2006；Malloy et al.，2011)。第一，研究进一步验证了我们的假设：记忆能力随着年龄提高，年长儿童通常比年幼儿童能够报告更多的生活经历。第二，对事件的提问越滞后，儿童回忆的完整性与精确性就越差，对年幼儿童尤为如此。第三，至少在某些情况下，年幼儿童比年长儿童或者成人更容易被提示所诱导，也就是说，年幼儿童更有可能被来自成人等权威人士的引导性提问所影响。另外，更为积极的研究结果显示，在年幼与年长儿童之间或者儿童与成人之间记忆能力的差异并不很大。但是当被问到具体的问题时，年龄的差异和记忆的不精确性就可能非常显著了。而当要求儿童采用自由回忆策略对发生的事件进行描述时，年龄的差异与记忆的不精确性就会减少。第四，儿童所显示的记忆问题主要表现为遗漏性错误而非替代性错误。也就是说，他们更有可能漏报具体细节而不是引入错误信息。这一发现表明，儿童自发提到的虐待事件应被认真对待。

尽管我们获得了一些研究结果，但是必须指出的是，学术界对于研究获得的结果以及这些结果对儿童合法证词的意义仍然存在争论。因此，有关提问方式的研究已成为一个备受关注的主题。研究的目标旨在寻找一种既能增加证词的精确性又能减少儿童的焦虑的提问方式（Lamb，Herskowitz，Orbach，& Esplin，2008；Poole & Lamb，1998；Quas et al.，2005）。表 8-4 列出了一套从研究文献中总结出的最佳实践指导方针，指导方针重点在开放性问题和追随儿童的回答，只在必要时才用到特殊问题，并需要避免一些形式的提问。

儿童作为见证人的相关研究显示了基础研究与应用研究之间关系的几个普遍特征。第一，有关某一主题的应用研究始于相关基础研究的文献。在前面讲到的范例中，相关的基础研究文献具体表现为自心理学作为科学以来大量有关儿童记忆的研究结果。这些研究产生了大量研究结果（如再认与回忆之间的差异、迟滞效应、线索检索效应等），这些均有助于我们理解应用情境。第二，对于应用研究来说，基础科学研究很难提供足够的基础支持。因为，真实事件问题的复杂性超越了已有的各种基础研究。这也是在引入儿童作为见证人的研究时强调的一点。第三，基础研究与应用研究相互作用。当应用研究的新范式得到了新发现，这些新发现就会反馈给基础研究，进而扩展了人们对已有基础研究的理解（在本范例中指的是我们所知的对儿童记忆的知识）。

表 8-4 可疑虐待案例中提问儿童的方式

提示类型	举 例
引导	把你记得的当时发生的事情尽可能告诉我
	然后发生了什么
	详细描述一下
线索引导	回想一下那【天/晚】，然后告诉我所有从【儿童提到的一些行为】到【儿童之后描述的一些行为】之间发生的事情
	详细描述一下【儿童提到的人/事物/活动/】
	你提及【儿童提到的人/事物/活动/】，告诉我所有你知道的
指导/聚焦	你提及【人/事物/活动】，什么时候/发生了什么/在哪里【直接提问问题】
	你提到你当时在商店，你当时确切的位置在哪里，【停顿等待回答】给我讲一讲那家商店
	之前你提到你妈妈"用一个长长的东西打你"，那个东西是什么？【停顿等待回答】给我讲讲那个东西
需要避免的提问方式	是/否的问题（如"他摸你了吗"）
	选择性问题（如"它在你的衣服里面还是外面"）
	鼓励儿童去想象事件的问题（如"告诉我可能发生了什么"）
	假设性问题（如"他伤害了你，是吗"）

来源："Chidren and the Law：Examples of Applied Developmental Psychology in Action"，by L. C. Malloy，M. E. Lamb，& C. Katz，2011. In M. H. Bornstein & M. E. Lamb(Eds.)，Developmental Science（6th ed.，p. 653）. Copyright 2011 by Psychology Press.

二、评估

在整个生命全程中，都会遇到测量评估的问题。我们的例子是关于生命的很早时期：新生儿期。问题是如何鉴别危险儿童——从有发展性问题的儿童，到有死亡危险的儿童。

哪些情况会使新生儿处于危险之中呢？答案真的是太多了。在子宫里营养不良，让早产婴儿面临着危险。怀孕期间母亲生病、生产过程中助产药品的使用、孕期母亲药物滥用等都会带来危险。

在美国及其他一些国家，新生儿在他们降生的第一分钟就会经历第一次评估。阿普加任务(the APGAR task)被用于在产房里评估新生儿的状态（Apgar，1953）。该任务包括五个维度，每个维度都是两点量表：心率、呼吸、肌张力、颜色或肤色、反射弧。总分在 6 分及以下被评估为有问题；3 分及以下需立刻施加干预防止生命危险。

虽然阿普加任务对刚出生几分钟的婴儿起到重要的筛查作用，但是并没有对新生儿长期的功能提供信息。因此，我们需要一种能够在新生儿出生后几周时使用的测验，以更好地评估新生儿的总体状况。对此，目前运用较广泛的是《新生儿行为评估量表》(Neonatal Behavior Assessment Scale，NBAS)，第一版大概诞生在 40 年前，现在已是第四版(Brazelton & Nugent，2011)。

NBAS 并非第一份评估新生儿状态的量表。先前的测验着重把新生儿的反射活动作为神经完整的指标。某些重要反射的缺失可能预示着大脑的损坏，也可能是某反射在该消退的时期没有消退。NBAS 仍然聚焦于反射行为，测试中共要引发 20 项不同的反射。但是该测验增加了行为成分而不是单纯考察反射——28 项行为项目探测了新生儿对新环境的适应能力。

表 8-5 展示了行为测验的一部分。我们可以看到量表包含了很多对习惯化(habituation)反应的测量(这些内容在第五章有简要介绍，将在第十二章详细介绍)。它也包含了一些关于新生儿如何对测试者呈现的社会刺激做出反应的测试，如对测试者面孔和声音的定向或者是在成人帮助下从不安状态恢复平静的能力。强调与他人的互动而非与他人隔绝，是 NBAS 的重要特色之一。另外一个特色是强调找出婴儿行为的最佳(optimal)水平——在测验中以足够灵活的方式测得他们最好的反应水平。

表 8-5　《新生儿行为评估量表》的条目举例

项　目	描　述
对光线衰减的反应	当婴儿睡觉时，用光照射婴儿的眼睛，观察其反应；待反应消失，5 秒后重复以上过程；持续 10 次或者直到习惯化产生
对声音衰减的反应	当婴儿睡觉时，在他的耳边转拨浪鼓发出声响，观察婴儿的反应；持续 10 次或者直到习惯化产生
对非生物的视觉定向	在婴儿的视野中缓慢移动一个红色小球，记录他们在垂直和水平维度上的视觉追踪能力

续表

项　目	描　述
对生物的视觉定向	主试在婴儿眼前移动他（她）的面部，记录他们在垂直和水平维度上的视觉追踪能力
对生物的声音定向	在婴儿的视线外，主试对婴儿轻轻地说话，记录婴儿对声音定位的能力
防御行为	婴儿仰卧，用布盖住他的眼，观察 15 秒，记录固定、转头、伸脖子、方向性或无方向性的挥打动作

来源：改编自"Neonatal Behavioral Assessment Scale(4th ed.)"，by T. B. Brazelton and J. K. Nugent，2011. London，UK：Mac Keith Press. Copyright 2011 by Mac Keith Press.

　　NBAS 展示了属于一般测量工具的许多特性，包含了一系列的内容。由于我们的测量目标主要是新生儿的一般能力，因此测验内容并不应该仅局限在一种或几种行为类型上。测验强调施测和评分的标准化(standardization)——给所有婴儿一样的标准。强调标准化的原因是显而易见的。只有所有孩子接受相同的操作，我们才可以对任一婴儿的表现进行解释，或者在婴儿之间进行比较。另外，像在前面章节提到的，该测验还强调灵活性(flexibility)——必要的时候可以调整测验程序以帮助婴儿做出最佳反应。很多测验工具允许在标准化的前提下，只要是主试认为有必要便可立马做出适当调整；这样，他们只是在标准化的灵活性程度上发生变化。NBAS 显然是具有很高的灵活性。对灵活性的需要反映了婴儿评估的基本事实——婴儿是主导，但是正如我们在第十二章将要详细讨论的那样，婴儿往往不是合作性的研究参与者。婴儿测试的挑战性在 NBAS 中是加倍的，因为目标对象十分幼小且不成熟，尤其是当这些小婴儿还是"问题婴儿"时，挑战就更加加倍了。这便引出 NBAS 的最后一个特点，只能由受过高度训练的测试者来施测。所有评估测试都需要预先的训练和一些现场的临床判断，只是 NBAS 在这两个方面的要求都很高。

　　NBAS 是否有效地测量了新生儿的状态呢？第四章已经讨论了关于测验效度的一些问题。在一定程度上，NBAS 的效度取决于第四章中提到的那些指标；然而，首要考虑的效度是效标效度——预测个体的某种状态将来会发展到何种程度的测量能力。效标效度可以分成即时效度(有关现在的状态)和预测效度(有关未来的状态)。即时效度的一个指标是，鉴别那些在出生前或者出生时受到不良环境影响的婴儿是否能够存在的问题。NBAS证明之前提到过的那些因素(如早产、药物使用等),会增加个体出现发展问题的风险。值得一提的是,那些问题的产生并非不可避免;相反地,NBAS可以将其识别,即使是一些并不被熟知的问题。

建立预测效度需要追踪性研究,这样才能确定NBAS成绩是否能够预测个体在婴儿或童年期的发展情况。很多研究都发现早期状态能预测今后发展的不同方面,但基本是在婴儿期内,不过也有超出婴儿期的(Lester & Sparrow,2010;Nugent,Petrauskas,& Brazelton,2009)。事实上,测验的预测力并不完美,但这也无可厚非:没有人会期望出生第一天做的测验能预测将来所有发展情况,它仅是预测而已。

NBAS效度证据的评估还存在另外一些问题。当使用测验时,我们至少对评估个体的当前状态是感兴趣的。当评估对象是成人时,我们的兴趣范围可能不会超出当前的功能性信息。但是当测验对象是儿童时,我们的目标通常是不仅要预测当下的功能性,还要预测未来的功能性发展。例如,某些新生儿期的问题是如何与1岁时的社会性发展相关联的。可以预料到的是,随着评估和结果测量之间时间间隔的增加,预测的准确性是会降低的。另外,即便我们能确信我们在一个时间点上的测量是可信的,也没有任何测验工具,至少在心理学领域中,无法提供一个检验测量效度成熟、没有误差的测量工具。评估在许多方面总是不完美的,因此测验的使用者在做出诊断时必须考虑到测验的局限性,或考虑它对人们生活的影响。

最后需要指出的是,实践表明,如果NBAS的测验是准确的,即施测是合理的,那么将会带来两方面的好处。一是对被测验的个体而言。测验可以为个体提供一些信息——这个经常是能实现的,但是考虑到预测发展性的难度,因此也并不能提供所有的信息——能帮助我们建立一个减少问题发生、尽量使发展最优化的环境。另外一点是对一般的目标群体的潜在益处。比如,如果像NBAS这样的测验揭示了父母的一些行为会给婴儿带来危险,那么教育以及政策的改变都将有助于减少下一代目标群体的危险。

专栏8.1 对少数群体的研究

美国人口构成在最近几十年有显著的变化。在一些人口普查中,少数民族(特别是除了非西班牙白人的其他一些种族)人口数达到了总人数的36%,这个数据是30年前的两倍还多。规划称,到2045年少数民族将不再是少数民族,因为他们将达到总人口的50%。在很多州(加利福尼亚、夏威夷、新墨西哥、得克萨斯)已经出现了这样的情况。

相比起少数民族在总人数中的比例，对少数民族进行的研究实在是太少了（Knight，Roosa，& Umana-Taylor，2009）。但是近几年的研究数量和质量确实有些提高，部分原因可能是《儿童发展杂志》（*Child Development*）提出的两个关于少数民族的特殊问题（McLoyd，2009；Quintana et al.，2006）。无论如何，巨大的空缺是存在的，想要填补这个空缺，研究者们将面临巨大的挑战，这一部分便是想讲一讲这些挑战。

第一个基本问题依然是取样问题。在任意一个少数民族中取样都要经历两个步骤。考虑到群体中个体的多样性，研究者最先要确定测验群体。以西班牙人为例，他们代表了很多原住国的情况，他们在收入、英语流利性，以及其他一些代表适应美国主流社会的指标上差异很大。第二步是确保被锁定目标的合作性。在任何研究中，招募被试都是很困难的，在少数民族中更是如此。少数民族成员和研究者往往来自不同的文化群体，他们可能不会像其他来自主流群体的被试那样认可研究的价值。事实上，有些人对来到他们群体内的研究者充满怀疑和防御，有很多资料可以证明这一点（Knight et al.，2009）。

许多研究者已经提出了招募少数民族被试的挑战性。有意思的是，对这个问题的充分探讨有一部分并不是来自心理学和人类学学科（e.g.，Spicer，2010），如健康调查（e.g.，Yancey，Ortega，& Kumanyika，2005）。贯穿各种讨论中的一个关键特征是，需要将这样的研究中的被试视为这个研究事业各个阶段上的合作伙伴，而不是仅将他们当作被试而已。招募这种群体被试的准则，被两个人类人学家（Jacklin & Kinoshameg，2008）总结为八个"价值"：合作伙伴、授权、人群防治工作、互惠、整体性、行动、交流和尊重。

第二个基本问题是测量。第六章对于跨文化研究的讨论同样适用于美国的少数民族。这一类研究的首要问题是，针对白人中层阶级编制的测验直接运用到少数民族群体中。通常，新样本测出的结果会更差，导致少数民族存在"缺陷"的结论。然而，我们需要注意，用相同的方法测不同的群体并不能保证测验对双方是同等的——一样公平、一样易理解、一样的信息量。奈特等人（Knight & Zerr，2012；Knightet al.，2009）针对总体测验等价和针对少数民族的测验等价进行了很好的阐述。

第三个基本问题是关于设计。群组状态——年龄、性别、人种、种族——是一种被试变量，因此对它的解释会遇到我们曾在第二章被试变量一节中讨论到的所有问题。在这样的研究中，任何两个我们准备比较的群体除了有人种或种族的差异之外，还会存在许多其他差异（如收入水平、语言、地理环境、文化适应程度）。因此，得出关于群体差异的因果性结论太难了。

还有一个重要的问题需要指出。少数民族成员在适应大文化的过程中会面临障碍，应用型研究可以帮助发现并消除这些障碍。但将对少数民族群体的研究视为应用领域，并不是代表我们的兴趣点是认为他们表现出的问题需要被解决（Quintana et al.，2006）。与这些群体一起工作的人普遍认为，研究者应该致力于研究不同少数民族群体的发展常模。

三、干预研究

干预研究的目的是使用一些方法来矫正或者避免一些发展不良群体在发展中存在的问题。这一方面的研究很多，所涉及群体从新生儿到八十多岁的老人，干预的时间从几分钟到几年不等。当然，所有这些研究旨在为那些受试者提供更好的福利。但是，这些研究也期望能够产生一些在相似群体中能够广泛应用的知识。这也就是为什么将这类研究叫作研究而不是干预的原因。

这里将介绍一个老年记忆干预的范例研究。对于老年群体发展科学通常研究的主题就是记忆的问题。同时，这也是许多上了年纪的人通常抱怨的问题。尽管，正如在第十五章中将看到的那样，对于这一现象仍有一些特例。但是，记忆困难对于一些老年人来说是现实。因此，我们现在面对的问题便是记忆训练干预能否解决老年人的这种困难。

正如记忆训练文献的许多评论指出的那样（Camp，1998；Carlson & Langbaum，2007），对该问题通常的回答是"的确能够解决一些记忆困难"。这里将首先呈现一个代表性的干预研究作为范例，然后进一步讨论干预研究涉及的一些常见问题。

伍尔弗顿等人（Woolverton，Scogin，Shackelford，Black，& Duke，2001)考察了记忆训练对老年人记忆能力改善的影响。被试为60～88岁(平均71岁)的老年人。记忆训练的方法是一些公认的、常用于训练记忆衰退老年人的方法，记忆名字、房间物品位置和日期及约会。训练的核心内容为记忆策略(mnemonic strategies)，也就是一些可以用来帮助人们改善回忆表现的技能。正如第十三章和第十五章中将要提到的那样，大量研究文献表明，记忆策略在记忆的个体差异和发展性差异中发挥了非常重要的作用。因此，策略训练是许多记忆训练计划的核心要素。在伍尔弗顿等人的研究中，被试接受了24课时的训练课程，他们学习课程后进行一系列的记忆训练，包括物理提醒（如笔记）、材料分类和心理意向。

这种训练被证明是有用的。接受过训练的被试通过运用一系列记忆策略在后续实验中的表现得到提升，并且他们的表现优于没有接受过训练的控制组。这种训练的效果在一个月之后仍然有效。

伍尔弗顿等人的研究显示了在许多记忆训练计划和更为一般性的干预计划中存在的问题。第一个问题便是被试的识别(identification of participants），也就是说，这样的干预适用于哪种类型的被试。在这个维度上，不同的训练计划有不同的要求。在有的案例中（如伍尔弗顿等人的研究），干预的目标人群是普通的老年人，被试均是志愿者且没有严格的年龄选择；而在一些案例中，干预的目标人群则是具有记忆困难的老年人；在另外的一些案例中，干预的目标人群主要是临床上试图改善来自随着年龄增长而出现病理性记忆问题的老年人（如阿尔茨海默病）。此外，在一些其他主题的干预研究中，目标人群是普通人群中更特殊的亚类型。例如，研究干预的对象不是一般的学前儿童，而是那些具有注意力缺陷的学前儿童；或者研究干预的目标人群不是普通的青少年，而是具有药物滥用史的青少年。在所有这些范例中，评估特别重要，因为我们需要一个工具能够非常精确地识别出那些需要特别帮助的人，并尽可能识别出需要干预的领域。

当一个我们预期的被试被识别出来之后，实验设计就显得非常重要了。绝大多数干预计划的核心设计采用的是第三章中提到的单组前后测设计（One Group Pretest-Protest Design）。这种设计的基本程序是，首先进行前测评估，随后是干预，最后进行结果评估。正如第三章指出的那样，在这种设计中前后测差异的显著性并不一定就意味着干预处理是有价值的。这种设计可能有各种不同的解释，或者说这种设计对其因果结论的效度造成了威胁。因为这个原因，许多的干预（如伍尔弗顿等人的研究）均安排了没有接受处理的控制组。这样，控制组就能够为我们提供除实验处理之外其他因素贡献的估计（如时间效应、向平均数回归等）。通过对比，我们便可以评估干预处理的净贡献。

但是，如同在干预设计中面临许多挑战一样，研究程序的贯彻也可能因为实际困难而变得非常复杂。例如，一些被试不愿意被分入控制组，这样就违背了随机化原则，进而导致在小组的构成上出现了选择性偏向。此外，这里也涉及一个伦理问题，如那些亟须得到帮助的个体却被非常有用的干预拒之门外从而被分到了控制组。这个问题我们在第十章的补偿处理（withholding treatment）部分将进一步讨论。出于对这一问题的考虑，许多干预计划在数据收集结束后给控制组被试提供了相应的帮助。例如，在伍尔弗顿等人（2001）的研究中，控制组被试在研究结束后接受了类似的记忆策略训练。

评估的精确性是至关重要的，这一点不仅表现在干预前对被试识别的初测中，而且也表现在对干预效果判别的后测中。很显然，我们感兴趣的是干预之后表现的提高。也就是说，干预导致的表现提高要高于其他非干预性因素引起的改善。而且更为重要的是，这种提高和改善不只是统计学上具有显著性，更为重要的是它具有实践的意义。的确，不同研究计划预期不同。但是，在许多干预评估中(当然，包括许多对老年人的记忆训练计划)，有两个基本的指标是非常值得考虑的。

第一个重要的评估指标便是干预效果的迁移性或者概括性，即干预带来的提高是否能够被扩展到干预所涉及的任务、刺激和情境之外吗？例如，在伍尔弗顿等人(2001)的研究中，这些训练目标是否能够被迁移到记忆中，或者是否可以被迁移到实验室情境之外的任何记忆任务中(顺便说一句，回答是不确定的，因为那些有待迁移的情境都没有包括在实验之中)。

第二个值得关注的评估指标是干预效果的稳定性或者维持性(maintenance)，即研究结束之后，干预的效果能否持续存在，换句话说，干预计划一结束是否这种干预效应就会马上消失。在这里，正如看到的那样，伍尔弗顿等人(2001)的研究表明，这种效果在延迟的后续实验中持续存在，虽然没有延迟很久。但是在这种文献中，干预的维持性并不总能产生。的确，一个基本的方法问题是，许多干预计划，包括在记忆训练领域和更一般的干预领域中，都没有包括对迁移性和维持性的检验。当这种检验被包括在内时，我们将容易得到一个普遍性结论，即时效应比长期效应更容易出现；狭窄且具体的效应比宽泛且一般性的效应更容易出现。

最后一个问题涉及干预的强度。通常，我们可能期望干预时间越长，效果就会越好。大多数情况下，这种预期是正确的。当然这不仅仅局限于记忆训练计划，因为对于不同人群的各种各样的干预都具有这样的效果。的确，这在伍尔弗顿等人(2001)的研究中得到证明；简化版的训练课程效果要比整个训练版本的效果差。但是，这里必须考虑长期干预的可行性问题。资源总是有限的，我们总是无法做期望的所有事情来使需要帮助的人在某一方面得到改善和提高。此外，如果干预计划中包含的成分越多，我们将越难确定对成功来说哪个成分是非常关键的要素。这就是结构效度的问题。也就是说，对于获得的任何结果，我们都应该能够获得正确的理论解释。通常，结构效度从理论上讲是非常重要的，但是这里需要指出的是，结构效度也承载着非常重要的实践意义，正如指出的那样许多干预研究不仅是为了提高所选取的被试的生活质量，而且也期望能够发现一些一般性的理论用于帮助更加广泛的目标群体。为了达到第二个目标，我们就需要使干预计划具有可行性，这样干预计划就可以被广泛地使用，使这些干预能够被精确地应用于不同情境从而对不同被试产生影响。

在西格尔等人(Sigel & Renninger，2006)的著作中均用了好几章的篇幅详细讨论了干预计划和干预研究的一些常见问题。其他研究者的著作讨论了老年被试干预过程中出现的相关问题(Willis，2001；Hertzog，Kramer，Wilson & Lindenberger，2008)。此外，齐格勒(Zigler)和其助手(Zigler & Muenchow，1992；Zigler & Styfco，1993，2010)所著的三本书包含了我们众所周知的儿童干预计划——开端计划项目的详尽资料。特别值得指出的是，开端计划不仅为干预提供了自然的情境而且也为公共政策的制定提供了非常重要的启示。作为读者，我认为尽管人们对于开端计划存在许多误解，计划本身也遭受了不少挫折，但它仍然是发展心理学对社会所做的最成功的贡献之一。

小　结

本章指向应用研究，也就是说，这种研究的显性目标是避免或者矫正发展中存在的问题，并使发展的结果最优化。其中讨论了三种形式的应用研究。

第一种非常重要的应用研究形式就是"重要社会问题的研究"。该内容领域的一个经典范例便是司法发展心理学，也就是，在可疑性虐待案件中，对儿童作为见证人的研究。有关儿童作为见证人的研究不只是以相关文献为出发点，而且更为重要的是它也扩展了相关基础科学文献的成果。在这样的范例中，我们必须面对两个挑战：第一，设计类似于虐待案例的情境；第二，识别出类似于真实法庭案件提问的形式。最后对解决这两个挑战性的问题进行了讨论。

第二个要讨论的问题是评估。评估的目的是发现目标群体的重要特征，通常主要是找到一些对正常发展存在危险的特征。NBAS 就是一种评估工具。NBAS 能发现早期危险情境带来的潜在危险，这种能力是它的效度之一；另一个效度是它能预测个体未来的发展状态。预测的力度不仅仅是预测而已，重点是它的应用可以决定每一个心理评估工具的有效性程度。

第三种非常重要的应用研究形式是干预研究，即设计研究计划来矫正或者避免问题的发生。通过对老年人记忆训练计划的范例进行分析，从中概括出干预研究的一般特征。首先需要识别预期被试，对于这个过程设计一个精确的评价工具至关重要。而且，评价工具对于干预结束后的效果评估也非常重要。此外，在干预研究中我们通常还感兴趣的问题就是该研究结果在超越干预研究情境本身的效应迁移问题（transfer of effects），以及跨越时间范围的效应维持问题（maintenance of effects）。最后，许多干预的目标是使发展能够应用于更加广泛的情境与群体的计划，因此计划的可行性和核心要素的可理解性也至关重要。

练 习

1. 很明显，在表 8-3 中列举的所有主题都是很重要的问题，非常值得研究。假设在未来的几年中，要你从这些主题选择中一个主题进行研究，指出你的选择并论证你选择的主题。运用部分相关文献调查研究你选择的主题。

2. 开端计划项目目前正在遍布全美 50 个州的 2000 多个实验中心实施，如果可能请至少参观一个离你较近的开端计划项目实验中心。尽量在不同的时间进行多次观察以便看到各种不同的活动。一旦你熟悉了开端计划项目的运行方式，请考虑评估该计划的工具。你认为什么类型的评估是非常重要的且应该包括在内？找出本章引用的背景资料，比较开端计划项目在研究中使用的测量工具与你想法的异同。

3. 本章以对老年人的记忆训练研究为范例显示了干预研究的一些普遍特性。在表 8-3 中选择你特别感兴趣的一个主题，制订一个相应内容领域的干预研究计划（如研究样本、测量工具、干预所采用的方式等）。如果可能，找出本章中对相关研究的评论，并比较你的观点与相关研究具体做法的异同。

第九章 统 计

我们在第七章中看到，数字和统计不是定性研究的核心内容，而是定量研究的核心内容，因而也是大部分主流心理学研究的核心内容。如果缺少了基本的统计能力，将难以对某一研究领域有所贡献，也难以理解和评估他人的研究。

任何一个已经深入洞悉心理学研究的学生，都对上述观点十分熟悉。他们同样明白，掌握统计学不是一个快速的过程，通常需要学习一些课程和一些使人郁闷的厚重教材。这里并没有尝试将一些书本中有价值的信息压缩到一章之中。本章的目标很简单，就是要介绍一些统计测验背后的基本概念与原理，以作为后面对测验讨论的补充。本章内容可以作为统计课程中的一个概述、补充或者提示。

本章的论述形式大体是从简至繁。我们将首先回顾统计的使用，接下来将常见的 t 检验作为一个统计推断的例子介绍给大家。为了使大家达到更好的学习效果，本章余下的大部分内容包括了使用 t 检验进行计算时出现的复杂情况——我们需要使用其他统计方法的各种情况、多种可以使用的统计方法，以及如何选择。由于本章对每一个例子的讨论相对较为扼要和概括，因此对涉及的主题，文中都提供了更多的资料来源。

一、统计的用途

心理学家使用统计方法有两个目的：描述数据和推断数据的含义。第一个目的相对来说较为简单和熟悉，第二个目的则较为复杂并且更具有挑战性。

(一)描述性统计

让我们回到先前的例子中，设计一个对幼儿园中攻击行为的观测研究，研究者收集了(假设的)如表 9-1 所示的数据。我们看到，在攻击的频率上具有很明显的个体差异，也可能存在性别和年龄差异，但是如何从这些混乱的数字中找到我们真正想要的东西呢？

表 9-1 学前儿童的攻击性行为频数样本(假设数据)

3 岁男孩	3 岁女孩	4 岁男孩	4 岁女孩
5	0	2	3
4	0	27	3
0	10	3	0
14	3	34	10
5	0	3	1
15	18	38	4
0	2	0	3
2	0	4	0
9	5	19	4
5	15	35	3
3	0	3	5
2	6	2	11
1	0	3	0
16	10	18	1
3	6	10	3

第一步先要通过各种描述统计(descriptive statistics)对数据进行概括。大多数的描述统计都涉及确定集中趋势(central tendency),即样本中主导的反应模式。集中趋势最普遍的衡量标准是我们熟悉的算术平均值(arithmetical average)或平均数(mean)。表 9-2 给出了我们假设的研究中各组的攻击水平均值确实存在差异。

表 9-2 对表 9-1 中报告的攻击性反应的描述统计

	平均数	中数	众数	标准差
3 岁男孩	5.6	4	5	5.38
3 岁女孩	5.0	3	0	5.88
4 岁男孩	13.4	4	3	13.90
4 岁女孩	3.4	3	3	3.29
男孩	9.5	4	3	11.09
女孩	4.2	3	0	4.75
3 岁儿童	5.3	3.5	0	5.55
4 岁儿童	8.4	3	3	11.15

在大多数情况下平均数是最有信息量的描述统计结果。但是它不是唯一可以获得的描述性指标。在某些情况下只有平均数并不能描绘出完整的结果。让我们思考一下对 3 岁男孩和 4 岁男孩进行的比较。我们在表 9-2 中看到较大年龄的男孩攻击性的平均数值较高。然而，对表 9-1 原始数据的分析表明，事实上两个组大多数被试的攻击性分数都很类似。大龄儿童较高的平均数值是由于少量非常高的数值导致的。再思考一下对 3 岁男孩和 3 岁女孩的比较。从表 9-2 中的平均数我们可以得出结论，这两组儿童的反应方式相同，但是表 9-1 中的原始分数告诉我们相似的平均数背后有些许差异存在。

这些例子表明除了平均数还需要其他一些描述性统计量。一般存在两个集中趋势的度量方法。其中一个是中数（median）。中数是数据分布的中点，分数的一半落在此点之上，剩下的一半则落在这一点之下。我们再次思考一下对 3 岁男孩和 4 岁男孩的比较。在表 9-2 中我们发现，两个组的中数都是 4。这一结果表明两组的分数分布基本类似，而这一相似性却被平均数的差异掩盖了。总之，无论数据是否呈偏态（skewed）——包含了一些极端值——中数都是一个很有用的统计量。在偏态分布中，平均数不能对典型的反应水平给出一个有代表性的描述。

第三种对集中趋势的度量是众数（mode）。众数在特殊群体中最常使用，它不是一个经常使用的统计量，但在某些情况下它可以提供大量信息。例如，表 9-1 中 3 岁女孩的分数。我们之前看到这组儿童的攻击性反应平均数为 5.0，基本上同 3 岁男孩的反应类似。但是，3 岁女孩攻击性反应的众数为 0，而男孩则不是这样。这个事实就很有报告的价值。

除了集中趋势的度量之外，描述统计还可以用来概括一个分布的变异性（variability）。我们不仅需要知道集中趋势如何，还要了解数据在何种程度上聚合在一起或者远离中心值。用来计算变异性的最普遍的度量是方差（variance）。为了得出方差，我们先从计算样本的平均数开始。然后确定平均数同组内每个个体分数之间的差异。对这些差值或"离均差"进行乘方，将乘方加和，总数再除以 $N-1$，最后得到方差值。方差本质上就是差异分数乘方的平均数——"本质上"是因为分母为 $N-1$ 而不是 N。[1] 个体分数同平均数之间差异越大，方差就越大。

----

[1]　所给出的公式是计算一个样本的方差。对于一个总体方差来说，分母就是 N 而不是 $N-1$ 了。

大多数期刊的论文没有报告方差而是将标准差（standard deviation）作为变异性的度量。标准差就是方差的平方根。与以平方值为单位的方差不同，标准差同原始分数和平均数具有相同的单位，因而它是一个更容易解释的描述统计量。在表 9-2 中给出了我们假设研究中每组的标准差。这些标准差证实了我们早先关于各组的分散程度存在差异的直觉。特别要注意的是，4 岁男孩组中有一些极端高分，其标准差相对较大。

（二）推断统计

假设我们已经在表 9-2 中找到报告的平均数。它显示攻击性可能是年龄和性别的函数。但是如何能够确定发现的差异是真实的而不是由偶然变化引起的呢？这正是推断统计（inferential statistics）要解决的问题。

为了解释对推断统计的需求，我们需要回到前面章节介绍过的区别上。一个是对真分数和测量误差的辨别。任何分数总是包括两个成分：被试在测量维度上的真实值以及试图确定这一真分数时产生的各种测量误差。第二个是主要方差和次要（或误差）方差之间的区分。主要方差是指与测量的自变量相联系的方差；次要方差和误差方差则是指研究中其他来源的方差，也就是说，除了自变量之外，导致分数差异的所有其他因素。最后一个是总体和样本之间的区分。总体是研究者感兴趣的全部观察量，样本是研究中实际观察到的某个子集。

当对两个样本（两个年龄组、两种性别、两种实验条件等）进行比较的时候，我们的兴趣在于样本的总体之间是否存在真实的差异。如果我们能以某种方式收集有关测量的全部总体，而不仅是一个样本；如果我们能以某种方式排除所有的测量误差，那么我们将能回答这个问题：我们获得的分数是研究总体的数值。当然我们做不到这些事情，样本只是一部分，测量也总是不完美的，不想要的方差来源总是存在。正因为如此，我们需要一些技术来估计，或者说"推断"样本之间出现的差异预示总体之间真实差异的可能性。

让我们讨论一下假设的攻击性研究中攻击性的性别差异问题。我们已经知道存在性别差异，并感觉到男孩的分数和女孩的分数并不一致。然而，我们也知道测量的各种误差和方差的其他来源会导致这种差异。此外，我们已经对感兴趣的总体进行了极少量样本的观察：美国进入幼儿园的数百万三四岁儿童中的 60 人，并且只观察了这 60 名儿童几个小时的行为。也许如果我们观察另一个 60 人的样本，会获得不同的结果。而且也许如果我们能够以某种方式观察到研究的总体，我们将获得另一组结果。要确定上述各种可能情况的概率，就需要推断统计。

前面的段落中描述了思考推断统计的两种典型方式。一种是根据可重复性或可靠性来考虑：如果我们不断重复进行同样的实验，我们是否能获得相同的结果？第二种是根据从样本推测到总体来考虑的，在样本中发现的差异是否足够大以保证做出总体存在差异的结论？无论问题如何，我们必须在以下两种可能中选择：我们的结果真实反映了总体的情况，或者我们的结果是由特定研究中偶然因素影响而引发的。但是，推断统计不能确切地告诉我们哪种可能性是正确的；所有的统计能做到的就是为这两种可能性建立一个概率。事实上，这是认识统计推断的一个基本特点：结论总是概率性的，不是必然的。

下面对如何进行统计推断举一个具体的例子。我们重新思考一下在攻击性上明显的性别差异，我们想确定发现的差异是否反映了总体的真实差异，是否是偶然发生的。下面将使用 t 检验来说明统计推断的过程是如何进行的。

图 9-1 中给出了 t 检验的公式。t 检验背后的逻辑很简单明了。t 检验统计值的大小——结果偏离偶然性的概率——取决于三个因素。一个因素是平均数之间差异的大小。差异越大，t 值就越大。第二个因素是要比较的两组中每组的变异性。变异性越小，t 值就越大。最后一个因素是 n，或者说每组样本量的大小。样本量的大小通过两种途径影响计算。首先，如图 9-1 揭示的，样本量的大小影响变异性；n 越大，变异性在 t 检验公式中的贡献就越小。其次，一旦我们获得一个 t 值，仍然需要确定这个 t 值偶然发生的概率是多少，这一概率取决于 t 值的大小和样本量的大小：n 越大，一个特定大小的 t 值由单独的随机变量引起结果的概率就越小。

$$t = \frac{M_1 - M_2}{\sqrt{S^2_{联合}\left(\frac{1}{n_1} + \frac{1}{n_2}\right)}}$$

注：M_1＝组 1 的平均数

M_2＝组 2 的平均数

$S^2_{联合}$＝两组方差的加权平均

n_1＝组 1 的样本量

n_2＝组 2 的样本量

图 9-1 计算 t 检验的公式

现在让我们将 t 检验应用到假设研究中的男女差异问题上。经过计算

得出的 t 值为 2.41。如果我们现在参照一个 t 值表（任何统计书上都有），就会发现等于或者大于这个数值，t 值随机发生的概率在 100 次中小于 5 次。这种随机概率的计算是基于所谓的虚无假设（null hypothesis），就是指在各组之间不存在真实差异的假设。根据惯例，那些只是由随机因素引起的结果发生的概率低于 5% 时才被认为是统计上显著的。这种情况下，0.05 作为研究的 α 水平（alpha level），即决定一个结果是否偶然发生的临界点。因为我们的结果满足这一标准，所以我们可以拒绝两性别之间无差异的虚无假设，做出男孩确实比女孩更具有攻击性的结论。

我们暂时回到统计显著性的概念上。不管怎样，首先反复强调 t 检验背后的推断是必要的，因为同样的基本原理也可以被应用于许多其他推断统计检验中。这些推断非常简单直接，包含如下三个基本规则。

第一，发生较大的组间差异比发生较小的组间差异的偶然性更小。表 9-2 总结的许多平均数之间的差异（如 3 岁女孩对 3 岁男孩）太小，难以产生显著的 t 值，因而最好归结于偶然因素。

第二，仅有偶然因素时，更可能产生较小的组内差异，而非大的组内差异。如果很少有偏离组平均数的极端分数，那么平均数向某方向产生随机偏差的概率就较小，前面对 3 岁男孩和 4 岁男孩之间的比较与这一因素有关。尽管两组间存在相对较大的平均数差异，但两组比较的 t 检验不显著，大部分原因在于 4 岁儿童分数的变异性很大。

第三，如果大样本与小样本的差异量相同，那么大样本的差异是由偶然因素造成的概率更小。当只有很少被试加入的时候，一个或两个极端分数就有可能对平均数产生不成比例的影响；对较大的样本来说，这种随机波动更有可能被平衡掉。前面对 3 岁男孩和 4 岁男孩之间的比较也与这个因素有关。如果这一比较中的样本量是每组 30 人而不是 15 人，那么 t 值就有可能达到显著性水平了。

二、关于显著性的更多论述

在前面的一节中已经讲得很清楚了，推断检验的目的就是要建立统计显著性。对统计显著性这个词澄清其确切的含义——还有它不意味着什么——就显得很重要了。

首先要记住的一条是由推断统计得出的结论总是概率性的。假定虚无假设是总体没有差异时，对特定平均数差异具有统计显著性的陈述意味着这个大小的差异量可能不是随机产生的。但是，总会存在犯错误的可能性。一般会出现两种错误。一种是由于错误地拒绝虚无假设而产生的，即当实际不存在某种效应时却得出其存在的结论。这一类型的错误叫作 I 类错误（type 1 error）。在攻击性研究中，如果当整个总体实际不存在男女攻击性的差异而我们却得出男女存在差异的结论时，就犯了 I 类错误。犯 I 类错误的概率取决于我们拒绝虚无假设的概率水平。如果概率水平是 0.05，那么有 5％ 的机会犯 I 类错误。如果概率水平更低，如 0.01 或 0.001，那么我们犯错误的可能性就大大减少了。

第二种错误类型是指事实上存在真实差异却错误接受虚无假设。这一类型的错误被称为 II 类错误（type 2 error）。在攻击性的研究中，如果 3 岁和 4 岁儿童在攻击性上确实存在差异，但我们却错误地得出他们不存在差异的结论时，就犯了 II 类错误。犯 II 类错误的概率要比犯 I 类错误的概率更难计算，这里就不对计算方法做深入说明了。但是要指出的是，犯这两种错误的概率是互逆的；就是说，当犯一种错误的可能性减少时，犯另一种错误的可能性就提高了。例如，一个研究者可以通过保持在 0.001 的概率水平上来减少犯 I 类错误的可能性，但是同时研究者将大大提高犯 II 类错误的可能性。还要指出的一点是，心理学家们一般都选择减少 I 类错误，这种惯例反映了在推断积极结果时的保守性只有随机概率水平低于 5％ 的结果才被称为是显著的。

表 9-3 总结了刚才讨论的 I 类错误和 II 类错误的区别。当然，要注意的是我们并不知道事实真相是什么。如果我们知道，那么就不存在犯错误的可能性了。

表 9-3　统计推断的可能结果

判断	现实	
	真实效应	非真实效应
拒绝虚无假设 没有拒绝虚无假设	正确判断 II 类错误	I 类错误 正确判断

对 I 类错误和 II 类错误的讨论使我们回到了效度的概念上。第二章中讨论了四种基本的效度形式中的三种。第四种形式是统计结论效度（statistical conclusion validity）：从数据分析中得出统计结论的准确性，我们是否正确地推断出变量之间存在关系——或者不存在关系。如果我们能够避免错误地得出某种关系存在而事实并不存在的结论（I 类错误），并且能够

避免错误地得出不存在某种关系而事实是存在关系的结论（Ⅱ类错误），那么我们就获得了统计结论效度。

发现统计上的显著性能说明结论有多大的可能性不是偶然得出的。因此，意识到显著性检验只是指向于偶然方差的概率这点很重要。显著性检验并不能排除其他威胁到效度的可能因素。它可以告诉我们两个组之间存在差异，但不能告诉我们为什么有差异。

思考一下攻击性研究中的男女差异问题，我们对实际行为表现上性别差异的概率很感兴趣。但是一个显著性的差异很可能来自其他原因，也许我们的观察者期待男孩比女孩更具有攻击性而导致他们的观察有所倾向，因此这一差异是基于观察者偏差产生的。也许女孩更容易受观察者在场的影响，因此当她们被观察时更可能抑制攻击性行为，所以这一差异是基于不同的反应。如果我们在学年初期对女生进行观察，而在此后的一年中攻击性表现普遍的时候才对男生进行观察，那么这一差异则是由于组别和测量时间的混淆造成的。重要的一点是，本书讨论过的任何一种威胁到效度的因素都会导致结果的偏差。得出统计显著性结果并不能保证整体研究的效度。这只是一个出发点，是得出我们真正要发现的结论的必要而非充分条件。

最后要注意的是得出显著性结果不能保证结论是有意义的。从某种意义上说，"显著性"用在这里只是说明统计的概率，而不是理论或实践的重要性。攻击性的性别差异可能是真实存在的，在某种意义上它并不是偶然发生的或者因研究的无效操作发生。但是，差异是否足够大，能有指导意义，如指导幼儿园老师应该如何对待男生和女生，这就是另一个问题了。要记住差异的统计显著性不仅取决于差异量的大小，还取决于样本量的大小。当样本足够大，即使一个很小的差异也可能达到显著性。相反，如果样本量太小，即使存在真实的差异也很难达到显著。

最近几年，研究者已经讨论了很多显著性检验出现的问题以及其他局限性，并且提出了各种其他的方法，其中最激进的一种方法是抛弃所有这些检验（Harlow, Mulaik, & Steiger, 1997; Killeen, 2005; Kline, 2004; Nickerson, 2000; Schmidt, 2010）。另外较为和缓的说法认为如果不取代显著性检验，那么应该加入两种更进一步的统计量作为补充。

一种方法是引入置信区间。让我们假设研究的目的是检验两个平均数之间的差异，如表 9-2 中男孩和女孩的数据。如我们所见，t 检验告诉我们当假设总体不存在差异时，这一差异发生在概率低于 5% 的水平上。所发现的具体差异被称为点估计（point estimate）（在这个例子中是 5.3）——当已知样本值的时候对总体差异的最佳估计。置信区间（confidence interval）对这一估计增加了一个可能结果的范围。如果在 0.05 的显著性水平上进行分析，那么置信区间说明我们有 95% 的把握认为真实值在此范围内。在表9-2 的例子中，这一范围是从 0.9 的差异量到 9.7 的差异量（Kline，2004，给出了计算置信区间的公式）。因此置信区间提供了比显著性检验更多的信息，它不像显著性检验那样强迫我们做出单一的接受/拒绝的决定。

另一种补充进来的统计量是效应值（effect size）的测量，即对自变量和因变量之间关系强度的测量。我们已经看到，显著性检验不能告诉我们这个事实；它能告诉我们的是（可能）存在某些发生概率高于偶然概率的关系。当然，仅仅通过看平均数也能得出关于效应数量大小的一些印象，较大的平均数差异显然比较小的差异能反映出更大的效应，但是能否推导出对效应值更严格的测量呢？

现在已经有一些技术可以计算效应值，有一些书致力于讨论这一问题（Ellis，2010；Grissom & Kim，2005）。这里只介绍一下由柯恩（1977）发展出来的各种计算方法中最简单的一种。在之后对元分析进行深入探讨的专栏中我们将重新回到效应值的概念。

在柯恩采用的方法中，效应值（或者 d）被定义为两平均数差异除以两组标准差之商。这一方法考虑到平均数的差异并根据分数的变异性给予权重。变异性越小，任何平均数之间的差异就越大。在攻击性的男女差异的例子中（表 9-1 和表 9-2），计算效应值得出 d 为 0.62，这个数值一般认为是中等程度的差异。

对效应值的测量可以提供大多数推断检验不能直接给出的有用信息。《APA 出版手册》（*APA Publication Manual*）（APA，2010）推荐使用此方法，同样这个领域中多数杂志的编辑都推荐使用。心理学研究报告中包括效应值数据可能终将被广泛接受，然而这一天尚未到来。最近一篇涉及 14个杂志、上千篇文章的综述指出，目前只有大概半数的文章报告了效应值（Sun，Pan，& Wang，2010）。

三、选择一种统计检验方法

对许多学生来说统计意味着要记住大量的公式以及无休止的痛苦计算。事实上，多数资深的研究者们很少记忆任何公式，而且多数人也不花费任何时间在计算上面，因为根本就不需要。公式可以在书中找到或者计算机程序中找到，而计算也可以通过计算器或电脑（或者一个学生助手）来实现。而最为重要的事情是知道哪种统计分析对于哪种类型的数据是最合适并且信息最丰富的。有很多因素可以决定使用哪种统计方法是最好的，在这一节中我们将探讨三个因素：因变量是在何种测量水平上进行评定的、因变量的分数分布和研究的设计。

（一）测量的水平

在第四章中我们已经介绍了测量的水平或等级的概念。测量的理论家确定了测量的四种水平：称名，即对观察量分配质性的标签；顺序，即根据一些数量的维度对观察量按等级排列；等距，即根据一个不仅按等级排列还有相等间距的数量维度来放置观察量；等比，即根据一个不仅有相等间距还有绝对零点的数量维度来放置观察量。

测量的水平是决定哪种推断检验适合使用的一个因素。一些检验，包括 t 检验，要求测量是由一个等距或等比量表构成的。需要这些条件的一个原因可以从对图 9-1 公式的描述中明显地看出。要计算一个 t 检验，我们必须对获得的数字进行各种算术运算，计算平均数或标准差等。只有在能够假设我们处理的数字准确反映了数量关系而不仅仅是称名或顺序等级的时候，这些运算才有意义。表 9-1 的分数满足了这个标准，因此适合对这些数据进行 t 检验。然而，如果我们的数据来自文章之前描述过的某类等级量表，那么 t 检验就不合适了。例如，我们将等级 5（"非常具有攻击性"）和等级 1（"不具有攻击性"）相加得到一个平均值 3（"中等程度的攻击性"）。

（二）分数的分布

一些推断统计对测验中分数的分布提出假设。特别是所谓的参数检验（parametric tests）就是建立在关于数据如何分布的特定假设之上的。事实上，这就是"参数"的含义：检验依赖于对抽取样本的总体"参数"的特定假设是否有效。之前讨论过的 t 检验就是参数检验的一个例子，下一节中要讲的方差分析（ANOVA）也是一个例子。

具体来说，使用参数检验要具备两个关于分布的基本假设。第一个假设是分数呈正态分布，第二个假设是比较的各组方差相等。第二个假设不如第一个假设普遍，但它也应用于很多经常使用的参数检验，包括 t 检验和方差分析。

前面已经介绍过差异的概念。让我们来思考一下正态分布（normal distribution）的必备条件。图 9-2 的（a）表示的是一个正态分布。"正态"是指典型的钟形曲线，在这种分布中平均数、中数和众数是相同的，并且分数从这个中心点向两侧逐渐倾斜。相反图 9-2 的（b）和（c）的曲线代表了不同的非正态分布。

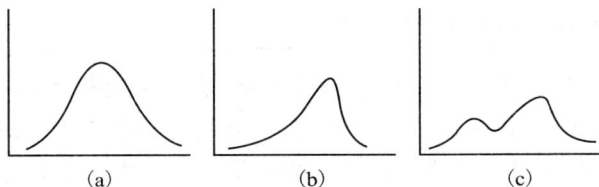

图 9-2 正态和非正态分布的例子

测量的水平和分布之间存在一定关系。从一个称名量表或顺序量表获得的分数不可能是正态分布的。在称名量表中不存在测量的数量意义，因而更不用说他们的分布具有某种数量维度了，可以做的就是对每一类别中的样例数量进行频次统计。在顺序量表中没有办法知道各分数间的距离，因此也没有办法确定他们的真实分布。此外，在一个完全的顺序量表中，量表的每一个水平只有一个例子，因而理论上讲，一个顺序量表的分布总是平坦的。因此，一个等比量表或等距量表是正态分布的必要条件，但不是充分条件，因为分数可能仍然看起来像图 9-2 中的（b）或（c）。但只要分数是来自正确类型的量表就有可能产生一个正态分布。

前面已经讨论了使用如 t 检验和方差分析等参数检验时潜在的假设。让我们来思考一下不同于参数检验的另一类方法，这对我们考虑选择何种统计方法提供了一些更为深入的要点。

卡方检验的逻辑：判断每一个格子中观察的频数在何种程度上偏离假设组间无差异时的期望频数。

表 9-4 卡方检验的说明

观察频数	轿车和卡车	搭建玩具	娃娃和家具	绘画材料
男孩	12	10	1	5
女孩	1	4	12	11

续表

期望频数	轿车和卡车	搭建玩具	娃娃和家具	绘画材料
男孩	6.5	7	6.5	8
女孩	6.5	7	6.5	8

公式：$\chi^2 = \sum$（观察频数－期望频数）^{2}/期望频数

$\chi^2 = 23.42$，$p < 0.01$

结论：男孩和女孩在玩具偏好上存在显著性差异

你们可能会猜到，与参数检验对应的是非参数检验（nonparametric tests）。表 9-4 介绍了一个广泛使用的非参数检验，即卡方。图中假设的数据来自第四章的玩具偏好研究，假设结果是不同性别儿童的玩具偏好具有显著性差异。[①] 图中给出的称名数据需要使用卡方进行统计，这些数据不适合使用 t 检验。非参数检验适用于以下四种测量水平：称名、顺序、等距和等比。因而这种方法比参数方法更具有普遍应用性。此外，非参数统计不需要基于像参数统计那样对分数分布进行假设，因而非参数检验可以应用于那些不满足参数假设的等距或等比数据。（有关非参数统计的文章参见 Conover，1999；Hollander & Wolfe，1999；Siegel & Castellan，1988）

研究者如何在参数检验和非参数检验之间做出选择呢？正如刚才指出的，在一些情况下不需要做出任何决定，因为唯一可能的检验就是非参数检验。在其他情况下，就有必要做出决策了，这里有一些相关的概念。我要讨论两个：统计检验力和稳健性。

检验力（power）是指当虚无假设事实上应该被拒绝时，一个推断检验拒绝虚无假设的可能性。一个检验越有力，就越有可能检测出真实差异，因而就能正确拒绝虚无假设。这个概念听起来很熟悉，因为检验力是对犯 Ⅱ 类错误概率的另一种说法。一个检验越有力，犯 Ⅱ 类错误的概率就越低。

在一些情况下，参数检验比非参数检验的检验力更强。本质上来说，这种更强的检验力是因为参数检验比非参数检验利用了更多的数据信息。

[①] 图中给出的公式称为卡方的定义公式（definitional formula）。还有一个计算公式（calculational formula）：一个数学等式但是一个计算数值更简单的方法。许多其他的统计量给出一个定义形式和计算形式之间可以比较区分。

例如，很多非参数检验只限于数据的顺序特征，如只比较样本分数的等级顺序差异。相反，t 检验能够充分利用实际的分数和分数之间的绝对差异，因此它有时候能够揭示非参数检验不能揭示的差异。需要补充的一点是两种方法之间检验力的差异通常很小，一般只有当样本量很大时才能发现这种差异。此外，这种差异并不是必然的。在很多情况下参数和非参数统计的检验力是相等的。如果参数检验的潜在假设被严重违反了，那么非参数检验反而更具有检验力。

有关假设的要点引出了稳健性的概念。稳健性（robustness）是指对违背一个检验的潜在假设的免疫性。一个稳健的检验对是否违反假设相对来说不是很敏感，也就是说，即使当假设不能满足时，也能得出对显著性的准确结论。t 检验和方差分析是相对来说较稳健的检验。正因为这个原因，即便数据不能满足刚才提到的标准，我们也普遍地使用这些检验。例如，数据来源于等级量表，或者明显不符合正态分布，或者比较各组之间方差不等时。稳健性并不意味着研究者可以自主地对任何数据类型使用参数检验，而是指不能因为一些假设被违反就很快放弃使用某种参数检验。因此，寻找一些专家为参数检验是否仍然可以应用于数据提供意见可能很有必要。

（三）研究设计

前面已经讨论了选择统计方法的两个决定性因素：测量的水平和分数的分布。第三个重要因素是研究的设计。

设计的不同方面是相互联系的。其中一个因素是自变量水平的数量。在学前儿童攻击性的例子中，这一因素很简单：两个不同年龄和两个不同性别。这样很容易使用 t 检验比较每个变量的不同水平。然而，假设我们增加更多的水平使研究变得复杂。因为对性别来说这样设想有一些困难，我们就增加年龄组。假设我们有 6 个年龄组来代替原来的两个年龄组，那么 t 检验会发生什么变化呢？

最明显的变化是我们需要更多的检验。6 个不同的年龄组就会产生 15 个可能的配对比较。因此我们需要进行 15 次独立的 t 检验来确定我们的结果。计算并报告 15 个 t 检验显然是很笨拙的方法。但是不这样做的更重要的原因是考虑到检验的显著性水平。我们希望显著性水平保持在临界点以上，如通常的 0.05 水平。然而进行多个检验的时候，要对显著性做出解释就变得非常困难。如果我们进行 15 次检验，每个在 0.05 水平，那么在这些检验中至少有一个是偶然达到显著的可能性就有 0.54。[①] 如此我们如何解释任何统计上显著的结果呢？

这个问题实际上更为复杂。0.54 的概率是基于 15 次 t 检验相互独立的假设。但是，通常在一个研究中的多重 t 检验相互之间不是独立的；相反，他们是相关的，在某种意义上说同样的数据可以形成多组不同的比较。事实上，我们之前描述的年龄比较的例子就是这样，6 个年龄组中的每一组数据都要在 15 次 t 检验中使用 5 次。当存在这种各次检验之间的相互依赖关系时，我们就不可能确定任何一个检验精确性的概率水平了。研究者可能计算出一个 t 值并报告在 0.05 的水平达到显著性，但实际的概率水平可能与 0.05 完全不同。

多重 t 检验还存在另外一个问题。现在假设我们不通过增加自变量的水平而是增加因变量的水平来使研究更复杂。除了研究年龄和性别作为攻击性的决定因素外，我们可以测查班级结构可能引起的效应、室内观察对比室外观察的效应，以及在观察之前对一半儿童呈现一个暴力的卡通形象的效果等。很明显，我们增加的自变量越多，存在可能的 t 检验就越多。但是在单纯的检验次数增多之外还存在另一个问题。无论何时对多个因变量进行研究，都有可能出现一个变量的效应依赖于其他变量水平的情况。简而言之，就是可能存在变量之间的交互作用（interaction）。识别这种交互作用效应很重要，但是他们很难只是通过 t 检验就能揭示出来。

方差分析（analysis of variance）或 ANOVA 可以替代多重 t 检验。ANOVA 本质上是对超过两个平均数比较情况下的 t 检验的扩展。它的计算方法不同于 t 检验，且更为复杂，这里就不过多介绍计算过程了。但是，潜在的逻辑是相同的：通过检验与分组相关的主要方差与次要方差和误差方差的差异量确定显著性。检验产生的统计量叫作 F 值，和 t 值一样，F 值分布也可以在任何统计教科书所给的标准表格中查到显著性参照值。

让我们考虑一下如何将 ANOVA 应用于攻击性的研究中。因为我们有两个自变量：年龄和性别，这种分析就被称为两因素方差分析（two-way ANOVA）。为了使 ANOVA 比 t 检验的优越性更明显，我们假设存在 6 个

[①]　也许寻找这种概率来源最简单的方法是了解那些没有获得显著性的结果单独发生的概率是多少。在狙立检验中拒绝这种错误的概率是 0.95。在两个独立检验中这一概率就是两个独立检验概率的乘积，即 0.95^2。在 15 个对立检验中，概率就是 0.95^{15}，或 0.46。因此我们偶然获得至少一次显著性结果的概率为 $1-0.46$。

水平的年龄变量，而不是表 9-1 呈现的两个水平。使用 ANOVA 将对研究中每个自变量产生一个 F 值，或者说主效应（main effects）。如果性别的 F 值显著，那么涉及这个变量的工作就完成了。因为性别只有两个水平，我们只看平均数就可以确定效应来自哪里。对年龄来说一个显著的主效应就更复杂了。在这种情况下 F 值是基于对 6 个年龄组的同时比较，而显著性则意味着在这些组中至少有一组配对比较达到了显著性水平，我们需要进一步检验以确定具体哪组比较是显著的。之后的这些检验同 t 检验很类似，但更为保守，它们只有在整体 F 检验显著之后才能进行。

ANOVA 也可产生第三个 F 值，即年龄和性别的交互作用。通常来说，ANOVA 会对一个研究中所有可能的自变量组合都产生交互作用的 F 值。例如，如果存在三个自变量（三因素方差分析），那么 ANOVA 将给出四个交互作用的 F 值：三个是变量两两组合的 F 值，一个是三因素组合的 F 值。同一个达到显著性的主效应一样，显著的交互作用也可以在具体的检验之后来进一步确定效应的确切来源。

研究设计的最后一个方面与统计方法的选择有关。迄今为止我们主要关注的是被试间设计，即每个被试只接受一种实验处理或属于一个比较组。但是我们在第三章中看到许多自变量可以通过被试内设计获得，在被试内设计中每个被试接受所有实验处理。当每个被试都出现在各实验条件中时我们如何进行统计呢？

答案非常简单：我们只需从前面讨论的被试间检验转换到对应的被试内检验即可。事实上，对每个我们考虑过的被试间检验都有类似的被试内检验。例如，除了有被试内 t 检验，还有被试内或重复测量的方差分析，同样也有适合于被试内数据的非参数检验（如麦克尼玛转换检验（McNemar test of change），由一种重复测量的卡方构成）。这种检验的逻辑同被试间检验的逻辑相同；但是在多数被试内检验中，实际的差异分数（如一个被试在条件 1 中的表现分数减去在条件 2 中的表现分数）对分析有益。因为差异分数的存在，检验不仅要适合于一般性的重复测量的设计，还要适合于一种条件下每个被试同另一个条件对应的被试相匹配的情况。

四、相关

迄今为止我们已经强调了统计检验的目的是确定组间差异。但并不是所有的统计检验都符合这种模式。假设在一个研究中我们收集了如表 9-5

所示的数据。我们的研究兴趣是确定 IQ 和标准成就测验上的表现之间是否存在相关关系，我们如何进行统计呢？

对表 9-5 的数据来说最合适的统计方法是相关统计（correlation statistic）。相关统计是测量两变量之间关系的统计方法。在第三章提到，相关的取值范围是＋1 到－1 之间。值为＋1 的相关是指两个变量之间完全的正向关系，值为 0 的相关是指没有任何关系，而值为－1 的相关是指完全的负向关系。这些可能的关系在图 9-3 中以散点图（scatter plots）的形式表现出来。0 和 1 之间的相关表示正相关的不同程度，而 0 和－1 之间的相关表示负相关的不同程度，取值越接近 1 或者－1 相关的强度越强。

表 9-5　一个五年级儿童样本的 IQ 和成就测验分数

被试	IQ	成就测验
1	82	22
2	85	18
3	90	43
4	92	28
5	95	23
6	99	24
7	101	48
8	102	30
9	104	56
10	107	35
11	108	38
12	112	46
13	114	27
14	116	54
15	124	50
16	140	60

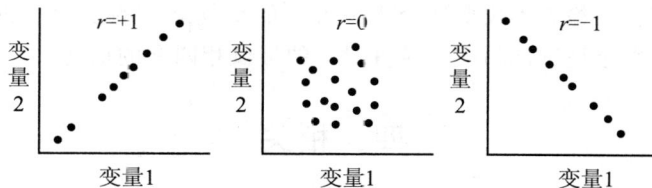

图 9-3　说明不同相关程度的散点图

表 9-5 中的数据会如何呢？为了确定这些数据之间的关系，我们首先

必须决定使用哪种相关统计方法，因为实际上存在很多不同的计算相关的方法。就像推断统计一样，哪种方法最合适取决于有关数据特征的特定假设。两种最经常使用的检验方法是皮尔逊积差相关（Pearson product-moment correlation）和斯皮尔曼等级相关（Spearman rank-order correlation）。皮尔逊积差相关是一个参数检验，它的假设同所有参数检验的假设一致，就是测量数据来自等距或等比量表并且分数为正态分布。斯皮尔曼等级相关是一个非参数检验，它完全基于等级数据，因此比皮尔逊积差相关的使用范围更广。应该注意的是这两种检验都是基于一个重要的假设：变量之间的关系是线性的。如果变量之间不是线性关系（如一个曲线关系中，一个变量上的分数与另一个变量的分数都是开始增加随后降低），那么就不适合使用标准的相关检验了。

因为这两种检验比较容易解释，采用斯皮尔曼等级相关对表 9-5 中的数据进行统计。在图 9-4 中，给出了斯皮尔曼等级相关的公式以及如何使用它来对数据进行分析。从公式中我们可以看到，斯皮尔曼等级相关测量的是两种分布中的配对分数在何种程度上具有相同的等级顺序。如果两组分数在等级上达到完全一致，那么就不存在离差分数，等式右边分数部分的值就为零，那么相关为 +1。等级的离差量越多越显著，相关就越远离 +1。在我们的样本数据中 IQ 和成就测验分数的相关为 0.70，显示出一个中等强度的关系，但远未达到完全的正相关。值得注意的是对这些数据使用皮尔逊积差相关得出一个非常相似的值：0.71。事实上，对大多数据来说，斯皮尔曼等级相关和皮尔逊积差相关得到的值都非常接近。

IQ	成就测验	IQ	成就测验
1	2	9	15
2	1	10	8
3	10	11	9
4	6	12	11
5	3	13	5
6	4	14	14
7	12	15	13
8	7	16	16

公式：$rho = 1 - 6\sum D^2/N(N^2-1)$　　注：D=差异分数，等级之间的绝对差异

$rho = 0.70$，$p < 0.01$　　　　　　　　N=配对数

结论：IQ 和成就测验分数之间存在显著的正相关

图 9-4　对斯皮尔曼等级相关的说明

当我们对两组变量之间建立相关时，我们能知道什么？相关系数就像平均数或中数，是一个描述统计量，它不是对中心趋势的描述而是对变量之间关系的描述。在对其进行解释之前，必须要对统计显著性进行检验。这一检验的虚无假设是变量之间为零相关；那么问题就是得到的相关系数是否显著地偏离0。回答这个问题很简单，因为统计书上提供了可以直接查找到任何数值相关的概率水平表（很多计算机程序也可以得出概率水平）。相关系数的大小和样本的大小都会影响显著性水平的判断；当两者都增加时，显著性的概率也随之增加。参考相关系数表我们得知，相关系数为 0.70 并且样本量为 16（即 16 对分数）时，在 0.01 的水平是显著的，因此，IQ 和成就之间存在相关。

显著性虽然很重要，但它只是研究的一部分。我们不仅仅对是否存在相关关系感兴趣，还对相关的强度感兴趣。通常对相关强度的解释是根据预测的拟合度（goodness）：假设我们知道被试在一个变量上的分数，我们能否很好地预测另一个变量的分数呢？如果相关系数为 0，那么变量之间的关系就是随机的，即知道一个分数对我们预测另一个分数没有用处。当相关系数不为 0 时，预测的效力就增加了，极端情况就是 +1 或 -1 的完全相关。

另一种（同等的）思考相关的方法依据的是方差的解释量。当我们使用一个测量分数去预测另一个测量分数时，从统计预测的意义上讲，就是"解释"方差在第二种测量上占的比例。相关越高，解释的方差就越多。更确切地说，当使用皮尔逊积差相关进行相关统计时，方差解释的比例为 r^2。因此，IQ 和成就之间 0.71 的相关就意味着一种测量中的方差可以解释另一种测量中方差的 50%。

我们应该对上段的最后的一句话进一步说明。0.71 的相关似乎很高，但仍然有 50% 的方差不能解释。当相关系数接近于 0 时，方差解释的比例也随之降低，并且非常迅速。0.5 的相关解释 25% 的方差，而 0.3 的相关就只能解释 9% 的方差了。

我们再次讨论统计显著性和意义之间的区别。一个相关系数也许在统计上是显著的，但也可以非常小以至于没有任何理论意义或实践意义。当样本量很大时，这种统计上显著但价值不高的相关很可能出现。样本量为 50 时，0.27 的相关系数在 0.05 的水平上达到显著；当样本量达到 100 时，0.19 的相关系数就已经达到显著性了。

除了样本量之外，在评价相关时需要考虑的另一个重要因素是两种测量数据的分数范围。对于分数范围会产生两类问题，可能出现的最普遍的问题是第四章中介绍过的：范围的限制。当一个变量的分数过于接近以至于它们之间的差异同另一测量数据的变异无关时，范围的限制问题就产生了。假设我们决定将 IQ 成就比较的样本限制在"天才"班或"重点"班的学生中。这些班级就存在一个典型的 IQ 分界点，即 IQ 达到 130 或以上。只关注到非常高的 IQ 大大限制了测量的变异范围；我们实际的数据范围可能为 20 分，而非 67～70 分。当所有的 IQ 分数都聚集在一起时，它们之间很小的差异就不可能同其他变量表现出更多的相关，包括在成就测验上的差异。

当然也有可能出现范围过大而不只是过小的现象。假设现在我们对 IQ 以 20 分为分数段开始取样，从 IQ 为 40 的儿童开始，下一个就是 IQ 为 60 的儿童，这样持续下去直到我们取到 IQ 为 180 的第 8 个儿童。这样巨大的变异性就使得 IQ 很可能与几乎任何从样本中收集到的其他心理测量值都具有显著而足够大的相关。然而这种相关的大小是值得怀疑的。

不管问题是范围过小还是过大，其隐含的问题属于外部效度的一种。一个相关如果要有意义，必须能够超越计算相关的样本，以推断到更广泛的总体中。因而样本的集中趋势和变化范围必须能代表总体。如果样本不具有代表性，那么获得的相关就不可能有外部效度。

五、ANOVA 的替代方法

在这一节中我们回到组间比较的问题上。似乎可以说至少在过去的 50 年中，使用方差分析进行组间比较已经成为最广泛应用的统计技术。尽管 ANOVA 应用相当普遍，但即使能满足检验背后的假设，它也并不总是最佳的统计选择。这一节将简要介绍一下 ANOVA 之外的其他两种方法。

（一）事前比较

之前提到过多重 t 检验的问题，以及随后用更高级的差异分析方法来检验整体上有没有达到显著，但是整体检验并不总是较为高级的。当调查者没有清晰的假设去检验，而是识别研究中出现的有趣结果，ANOVA 无疑是最合适的统计方法。但是，在一些研究中，存在明确的假设，统计分析的主要目标是根据每个假设得出清晰的答案。在这些情况下，ANOVA 就不是最有效的分析方法了，因为它包括了研究者不感兴趣的变量之间的比较，并且对研究者关心的变量之间的比较的统计检验力不足。

下面举一个例子（改编自海斯（1981）的一个研究）。我们对科尔伯格道德两难问题（Kohlberg' moral dilemmas）（见第十四章）回答的训练效果很感兴趣。我们决定检测对儿童的两种训练形式：一种是给儿童呈现道德推理水平较高的成人榜样，另一种是让儿童加入对道德问题进行讨论的同伴群体中。我们也很好奇这两种实验情境可能具有的联合效应，因此加入了第三个训练情境，即儿童接受榜样和同伴群体的相互作用。我们知道要评价训练的效果还需要一个控制组，因而第四个实验情境中包括了没有实验干预情况下的前测和后测。但是，我们考虑到仅仅给儿童呈现一个榜样或加入一个同伴群体中也可能影响他们的回答，这样就偏离了我们期望关注的道德内容。因此我们还设置了两个控制情境：一个情境是儿童看见一个成人榜样讨论与道德无关的内容，另一个情境是儿童参与内容同道德无关的同伴讨论中。

在类似的研究中，我们并不是真正关心各种实验情境的主效应，即从任何可能的一对平均数中得出显著性差异的效应，我们感兴趣的更为具体、更为有限，因为我们预先知道只有一些平均数之间的特定比较是需要重点关注的。例如，我们很想知道是否每种实验情境都与相对应的控制条件具有显著性差异，我们还想知道是否三种实验情境之间具有差异。这些比较是有意义的，而其他一些比较相对缺少意义性。例如，同伴群体的实验情境与成人组控制情境相比。一个整体的 F 检验可以将所有这些比较都聚合在一起。我们当然可以从 F 检验开始，然后进行感兴趣的那些比较的事后检验。但是，这样总是存在危险的，F 检验的主效应可能是不显著的，这种情况下我们就不能确保进行事后检验了。此外，一个显著的 ANOVA 之后的检验比较保守，因此检验力较低，这就意味着我们会冒着无法检测出某些真实且重要效应的风险。

在这种情境下除 ANOVA 之外的另一种方法就是使用事前比较（planned comparisons）。使用事前比较时我们预先指定了要比较哪些平均数，并且只对这些平均数进行比较。例如，在我们假设的训练研究中，我们可以在期望的实验处理中进行比较而忽略其他不感兴趣的比较。进行这种具体的、预先比较的统计技术不属于本书的内容范围，在大多数统计教材中都可以找到相应的介绍（e.g., Hays，1981）。当然，这种有选择的方法会面临一些潜在的信息损失。但是，如果我们真的知道想寻找的是什么，那么这些损失是微不足道的。并且因为预先检验比事后检验（post hoc tests)更具有检验力,我们就有一个更好的机会获得对感兴趣问题的明确答案。

(二)多重回归

用克林格和李(2000)的话说,多重回归"是一种使用相关和回归的方法来研究多个自变量对一个因变量的效应和效应量的方法"。用稍微不同的话来说,多重回归所做的就是告诉我们两个或两个以上的自变量或"预测源"如何同一个单独的因变量或"准则"相互关联。例如,我们可以做一个研究,验证一个实验室的问题解决任务的成绩是 IQ、SES、任务结构特征和解决问题时间四个变量的函数。对我们的数据使用多重回归进行统计,将得到这四个预测变量中每一个对因变量变异的独立或联合的贡献的估计值。

回归和这一章前面讨论过的相关之间有密切的联系。这两种情况下,我们使用被试在一个变量上的值来预测在另一个变量上的值。正如在包含了 IQ 和 SES 的例子中表明的,两者之间更进一步的相似性是指,从研究设计的观点看,回归可以使用相关的变量,因为它们只是通过测量获得的而不是实验操作获得的。

回归和方差分析也存在密切的联系。这两种统计都有同样的目标:确定一组自变量在某种因变量上具有的独立的或交互作用的效应。之前作为多重回归的例子描述的研究也可以用四因素的 ANOVA 来分析,这样会得到四个主效应的 F 值和大量交互作用的 F 值。事实上,这是一个非常普遍的结论,多数使用多重回归的问题也可以使用方差分析。但是很多研究者指出回归在两个概念中更具一般性,而 ANOVA 是构成回归分析技术的整体类别下面的一个特例。因此,任何可以用多因素 ANOVA 分析的问题也都可以使用多重回归来分析。

多重回归的应用范围这么广泛,那么是什么因素让我们在分析一些数据集时对回归的偏好超过了 ANOVA 呢?首先要说明的是这种选择通常存在个人偏好的问题,因为在很多情况下这两种方法都是同等适用并有效的,但是多重回归还在其他几个方面更有优势。这里提出关于选择回归分析的三条依据。

其一,当一个自变量是连续的,即包含了大量不同的值而不只是一些离散的水平时,尤其适合使用回归分析。IQ 就是一个连续变量,如果在问题解决研究中纳入了 IQ,我们可能会获得一个跨度在 60 或 70 的 IQ 值范围。使用 ANOVA 无法把握所有这些变异，我们能够做到的最好程度就是形成一个粗略的分类系统，如"高、中、低"。然而，使用回归就不会损失任何信息，因为变量是连续的，每个独立的分数都被纳入了分析之中。

其二，当两个或更多的自变量存在相关时，尤其适合使用回归分析。这一点同之前有关回归对相关设计的适宜性相联系。在一个完全实验设计中自变量之间不存在相关，更确切地说，实验控制的一个方面就是保证一个变量（如年龄）的各个水平都能平均分布在另一个变量（如实验条件）的各个水平上。在相关设计中变量的各个水平是测量的而不是实验中分配的，因此就不能保证其独立性。例如，在问题解决的研究中，IQ 和 SES 可能存在相关。回归提供了一种方法（同前面讨论过的偏相关技术类似）用来在控制一个变量的情况下检测另一个变量的效应，如测查当 IQ 在统计上保持恒定时 SES 是否具有贡献性。

其三，回归特别适合解决本章前面讨论过的效应值问题，即确定自变量对因变量产生效应的量值。多重回归产生的基本统计量是 R^2，研究中自变量对因变量变异的贡献率。R^2 可以告诉我们预测变量的"工作"是否有效，当给出选择的特定自变量组时，我们在多大程度上能够预测因变量的变异。尽管这么做绝不简单或直接，回归也有可能推出每个独立的预测变量对因变量贡献的单独估计，贡献的大小和预测变量与因变量之间的相关。

介绍多重回归的教科书有柯恩（Cohen，P）、柯恩（Cohen，J）、韦斯特（West）和艾肯（Aiken）（2003）以及派得哈泽（Pedhazur）（1997）的著作。介绍一般统计方法的文章中对多重回归有很好的总结，克林格和李（2000）以及派得哈泽和斯麦肯（Schmelkin）（1991）的作品。

专栏 9.1　元分析

并不是所有对统计的使用都是在单个研究的背景下进行的。最近几年统计分析逐渐趋向于对研究进行综述——也就是说，尝试综合大量的相关研究。这种综合各种研究并进行定量分析的方法被称为元分析（meta-analysis）。

在介绍元分析时，将其同另一种综合研究的方法相对比会有助于我们的理解。另一种方法就是传统的叙述性综述。在叙述性综述中，研究者确定基本主题，以及综述中要关注的具体问题和理论观点。之后的综述包括对特定研究的描述和对研究结果的说明，以及和感兴趣变量有关的一般性结论。典型的综述包含了研究者对已知内容和未来需要做什么的评价。

元分析保留了传统叙述性综述的目标：确定感兴趣的问题，综述相关的研究，然后得出准确的结论。元分析所增加的内容是一组定量的规则和标准，其目的是对研究的综合更为客观，更具有量化精确性。这些规则类似于独立研究的统计分析。

　　假设我们的主题是设计用来减少攻击水平的干预计划。在任何有关这一主题的独立研究中，一个基本问题是干预项目的效果是否存在统计上显著的效应。这也是将文献视为整体的元分析的一个问题。但是在元分析中，结论是基于大量的研究得出的，而不是一个单独的研究，而且结论也许是基于成千上万的被试而不仅仅是几十个人。和一个单独的研究相比，元分析的样本值更可能代表总体。同时元分析还存在相当大的统计检验力，因此检测出真实效应的概率也更大。还应该说明——尽管解释超出了这里所关注的范围——较大的统计检验力不仅仅是测量更多被试所能达到的，库恩等人（Cohn & Becker，2003）解释了它是如何产生的。

　　之前我们发现缺少对相应的效应值的测量使得到的显著性意义有限。元分析的第二个基本目标是确定已发现的任何显著性关系的效应值。元分析再一次让我们将目光从基于单一样本的唯一值转移到一个几十个或几百个效应值的平均数上来。因此，我们就更有信心地说，我们确实能够确定自变量和因变量之间关系的强度。在本文提到的例子中，是干预计划在减少攻击性上的效应。

　　尽管有很多不同方法可以计算效应值，但总体来说测量方式可以归为两大"家族"（Rosnow & Rosenthal，2009）。一大类是基于所比较的平均数之间的差异。之前我们讨论过一种这样的测量方法：Cohen's d，就是两组平均数之差除以它们的标准差。另一大类是由相关关系导出的效应值。这其中的一个是皮尔逊积差相关，当数据符合参数假设并且研究的是线性相关时适合使用这个统计量。如我们所见，皮尔逊积差相关是对一个相关强度的直接测量；因此它是对效应值测量中最直接、最易获得的方法之一。平均数差异的测量可以转换成相关测量，反之亦然。

　　除了确定显著结果的存在性和效应值的大小之外，大多数研究的第三个目标是探索可能影响所识别的任何效应的特性或程度的因素，这也是元分析的目标。通常的起点是发现各个研究之间效应值在数量上存在变异性。这一发现暗示了调节变量（moderator variables）的操作，也就是指研究之间的变异会影响结果。为了测量可能的调节变量的效应还要进行更深入的分析。在干预研究和攻击性的例子中，调节变量可能包括这一研究的强度和持续时间，或者儿童的年龄，或者所研究的攻击的形式，或者收集数据所在的国家。它们可能也包括某些跨研究的变量，如发表的时间或主要调查者的经验等。要注意的是这最后的两个因素在一个单独研究中是无法检测到的，但是通过元分析将它们结合在一起就容易多了。

　　至少对它的支持者来说，元分析似乎保持了传统文献综述的所有优点，并且还增加了一些更深入的方面。但元分析存在哪些可能的批评呢？曾经确实有过批评，最普遍的观点可以总结为三个短语（Sharpe，1997）："苹果和橘子"（apples and oranges），"垃圾扔进去，垃圾拿出来"（garbage in，garbage out），"文件柜问题"（file drawer problem）。

　　第一个短语批评的是元分析将差异很大而不能作为同一事物进行探讨的研究划分到一起。在研究攻击的例子中，它是指大量汇集在一起的干预研究，而事实上这些研究在某些重要方面有所差异。当自变量没有得到充分描述，结果将总是那样：对已经发现的结果有不确定性。

第二个批评短语"垃圾扔进去，垃圾拿出来"指的是自我解释性。它是指在元分析中一种不加以评论的平等主义——在下结论时好/坏研究权重相同。

最后，"文件柜问题"是指大多数元分析都局限在已经发表的某一特定主题的研究上。我们预测（在某些主题有支持性证据）已发表的研究比未发表的研究——这也是前者已经发表而后者还没有发表的一个原因——更有可能报告出显著性效应，这看起来很合理。因此，元分析可能高估了某一效应的确定性或效应值的大小。

元分析的支持者提供了两种应对这些批评的一般性回答（Rosenthal & DiMatteo, 2001；Schmidt & Hunter, 2003）。一种回答是要注意到这些批评并不是仅针对元分析的。例如，传统的叙述性综述也可能进行不恰当地分组，而且它们也主要依赖于已发表的文献。第二种回答是这些问题并不是元分析本质的问题。它是指一个设计很好的元分析可以区分那些需要被区分的研究，而且一个设计很好的元分析可以对研究进行质性编码并对好的研究给予较高的权重。当然，在特殊情况下如何能够成功地达到这些目标还存在争议，尽管如此这些一般性的观点似乎仍是合理的。

到此为止，在发展心理学中元分析普遍应用在有关性别差异发展方面的研究中，我们最后将回到第十四章中的元分析。

六、一些基本要点

这一章的最后总结一些如何对一个研究进行统计分析的基本建议。

第一条建议最初是第一章中给出的：提前计划。本章通篇都清晰地讨论了数据分析的某些方面有时候并不能被完全预见到。例如，在实际收集数据之前研究者不会知道分数的分布是什么样。产生不可预期但有趣的发现需要通过统计检验，但这在研究的初始阶段是难以预见到的。这种事后统计由数据驱动的决定应该尽可能减少。研究者一开始就应该知道要分析的主要问题以及要使用的精确的统计方法。这种计划性有助于确保避免事后"数据探查"（data snooping）的倾向，在这种倾向中，研究者试图进行多重检验以搜索出那些在数据中看起来可能达到显著的变量。这种计划性也有助于确保有适合于数据以及感兴趣的问题的检验方法，而且它能确保使用了最有检验力和最有信息量的检验。

第二条建议是要小心谨慎。从一个研究中能够得出的结论完全依赖于统计计算的准确性。计算的误差可能导致错误的结论，在某些情况下就是重大的错误。另外，计算误差与研究者可能犯的其他错误相比，更难以检测到；报告的读者可能发现文中其他一些方法上面的缺陷，但他们一般都相信计算是正确的。因此，每一步计算都要仔细检查。理想状态是每一步计算都应该有至少两个人独立来做。对同样的计算方式采用两个或更多的方法（如手算和计算机）进行比较也很有用。

除了需要谨慎之外，有时候会出现非常不可能的统计结果，需要重新检验的情况。特别是当研究的描述统计同对显著性的推断之间存在明显的矛盾时，我们都应该质疑。描述和推断统计都是基于同样的数据，它们应该总是表现出一致性。当发现微小的差异在统计上是显著的时候，或者当一个较大的差异没有达到显著性时，都应该将其作为重新检查计算的信号。

对于检查还有一点要做，调查者应该确保避免进行差别检查的倾向。在这种倾向中，同研究者期待相矛盾的结果获得细致的审查，而那些支持期待的结果就不再进行检查了。尽管这种倾向很自然，但它为另一种研究者期待效应提供了可能：如果消极错误被修正，结果可能会证伪研究者的假设。因此最好是检查并校正所有的检验。

最后一条建议是寻求帮助。有很多可以提供帮助的来源——教科书、计算机程序、统计专家——对于非专家来说尝试独自一人在棘手的统计学海洋中航行穿越是有勇无谋的表现。从测量和设计的初始计划一直到发表研究结果，学者可以在研究过程中的任何一步来寻求专家的帮助。

谈论一些书本方面的帮助可能更有用。前面已经提到一些在心理统计方面最好的普及性教材，以及对特定话题方面更为具体的资源，同样还存在一些在某些类型的发展心理学研究上特别突出的统计问题和相应的程序。这一章中没有讨论具体针对发展方面的统计方法，有两个原因：发展心理学家的大多数统计问题并不是专门针对这一领域而是对整个心理学研究都很普遍的，而有些问题过于具体不适于在此详谈。但是，对于最初针对发展研究中的统计方法的讨论，还有许多有益的（尽管有时候很难得到）资源（Hartmann et al.，2011；Lauren，Little，& Card，2012；McCartney，Burchinal，& Bub，2006；Teti，2005）。

小　结

心理学家使用统计有两个相互联系的目的。描述统计对数据进行概括，它们为研究所发现的结果提供初级水平上的描述。它的主要形式有两种，一是反应的集中趋势，以算术平均数为代表指标，另一种是反应的变异性，以方差或标准差为代表。

推断统计超出了描述统计并决定是否有统计显著性。它首先建立比较组之间无差异的虚无假设，在此基础上检验获得的结果是否显著地偏离随机发生的概率。t 检验是推断检验的一个具体例子。同大多数推断检验一样，t 检验中的显著性取决于三个因素：组间差异的大小，每个组内变异性的大小，以及样本的大小。

有两点需要强调，一点是从推断统计得出的结论总是概率性质的而非确定的，另一点是推断统计会产生两类错误：Ⅰ类错误，即错误拒绝一个真实的虚无假设；Ⅱ类错误，即没有拒绝一个错误的虚无假设。还要强调的是统计显著性只关注排除那些影响结果解释的随机变量，另外发现显著性并不能确保研究的效度或者结果的意义性。文中描述了两种显著性检验的补救方法。置信区间提供了一个假设的总体的数值可能落到某一区间内的取值范围。效应值的测量提供了对与自变量相关的效应量的估计。

有三个因素对统计检验的选择很重要。一个因素是测量的水平：测量是否为一个称名、顺序、等距或等比量表。第二个因素是分数的分布，尤其是分数是否为正态分布。所谓的参数检验，如 ANOVA 或 t 检验，都是建立在有关数据如何分布的特定假设的基础上。它们有时候比非参数检验更有统计检验力，就是说，更有可能检查出真实的效应。同时，参数检验比非参数检验要依赖于更多的假设，因此应用范围不那么广泛。第三个因素是研究设计：研究中包括多少个不同的自变量，每个自变量有多少个不同的水平，以及要进行的是被试间比较还是被试内比较。

除了组间差异的推断检验之外，另一个经常使用的统计方法是建立变量之间的关系。相关统计测量的是变量之间线性关系的程度。一个相关系数的统计显著性取决于相关的大小和样本的大小两个因素。一个相关系数的意义性取决于它的大小：绝对值越接近 1，用一个分数来预测另一个分数的能力就越大。

尽管 ANOVA 比较灵活并且信息量丰富，但有些情况下其他的统计方法可能更为适合。在有清晰假设的研究中，事前比较可能比一个整体的 ANOVA 更好。这种预先计划的检验能为研究者感兴趣的具体比较提供更大的检验力。多因素 ANOVA 的另一种形式是多重回归，它是一个统计分析的大体系，实际上 ANOVA 是其中的一个特例。尽管这两种分析是可以互换的，但有些情况下回归比 ANOVA 更有优势，最为明显的是当自变量是连续的而非离散的情况下。

本章总结了一些有关统计的基本要点。这些要点包括了三条基本的建议：提前计划，计算时要谨慎，需要的时候寻求专家帮助。

练 习

1. 研究者 A 比较了 10 个实验组被试和 10 个控制组被试，并报告了一个在 $p=0.04$ 水平上显著的组间差异。研究者 B 比较了 100 个实验组和 100 个控制组的被试，并报告了一个在 $p=0.04$ 水平上显著的组间差异。你对哪个结果更能确信其组间差异真的大于随机？哪个结果可能反映了实验条件之间更强的差异？试证明你的结论。

2. 设想一个研究，有两个自变量，A 和 B，每个变量有两个水平，因此这是一个 2×2 的设计。因变量 C，使用量表测量取值范围从 0 到 50。请你根据对以下每一个结果的描述画出一个图来说明，然后用一句话表达结果的意义。

①A 和 B 主效应显著但没有交互作用。

②A 和 B 交互作用显著但没有主效应。

③A 和 B 主效应和交互作用都显著。

3. 设想以下变量 A 和变量 B 之间的相关系数：

$r=0.80$，$p<0.01$；

$r=-0.50$，$p<0.05$；

$r=0.05$，$p>0.10$。

对每一个相关系数：

①用一句话说明相关系数的意义；

②画出表示变量之间相关的散点图。

4. 正如你在本章中所看到的，并且以后不管何时你读到结果部分时都将看到，无论何时讨论统计时，统计符号都起到重要的作用。相应地，综述一下各种统计术语的缩写形式可以有效地检测一个人对术语是什么及其概念意义的理解。尽可能清楚地解释以下每个符号代表的意思。

P r F

t N SD

第十章 发展研究的伦理问题

第九章强调，统计数据中出现的问题不应该留到研究的结论部分，有关伦理的问题更加不能留到最后再考虑。研究必须遵循两个标准：一是具有科学价值，二是具有完整的伦理约束。如果以上任何一个标准令人质疑，那么该研究就不应该进行下去。

在心理学成为一门独立科学的最初五十多年里，对于心理学中的伦理问题，研究者们都只是凭良心做事。但是多年之后，这种状况大为改观。近年来，在以人为被试的研究中，已经发展出一系列伦理准则。如今在研究中被试得到了多重保护，尤其是儿童被试，他们会得到更宽泛、更多重的保护。

本书参阅了不同的伦理准则，发展心理学研究者们在这些指导下从事实验操作。这一章节的讨论正是基于本书对这些伦理准则的回顾与总结。引言部分概括了判断一个研究是否符合伦理规范时应遵循的步骤，以及判断中必须考虑的问题；接下来将更深入地探讨每一个参与研究的被试应具有的三种基本权利：在参与研究之前知情同意的权利，得出研究结果之后免受伤害的权利，以及为被试在研究中提供的信息进行保密的权利。这些观点在很多资料中均有更完备的讨论（Alderson & Morrow，2011；Fisher，2003；Panter & Sterba，2011；Sales & Folkman，2000）。莫特纳（Mauthner）及其同事（Mauthner，Birch，Jessop，& Miller，2002）合著的一本书中讨论了定性研究中的伦理问题。费舍等人（Fisher et al.，2002）在文章中指出了少数儿童和青少年研究中出现的伦理问题。费舍（2010）在合著的章节中考虑了发展心理学应用领域研究中出现的问题。APA手册（美国心理学会，2010）的第一章就提出了在出版流程中可能出现的伦理问题。值得注意的是，下面几种杂志是专门研究伦理问题的：《伦理与行为》（*Ethics and Behavior*）、《IRB顾问》（*IRB Advisor*）、《IRB》《伦理和人类研究》（*Ethics and Human Research*）、《对人类研究伦理的实验研究杂志》（*Journal of Empirical Research on Human Research Ethics*）。

尽管建立规则是判断研究课题伦理性的必要步骤，但这并不够，因此在回顾伦理准则和程序之前应列出一些需要注意的方面。伦理准则是必要

的也是概括的，研究者必须仔细思考如何将这些伦理准则应用于自己特定
的研究中。伦理规定旨在为过程决策提供帮助，而不是代替过程决策，而
且在一项研究中无论应用了多少方法，最终还是要研究者来为研究的伦理
性负责。

一、伦理准则和程序

　　试想当一个研究者设计一个以小学生为被试的实验，从科学的角度来
看，他或她对预测实验很满意，但是希望所有的程序都符合伦理准则。这
就让我们想到两个问题：研究者去哪里寻找伦理的标准，研究者在开始收
集数据之前必须通过什么渠道来工作。

　　研究中伦理行为的准则有很多种来源。纽伦堡规范（Nuremberg Code）
（战争罪犯的试验……，1949）和赫尔辛基宣言（Declaration of Helsinki）（世
界药品协会，1964）都颁布了研究中对待人类被试的国际标准。美国政府
也对使用人类被试提出了详细的标准，规定的实施最初依靠很多不同机构
拨发联邦研究经费。"人类研究保护工作室"（Office for Human Research
Protections）网站（www. hhs. gov/ohrp）是关于这些规定的一个很有用的来
源。最终，很多专业研究协会均发展了一套自己的伦理标准。例如，美国
心理学会在 2002 年出版了《心理学家伦理准则及行为规范》（*Ethical Prin-
ciples of Psychologists and Code of Conduct*），加拿大心理学会于 2000 年
发行了《加拿大心理学家伦理规范》（*Canadian Code of Ethics for Psychol-
ogists*）。儿童发展的跨学科研究中的主要组织——儿童发展研究协会（The
Society for Research in Child Development）已经出版了儿童研究的伦理准
则（Committee for Ethical Conduct in Child Development Research，1990）。
三条规范都可以在网上找到（www. apa. org/ethics/code/index. aspx；
www. cpa. ca/aboutcpa/committees/ethics/code of ethics；www. srcd. org/
index. php? option ＝ com_content ＆ task ＝ view ＆ id ＝ 68 ＆ Itemid ＝
499）。

　　如上所述的各种刊物并不是相互独立的。这些观点都相似并且通常是
一致的，一个文件的作者经常写明其内容来自另一个文件。因为对于发展
研究者来说，这些伦理准则都可能彼此联系。表 10-1 列举出了儿童发展研
究协会伦理规范的一部分。

表 10-1　儿童研究伦理标准

原则 1 无害程序　研究者的研究操作不得对儿童造成身心伤害。研究者有义务尽可能使用给被试带来最少压力的研究操作。在个别项目中的心理伤害可能很难定义，然而研究者有责任找到减少或消除心理伤害的方法。一旦研究者怀疑研究操作可能带来伤害，应该寻求咨询。一旦发现伤害不可避免，研究者有义务找到其他获取信息的方法或者放弃研究。然而，如果对儿童进行与研究有关的诊断和治疗对他们是有益处的，但可能出现使儿童处于压力条件下的现象。这种情况下应该向学术评审委员会（Institutional Review Board）寻求咨询。

原则 2 知情同意　在征求儿童同意之前，研究者应该告诉儿童该研究的所有特点，尽管这些特点可能会影响他们参与实验的热情，并且应该回答儿童的问题以便让他们理解。研究者应该尊重儿童参加的自由，也尊重他们随时退出实验的自由。同意，就是儿童通过一些方式向研究者表示同意参与实验，但不一定在儿童完全理解研究重要性的情况下才给予同意。以婴儿为被试的研究者应该付出额外的努力，向家长们解释实验的程序，应对婴儿感觉不舒服的信号特别敏感。

尽管获得同意至关重要，但是也出现了一些例子，任何一种与被试的接触都会造成研究无法进行下去的后果。非打扰领域的研究就是一个常见的例子。如果这样的研究在公众场合实施，可以保证研究的伦理性，通过匿名的方式保护了被试，而且没有可以预见的消极结果。然而如果该研究在特定环境下进行，如何判断研究的伦理性则需要咨询学术评审委员会。

原则 3 家长同意　研究要征得家长、法定监护人或者当地家长式监护人（如老师、机构的管理者等）的同意，最好是用书面的方式。知情同意，就是需要向家长或其他负责人介绍研究的特点，即那些会影响儿童参与热情的特点，使其准许儿童参加实验。这些信息应该包括研究者的职业及联合机构。负责人有权利拒绝让孩子参与研究，而且研究者应该告知负责人，如果他们拒绝让孩子参与实验，孩子或他们自己不会因此遭受处罚。

原则 4 其他人同意　如果学校老师与儿童的互动也是该项研究的主题之一，就还要征询诸如学校老师等其他人的知情同意。同样需要向其他与孩子互动的人介绍研究的特点，即那些会影响儿童参与热情的特点，使其准许儿童参加实验。研究者也要尊重他们参加实验的自由，并尊重他们随时退出实验的自由。

原则 5 刺激物　在研究课题中向被试提供的刺激物应该采取公平的原则，不准过度超出被试日常经验的范围。无论使用何种刺激物，研究者应该铭记于心的是，对儿童的调查研究越多，就越有义务保护他们的福利和自由。

原则 6 欺骗　尽管征询同意时理想的伦理规范是在实验过程中将全部信息展现在被试面前，但是特定的研究可能需要保留某些信息或者实施一些欺骗行为。无论该保留的信息或者欺骗行为是否被判断为研究的重点，研究者都应该说服研究伙伴，以证明该判断是正确的。如果保留了实验信息或者实施了欺骗行为，就有理由相信这会对被试产生消极影响，研究之后应采取适当的方法告知被试欺骗的原因。实施欺骗实验的研究者应该尽力使欺骗手段对儿童及其家长不会产生消极影响。

原则 7 匿名　为了获取被试的记录，研究者应该从主管记录的监管部门获得许可。要维持信息的匿名性，除了获得许可的，任何信息不得被使用。研究者有责任确保监管部门确实为被试保密，而且在给出许可上要担负一定的责任。

原则 8 互相负责　每项研究最初就应该征得双方同意并明确双方的责任，包括家长、监护人或者当地家长式监护人。研究者有义务遵守所有的承诺。

原则 9 危险　在研究过程中，当注意到信息可能威胁儿童的幸福感时，研究者有责任与家长或者监护人联系，得到专业的指导，以便为儿童安排必要的帮助。

原则 10 无法预料的结果　如果按照研究程序得到的结果是以前没有预料到的，并且是研究者不期望得到的，研究者应该马上运用合适的方法来纠正这些后果，如果该程序还要继续运行，那么研究者就必须重新设计程序。

原则 11 保密　研究者应该对被试的所有信息保密，在撰写报告或者口头报告时，要隐藏被试的身份，避免与学生及工作伙伴讨论被试信息。如果其他人有可能获得被试的信息，应该将这种可能性作为知情同意的一部分，与保密计划一起告知被试。

原则 12 知会被试　数据收集结束后，研究者应马上向被试澄清可能出现过的误解。研究者也有责任以他们容易理解的方式将大概的结果告知被试。在那些出于科学的或者人文的价值观而保留信息的情况下，研究者要全力以赴使这些保留信息不对被试产生消极后果。

原则 13 结果报告　因为研究者的言辞可能对被试及其家长有相当的影响，所以在报告结果、陈述及给出建议的时候应该谨慎。

原则 14 研究结果的含义　研究者应该注意自己的研究对社会、政策和人类产生的意义，并且在呈现研究结果时需要特别小心。然而不可否认的是，研究者仍然有权利去探索任何研究领域，也有权利遵守科学报告应有的标准。

来源："Ethical Standards for Research with Children", Society for Research in Child Development Directory of Members. Copyright © 1996.

现在我们假设一个研究者熟知以上原则。在地方这一层次上，一个叫作"学术评审委员会"的组织收录了这些原则。研究者将通过该委员会进行研究。

学术评审委员会反映了研究伦理的一个基本原则，即独立评审原则。运用独立评审（independent review）的原因是实验设计者过于全身心投入研究，因此可能无法给出一个值得信任的伦理判断。这就带来一个问题：如果评价者不是该研究的直接参与者，谁来执行这种独立评审？为此，每一所以人为被试的大学都拥有一个学术评审委员会，来评判研究项目的伦理性。该委员会汇集了拥有不同学术背景的成员，制定了共同的规章制度，那就是成员不得对其评审领域感兴趣，不得是其评审领域的业内人士，也不得是单一专家小组的成员(Cooke，1982)。

每个学术评审委员会会出版自己的一套伦理准则，这些伦理准则主要来自先前提到的联邦政府或专业部门。每个委员会还要提供一些标准模板，研究者可以根据这些模板提交设计好的研究计划。这些模板都具有典型的形式，以研究目的为开头，然后是研究程序的概述。如果委员会认为研究是有必要的，则会要求研究者提交实验方法和问卷等资料副本。另外，除了这些一般信息，模板还包括许多与伦理有关的具体要点信息。这些要点包括：如果该研究对被试有一定的风险，那么是什么风险？对被试有什么益处？如何招募被试？如何确保被试的合作？在被试同意之前，究竟应告诉被试哪些关于实验的信息？对被试来说，他们是否明确参加实验是自愿的，并且可以随时退出实验？何时告知被试实验中的一些欺骗行为？在实验结束后，何时告知被试该实验的真实目的？如何保证实验结果的保密性？

学术评审委员会批准科研申请后，如果研究没有基金作为经费支持，研究者需要向学术评审委员会提交一笔资金作为招募被试并开始实验的经费。而且在被试为小学生的研究中，研究者还需要通过公立学校系统的批准。不同社区的确切批准程序不同，只有部分程序是共同的。有些学校所在的社区拥有专门的中心办公室，研究提议要先递交并通过该中心办公室的审核才能到达学校。一旦研究提议到达学校，就必须获得校长的批准。有的学校校长是唯一的仲裁人，有的学校的校长要征得被试所在班级老师的同意。当研究提议到了班级，则需要征得学生家长的同意，通常以书信形式向家长描述研究项目并请求其允许儿童参加实验。最后，要告知儿童一些关于研究的信息，儿童有权利选择是否成为被试。

为了清楚描述，在研究者最初的想法和最终的实施中间要展开很多层铺垫。最主要的目的就是要确保儿童的权利有保障。按照研究者的观点，多重保障也有两种含义：首先，研究的计划阶段要充分考虑研究伦理，并且当研究发表的时候，要使其伦理保障令人信服。只有所有人都信服了该项目的伦理性，研究才能够进行。其次，需要足够的时间来获取各层的批准。由于研究要经过多种渠道的评判，所以可能要耗费几个星期甚至几个月才能从研究的计划阶段进入数据收集阶段。

二、实验被试的权利

(一)知情同意

研究中的被试应该是自愿参加的，没有人可以在不知情的情况下参与研究，没有人可以强迫被试参加或继续实验。这些观点加在一起就是知情同意(informed consent)的要求：被试要事先知道研究项目包括哪些内容，并明确地给出同意参与的意见。[①]

知情同意这一条原则说起来容易，但是执行起来却很复杂。本书将集中列举知情同意的复杂性。首先，要充分理解这个短语中两个因素的意思，"知情"和"同意"；然后，本书将讨论当被试是儿童时需要注意的问题。

"知情"的含义并非是被试简单的同意，而是被试在被告知研究的内容之后同意参与。这个原则就是指被试通过"知情同意书"来了解实验，被试也通过它来表明自己是否愿意参与实验。设计同意书的目的就是通过非技术、便于理解的语言向被试传达研究的所有信息，这样被试可以对于是否参加做出明确的抉择。所有学术评审委员都会密切关注研究者设计的同意书，并且对于该书应包含什么，所有评审委员会都有具体而详细的标准。

尽管明确的伦理准则很有效力，但有时"同意书"并未被完全执行，依然会出现各种各样的问题。在向被试解释实验时，研究者很难达到"语言易于被试理解"这条标准(American Psychological Association，2002)。大多数研究者对于写非专业文章缺乏经验，很多人无法胜任。五个评审委员会对284种"同意书"做了一项调查，研究发现，大多数"同意书"只有那些阅读水平达到十二年级及以上的被试才能理解，只有10％的"同意书"适合十年级及更低水平的被试阅读(Goldstin，Frastier，Curtis，Reid ＆ Krther，1996)。更早的研究也揭示出相似的结论(Ogloff ＆ Otto，1991；

---

① 一些观察实验表明有例外存在，尤其是那些在自然条件下设计的观察实验。试想如下几个实验：研究超市购物决策的观察实验，研究高峰期交通情况的实验，研究剧场空间距离与拥挤程度的实验，评审委员会不可能要求主试给出这些实验中被试的知情同意信息。为了代替知情同意信息，在此提供了一些合理的方法：行为是自然发生的，不受研究者意愿的影响；行为是无害的，不会向别人透露，也不会使被试陷于窘迫的状态；被试由始至终都是匿名的。

Tannenbaum & Cooke，1977）。种种研究观点显而易见，那就是如果"同意书"不符合被试的阅读水平，就无法起到让被试"知情"的作用。

如果在"同意书"中，有些信息被人为地隐藏，则"同意书"也不能起到作用。在一些项目中，研究不能让被试事先了解实验的目的或者程序。有时，隐藏部分信息也是"同意书"的一种形式，称为"不完全透露"（incomplete disclosure），即仅向被试隐藏研究的某些方面。例如，第五章提到的霍尔卡和法罗在 1970 年所做的"被试间交流"的实验。如果这种"不完全透露"是可行的，则无须告诉被试研究实际上关注的是被试间的交流，也无须告诉被试只有正确回答才能从一个测试阶段进入下一个阶段。而在其他类别的研究中，如果不完全透露研究内容，则被称为欺骗。这意味着研究者不但隐藏了实验信息，而且在某些方面故意误导被试。第四章中介绍的巴塞洛和安德森（Anderson）在 2002 年所做的研究就是一个很好的例子。在该研究中，实际上并没有游戏中会被惩罚的竞争者，但是该攻击性测量的基础却是让被试相信他们正在伤害另一个人。很多发展心理学的研究程序都涉及一定程度上的欺骗或者不完全透露，这是很有用处的，在本书末章会介绍不同的研究范式，这样我们就可以尝试在实验中有选择地运用不完全透露或者欺骗程序。

正如我们预想的，从伦理的角度来看，与欺骗相比，不完全透露的方法不会引起那么多质疑。然而，这两种方法还是违反了"知情同意"这个原则，因为在被试同意参加实验之前，并没有得到实验的全部信息。这样的程序何时才算是正当的呢？

前面我们引用了很多伦理准则，大多数准则很抽象。对于这种需要欺骗被试或者不完全透露研究信息的实验来说，除非研究课题很重要，又没有其他收集必要信息的手段时，才能够运用这种方法。而且投入研究之前，还要使独立的评审委员会相信这样的实验程序确实合理。尽管被试事先不知道研究的全部信息，研究者还是要将信息尽可能全面、简明地告诉被试，以防被试在实验中的反应有失偏颇。最有必要告诉被试的就是研究中的潜在危险。一旦实验结束，研究者需要将所有的欺骗信息告知被试，如果被试不希望自己的数据被采用，研究者也要尊重被试的意见。最后，也是最重要的，评审委员会和研究者都必须保证这种不完全透露或者欺骗的程序无害。

可是往往定标准容易，实施难。在下一个部分我们将回到前面所述的内容，尤其是回到欺骗程序，来看看可能对被试造成伤害的情况。

先回到"知情同意"这条原则，看看"同意"的定义。"同意"不仅仅是简单地签订一张同意书，"同意"需要被试出于自愿。"自愿"并不是指研究者简单挑选被试参与研究，也不是指研究者要靠游说来说服被试参加实验。"自愿"的真正含义是被试不是受刺激物的诱惑或者受研究者强迫而同意参与实验的；"自愿"也表明只要被试明确表态想要退出实验，那么他就能退出。

当被试和研究者之间权力不均时，就很可能出现"强迫"的问题。例如，当被试是儿童的时候，或者当研究者与儿童被试的家长存在关系时，尤其是当研究者来自医疗、教育等管辖儿童的机构时（或者与之有关时），该情况就会出现。这种情况下，家长不会意识到自己拥有不允许孩子参加实验的权利。所以，无论具体的情况如何，研究者的目标是既要达到最大的被试量，又要保证被试自愿参加实验。研究者一般坚信在自己的研究中要保证科学重要性和伦理首要性的原则；研究者也会坚信自己的研究会对被试或者与被试相仿的社会他人带来益处。以这些前提为保障，研究者就可以考虑招募尽量多的被试作为有代表性的样本。然而，一旦被试不具有代表性，或者该被试被强迫而来，或者在实验进行中被试被强制继续实验，那么这些为扩大具有代表性样本所做的所有努力都将付之一炬。

（二）征得儿童被试同意的程序

如果被试是儿童，如何进行"知情同意"的程序？儿童无法从法定或者心理学的角度做出是否参与实验的"知情同意"。因此，需要另寻他人来使被试同意参与实验，多数情况下要寻求儿童父母的准许。尽管评审委员会偶尔要求得到父母双方的准许，但是多数情况下只寻求一个家长的同意就足够了，不过评审委员可能偶尔认为没什么必要征得父母的批准，也有时候认为连征得成年人被试的同意都没有必要。尽管如此，实验还是需要征得儿童被试所在学校的同意；实际上学校的同意是家长同意的前提条件。当然也可能出现联系不到家长的情况，如孩子来自福利院、孤儿院，或者孩子只是和法定监护人生活在一起。这种情况下依然要按照规矩去做，即需要征得法定监护人的同意，或者让有评定能力的人评判儿童是否适合参与实验。

所有学术评审委员会都提供了有关家长知情同意书的指南。表 10-2 是佛罗里达大学学术评审委员会提供的指南的缩减版本。

表 10-2　家长知情同意书指南

证明你的身份以及你同佛罗里达大学的关系。

提供一个研究说明，解释将要求被试做什么，并指明执行实验程序的人员。

注明你的实验程序大概持续的时间。

当实验程序要占用学校的时间时，注明儿童将会错过的活动。

在执行时要包含一个说明，表明参与或者不参与研究都不会影响儿童的成绩或者地位。

要包含对可以预料到的任何风险或者不便之处的描述。注明儿童参加实验可能获得的益处，包括获得知识。如果预期没有直接的益处，对这一效果作一陈述。

解释儿童的姓名将如何受到保护，如果可行的话，对保密性原则进行积极的陈述。声明数据是否会被分享，如果分享的话，与谁分享。

指出被试是否会获得补偿。

详细说明父母（和儿童）有权利在任何时间拒绝儿童参与实验，或拒绝儿童的数据被使用，并且不会受到任何惩罚。

当涉及问卷、调查或者访谈时，注明儿童如果不愿意作答就不必作答。

表明研究结果是否会提供给父母、老师或者学校人员。

提供问题的答案并提供联系方式。

现在几乎所有以儿童为被试的研究都会征询家长的同意，这种原则是近期才发展起来的。另一个近期才发展起来的原则就是更加关注儿童选择是否参与实验的权利。相对于成年人的纸笔同意程序而言，征询儿童的同意程序更加口头化：主试简明扼要地介绍该研究，然后询问儿童是否愿意参加该实验，如果儿童同意参加，则表示儿童被试已经"知情同意"了，这与成年人所给出的合法、有效的"知情同意"是有区别的。

使儿童被试同意参与实验，手段很微妙。什么方法合适不仅与儿童的年龄有关，而且与实验研究的性质有关。尽管没有确切的数据，但可以肯定的是，研究者事先告知儿童被试的信息要少于成年人被试。成年人被试和儿童被试在知情同意程序方面的差异源于儿童被试不能很好理解研究目的，因此需要向他们透露较少的信息；而要向成年人被试透露足够的信息，这样他们才能够同意参与实验研究。不过如果该"同意"具有某种特定的含义，那么必须给儿童一定的选择空间来决定是否参与实验。除了那些年龄特别小的儿童被试之外，可以采用如下语言向儿童被试解释实验信息。例如，告诉他们实验需要做什么时说"让我们来玩一个记忆的游戏吧"，告知实验地点时可以说"在史密斯夫人的办公室里"，让被试了解参与实验的人数时可以说"只有你和我来玩这个游戏"，告知实验持续时间时可以说"大概要花 20 分钟"，告诉被试其他小朋友也参与该实验时可以说"你们班级的很多小朋友都会玩我们这个游戏"，让被试明白是否会有奖励时可以说"最后我们会给你一个小奖励"，最后，需要征询孩子的意见时可以说"那么，你愿意和我一起玩这个游戏吗"。随着被试样本年龄的增长，这些说明可以越来越趋近成人化（Tymchuk，1992）。

典型的知情同意程序能将所要转达的信息完全传递给被试吗？近期有些实验探讨了儿童究竟对该同意程序及自己拥有参与实验的选择权了解多少（Abramovitch，Freedman，Henry，& Van Brunschot，1995；Abramovitch，Freedman，Thoden，& Nikolich，1991；Bruzzese & Fisher，2003；Hurley & Underwood，2002；Nannis，1991），这些研究对于儿童的理解程度给出了正反两方面的结果。积极的一面表明，除了在一个有欺骗程序的实验中儿童被试对实验了解较少外，大多数儿童（至少是在这些研究中）能够理解所参与研究的目的（Hurley & Underwood），大多数儿童被试也意识到他们有权利随时退出实验。然而，尽管在知情同意程序中详细说明了儿童的权利，但是许多儿童仍然不清楚自己可以在第一次被询问是否参加实验的时候拒绝主试；许多儿童被试也不知道他们的作答会保密，他们相信自己的父母会知道自己是如何作答的。这就再次证明了尽管知情同意程序明显指出结果的保密性，但儿童被试仍然会误解。

正如上文研究者所述，儿童习惯性地接受成年人的信息，这在学校系统中尤为明显（学校是学龄儿童参与实验最常使用的场所）。他们的家长对他们在学校发生的一切了如指掌，这些他们已经习以为常了。研究者面临的挑战是如何使儿童被试相信他们自己有拒绝参与实验的权利，以及他们有权对老师和家长保密，不告诉他们自己在实验中的反应。

尽管花了很多笔墨在儿童被试身上，但是儿童并不是唯一一个让主试感到有挑战的被试群体。诸如知情同意和被试的自由等问题在其他自愿参加实验的被试群体中也会出现，如那些有身心疾病的成年被试或者患有老年痴呆症的老年被试。

（三）无伤害原则

毋庸置疑，被试在实验中拥有的最基本的权利就是免受伤害。相应的，研究者最重大的责任就是保证被试不会受到任何伤害。

被试在实验中会受到什么伤害呢？在治疗取向的研究项目中，被试可能会受到生理上的伤害。例如，一项新的治疗可能让被试受益也可能带来危险，但是在研究进行之前无法预料到所有的危险。由于首先要通过独立的评审委员会的审查，所以在这种情况下的"知情同意"显得特别重要。事实上，学术评审委员会建立的初衷就是监督治疗研究，之后才涉及监督心理学研究。

在心理学研究中并非不存在对被试生理伤害的可能性。但是这种情况下我们更关心对被试心理伤害的可能性。相对生理伤害而言，心理伤害是一个比较模糊的概念，无论是在一般研究伦理的讨论中还是在具体研究项目的评价上，"心理伤害"这个概念均已经成为众多讨论的焦点。本书首先介绍一些概要，然后讨论可能给被试带来心理伤害的实验类型。

心理伤害的概念并非意味着研究过程中没有什么不愉快发生在被试身上给被试带来任何不愉快体验。被试可能厌倦了那些重复的实验，希望尽快离开，部分实验程序可能让被试很沮丧或者不快，也可能是被试在最有希望成功的项目上失败了等。实验中应该尽可能减少被试的这些消极体验，尤其是让被试感到厌烦、沮丧或者产生了任何与研究无关的感受。事实上，没有一个被试希望参加给自己带来伤害的研究。这就要回答两个问题：第一，研究经历和被试日常生活经历是否有很大的差别？第二，这些实验产生的效果是永久的还是暂时的？

现在让我们来看一个研究儿童问题解决的实验。给儿童被试呈现不同的问题让他们解决，一些儿童比其他人更成功，但是所有儿童都有一些不会做的题目。如上所述，如果研究情境和儿童日常经历的情境十分相似，就没有理由认为失败导致的任何消极效应会延续到研究之外。然而，试想一下，研究的一个目标是考察被试的焦虑对问题解决的影响。为了增加焦虑程度，实验设计者告诉一半儿童被试，这个问题解决测试用来考察他们能否在未来的学习上取得成功，如果在任务中失败了将会给被试带来强烈的消极影响，并且这样的消极影响可能在他们学习过程中延续下去。

这个例子告诉我们，一种使被试产生消极感受和消极自我想象的实验处理可能带来心理伤害。实验引发的失败体验，尤其是在所谓很重要的任务中的失败，会被列入"心理伤害"范围之中。那些引导被试参与一些不道德或者被禁止的行为的实验处理也被列于"心理伤害"之中。欺骗就是一个显而易见的例子。在欺骗研究中，儿童（至少部分儿童）被诱使做一些违背规则的事情，一旦这些事情被发现他们将受到严厉的批评。虽然儿童相信欺骗不会被发觉，但是他们还是经历了焦虑和内疚。如果研究者未能平复儿童的焦虑和内疚，这种经验将一直存在。

那么，为什么不用事后研究来排除当前研究产生的消极体验？例如，在问题解决的研究中，实验者可以向儿童解释，该测验不能预测未来的学业成绩，所有儿童都有一些题目做错了。在欺骗研究中，实验者也可以强调他们所做的欺骗行为不会产生任何伤害，很多其他儿童也是这么做的。这种对于研究真实性的事后澄清被称为事后通告（debriefing）。事后通告有两个目的：第一，澄清实验处理的真实目的；第二，使被试在参与实验后尽可能产生积极的体验。

在对被试隐瞒了一些重要信息的情况下，事后通告是一个值得推荐的实验程序。如果被试体验到了消极感受，事后通告则变得至关重要。然而对儿童被试来说，事后通告很困难，有时产生的问题比解决的问题还多（Fisher，2005）。再来看那个欺骗的例子，尽管实验者在实验末尾向儿童解释这种欺骗仅仅用来研究，并且实际上实验者始终了解这种欺骗，但并不知道儿童是否因此会感觉好一点儿。毕竟，儿童被试已经做出了错误的行为，就算现在得到安慰也无济于事。另外，儿童究竟能够从实验真实目的的解释中了解多少、收获多少也不得而知。如果实验者想对5岁儿童解释欺骗研究背后蕴含的原理，也许成年人可以从所有现象中认识到问题，但此时可能会使儿童困惑不解，甚至惊慌失措。因此，在这种情况下，放弃解释比事后通告更好。

事后通告还可能带来另外一种不理想的结果。根据定义，实验在一定程度上误导了被试之后，才会采用事后通告。有时"误导"只是一种委婉的说法，因为发生的事情源于实验者对被试说谎。事后通告会准确而详尽地说明这个谎言是什么。所以在事后通告之后，被试可能从研究者那里得到的信息是：研究者并不可信。当他们得知一个成年人已经欺骗了自己的时候，他们会抱着怀疑的态度，并产生消极的反应。

上一段提到的事件带有一种"射击报信者"的性质，显而易见，最初让被试感到不值得信任的不是事后通告本身，而是前面的欺骗性行为。为了避免伴随谎言而来的问题，最好的方法就是第一次实验时不要说谎。然而，一些诸如欺骗的问题很难通过非欺骗的方法研究。如果实验能够达到前文所述的所有的标准，绝大多数研究者都会同意欺骗方法的使用是合理的，但并非所有的研究者都这样认为（Cf. Baumrind，1985；Underwood，2005）。在这种情况下，研究者和学术评审委员会必须判定这种事后通告对因欺骗而产生的问题是有减缓作用还是加剧作用。

到目前为止，本书已经讨论了在什么情况下，研究者会有意地给被试带来一些不理想的结果，如高度焦虑或者特别内疚的感觉。这些情况违反了"无伤害(principle of nonmaleficence)"这条基本伦理原则，即不要有意为他人带来伤害的原则(Thompson，1990)。最后要提到的伦理问题在一定程度上与前面的相反：实验中研究者可能会故意得出一些不理想的结果。此时违反了"获益原则(principle of beneficence)"这条伦理规范，即如果可能，则避免伤害并使被试最大获益。在研究中，该问题经常被放在"回避处理"(withholding treatment)这个标题下讨论，也就是说实际上不能为被试提供其所需的潜在有利的、实验性的治疗。

"回避处理"问题最先出现在医疗研究中。假设我们研制出了一种新型药物，我们期望它对治疗癌症有很好的疗效。为了验证假设，我们需要对一批作为实验样本的癌症患者进行治疗，还需要一批被试作为没有接受治疗的控制组作对比来评估疗效。在一些情况下已有的、未经治疗的患者的数据足够成为一个控制组。然而，有时唯一能够得到对比数据的方法就是测试两组相等的被试，一组接受全部治疗，另一组不予以治疗，然后我们将得到治疗效果的数据。可是，不对控制组中那些需要治疗的患者进行对他们有潜在益处的治疗，这是合理的吗？

让我们再来看一个类似的心理学案例。近50年来，对学龄前儿童的干预设计蓬勃发展，这些设计都是为了提高儿童入学后的能力。研究的特色在于，这些设计的对象都是那些因为某种原因在未来的学校学习中可能存在困难的儿童群体，如那些社会经济地位较低的儿童。要确定某种特定的实验程序是否有成效，需要两组儿童被试：接受设计的实验组和不接受设计的对照组。然而我们已经预料到，那些没有接受干预设计的对照组儿童在未来学习中肯定会失败，而我们不给予他们干预设计，这是合理的吗？

有很多不同的证据支持如上这些不给予实验性治疗的两难困境。首先，我们并不知道治疗一定奏效；如果我们事先知道，就没有必要用实验进行检验了。只有我们用实验的方法进行检验之后才能评判该治疗的真正价值所在，这种评判在未来可以使更多的患者获益。其次，研究者研究资源有限，无法给所有人甚至大部分需要治疗的人施以治疗。由于这种局限性的存在，明智的做法就是，在通过这种科学的测试证明该治疗价值的同时，也让尽可能多的人获益。无论何时，只要有可能，就要在实验结束时，让那些没有接受过治疗的控制组被试至少也接受某种形式的治疗和帮助。最后，有时候比较并非一定要一个实验组和一个不接受治疗的对照组的方法，而是可以让两个实验组接受不同的治疗处理，这样所有被试均可从研究中获得潜在的益处。

(四)匿名权

被试拥有的最基本的权利就是匿名权(confidentiality)。在取得被试知情同意的时候，必须告知被试其提供的信息和数据只会用于特定的、明确的科学研究。这种信息不能含糊了事，因为含糊信息可能使被试陷于尴尬的境地或者为其带来伤害。

匿名权问题涉及研究过程中的两个方面：第一，数据收集和储存方面。如果被试的名字出现在数据表中，显而易见那些非实验主试也许会看到该数据表，从而知道了一些被试不可以外泄的信息。最保险的解决办法就是在记录和存储数据的时候，用编码代替被试的真实姓名。如果实验需要编码和被试姓名匹配，那么则需要另存一份只标有编码和被试姓名的表格，该表格要与前面被试的信息分开存放。如果主试在闲谈中提到了被试的名字，或者说出了一些可以判定被试身份的内容，也可能使被试的信息外泄给不相关的人。稳妥的解决办法就是，主试要注意谈话的内容，不要涉及被试的任何信息。

第二，在研究发表的时候也涉及保密问题。发表研究的目的就是让尽可能多的人了解该研究的成果。然而，在分享该研究成果的同时，也要保证被试的名字不被人所知。在大多数心理学研究报告中，不难做到保持被试的匿名性，因为被试量很大，而且数据处理建立在群组水平而非个体水平。可是，有的研究难免会使其他人察觉到被试的身份，如在个案研究中或者在被试是小样本的、独特的研究中。这样的研究就需要采取笔名、省略地理信息等不同策略，来保证被试信息的保密性。

正如此讨论显示的，在大多数研究中，保证保密性并不是特别困难。研究者只需要避免在谈话中无意中泄露或者不小心暴露数据。下面将讨论两种保密性较复杂的情境。

在儿童发展研究中，通常要求提供与某个被试表现有关的信息。老师们可能希望知道自己班级里某个孩子的认知测试结果如何。家长们可能想了解实验测出的结果是什么，孩子心理发展状况如何。这些要求将主试逼到了两难的困境之中。一方面，因为家长和老师的同意，实验才能顺利进行，不提供信息的做法似乎难以理解，并且可能威胁未来的合作关系。另一方面，作为实验被试的儿童，已经大概知道自己和其他人一样，信息可以得到保密，尤其是在某些类似背着家长说谎等实验中，孩子的信息保密是实验的关键。

下面几条规则可以帮助主试回应那些要求反馈的父母。第一个规则就是从实验的开始就明确指出实验信息能否公布给他们。如果没有具体的信息表明儿童被试的作答会提供给父母，就要在给父母的同意书上明显标注出这项内容。第二个规则就是对于学生被试，给予反馈的时候要格外谨慎，因为一直向主试索要实验信息的老师或者家长肯定是比较有经验的。第三个规则是做出评估反馈的时候，要积极地在可以理解的范围内诚实地报告。尽管避免反馈那些有误导性的积极信息很重要，但是也要尽可能发现一些儿童表现好的方面。最后一个规则就是要清楚知道测评方法在诊断方面的局限性。大多数研究儿童发展的实验不具备为个体作诊断的功能，并且大多数儿童发展研究的测试不能提供某个儿童具体的、轮廓鲜明的诊断或预测信息，如果家长和老师清楚这些研究的局限性，就不会提出反馈信息的要求了。值得注意的是，儿童被试自己也有权利了解能否从自己的回答中得出一些结果。

尽管大多数研究方法不能深入洞察某个特定的儿童被试，但也有例外发生，这些例外成为保密原则的第二个潜在威胁。如果研究发现在儿童发展中有严重问题的证据，这个问题如此严重，以至于研究者要注意保证儿童自身利益。例如，一项认知测试中如果出现了警戒线以下的低分，研究者就会认为该分数太低了，应该引起学校老师的关注。如果一项人格测试中出现了很奇怪的现象，而这种现象其实反映出了深层次的人格障碍，那么就需要得到关注。然而如果一项研究发现了儿童潜在的问题，但却没有引起注意，一项研究如果将这种类似的问题都予以保密，那么研究者的责任心何在？

表 10-2 介绍了儿童发展研究协会关于伦理的规定，这些规定大致提供了一些答案。原则 9 中规定"在研究过程中，研究者有责任与家长或者监护人保持联系，得到专业的指导以便为儿童安排必要的帮助"。该原则有两个要点：第一，匿名权并非绝对的不可侵犯。实验研究的终极目标还是要保护儿童的利益，并且必要时可以侵犯儿童被试的匿名权。第二，研究者不能独自做出侵犯儿童被试匿名权的决定，尽管没有必要告诉家长儿童被试可能会受到心理干扰的严重程度，也没有必要告诉法定的权力机构被试父母虐待儿童，但是是否报告这些错误行为，其代价都将是非常巨大的。研究者应该在研究之前尽可能多地听取专家意见。

小　结

这一章探讨了在发展研究中应遵循的伦理原则。在本章开始我们回顾了在发展研究的操作中应遵守的不同指导标准。近几年来，这些伦理标准已经发展到研究者可以自行评估的水平了。儿童发展研究协会颁布的标准已经在前文表格中有所呈现。

不同地域的伦理原则依靠当地学术评审委员会的监督。以人作为被试的所有研究必须事前获得学术评审委员会的批准。这些要求正是基本伦理原则的反映，即为了满足有关伦理性的独立评审的需要。在以儿童为被试的研究中，为了保护儿童，研究者需要征求被试家长及学校老师等人的同意。在讨论中我们指出，得到他人的批准是很必要的，但并不能完全依此判定研究的伦理性。最终，还是要研究者对该研究的伦理标准负责。

指导标准和实验程序的评估建立在保护被试基本权利的基础上。首先是知情同意的权利，被试必须事先了解实验项目，并自愿参与实验。前文探讨了在知情同意方面存在的各种障碍，包括不完全透露信息和主动欺骗。尽管有些研究内容应该对被试保密，但研究者还是应该尽可能详细、全面地告诉被试研究的信息，包括可能存在的危险等。当被试是儿童时，知情同意环节会出现一些具体的问题。因此需要将研究内容、目的等信息告诉被试父母或者能够对被试负责的成年人，并征求他们的同意准许儿童参与实验。在实验进行之前，需要以一种儿童可以理解的方式向被试描述实验内容，并征得他们的同意。

第二个基本权利就是无伤害的权利。在心理学研究中，这种伤害一般是心理伤害，可是心理伤害很难定义，其概念也存在很多争议。当评估实验处理带来伤害的可能性时，有两个重要问题：实验经历是否与被试日常的经历有显著差异？这种实验经历是否在实验之后还会长期存在？以下实验处理可能带来伤害：引发消极的自我想象的实验；产生诸如焦虑、敌意等不愉快体验的实验；引导被试进行不良行为的实验等。一旦使用了这些实验处理，在实验的结尾应给予一定的事后通告和再次保证。另一个伦理问题涉及"回避处理"，即对某些需要治疗的被试不予治疗。在这种情况下，不予治疗的控制组被试也应该从实验中获益，如用一些方式代替接受治疗或者实验之后再对这些被试进行治疗等。

最后提到的权利是匿名权。在研究中得到的数据要保密，并且永远不能让对被试有危害的那些人得到。这一点很重要，因此要保证被试信息的保密性。家长和老师要求将被试的实验信息进行反馈，这也对保密原则构成威胁。我们提供了一些方法来回应家长和老师们的要求。另一个比较富有挑战的问题是，研究发现儿童发展中的严重问题，如儿童遭受虐待，在这些情况下，保密原则并非牢不可破，保障儿童被试的个人利益仍然摆在首位。

<h1 style="text-align:center">练 习</h1>

1. 列出你感兴趣的几项儿童研究。假设你的研究需要通过学术评审委员会的检查，并且你需要拟定一份寄给被试父母的同意书。可以向小组成员寻求反馈。

2. 为了通过学术评审委员会的检查，还需要递交一份知情同意的文件。如果被试是儿童，则需要提交儿童知情同意手稿，即一些能够表明儿童被试是否愿意参与实验的信息。参见第五章凯撒等人（1986）研究的实验，然后分别为本研究中包含的不同年龄儿童群体起草一份知情同意书。

3. 在"参加研究的自愿性：从发展的角度看待研究危险性"这一篇文章中，罗丝·汤普森简要介绍了三种容易引发伦理问题的发展心理学实验（见《儿童发展》，1990，61，1～16）。阅读这些简介，并评估这三种研究的伦理性评估。要从两个角度评述：作为学术评审委员会的一员以及作为被试的家长。

4.《伦理与行为》（Underwood，2005）杂志中的一期专刊讨论了在研究中欺骗儿童的问题，包括三个欺骗的实证研究报告。阅读你最感兴趣的一篇，然后批判性地评估这篇文章的伦理性。

第十一章　研究报告的写作

第一章中列出了做好研究的八个步骤。现在我们到了最后一步：同他人交流自己的研究。

科学家通过两种方式进行研究交流。一种交流方式是口头报告。这种方式用于学术会议上的交流，当然这也是课堂教学中我们熟悉的方式。因此熟悉课程的学生都了解口头报告的清晰性和精彩性。

第二种方法是书面交流。通常可以在该领域的专业研究期刊上发表，在这一章我们将重点关注这种方法，因此如何撰写符合美国心理学联合会（APA）出版格式的研究报告是本章关注的内容。其中很多内容具有广泛的适用性，不仅涉及心理学研究报告的撰写，也与论文写作、如何准备口头报告有关。

对于写作，有很多可以进一步查询的资源。在心理学写作方面，一个必不可少的信息来源是《美国心理学联合会出版手册》(*Publication Manual of the American Psychological Association*)（APA，2010）。该《手册》不仅提供了进行有效写作的总体方针，还提供了手稿各部分（如标题、脚注与参考文献）的处理细则。本章很多地方会参考该《手册》。该《手册》最新修订版的前言发表在《美国心理学家》杂志上（APA 出版和交流委员工作组对期刊文章的报告标准，2008），该文提供了许多 APA 的指导方针概览和总结，同时值得一提的还有该手册的一个资源，即 APA 的网站：www. apastyle. org。这一网站总结了该手册最新的、最重要的变化，对常见问题进行了回答，对逐步发展的文体问题进行了更新（如如何做电子参考文献），并提供了进一步寻求有关 APA 文体帮助的方式（如一个电子版的"APA 文体帮助者"）。

在最近为心理专业学生编写的书（Cooper，2011；Rosnow & Rosnow，2012；Sternberg & Sternberg，2010）中，都能找到有关研究报告以及其他心理学文本（如文献综述、研究方案和张贴会议海报）的写作建议。拜姆（Bem，1995，2004）的书中有两章为文献综述和研究报告的写作提供了有益的建议。由尼克和培可斯曼（Nicol & Pexman，2010a，2010b）合著的两本书为表格和数据方面提供了详尽的指导。在众多涉及写作原则的书中，斯达克和怀特的《文体元素》(*The Elements of Style*)(Strunk & White, 2000)是经典之作。最后，有幽默感的读者都不应错过哈洛(Harlow, 1962)的《准备心理学期刊文章的基本原则》。

本章的主题从如何有效地进行心理学及其他写作开始，然后讨论心理学研究报告的各个部分，按引言、方法、结果和讨论依次展开。最后集中讨论写作中常见的两种问题，分别是违反 APA 规定的格式以及不符合英语语法。

一、几点概述

心理学写作需要解决两个基本问题：讲什么和如何讲。

有关心理学期刊论文应该包括的信息，前面已经进行了一些讨论。例如，已经谈到了要让读者了解什么，谈到了被试、数据收集方法和数据分析。概括来说，研究要素的概念决定了报告研究时哪些内容是重要的、哪些是要讨论的，这也是本书前十章的目标。而对研究报告的不同部分进行讨论时，会更多涉及"要讲什么"的问题。

"如何讲"的问题可以分为两种。其中一种是格式的一些要点，实际上是惯例的东西，也就是处理写作细节的约定规则，前面已经提到一些例子。例如，处理脚注和参考书目的正确方法不止一种。毫无疑问，任何一位读者在阅读不同的书籍和文章时都会遇到一些不同的处理方法。正是因为存在多种可能性，所以对某一学科的成员来说，约定共同的方式非常重要。因此在心理学界，对脚注、参考文献和数十种不同的文体习惯的处理都有"正确"的方法。这在 APA《手册》里面都有清楚的说明。引用《手册》的话来说，这些规则"使得读者免于对一本著作里的不同格式费心劳神，从而可以全神贯注地关注内容"。

本章不会试图总结《手册》中的所有文体规则。本章的两个意图：一个是对一些让学生感到特别困难的规则进行重点解释；另一个是强调心理学论文写作时参考《手册》的重要性。任何可能出现的格式问题都会在《手册》中找到答案，这是最好的经验法则，如文章开头如何空格。

坚持 APA 格式惯例回答了"如何"问题中较为容易的部分。另一种更难的部分是如何使写作清晰可读，这个更广泛的问题不仅限于心理学。虽然这个问题很简单，但用简短的语言是回答不清的，本章试图达到一些更简单的目标。这一章对写作做了几点概括的说明，然后，对一些让学生觉得尤其困难的特殊格式问题进行解释。下面对特定的 APA 惯例进行讨论。

首先，要强调的是清晰的、符合语法的写作的重要性。需要注意的是，可能存在两个自然但却错误的观点。一个观点是当研究完成，研究者知道其研究有所创新时，他的研究才是真正有趣和重要的。同他人进行交流只不过是对研究本身的补充。第二个观点是交流中包括了研究的重要内容才是最重要的，"格式"不过是要留给英语课解决的细致问题。

这两个观点都忽略了第一章陈述的基本点：科学就是信息共享。如果不为整个学科界所触及，科学发现就没有意义。因此，科学发现必须以某种形式进行展示，也就是要提高其被关注和接受的可能性。基于此，写作的表述一定要有趣，否则忙碌的科学家可能很快将注意力转向他处；一定要易于理解，所有重要的细节都要以连贯的方式呈现，否则读者就缺少对研究贡献进行评价的基础；一定要有说服力，对问题的重要性要提供可靠的论据，结论要真实可信。简而言之，一定要写好。写得越好，就越有可能对这个领域产生影响。

还可以用更显而易见、更实用的理由来证实写好文章的重要性。一篇文章在向学科界展示之前，必须被专业期刊接受并发表。大多数期刊对要发表的文章十分挑剔，最好的期刊拒稿率达到了 90%。与一篇写得很好的文章相比，写得差的文章能被阅读到的可能性小得多。对写作很差的研究报告，忙碌的编辑和审稿人可能不愿意花工夫通读以发现其隐含的内容，而且很有可能搭上工夫却找不到内容。更进一步讲，因为科研报告的目的是进行交流，所以对写作质量的评价是评价过程中的合理部分，而认为在对作品进行评价时写作和内容能够（或者应该）分开的想法是不现实的。

认识到写好文章的重要性很容易，但写出好文章来却很难。本章为此提供几点总体建议。

第一个建议，在写作前先进行阅读。很多学生在心理学研究报告写作上的根本难题是自己读的研究报告太少。心理学写作和其他写作形式有着根本的区别，后面会重点论述。判断在研究报告中什么是恰如其分的，即应该如何对结果进行讨论，如何对内容加以取舍靠的是一种感觉。这种感觉只有接触了一些实际例子才能获得。这种接触不能完全保证成功，但却是必要的。而寻找范文时要注意区分。质量差的文章很多，最好的期刊中也难免存在。最好能在指导下去寻找特别好的范文，然后从中学习。

第二个建议，寻求简单的写作。第一点建议可能强化了这样的概念：科学写作是不同于其他形式的深奥的写作；科学写作尤其困难，充满了神秘的专业术语、冗长复杂的句子、推理严谨的论证等。科学写作需要其他写作里不必存在的正规性语言，这是正确的。同样正确的是在任何一个学科中，与不太精确的日常语言相比，专业术语更受欢迎。然而，认为科学写作的目的是为追求难度，这就不正确了。事实恰恰相反，因为表达的内容很繁杂，所以写作的目标应该是帮助读者克服困难，轻松理解。因此，简短的单词比复杂的长单词更适合，熟悉的单词比晦涩的单词更恰当，简短的句子比费解的长句子更受欢迎。毕竟，写作的目的是交流，而不是给读者留下烦琐的印象。

第三个建议，寻求写作的变化。简单的句子虽然可能更可取，但是一连串简单句可能很快就令读者感到索然无味了。短单词并不总是最好的，无论如何，偶然出现的长单词或长句子能给文章带来节奏感，从而增强可读性。不要忘记有效写作的一个目标是吸引读者。那些一成不变地使用相同词汇、相同句子结构、相同篇幅结构的文章或许很清晰，但是可能不会有吸引力。清楚的表达和优雅的文体并非互不相容，应该都要做到。

第四个建议，寻求写作的简洁。读者的时间和耐心都是有限的，所有期刊都有特定的可利用空间。长度超出内容应有比例的文章会得到消极反馈，递交给杂志社后可能会被彻底拒绝。至少，审稿人可能要求做篇幅上的缩减。在写作过程中，作者应该不断问自己两个问题：有必要包含这个信息吗？我是否以最有效的方式进行了表达？

建议要简洁并不意味着科学写作应该像发电报。如果丢掉了重要内容，为追求简洁而使文章失去了可读性，那么简洁就没有任何意义了。写作最根本的目的还是交流，而不是节省空间。一个比较好的原则是：不确定的东西要写出来。对作者和读者来说，去掉冗余篇幅一般要比试图解释令人困惑的短篇幅容易得多。

最后一个建议，写作时要认真。在写作前没有花时间进行充分思考或在写完后不进行阅读，会使我们不能达到最佳写作水平。从最基本的层次上讲，在递交论文之前绝对没有理由不进行校对。一篇布满拼写错误的论文不仅对读者是种侮辱，而且无疑会引来消极反馈。从更高的层次上讲，为检查文章的观点、语法和拼写而进行的重读非常重要。一些论文有明显的表达错误、矛盾和不一致等。如果作者拿出时间重读一下，很显然这些错误就不会存在了。并非每个人都可以成为作家，但是只要认真，就能避免写作中的错误。

二、文章的结构

这部分要讨论的是心理学研究报告中典型划分的各重要部分。在这里是要对重要问题进行讨论，而不是对所有可能出现的问题都进行探讨。《手册》对这些问题有进一步的论述。

(一)引言

引言用来引导读者进入一项研究。在某种程度上，引导的恰当与否决定于某个特定研究。因此，不必严格遵守对讨论内容及如何讨论的规定。引言一般应该努力回答以下几个问题：要考察的问题是什么，为何关注这一问题，以往对这个问题的研究有何发现，本研究的突破或以往研究存在的不足是什么，新的研究将要产生什么样的新知识，如何实现这种知识上的突破。

引言的典型写作方式是从一般到具体。因此，引言可能从大的研究领域(如皮亚杰的训练研究)开始，然后转向新研究要考察的具体问题(如能否利用模拟训练训练学前儿童)。引言的第一部分通常回顾以往的相关研究，最后一部分要指向新研究。然而需要注意的是，顺序上并没有固定的规定。重要的是要回答上一段中列举的问题，而且要清晰，具有可读性和说服力。

对以往研究进行综述时，关键的是"相关"。穷尽一切的文献综述对一个研究报告来说是不妥当的。对这样的文献综述不仅没有充分的空间刊登，而且可以假设报告指向的读者群已经熟悉了研究的总体背景。例如，在综述皮亚杰的训练研究中，没有必要长篇累牍地叙述守恒现象，或引用资料证明其可信性。可以认为那些阅读相关报告的人对这些材料已经很熟悉了。同样没有必要综述以往的每一次守恒训练实验。这样的研究太多了，而且大多数并没有新意。如果可能的话，真正有意义的是引用概述以往研究发现的一篇或几篇综述文章。非常必要的是讨论和自己的研究有直接关系的前期研究。因此，在训练研究的例子中，任何与模拟训练有关的研究都要进行讨论，当然，还要讨论与学前儿童有关的研究。只有在对以往的研究进展进行全面而准确思考的前提下，才能对新研究的可能贡献进行评价。

引言的结束段落通常会在文章开头的背景资料和文章主体之间架起一

座桥梁。在此处，研究的任何一个重要的新方面都要向读者交代清楚。如果研究符合"假设—检验"的模式，此处还要呈现具体的假设。即便作者不想写具体假设，总结一下研究关注的主要问题（如"3岁儿童训练能否成功"）通常是有帮助的。最后，引言通常还包括检验研究问题的实验设计和实验程序。研究程序是研究方法中的部分，因此放在此处并不适合，然而对将要出现的内容进行介绍通常是有益的。

（二）方法

方法部分讲述的是研究中要做的工作。整个方法通常可以分成几个部分。一般可以划分为被试和实验程序。也可以根据不同的研究，分成实验材料（Materials）、实验工具（Apparatus）、实验设计（Design）和评分（Scoring）。这些相关信息也可以整合成一个总的实验程序部分。包含多少部分取决于研究的复杂程度（如有没有使用复杂的研究工具）以及研究者的偏好。

前面已经提到过，在被试这个标题下应该包括哪些信息。回忆一下，这些信息不仅要包括清晰的样本人口学数据，如数量、年龄、性别，还应包括被试的选取方法、同意参加研究的比例，研究完成时保留的样本比例，以及类似的细节。余下的部分将关注研究方法的其他部分。

通常有这样的说法（如在《手册》中），方法部分应足够详尽，能够使经验丰富的研究者对研究进行重复。这个表述的可信性取决于"重复"的意思。如果这个词的意思是"按照所有的细节能完成相同的研究"，除非最简单的研究，否则几乎没有研究方法能够做到，因为没有足够的空间把程序的方方面面都讲出来。如果它的意思是"只在研究程序的所有重要方面保持一致，进行同一种类型的研究"的话，那么重复的目的就合理了。所以，这里面临的挑战就是决定程序的哪些方面是重要的，从而对其进行描述。

如果程序上某个细节不重要，就可以不将它写入研究报告。这是由很多基本的东西决定的。有很多程序上的细节（如被试坐在主试的左边还是右边）对实验结果不可能造成影响，因此可以忽略。不必对研究中的指导语都逐句呈现，只要进行解释就可以了。在有多个同质任务的研究中，有时候对其中的一两个进行解释，以此作为另外几个研究的例子也是可以的。就像引言部分中讲到的，可以假设专业读者早就读过某些信息。例如，如果用到一个标准的研究仪器，只对其名字或型号进行说明就够了，对该仪器不熟悉的读者可以轻松地查找其资料。同样，对经常使用的测验不必在细节上进行描述。至于已出版的资源，对其内容做简单的介绍就可以了。

方法中的重要细节是读者理解和评价研究时所必需的，被试信息就属于这一类，实验程序的多个方面亦然。这些方面在本书中各处都能找到。如何将被试分配到不同的实验条件下？实验条件具体由什么组成？实验条件对被试有怎样的影响？（注意，有时也许逐字复述在这里更加的公正）。因变量是什么，如何测量？测验中的各种事件以何种顺序呈现？有多少主试或观察者参与？是否要保证主试或观察者不清楚实验目的？有没有信度评价？如果进行了评价，效度如何？要提供的信息可能因为实验不同而在某种程度上有差异。考虑要讲什么时，可重复性原则是一个有益的向导。然而，真正关键的标准是"评价"：是否向读者提供了足够的信息用以评价方法的效度。

（三）结果

结果部分呈现的是研究发现。不仅包含描述统计，如不同实验条件下的平均表现，还包括推论统计，即平均数之间差异显著程度的检验。这两种统计结果都是必要的。就像我们在第九章看到的那样，没有相应的推论统计，难以对描述统计进行解释。同样，不基于平均数，某个 p 值上 F 检验的价值就很有限。读者需要同时了解统计分析方法及其所用的数据。

就像在引言和方法部分，读者一定要确定哪些信息重要，可以包含在结果中；哪些信息是可以忽略的。如果前面各部分做得都很好，读者肯定会对结果中要检验的问题产生预期。每个问题都要给出相应的答案，即使在某些情况下答案只包含一句话，表明结果不显著。而且没有规则规定，每个分析结果都要为前面的实验所预测。可能会出现没有预测到的或偶然发现的有趣结果，如果有的话，一定要写进研究报告。另一方面，同样没有规则规定对数据的每一个可能的分析都要纳入结果部分。研究者应该谨防在结果部分堆砌与研究无关的分析。

结果部分通常是一篇文章中最难读的部分，作者应尽量使其更容易阅读。其一是按照逻辑顺序呈现。通常的做法是从最主要的分析人手，然后过渡到次要的发现。如果在引言部分出现了具体的假设，那么结果就可以按假设的顺序呈现，即按顺序讨论每个假设的结果。如果要对几个因变量进行检验，那么按每个因变量分别呈现结果会更有意义。如果用到了不同种类的统计分析（如多元方差分析和相关），那么结果就可以按分析的种类呈现。还有，特定的方法只有在特定的研究中才能起到更好的作用。重要的是按逻辑的顺序呈现，同时确保这种逻辑对读者来说是清晰明了的。

作者还应该提供总结性陈述帮助读者理解数据的意义。通常的错误观念是结果部分只能由数字和统计分析组成。结果部分的目的在于呈现数据，讨论部分则要对数据进行解释。然而结果部分禁止对数据的意义进行说明是不对的。一连串的 t 检验、F 检验和相关分析难以理解，阅读起来让人感到困惑。比较好的做法是用一两句话，或在统计分析之前的序言里，或在后面的总结中，以简单的语言分析数据的意义。

作者通过对表格和图表的明智使用同样可以帮助读者理解。"明智"这个词很重要，表格或图表是否合理取决于文中的信息如何能够得到更好的表达。如果只需要呈现少数几个平均数，就没有必要使用表格，因为在文章中这些数字很容易呈现。如果包括 15 个或 20 个平均数，有一长串的数字，表格就会使读者更容易理解。总体上讲，在表达确切的数值和处理大批量数据上(如 15 个或 20 个平均数)，表格比图表更受欢迎。图表对于描述趋势和交互作用尤其有利。

还有其他几个规则来规范表格和图表的使用。表格或图表不应重复文中或其他表格、图表中的数据。如果两处都出现了相同的信息，那么一处就应该删除。表格或图表在很大程度上应该能够自我解释，也就是说不必参考文章中的详细解释就可以理解。最后，即使表格和图表能够自我解释，对其要表明的含义的讨论仍然非常必要。表格和图表是对文章进行补充，而不能将其取代。

很多情况下，表格用来呈现描述性统计数据而非推论统计数据。例如，表格或许总结了多元方差分析或回归分析的结果。只有当这些分析异常复杂，在文章中难以总结，或对研究至关重要时，这样使用才是合理的。在大多数情况下，要传递给读者的措述性信息更重要。

最经常报告的描述性统计或许是平均数和相关系数。表 11-1 与表 11-2 是关于表格报告的例子。注意，平均数表格应该同时包括对差异(标准差)的报告。还要注意，表格要在不十分庞大的前提下尽可能使信息充分。在例子中，表格提供了研究的 3 个影响因素：年龄和记忆类型的交互(6 列数据)以及年龄与记忆类型的主效应(边际平均数)。

表 11-2 列出的叫作相关矩阵。它呈现了所有可能的相关。在一些例子中，只包括显著相关。注意，没有必要列出对角线的数值(因为每个数据都和自己相关)以及那些对角以下的数值(因为有了对角以上的数值，这些

都是重复的）。

表 11-1 平均数表格举例（假设数据）

年龄	再认		回忆		总分	
	M	SD	M	SD	M	SD
25	24.00	2.25	19.50	4.00	21.75	5.15
50	23.50	3.15	16.25	6.80	19.88	6.20
75	21.00	4.40	10.25	8.33	15.63	9.11
总分	22.83	3.96	15.33	7.56		

表 11-2 相关表格举例（假设数据）

	年龄	智商	冲动性	问题解决
年龄		0.07	−0.35*	0.46**
智商	—	—	−0.26	0.53**
冲动性			—	−0.32*
问题解决				—

注：* $p < 0.05$　　** $p < 0.01$

（四）讨论

讨论部分提供了一个机会，使作者可以把全部信息汇集在一起得出结论，而读者可以获得相关信息。这部分应该与引言和结果部分有密切联系。引言部分提出了研究要回答的问题，结果部分总结了研究者确信的答案，讨论部分在数据的范围内进行了解释。不论作者曾经有何种期待和希望，数据才最终决定了要讨论的东西。

对于很多作者来说，讨论是最难写的部分（尤其是当结果并不都是所期望时）。这里列举几个"不要"，即写讨论部分时必须避免的事（同时也是阅读讨论部分时必须关注的）。

讨论不应只是对结果部分呈现的结果进行重复叙述。对研究发现所做的总结和引言一样可行。解释基本数据是结果部分的工作。讨论部分的工作是解释数据。

几乎无一例外，前面没有呈现的研究发现在讨论中一定不能介绍。介绍新数据的地方是在结果部分。

同论文的其他各部分一样，讨论部分应该遵循一个清晰和合乎逻辑的顺序。一些学生以"脱衣舞"的方式写讨论部分，开始先写不重要的点，逐渐写到最主要的结论。但通常，让读者首先阅读讨论中的重要结论是最有帮助的，不重要的结论可以放在后面写。

讨论部分不必对每一个假设或发现都予以同等的空间。按重要性给予不同的重视是作者的责任之一。但是如果做了有偏向的选择就会对研究产生误导。例如，强调支持某个特定假设的一个研究发现，而忽视其他三个不支持它的研究发现就会产生误导。

讨论部分越过直接数据对研究深远的启示进行猜想是可以的，但是一些作者漫无边际，因而忽视了自己应该讨论的研究。当研究的结果不如期待的那样有力时，这种跑题可以作为一种弥补的方法。在任何情况下，讨论部分所论述的每一个点都要与报告的研究有清晰的联系。

结束讨论部分最常用的方法是对以后的研究提出建议。只要这些建议是具体的、合理的、简明扼要的，这种方法还是可行的。如果仅仅说"需要更多的研究"则不能告诉读者任何东西。

结束讨论部分还有一个常见的方法，可以讨论作者认为的可能影响研究结果的不足之处。实际上，对可能的缺点进行某些讨论可以看成是作者对读者的诚实。然而重要的是，不要对缺点说得过多，或是表现得过于愧疚，因为如果讨论部分过于消极，读者头脑中显然会出现这样的问题："我为什么要认真对待这个研究？"编辑头脑中的问题显然会是："为什么要发表这个研究？"

（五）其他部分

尽管引言、研究方法、研究结果和讨论构成了研究报告的主体，但这并不是研究的所有部分。表 11-3 对研究的各部分进行了综合性的描述。按照期刊收录论文中各部分的顺序排列。对各部分什么样是最恰当的在《手册》中有更完整的叙述。

表 11-3　研究报告的各部分

各部分	描述
标题页	标题应简明（建议长度：10～12 个单词）、清晰、信息丰富；应避免不必要的短语如"……的研究"；还应包括栏外标题、作者单位、署名
摘要	用 150 字到 250 字（字数取决于期刊要求）总结研究，应该包括的信息有研究问题、研究方法、主要成果和主要结论

续表

各部分	描述
引言	向读者讲明研究问题；为何有兴趣去研究这个问题；综述以往研究，表明对该问题的知识状态；结尾纵览目前这个研究，提出具体的目标和假设
方法	对怎么进行研究进行总结，信息应包括被试、研究工具和材料以及实验程序，信息力求详尽以使读者能进行评价
结果	呈现研究中获得的主要数据以及对数据的统计分析
讨论	解释研究结果，应该把数据置于引言中的理论背景下进行解释，应回答引言部分提出的具体问题，或评估引言部分的具体假设
参考文献	呈现文章引用资料来源或文献，文献以字母表顺序列出
表格	对数据进行总结，这些数据在表格中呈现比在文章中表达更有效
图形	对数据进行总结，这些数据以图形方式呈现更有效，信息更丰富
附录	呈现相对较长的资料(如数学方面的证明，刺激材料序列)，这些资料在文章中呈现可能有难度或不当。应尽量减少使用

三、具体格式

(一)APA 惯例

注意，这里只关注学生论文中常违反的几个规则[①]。

各级标题　APA 格式允许 5 级标题，表 11-4 可见这 5 级水平。当只需要 1 个标题时(通常是非常短的文章)，使用 1 级标题；需要 2 个标题时，使用 1 级和 2 级标题；需要 3 个标题时，需增加 3 级标题。4 个、5 个标题同时使用的情况很少，主要限于有多个研究的报告或篇幅很长的综述或理论性文章。

[①]　说明一下，认为参考 APA 写作格式规范具有挑战性的并不只有学生。许多调查表明，即使是心理学领域专业人士的作品，不遵循 APA 写作格式规范也是很普遍的现象(Brewer，Scherzer，Van Raalte，Petitpas，& Anderson，2001；Ernst & Michel，2006；Onwuegbuzie，Combs，Slate，& Frels，2009)。

表 11-4 APA 期刊的各级标题

标题种类	举 例
居中、黑体、大写字母和小写字母的标题（1级）	**实验一**
左对齐、黑体、大写字母和小写字母的标题（2级）	**方法**
缩进、黑体、小写的段落标题，以句号结尾（3级）	**工具与材料。**
缩进、黑体、斜体、小写的段落标题，以句号结尾（4级）	**执行功能任务。**
缩进、斜体、小写段落标题，以句号结尾（5级）	**幼童。**

度量单位 APA 的规则是以公制表达度量单位。采用毫米而非英寸，米而非码等。如果附以公制换算，非公制的度量单位也是可以接受的。例如，杆长 3 英寸，即 0.91m。

文中的数字 APA 的规则是数字 0 到 9 以单词表达，两位数或两位以上的数通常以阿拉伯数字表达。例如，"有 8(eight)名主试和 120 名被试"。然而也存在一些例外。或许最常出现的例外是数字必须同度量单位，而非单词在一起，如 4 岁、6 周。而且，数字不能放在句子开头。例如，"One hundred and twenty participants were included"（包括 120 名被试）。其他的例外在《手册》中都有叙述。根据以往经验，学生论文违反数字格式最为常见。因此，当包含数字时，推荐特别仔细参考《手册》。

文章中的统计处理 作者必须搞清对哪些数字使用了什么统计分析。例如，以年龄和实验条件为自变量，对后测中的正确反应使用两因素方差分析。不必列出统计分析的出处，除非这种分析不常见或有某些方面的争议。介绍推论统计分析的结果应该包括统计名称、自由度、统计值以及概率水平。例如，"年龄效果显著，$F(1, 96)=7.90$，$p<0.01$。"注意，推论统计结论应该以逗号与文字分开，而不是括号。相应的描述统计分析结论应该包括对集中趋势，通常是平均数和差异程度，常为标准差的测量。例如，"与年龄较小的儿童（$M=4.90$，$SD=2.26$）相比，大一点的儿童（$M=6.88$，$SD=2.45$）表现更好"。

文章中的参考文献 本书的参考文献采用 APA 格式：括号中包含作者的姓名以及出版年代，如（Smith，1992）。当作者的名字是文本的一部分，括号中只有出版年代，如 Smith（1992）报告。当一个著作有两个作者时，两个名字总是同时引用。在文字中以"and"连接，在括号中以"&"连接。一个著作有 3～5 个作者，在第一次提出时，所有的名字都要列举。以后提到时，引用由第一作者加"et al."组成。当一个著作有 6 个或更多作者时，即便第一次引用，也要使用"et al."。当一个括号中包含一个作者的不同作品时，参考文献以年代顺序列出。当一个括号中包含对不同作者的作品的引用时，参考文献按字母顺序排列，如（Smith，1984，1989，1992）（Brown，1979；Jones，1974；Smith，1992）。注意，同一个作者的多个参考文献以逗号隔开，而不同作者之间则以分号隔开。

参考文献列表　文章中索引的每一个参考文献来源都要在文章后面的参考文献中列出。参考文献列表中只能包括文章中引用的那些资源。作者一定要保证参考文献信息的准确性，这样一来，如果需要，感兴趣的读者就可以追根溯源。对于参考文献，作者一定要遵循 APA 格式，它在《手册》中占据了整整 45 页。

(二)英语的一般性问题

此处精选了一些重要问题，下面汇集了学生论文中（或其他地方）经常出现的英语错误用法。

Affect-effect　*affect* 和 *effect* 不仅可以作为名词，还可以作动词使用。在最常见的用法中，*affect* 作动词，意思是"影响"，*effect* 是名词，意思是"结果"或"后果"。例如，"Did the manipulation affect performance? The posttest showed a clear effect"（操作对表现有影响吗？后测显示效果显著）。

Among-between　尽管存在例外，*between* 通常限于两个成分的陈述，*among* 用于三个或三个以上的成分。例如，"There were no differences *among* the three conditions"（三个条件之间没有差别），而不是"There were no differences *between* the three conditions"。

缩写形式　Don't（即 do not）使用缩写形式。

Data（数据）　*Data* 是复数。例如，"The data *were* clear"（数据很清楚），而不是"The data *was* clear"。同样，criteria 与 phenomena 都是复数谓语动词用一般形式。三个单词的单数形式分别是 *datum*（很少用），*criterion*，*phenomenon*。

e.g. 与 i.e.　缩写 *e.g.* 表示"例如"；*i.e.* 表示"即、也就是"。例如，"Numerous theorists (*e.g.*, Brown，1979；Smith，1992) have claimed"（很多理论家（如，Brown，1979；Smith，1992）认为），"What seemed critical was the experimental manipulation (*i.e.* the presence or absence of reward)"（关键在于实验操纵，即有无奖励）。最常见的错误是把 *i.e.* 用作 *e.g.*。（注

意，APA 格式限制括号内对 *e. g.* 与 *i. e.* 的使用）

Fewer 与 less *Fewer* 用来修饰可数名词；*less* 指的是在连续的、不可数维度上的量或程度。例如，"The control participants gave *fewer* correct responses"（控制组被试正确反应较少）或"The control participants showed *less* success"（控制组被试很少成功）。通常的错误是以 *less* 替代 *fewer*。例如，"The control participants gave less correct responses"。

连词号 决定是否用连词号连接一个复合名词或复合短语是很困难。《手册》对这个问题提出了 5 页指导原则。指导原则中有一系列前缀在 APA 格式中是不需要连词号的。这些前缀包括：inter，mid，multi，non，post，pre 以及 semi。

It's 与 its *It's* 是个缩写，意思是"它是"或"它有"。*Its* 是个形容词性物主代词。错误使用是把 *it's* 当作物主代词。这种错误明显出于所有格应该加撇号的想法。

Only 尽管存在例外，*only* 通常应该直接出现在它修饰的单词前。例如，"The failure manipulation produced visible distress in *only* two children"（错误操作仅在两个孩子身上产生了明显的压抑），而不是"The failure manipulation *only* produced visible distress in two children"。

代词 代词使用的各种问题可能是麻烦的。《手册》指出，在科学写作中使用单数第一人称代词是可以接受的，甚至比使用单数第三人称和被动语态更受欢迎。然而，学生应该明白，*I* 的使用，虽然比以前更多，但仍然相当少见，主要限于有资历（或许非常自信）的研究者或是以理论为导向的论文。在一般的研究报告中使用 *I* 对很多读者来说可能不和谐。然而，在多个作者的研究报告中使用 *we* 更常见。（注意：假设只有一个作者，在编辑的意义上，*we* 是不应该使用的。）

《手册》同样鼓励使用中性词汇，包括中性代词。《手册》同时扩展了如何选取中性词汇以及如何更广泛地运用中性语言。学生应该仔细阅读这一部分，写作时应对其进行参考。然而重要的是，使用中性语言不应该损害论文的语法正确性和可读性。因此，下面的这种句子应该加以避免："The child was told to push his or her button as soon as he or she saw the flash appear on his or her screen"（告诉孩子在看到屏幕上的闪光后立即按按钮）。在很多情况下（包括以上情况），代词的问题可以通过把 *child* 换成复数 *children* 来解决。同样要注意，当指的是孩子时，即使是很小的婴儿，"it"也要避免使用。

代词的最后一点是基础英语的问题。代词应该与先行词一致。例如，"Each participant filled out *his or her* response sheet"（每个被试填好答题纸），而不是"Each participant filled out *their* response sheet"。尤其要注意，当"the child"指的是一个孩子时，不能在后面使用复数代词。根据以往经验来看，在学生的论文中，"child...they"的结构是最常见的语法错误。

Since 和 while 《手册》建议，*since* 和 *while* 只能使用其时间意义。因此，*since* 应该指一段时间，不能作为 *because* 的同义词使用。而 *while* 应该指两个事件的同时性，而不是 *although* 或 *whereas* 的同义词。然而，对这些限定，很多写作原则都不同意（Bernstein，1997；Follett，1966；Fowler，1996；Strunk & White，2000）。正因如此，本书的写作没有遵循《手册》的原则。然而，学生应该清楚一些审稿人或编辑可能对 *since* 和 *while* 的使用皱眉头。

时态 期刊文章报告的是已经发生的事。因此，使用过去时态是恰当的。例如，"Smith reported"（斯密思报告），"participants were told"（告诉被试），"the analysis revealed"（分析揭示）。当讨论读者面前实际存在的结果时，可以用一般时态。例如，"the table shows"（表格显示）。当陈述实质上永恒的事实时，使用一般时态也是恰当的。例如，"the theory states"（理论表明），"young children are often impulsive"（小孩子经常冲动），"conservation is an important ability"（守恒是很一种重要的能力）。

This 把 *this* 当成不定指示词偶尔使用是可以接受的。也就是说，*this* 后面没有直接的特定所指，然而一定要小心不要过度使用。因此，一般要写"*this* point should be clear by now"（目前为止，要清楚这点），而不是"*this* should be clear by now"。

Where *Where* 指的是空间位置，而且要保持这种用法。因此，不要写"children heard a story *where* the critical information was presented"，而要把 *where* 换成 *in which*。

小 结

研究项目的最后一步是同他人交流自己的工作。这一章讨论如何写作心理学研究报告。

这章的开头强调了良好写作的重要性，并且说明研究的清晰性和说服力对研究的影响力有直接作用。与写得差的文章相比，写得好的文章更有可能发表，而且在出版后更有可能被关注和引用。

对于提高写作的效率提出了一些建议。第一个建议是阅读写得好的心理学文章，从这些例子中总结要说什么以及如何去说。第二个建议是寻求简单的写作，胡言乱语以及不必要的复杂性是顺畅交流的障碍。第三个建议是着眼于写作的变化，目标在于写出不仅清晰而且有趣和可读的文章。第四个建议是写作的简洁性，期刊的空间和读者的耐心会因为无关细节以及不必要的行文很快耗尽。最后一个建议是写作时要仔细，如果作者花费时间来保证草稿的每一部分都尽如人意，那么明显的错误就可以避免。

这章的中间部分对心理学研究报告的各个重要部分进行了讨论。引言部分呈现研究问题和研究目标，在以往相关研究的背景下提出具体的研究，以便读者追踪。方法部分讨论了研究包含的被试以及收集数据的程序，这部分应足够详尽以使他人能对该研究做出批判性评价。结果部分汇总了研究所产生的数据，它呈现的是描述性统计（如反应的平均水平）以及推论性统计数据（如对平均数差异的显著性检验），同时总结数据所说明的问题。讨论部分对研究结果进行解释，对引言部分的问题进行回答，对具体假设进行评定，对作者关于研究成果以及不足的评价进行总结。

这章的结尾部分讨论了某些格式问题，这些东西对学生来说是棘手的，其中包括 APA 的格式问题（如标题和文献的规则）以及语法问题，也就是说不要写出有错误的篇章。如果可能出现这些错误，即使错误很少（5个），也可能给读者带来负面的影响。

练　习

1. 经老师同意，和学这门课的一位同学交换彼此的一篇论文文稿，评价彼此论文的内容、总体写作风格以及是否遵守 APA 格式，做出详细的评价意见。

2. 从表 1-2 中列出的期刊中找一篇你感兴趣的文章。在不读摘要的前提下阅读这篇文章。写出这篇文章的摘要，并和已发表的原文摘要进行比较。

3. 第二章介绍了两个研究样例，它们在本书的不同之处都出现过。两个研究是布朗奈尔等人（Brownell et al.，2009）关于分享的研究和克利格尔等人（Kliegel et al.，2007）关于计划的研究。利用文章中的描述以及你的创造力（因为你必须创造未提供的细节），为其中的一个研究撰写研究方法部分，为另一个研究撰写结果部分，然后把你的文稿和原文中的相应部分对比一下。

4. 选择书中两个呈现数据的表格（如表 2-1、表 2-2、表 9-2）并将其改成 APA 格式。并选择文章中的两个图表，将其改成 APA 格式。

5. 假设你将要为简·多伊（Jane Doe）和约翰·史密斯（John Smith）题为"青春期同伴压力和偏差行为"的研究编写参考文献。指明该文献采取以下哪种形式：①期刊文章，②准备出版的稿子，③编撰书籍中的一章，④会议中展示的海报，⑤未出版的学位论文。注意还要考虑或编出期刊的名称以及书籍的名称。

第十二章　婴儿研究

在最后四章中，我们将讨论的中心从发展心理学研究的一般原则转移到具体的研究问题上。这些章节或按时间或按主题组织。这部分将以"婴儿"这一章为始、以"老化"这一章为末，中间还涉及认知发展和社会性发展。虽然"时间—主题"的划分方式看似不那么清晰，但却是该领域经典的划分方式。研究对象的年龄和主题决定了某些研究是否属于发展心理学的研究领域。一些方法问题是针对某一年龄段的研究所特有的，而另一些则与特定的主题密切相关。

本章大致可以分为以下两个部分。第一部分，我们将阐述进行婴儿研究时的一些一般问题。这实际上是先前章节所介绍原则的具体应用。然而，对于以婴儿为研究对象的研究者来说，一些方法上的挑战尤其严峻。正如一篇讲述婴儿研究的文献中所提到的：

婴儿是典型的不配合研究的例子。他们可能既不明白，也不能清楚、可靠地回答研究者的问题。他们注意力不集中，能做的行为反应有限，且反应不稳定(Lamb，Bornstein，& Teti，2002)。

第二部分以婴儿研究中的一些具体问题为主。这些问题是有选择性的，因为它们需要贯穿在之后的章节中。同时，会强调一些重要的、方法有趣的婴儿研究。

一、一般问题

(一)取样

第一章节介绍了"招募被试"的方法问题。我们在本章中以此开始。正如第一章所阐述的，对于发展心理学家来说，这个问题尤其重要。而对于以婴儿为对象的研究者来说，这个问题最令他们苦恼。婴儿不能像儿童或成人一样自愿参与实验，也不能从诸如学校、心理学课程或疗养院之类的机构中招募。那么，研究者应该从哪儿找被试呢？

答案是多渠道的，特别取决于婴儿的年龄和研究者的资源。如果新生儿是目标对象，那么我们就可以利用公共机构，在婴儿还未被从医院接回家之前进行一系列的测试。然而，随着新生儿和母亲住院时间的缩短，这些早期的医院测试也越来越难以实行。当稍大的婴儿成为研究对象时，可以通过儿科医生或者小儿诊所招募被试。此外，任何年龄婴儿的招募都可以使用新闻广告的方式。在广告中，应描述研究的内容，如果家长有兴趣的话，可以打电话报名参与；或者也可以通过从研究者到被试的逆向招募方式，因为一些研究者保有一些婴儿的出生记录，当这些婴儿适合某个研究时，就可以联系他们的父母。无论哪种途径，父母允许他们的孩子参与实验仍旧是必要条件。

寻找婴儿被试是一个很耗时的过程，而且更重要的是获得样本的代表性问题。第二章曾指出，从靶群体中真正随机地取样是最理想但难以实现的目标。偏离随机取样在研究中是正常的。然而至少在孩童时期的范围内，婴儿研究偏离随机取样的可能性比其他年龄群体都要大。很显然，小儿诊所的婴儿只代表整体的一部分，而到儿科医生处就诊的婴儿又是另外一部分。主动打电话参与研究的父母，也只是父母这个整体的一部分，而回应新闻广告的父母无疑又是更小的一部分。正是基于以上种种原因，最终参与研究的婴儿并不是从我们感兴趣的群体中随机选取的。

我们关心的另一个问题是究竟有多少婴儿能够完成实验。被试流失是婴儿研究中相当重要的问题，婴儿研究的流失率在各种以人为被试的研究中是最高的，经常在 $50\%\sim60\%$ 左右。造成流失最常见的原因是婴儿烦躁、有困意和入睡。可以说没有完成实验的婴儿与完成实验的婴儿是存在一定差异的，这使得原本非随机的样本更加非随机化。

非随机的婴儿样本是一个严重的问题吗？并非一定如此。样本非随机，并不意味着研究结论不能推广到更大的群体中去，这是在第二章关于取样问题的讨论中得出的结论。正如第二章所提到的，被试的选取在本质上并不随机。然而并不是任何随机误差都会影响实验结果。通过不同种类的研究可以知道，"样本非随机的性质会造成差异"这一说法并不合理。不论是在最初选取被试的阶段，还是在处理被试流失的问题中，这一结论对于婴儿研究更为适用。如果一些婴儿在实验中碰巧感到烦躁或者有困意就被剔除，而另一些婴儿没有在实验进行中发生此类情况而被保留。那么，我们没有理由认为这两个群体是系统不同的。

虽然，这种看似合理的论调通常有效，但它具体的适用性还需要详细的验证，特别是当最初选取被试的过程不寻常、流失率相当高时，外部效度的问题就显得特别重要。此外，也有一些研究正在质疑"婴儿实验的流失是随机的，并不会对结果造成影响"这一说法。比如，路易斯和约翰逊（Lewis & Johnson，1971）通过一系列的测量任务测查了 3 个月大和 6 个月大的婴儿被试的视觉注意。他们比较了 22 个完成全部实验和 15 个完成部分实验的婴儿在测量任务中的表现。结果表明，完成实验的婴儿在区别简单/复杂刺激的任务中显示了更强的能力。因此，路易斯和约翰逊认为，"对于那些被排除在分析之外的被试，我们对其性质的内隐假设也许是错误的……剔除被试，特别是数量比较多的情况，也许会导致实验结果的严重偏差"。

（二）状态的重要性

婴儿是一个难以研究的对象，经常处于烦躁或者有困意的状态，以至于不能完成实验。这个现象是具有普遍意义的，因为它强调了状态（state）在区分婴儿有意义行为中的重要性。一个婴儿如何对环境做出反应，在很大程度上取决于婴儿瞬时的觉醒状态。婴儿是觉醒而警惕的还是昏昏欲睡的？又或是饥饿从而易怒的？高声尖叫或是沉睡的？

正因为各种状态都可能存在，因此目前使用的"烦躁"和"困意"的分类还相当粗糙。实际上，心理学家制定了更为精细的分类标准。比如，表12-1 就展示了其中一种普遍的分类方式。

表 12-1　婴儿觉醒的状态

状态	描　　述
规律睡眠	在规律睡眠中，婴儿静静躺着、眼睛闭着不动，他们的呼吸平稳，皮肤苍白
不规律睡眠	在不规律睡眠中，婴儿的肌肉对压力的反应比规律睡眠更强烈。同时，婴儿会拉扯、震惊并露出痛苦的表情。眼睛闭着，但有时会移动。皮肤也许会发红，并且呼吸不齐
周期睡眠	周期睡眠是规律睡眠和不规律睡眠的结合，由急促呼吸、拉扯、震惊与平静交替构成
困意	在困意状态下，婴儿是适度活动的。他们的眼睛间歇张开或闭合，目光呆滞。呼吸规律，但比规律睡眠更急促
警觉静止	警觉但不活动的婴儿处于唤醒状态。他们的眼睛张开，炯炯有神。他们饶有兴趣地看着周围。婴儿的身体相对静止，呼吸相当快且不规律

续表

状态	描　　述
清醒活动	在清醒活动状态下，婴儿是觉醒的，他们的眼睛并不频繁地聚焦，时而表现出充沛的活动力。活力爆发时，他们会摆动腿和手臂、扭动身体。这种活动的长度和强度并不全然相同
哭嚎	在哭嚎状态下，婴儿活动剧烈。他们皮肤发红，而且大哭（尽管没有眼泪）

来源：改编自"Sleep-Wake States as Context for Assessment，as Components of Assessment，and as Assessment"（pp. 130-131），by E. B. Thoman. In L. T. Singer and P. S. Zeskind（Eds.），Biobehavioral Assessment of the Infant（pp. 125-148）. New York，NY：Guilford Press.

当然，状态的重要性不仅只是针对婴儿。相比于沉睡状态，任何人在觉醒中都更可能对环境的刺激做出反应；而在饥饿和非饥饿这两种状态下，人们也许也会有不同的表现。然而，由于各种原因，状态在婴儿研究中影响更大。婴儿的状态更易发生变化，经常从一种状态转变成另一种状态。这种不稳定性表明，婴儿相比于儿童和成人更缺乏对自身状态的控制能力。我们能够假定，一个 10 岁的儿童在实验之初是觉醒和警惕的，在20 分钟之后依旧能保持这样的状态，然而这样的假设在婴儿研究中并不成立。个体处于各种状态的时间比例随发展而变化，其中，最显著的是（虽然不是唯一的），觉醒和警惕状态的时间比例随年龄增长而显著提高。新生儿平均每天需要 16～20 个小时的睡眠时间（Davis，Parker，& Mobtgomery，2004），只有大概 10％的时间处于警觉状态。

理解婴儿的行为需要基于对其状态的认识。在一些研究中，状态成为自变量之一。比如，有研究者就考察了婴儿在沉睡和浅睡中对触觉刺激反应的差异（e. g.，Rose，Schmidt，& Bridger，1978），以及入睡和觉醒的婴儿在接受听觉刺激后心跳速率反应上的差异（e. g.，Berg，Berg，& Graham，1971）。而在另一些研究中，状态被当成因变量，进而考察影响状态的各种因素。比如，实验操纵下睡眠周期的变更对婴儿后续状态的影响（e. g.，Anders & Roffwarg，1973），以及不同种类的刺激对状态的保持或改变的影响（e. g.，Jahromi，Putnam，& Stifter，2004）。然而在婴儿研究中，我们的主要目标并不是研究状态，而是要控制它。换句话说，研究者只需在一种状态下测试婴儿，只要这种状态对当下的测试最为适合。在大部分的情况下，我们需要婴儿的状态是安静而警醒的，因为这最有益于知觉和认知加工。

研究者采用各种手段去获取处于安静和警醒状态下的婴儿被试。一般的做法是，让父母在孩子一天中觉醒和开心的时间段带他们来接受测试。在实验情景中也可以使用其他一些操作。比如，婴儿的位置对其状态也有影响。有研究发现，小婴儿站立时比平躺时更警觉（Korner & Thoman，1970）。此外，改变位置可以改变婴儿昏昏欲睡或者烦躁的状态。抚慰也可以使一些烦躁的婴儿平静；然而，也有证据表明，抚慰对婴儿反应的其他方面也有影响，所以研究者对其应慎用（Field，1982）。

虽然研究者在实验中可以发挥其独创性，但仍然受制于婴儿。实验对婴儿不稳定状态的依赖，也带来了一定的方法学上的启示。测试阶段应尽量短，以防婴儿偏离所需要的状态。因此就需要多个实验阶段，或者采用被试间设计、而非被试内设计。如果采用被试内设计，那么任务或条件的顺序平衡就显得尤其重要。顺序不影响实验结果的假设在各个年龄段并不确定；然而，对于处于急速变化中的婴儿来说，这种假设绝不可能成立。

最重要的方法学启示涉及婴儿被试的选择性问题。这种选择性通过两个水平体现。正如我们所看到的，在继续实验和被排除的被试之间存在选择性。只有能保持所需要的状态并完成实验的婴儿才构成最终的研究被试。另外，在考虑到这些最终被试的行为时也有选择性。一般来说，研究都会选取在最好状态下的被试——此时被试是高兴、觉醒和警惕的。而对于很小的婴儿来说，这样状态的时间比例在一天中并不是很高。研究一般会聚焦于婴儿最佳的表现，这是合理而重要的。然而，值得注意的是婴儿的典型表现却是远远达不到最佳水平的。

（三）反应测量

状态问题只是婴儿研究中要面临的两个挑战之一。另一个挑战是如何找到能反映婴儿能力的行为指标。

以上问题对于新生儿是最具挑战性的。虽然新生儿并非完全的无助，他带着各种各样的适应性反射来到这个世界。而所谓的反射，是指婴儿天生具有的对特定刺激的自动化反应（回顾第八章中对新生儿评定量表的讨论）。但是，婴儿不具备技巧性的、主动的行为能力。此外，婴儿也缺乏语言能力，且这将贯穿整个婴儿期。实际上，"婴儿"这个词本身就是"没有语言"的意思。在儿童和成人的评定中对语言的依赖还有待商榷。然而，在婴儿研究中，我们常用的对待更大被试的、以语言为基础的手段都统统被排除在外。那么，我们如何才能知道婴儿的想法或经验呢？

在很大程度上，婴儿研究的发展历史就是不断地发现可以反映婴儿能力的行为指标。本章接下来的大部分篇幅都在讨论这些反应指标。现在所呈现的只是其中最能提供信息、最广泛应用的一些反应指标的小结。它们虽然看似不同，但有 4 个共同点：只需要婴儿最小限度的反应、很小的婴儿也能做出反应、可以被精确地测量以及有相应的明确解释（至少是有时）。

其中最常见的测量方式是注视（visual fixation）。新生儿都能注视物体，而且通过练习可以进行有选择地注视。简而言之，婴儿的选择注视是知觉能力和知觉偏爱研究的基本研究方法。同时它在本章所讨论的其他两个领域——早期认知发展和社会性发展也起着一定的作用。

第二个被经常使用的反应指标是吮吸（sucking）。吮吸也是新生儿刚出生就有的反应。事实上，比起对食物的吮吸，大部分婴儿花费更多的时间在与营养无关的吮吸上。在研究中，最常用的方式是考察由周围环境改变带来的吮吸变化。比如，当有新异刺激突然出现时，婴儿是否会停止吮吸？

生理反应（physiological responses）是第三种主要的测量方式。并不需要外显反应。在现代科技下，很多生理反应都可以被评估（回顾专栏 4.1 的讨论）。其中在婴儿研究中最常用的测量是心跳速率。从研究者的角度看，心跳速率有一些特殊优势。与其他一些生理反应不同，心跳速率可以从对任何形态下刺激的反应中获得。调节心跳速率的生理系统在出生伊始就相当的成熟，这使得心跳速率在新生儿时期就成为一个可被利用的测量方式（实际上，在胎儿 3 个月的时候就能够测查心跳）。最后，心跳速率的改变是具有方向性的，也就是说，速率或是加快或是减缓。相当多的证据表明，心跳加快与心跳减缓有着截然不同的含义——减缓代表注意，加快代表防御或唤醒。所以，心跳速率可以提供一些其他非方向性的反应所不能提供的信息。

另外，虽然心跳不是唯一能提供信息的心血管系统指标，但是它能很好地提供个体差异的信息，因此被当前的研究广泛使用（Field & Diego, 2008）。

（四）年龄比较

年龄比较的一般问题在第三章中就讨论过。而现在的重点是婴儿的年龄比较。以婴儿为对象，使得有时更容易得到有效的比较，有时又更为困难。容易还是困难，取决于特定的年龄和所测量的反应。

试想一下在婴儿期内的不同年龄的比较。这些研究更倾向于采用横断设计的方式，而非纵向设计，这也是发展研究普遍使用的方法。然而，第三章所提及的横断设计的问题在以婴儿为对象的研究中大大减少了。特别是，相比其他年龄更大的样本，婴儿群体出现代际效应的可能性大幅度地减小。所谓代际效应是指，差异来源于年代而非年龄。所以，研究者可以在很大程度上假定，4个月大、8个月大和12个月大的婴儿属于同一个年代，所发现的任何年龄差异与年代无关。当然，年龄差异出现的原因依然重要，只是其中一个最重要的解释（代际效应）被排除在外了。

当时间跨度限定在婴儿时期的时候，纵向研究的结果可以得到更清晰的解释。纵向设计的一个主要问题就是年龄和测量时间的混淆。这种情况在任何一个年龄阶段都存在，但是对于婴儿研究来说，其可能性更小。由于时间跨度太短和婴儿的特点使得用历史—文化变迁来解释婴儿的行为改变太过牵强。比如，我们没有理由认为，一个婴儿在其12个月大和6个月大时不同的行为表现仅仅是因为一个评定是在2012年3月做的，而另一个是在2011年9月做的。

纵向研究其他可能的问题也因为所关注的对象是婴儿而减少。比如，相比儿童和成人，婴儿更不会意识到重复测量，使其更不可能成为引起偏差的因素。最后，把这些解释性的问题放在一边，纵向研究在婴儿的范围内更可行。纵向设计的一个主要障碍就是研究者必须等待，等待被试去经历那些有趣的发展性阶段——从10岁到18岁、50岁到70岁……然而，以婴儿为对象的研究者可以在短短几个月的时间里观察到婴儿显著的发展变化。

但是，婴儿期变化的急速性也引发了测量等值性的问题，也就是说，不同年龄阶段测量得到的是否是同一个东西。例如，研究表明，在婴儿的早期和后期，对心跳速率改变的解释不同（Berg & Berg, 1987）。1个月大婴儿微笑的原因，与8个月时不同；而8个月时又与8岁时不同。对哭的解释也同样如此。所以，尽管在不同年龄阶段可以测量到同一种反应，但这并不保证反应的内涵相同。

对于以上问题的进一步讨论参见以下作者的文献资料，包括福尔摩斯与泰蒂（Holmes & Teti, 2005）和兰姆、伯恩斯坦与泰蒂（Lamb, Bornstein, & Teti, 2002）的研究。而接下来我们的论述将从一般问题转到婴儿研究中的特定主题，主要由婴儿研究中三个相当普遍的主题所组成：婴儿感知觉、婴儿认知发展和婴儿社会性发展。

二、婴儿的知觉

在婴儿知觉的研究中，有两个令人感兴趣的问题。其中一个是知觉能力的问题。婴儿的知觉能力在出生时发展得如何，在以后的两年中又经历了怎样的变化？很多具体的问题都能归入这个范围。例如，新生儿能在多大程度上看清楚物体？它们能做出哪种视觉分辨，又不能做出哪种？新生儿探测声音的阈限是什么？声音能够被分辨和不能够被分辨的区别是什么？新生儿或者稍大一点儿的婴儿是否拥有知觉恒常性？如果没有，那么恒常性又是如何发展的？知觉的一般性问题在婴儿期都存在。

另一个一般性问题是知觉偏好（perceptual ability）。考虑到婴儿拥有的能力，他们会将注意转向何种刺激？看到、听到或触摸到何种东西是令婴儿感到很有趣的？他们又是为什么表现出这种偏好？

在进行具体方法讨论之前，我们有必要为知觉研究归纳出一些基本要点。第一，大部分的婴儿知觉研究采用的是横断设计，而非纵向设计。虽然这种倾向存在潜在的偏差，但是前面已经提到的——"横断设计会导致对随年龄而带来的变化做出错误的结论"这一说法并不明确。而且，大部分婴儿知觉的研究关心的是发展的共性，而非个体差异。比如，所有的儿童最终都会获得大小恒常性的能力，所以研究的主要兴趣是它在何时是怎样发展的，而非个体在发展速率或性质上的差异。正如我们在第三章中所看到的，纵向设计最初的动机是考察个体差异随时间变化的一致性。因为在婴儿知觉中个体差异很少成为研究所关心的重点，所以纵向设计并不多用。

第二点与在第六章所讨论的实验室—现场这一连续体有关。大部分婴儿知觉研究是在实验室进行，而不是现场。而且，所使用的方法指向连续体中"实验室"这一端——人工、高度控制，与"现实生活"显著不同。当然，这样的设计并不意味着知觉不在自然环境中发生，知觉是最普遍的心理过程。然而，研究知觉需要对刺激有明确的定义、能精确测量十分微小的反应，这些条件只有在实验室里才能得到满足。

第三点与先前讨论的婴儿研究中两大困难有关：婴儿的状态不稳定和反应方式有限。这些问题对于知觉研究尤为关键。研究者通常会尝试在婴儿安静、警觉的状态下进行知觉实验，因为这种状态最适合进行大部分的知觉加工。研究者在此过程中可能会面临之前讨论过的所有实际困难和抉择。提出反应测量的问题不仅是由于婴儿的反应方式有限，还因为知觉的性质：知觉是内部的、经验的现象，与外在的、可被测量的行为没有必然的联系。因此，找到可以推知婴儿知觉经验的反应测量就显得尤其具有挑战性。

（一）偏好法

偏好法（preference method）是罗伯特·范兹（Robert Fantz，1961）在研究婴儿视知觉的过程中想出的一个方法。主要目的是回答视觉分辨的问题：如果有两个视觉刺激，婴儿知道它们是彼此分开的吗？这个问题是婴儿视觉能力评估中最核心的问题。

最初范兹的设备如图 12-1 所示。婴儿被置于观察室内，他可以看到两个悬挂的刺激。但这两个刺激相隔足够远，婴儿不可能同时注视两者；而且，如果婴儿要将注视点从一个刺激转移到另一个刺激，那么他必须轻微地转头。这是所有新生儿都能做出的反应。除了转头以外，还需要的行为是注视，也就是，盯着某一刺激看。而因变量是婴儿注视每一刺激物的时间。

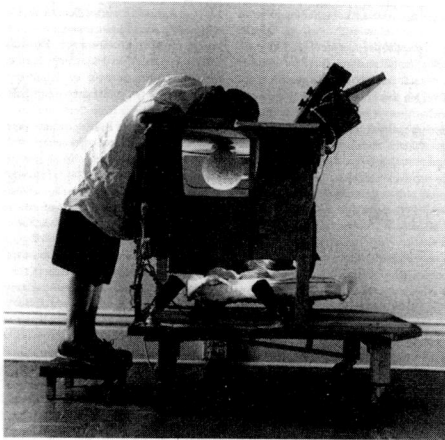

图 12-1　范兹偏好法研究婴儿视觉能力时所使用的设备

来源："The Origin of Form Perception"，by R. L. Fantz，1961，Scientific American，204，p. 66. Copyright © 1961 by Scientific American，Inc.

在经典的范兹程序研究中，被比较的两个刺激会多次呈现。任一刺激会在一半时间里出现在左边，另一半时间里出现在右边。我们感兴趣的问题是，在经历这么多次刺激呈现后，婴儿对某一刺激的注视时间是否显著长于另一个。如果确实如此，则说明婴儿确实对该刺激显示出偏好。更进一步，如果婴儿表现出偏好，那么我们就可以下结论认为婴儿能够分辨两个刺激。这个推理很简单：在能够分辨的基础上，婴儿才可能展现出偏好。如果婴儿感知到的刺激是一样的，那么就不会出现注视一个刺激的时间系统长于另一个的现象。

偏好法已经被广泛地应用到视觉刺激的研究中。比如，婴儿是否能分辨图案刺激和相应的非图案刺激（如牛的眼睛和普通的圆）、有色刺激和无颜色刺激、物体的二维形象刺激和三维形象刺激、新异刺激和熟悉刺激、母亲的面孔和陌生人的面孔，等等。这种方法不仅提供有关于婴儿分辨能力的信息，而且也涉及先前介绍的第二个一般性问题——知觉偏好。假设我们能得出新生儿注视图案刺激的时间要长于非图案刺激（研究已得到此结果），那么这一结论告诉我们的不仅是婴儿具有分辨图案—非图案刺激的能力，而且还有婴儿的偏好：他们不只是看到了图案结构，而且更偏好有图案的刺激。

偏好法的优点在于它容易反应并且应用广泛。当然，这个方法也有其局限性，如很难说明婴儿是如何分辨的。如果婴儿表现出偏好，那么我们知道它们能够分辨出刺激间的不同，但是我们却未必能够知道做出分辨所使用的信息是什么。围绕着这个问题，其中的一个尝试是将刺激设计成只有某一方面不同，如一个是两维的圆周、而另一个是相同的三维的球体。如果在只有某一方面不同的情况下，婴儿仍表现出偏好，那么可以推测他们是依据这些方面进行判断的。

另外一个可行的方法是，不仅记录婴儿看哪个刺激，还要记录他们精确注视的位置。现代红外线摄影技术的发展，使获取精确的眼部运动和眼睛注视点成为可能，这些信息能够为我们了解"如何分辨"打下基础。除了应用偏好法，眼动记录（eye-movement recording）还成为研究早期视觉发展的有效工具（Feng，2011）。图 12-2 是记录眼部运动的典型系统示意图。

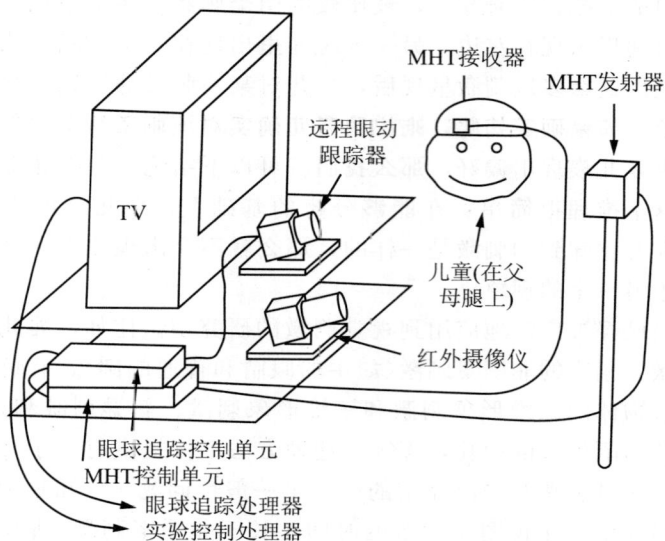

图 12-2 供婴儿使用的眼部运动记录系统的示意图

来源："Automated Corneal-Reflection Eye Tracking in Infancy: Methodological Developments and Applications to Cognition", by R. N. Aslin and B. McMurray (2004), Infancy, 6, p. 159. Copyright 2004 by John Wiley and Sons.

　　偏好法主要局限在于无法解释否定的结果。假设婴儿并没有表现出偏好，那么原因可能有多种。最简单的例子，婴儿出现了反应偏好，也就是，只是或主要看其中一边的刺激。很多小婴儿确实表现出对位置的偏好——通常更喜欢右边（Acredolo & Hake, 1982）。因为在刺激呈现过程中对位置进行了平衡，那么一致的位置偏好会导致对每个刺激有着相同的注视时间，这样就不会出现注视时间的差异。因为这种情况并不复杂，因此反应偏好十分容易被识别，也不会对婴儿能力做出错误的判断。然而，由于位置偏好，婴儿是否能够分辨刺激依然没有得到解决。

　　举一个更复杂的例子，婴儿没有表现出位置偏好，但他把注意力平均分配给了两个刺激。这有可能是因为婴儿不能分辨刺激间的区别；正如前面所说，分辨是偏好的基础。然而，这并不是唯一的解释，因为还存在另一种可能性：也许婴儿能分辨两个刺激，但是并不对其中任何一个感兴趣。正如弗拉维尔指出的，"偏好在逻辑上意味着分辨，但分辨在逻辑上却并不意味着偏好"（Flavell, 1985）。这就是偏好法在解释上模棱两可之处：否定的结果也许意味着不能分辨，或者简单地说就是没有偏好。

虽然偏好法在视觉研究中能提供详细而精确的信息，但是在其他知觉通道的研究中，婴儿自然发生的偏好也提供了很多信息。婴儿对某些气味露出痛苦的表情，而对其他气味却是积极的反应，这样的事实为婴儿具有分辨不同气味的能力提供了证据（e.g.，Steiner，1979），同样，他们接受某些食物而拒绝另一些食物也说明婴儿能够分辨各种各样的味道（e.g.，Rosenstein & Oster，1988）。

（二）习惯化—去习惯化

假想如下事件，你进入一个陌生的房间，清晰地听到时钟响亮的嘀嗒声。你坐下来看了一会儿书，就不再注意嘀嗒声了。如果时钟停了，你又会马上注意到这个变化。

这个事件说明了三个互相关联的、重要的心理过程。当一个新刺激出现，很多有机体包括人类，会表现出定位反应（orienting response）。由各种相关反应组合而成的定位反应，其目的是分配给小事件最大的注意。这些反应包括暂时中断当前行为、感受器指向新刺激以及一些特有的生理改变（如心跳速率减缓）。这一系列行为虽简单却具适应性意义，因为它们表现了有机体能够注意并自动化加工环境中出现的新刺激。

如果引起定位反应的刺激持续存在，就像闹钟的嘀嗒声，那最终定位反应会削弱，甚至消失。对重复刺激的定位反应慢慢削弱的现象，叫作习惯化。习惯化，也是一个具有适应性意义的过程，一旦刺激熟悉了，就不需要再给予它密切的注意。

最后，如果有机体已经习惯化的刺激发生了改变，又会怎样呢，就像闹钟嘀嗒声消失了？已经习惯化的刺激如果改变则会重新引起有机体的注意。这种注意恢复的现象，叫作去习惯化。去习惯化也具有适应性意义，当刺激改变时，就需要对新改变重新定位。

从本章内容可能猜测得到，刚才描述的三种现象在婴儿身上都能找到。婴儿研究中最常见的因变量是心跳速率的改变：心跳速率减缓暗示着发生了定位反应；心跳速率改变很小或者没有改变暗示着发生了习惯化。本章前面介绍的其他两种反应也可作为实验指标。当测量吮吸时，婴儿吮吸一个有线的特制奶嘴。吮吸中断表示发生了定位反应；持续、不间断地吮吸表示发生了习惯化。当测量注视时，指标是对刺激的总注视时间；最初高度集中的注意暗示着定位反应，而注视时间的减少意味着习惯化。

如何在婴儿知觉研究中利用这些反应？最简单地，定位反应可以用来回答探测的问题：婴儿能够觉察刺激吗？很明显，如果刺激处于某一感觉通道的阈限之下，那么它就不可能被定位。虽然这点显而易见，但是作为觉察指标的行为通常都相当细微，尤其当婴儿对刺激没有做出任何外在反应时，其生理反应表明他们已经觉察到了刺激。

假设我们感兴趣的不仅是对单个刺激的探测，还有对两个刺激的分辨。此时，可以用事件的习惯化—去习惯化来探测。假如我们想知道婴儿是否能分辨两个听觉刺激，如"pa"音和"ba"音。我们所能做的是，反复给婴儿呈现"pa"音直到它被习惯化。当下一个"pa"音应正常出现时，我们用"ba"音取代。如果婴儿对"ba"音去习惯化，我们知道婴儿能够分辨这两个音之间的差别。

这个例子告诉我们，相比于偏好法，习惯化的范式有明显的优点，即适用范围更广。偏好法不能真正地应用到听觉知觉中，因为很难用同时呈现两个声音的方法来考察婴儿更爱听哪个。然而，呈现单个声音直到对它的反应消失，再接着呈现另一个与其在某方面不同的声音，这样的操作简单易行。在任何感官下，这种对比都是可能的。实际上，习惯化在各个知觉通道的研究中都有所应用。

习惯化范式的另一个优点是，它给予研究者足够的灵活度，可以研究很多不只是分辨或者未分辨的问题，在下一部分婴儿认知发展的讨论中会列举一些例子。在这里，我将介绍它在知觉发展中的经典问题之一——知觉恒常性研究中的应用情况。

图 12-3 是考察新生儿大小恒常性的程序示意图（Slater，Mattock，& Brown，1990）。刺激是两个立方体，其中一个的大小是另一个的两倍。首先，婴儿接受一系列的习惯化处理：在不同的距离处给婴儿呈现其中一个立方体，如较小的立方体在距婴儿 23cm、53cm 和 38cm 处依次循环呈现。在测试阶段，两个立方体同时呈现，大立方体与婴儿的距离是小立方体的两倍。图 12-3 的下半部分是从婴儿的视角得到的图像。图像表明这两个立方体在视网膜上的成像是等大的。所以，问题就是婴儿对其中一个立方体的注视是否比另一个长。

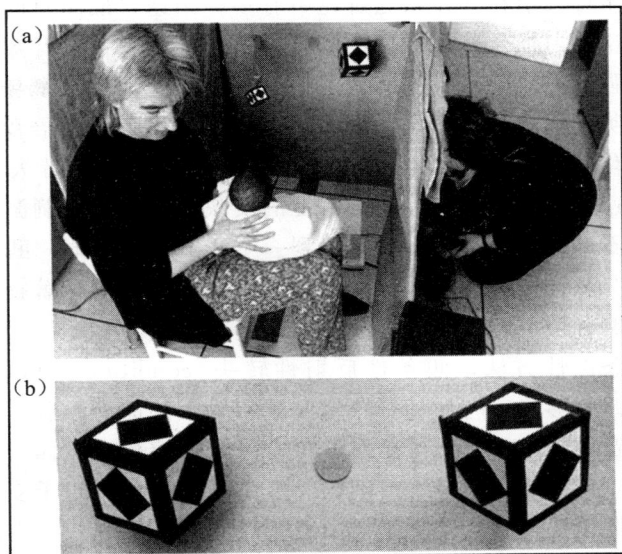

图 12-3 测查新生儿大小恒常性的程序
上半部分(a)显示的是实验设置；下半部分(b)展现的是实验材料

来源："Size Constancy at Birth：Newborn Infants' Responses to Retinal and Real Size"，by A. Slater，A. Mattock，and E. Brown，1990，Journal of Experimental Child Psychology，49，pp. 317-318. Copyright © 1990.

答案是肯定的，所有的婴儿对之前未出现过的立方体有更长的注视时间。显然，他们对原来的立方体习惯化了，然后发现它不如新的立方体有趣。值得注意的是，只有满足了以下两个条件，即只有在第一阶段婴儿能在立方体位置改变的情况下，觉察到其大小不变；且在第二阶段婴儿能在两个立方体的视网膜成像的知觉能力相同的情况下，意识到两个立方体的差异，婴儿才能做出此行为反应。因此结论是，即使是新生儿也有一定大小恒常性的知觉能力。

(三)条件反射

习惯化可以被看成是一种学习方式——学习不再对熟悉的刺激进行反应。而在这个部分，我们将介绍另一种基本的学习方式，那就是在强化的作用下学习重复某一个反应。强化结果的学习，叫作操作性条件反射(operant conditioning)。

操作性条件反射在婴儿知觉研究中有多种用途，最简单的应用有点儿类似刚才讨论的习惯化—去习惯化范式。列举一个它在语音知觉问题中的应用。我们强化一个婴儿吮吸奶嘴的行为，婴儿吮吸的速率与强化的速率相关。婴儿吮吸得越快，强化的频率就越高。强化由一个语音组成，"ba"音。起初强化非常有效，婴儿快速地吮吸着。最后"ba"音失去了它的魔力，吮吸的速率降低了。这是婴儿饱足的反映，随着强化刺激的重复出现其价值也在不断消耗。当吮吸反应达到一个很低的水平时，我们更换了强化刺激，用"pa"音代替了"ba"音。如果吮吸反应的速率显著提高，我们就知道婴儿能够分辨"pa"音和"ba"音。

第二类条件性方法，叫条件反射性转头（conditioned head turning），它利用了婴儿能够将反应与某一特定刺激相联系的能力。假想我们在婴儿的右边发出音调，起初婴儿可能对这个声音进行定位；然而，如果这个音调反复呈现，定位反应会最终被削弱。但是，如果我们给予婴儿一个强化会怎样呢？假想婴儿每次转头对音调进行反应时会出现一个有趣的视觉刺激，如一系列的闪光灯或者一个玩偶。在这种情况下，转头反应会依然强烈。那么，这时音调就成为反应的一个信号或者判别刺激（discriminative stimulus）：婴儿一听到声音，就会转向右方以期待强化。一旦这种联系建立，判别刺激可以根据不同实验目的被改变，从而考察婴儿的听觉能力。我们可以改变音调的强度或者频率以考察婴儿听觉的阈限；或者我们可以呈现两个不同的刺激，其中只有一个与强化相联系。如果婴儿能够分辨两个刺激。那么他只会对其中的一个刺激产生转头反应。

最后一个以条件性为基础的方法利用了泛化现象。泛化（generalization）是指一种倾向，即对某一刺激形成特定反应后在相似刺激上也会表现出该反应。因为泛化的程度由原先刺激和新刺激之间的相似度决定，所以我们可以用泛化来探测两个刺激（视觉或听觉）之间的相似程度。

这个方法在大小恒常性的研究中得到应用（Bower，1966）。它的基本原理和一般途径有点儿类似于研究恒常性的习惯化范式：建立对某一刺激的反应，然后考察对相关刺激的反应。然而在这里，我们首先让婴儿对特定大小的刺激形成条件性反应，然后考察婴儿对相同大小或者视网膜成像等大的刺激的泛化。所以，它的预测与习惯化范式下的截然相反：最强烈的反应发生在与原先相同的刺激上，而非不同的刺激上。这个方法表明了在人生早期就出现了某种程度的知觉恒常性。

（四）视崖

最后一个方法，相比于之前介绍的，其适用的范围要窄得多。视崖（visual cliff）由沃克和吉布森（Walk & Gibson，1961）发展而来，是为了回答一个特定问题而设计的：婴儿是否能够知觉深度？这里讨论的是深度知觉的特定形式对落差或者崖的知觉。比如，如果婴儿倚在床边、凝视着地板，他能知觉到落差吗？这是具有理论价值和实践意义的问题。

图 12-4 所展示的就是视崖。如图所示，视崖由一个中间被木板分开的玻璃表面的桌子组成。通常，木板两旁的玻璃下铺着黑白格子的图案。其中一边的图案就在玻璃桌面下，因此会产生结实表面的知觉，这边叫"浅边"。另一边的图案离玻璃桌面有几米远，所以会引起跌落或者崖的知觉，这边叫"深边"。实验一般将婴儿以爬行的姿势放在桌子中央开始，然后母亲分别先后走向桌子的两边，鼓励婴儿爬过玻璃。我们感兴趣的是婴儿是否会做出不同的反应：婴儿是否会爬过浅边，但拒绝爬过深边？如果这样，那么我们可以推断婴儿具有深度知觉。

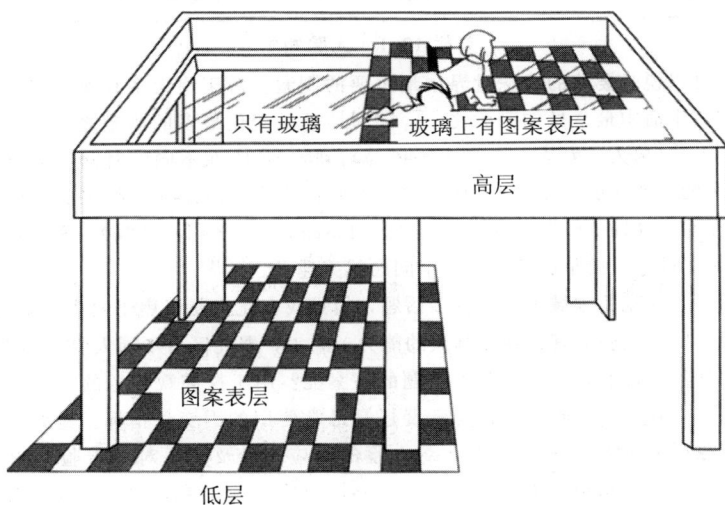

图 12-4　考察深度知觉的视崖装置

来源："A Comparative and Analytic Study of Visual Depth Perception", by R. D. Walk and E. J. Gibson，1961，Psychological Monographs，75（15，Whole No. 519)，p. 8. Copyright © 1961 by the American Psychological Association.

257

此类考察反映出 6 个月的婴儿有能力（虽然不是总是）成功避免深边，从而证明其具备一定的知觉深度能力（Bertenthal & Campos，1990）。6 个月以下的婴儿不适用于以上方法，因为这个方法依赖于婴儿的爬行能力。因此，经典的视崖测试不能告诉我们深度知觉始于何时。为了考察更小的婴儿，其替代方法是，将婴儿放置于视崖上让他可以看到视崖不同的两边，并测量婴儿的反应。研究者通常测量记录婴儿的哭喊反应和心跳速率的改变。研究者采用这样的方法发现，年仅两个月的婴儿对视崖两边有不同的反应，说明婴儿具有一定的分辨深浅表面的能力。然而，他们并未表现出对深边的恐惧反应，所以他们知觉深度的能力还不是确定的（Bertenthal & Campos，1990）。

视崖并不是唯一考察婴儿深度知觉的程序。其他测量方法还有婴儿对不同距离物体的趋近行为（e.g.，Granrud & Yonas，1984）和对快速接近或者逼近物体的回避行为（e.g.，Yonas，1981）。实际上，这里关于婴儿知觉的介绍只是这个快速发展的大领域的冰山一角。更全面的讨论可以参见科尔曼与奥特伯（Kellman & Arterberry，2006）和萨弗朗、沃克尔与维尔纳（Saffran，Werker，& Werner，2006）等人的文献资料。

专栏 12.1　人脸知觉

人脸可以说是婴儿的视觉世界中最重要的刺激。对于绝大多数婴儿来说，人脸也是他们在生活中最常见的刺激之一。同时，也是变化最多的刺激之一，因为人脸有不同的形式（男人、女人、老人、小孩等），同一张脸在不同的时间也会有不同的样子（快乐的、悲伤的、正的、歪的等）。因此，婴儿如何知觉人脸也成为研究者关注已久的问题（Bruce & Young，2012；Pascalis & Kelly，2009；Slater et al.，2010）。而父母甚至更早就开始对这个问题感兴趣了。

虽然人脸知觉的领域中包含许多话题，但是我在此主要聚焦于两个一般性问题。第一，婴儿区分人脸和其他视觉刺激的能力；第二，婴儿区分不同人脸的能力。

我们如何通过实验得到这两个问题的答案呢？用于探究视知觉的一般方法也可以用于探究人脸知觉。而注视行为无疑还是最常使用的因变量指标。比如，我们可以使用范兹视觉偏好法来比较婴儿对人脸的反应，以及婴儿对非人脸刺激的反应（e.g.，Valenza，Simion，Cassia，& Umilta，1996），或者我们可以使婴儿对一个人脸习惯化，然后测试他们对其他人脸是否发生去习惯化（e.g.，Cohen & Cashon，2001）。也可以使用工具性条件反射。例如，我们可以用人脸作为吮吸行为的强化物，看是否某些人脸刺激（如母亲的脸）比另一些人脸刺激可以达到更好的强化效果（e.g.，Wlton，Bower，& Bower，1992；答案是"是"）。最后，生理测量也可以运用于人脸知觉研究中。专栏 4.1 就描述了这样的例子：使用功能性核磁共振比较对人

脸和其他视觉刺激的加工过程的差异（Passorotti et al.，2003）。

在这个领域中，挑战之一是选择一个可以提供丰富信息的因变量，另一个则是保证婴儿对人脸本身进行反应。我们说这也是一个挑战的原因是，人脸中包含了许多已经被证明会吸引婴儿注意力的元素（如对比度、弧度、运动）；因此，婴儿的反应有可能是受这些因素的影响，而不是对人脸本身产生的反应。

虽然很复杂，但是一些研究发现已经被公认。在 3 个月时，婴儿就能够分辨人脸和非人脸刺激（匹配了对比度、弧度等维度），也能够分辨不同的人脸刺激。他们不仅能够分辨，还会对人脸刺激（相比于非人脸刺激）和特定的人脸刺激（尤其是母亲的人脸）产生偏好。有意思的是，相比于其他人脸，他们还会对有吸引力的人脸产生偏好（综述和某些解释见 Ramsey-Rennels & Langlois，2007）。

小于 3 个月的婴儿的情况就不清晰了。但是，最近的研究发现了一些也很吸引人的证据：刚出生几天甚至几个小时的婴儿，就已经初步展现出了以上的能力和偏好。

图 12-5 展现了研究以上问题使用的刺激。这个刺激不是静态呈现的，而是以运动的形式穿过婴儿的视野，然后测量婴儿是否转动眼睛或者头部去追踪这个刺激。研究问题是，人脸形的图形是否比其他目标刺激更加有吸引力。如图所示，答案是肯定的：婴儿，甚至一些刚出生几分钟的婴儿，更多地追踪那些人脸形的图形（Johnson，Ddziurawiec，Elis，& Mrton，1991）。自约翰逊（Johnson）等人以后，又有许多研究发现新生儿对人脸刺激的偏好，包括使用范兹视觉偏好法得到的结果（这是用静态而非动态地呈现，如 Mondloch et al.，1999）。同时，越来越多的研究证明，确实是人脸本身，而不是其他因素，导致了婴儿的这种反应偏向。

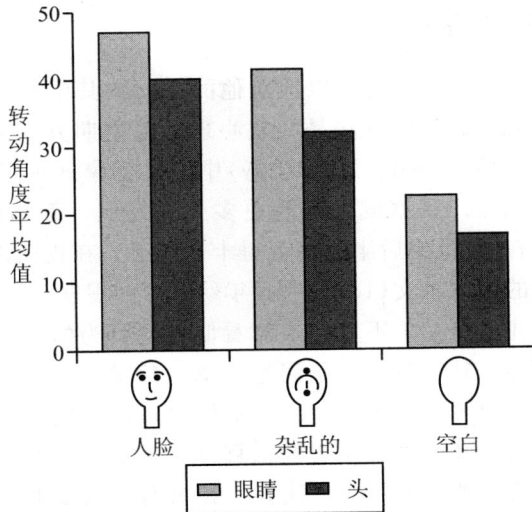

图 12-5　约翰逊等人对新生儿运动物体追踪倾向研究的结果和刺激材料

续表

新生儿偏好人脸的发现令大多数婴儿研究者都感到惊讶。更令人惊讶的是，新生儿不仅注意到了人脸，而且还可以辨认自己母亲的脸，这个结论已经被几个使用不同方法的研究所证实(e.g.，Bushnell，2001；Sai，2005；Walton et al.，1992)。虽然新生儿的辨认能力在许多方面都比大婴儿受到更多限制，但是他们甚至在刚有几个小时的经验之后就能够在一定程度上辨认出母亲的面孔，这的确算得上是婴儿最令人印象深刻的成就之一。

三、婴儿认知发展

多年以来，皮亚杰的理论和研究方法(Piaget，1951，1952，1954)统治着婴儿认知发展的研究。然而，现在的情况不再如此——皮亚杰研究的各种局限变得越来越明显，于是有了新的研究问题和程序。虽然这样，皮亚杰式的研究在我们所了解的婴儿认知中仍然是重要的贡献。我们的讨论将以皮亚杰为开端。

（一）皮亚杰的研究

皮亚杰对婴儿发展的结论是以他对他的儿女在其生命头两到三年生活的观察研究为基础的。他的方法是儿童心理学最早期方法之一——婴儿传记的扩展。在婴儿传记(baby biography)中，科学家式的父母对其孩子的发展进行细致的观察。观察成为得到更多人类发展一般结论的数据来源。这样的研究方法在19世纪后半时期变得十分流行。在皮亚杰工作之前，此类研究中最有名的是达尔文(1877)对其年幼儿子的观察。

皮亚杰对婴儿的研究，不仅仅是对看似有趣行为的简单集结。其工作始终贯穿理论指导：其总目的就是回答基本的哲学问题，如空间、时间和因果关系等概念的起源。它所包含的也不仅仅是对自然发生行为的简单观察。实际上，自然主义的观察需要数以百计小时的仔细观察。但是，皮亚杰用一些小实验持续地补充观察。比如，如果有一天皮亚杰对女儿面对障碍的反应感兴趣，他没必要等障碍物出现在女儿面前，相反他可以将一个枕头放置在他女儿及其喜欢的玩偶中间，然后记录她对这一挑战的反应。

皮亚杰的观察以婴儿行为的原始记录为总结，所以如果不引用其中一些行为的原始记录，就无法更好地传达出皮亚杰研究的成果。表12-2中就是婴儿对因果关系原则逐渐掌握的一些原始记录。这是自然发生和实验引导下的综合产物，也是直接描述和解释性评估的交融。

表 12-2　关于婴儿对因果关系理解的皮亚杰原始记录的举例

第 128 次观察
劳伦 3 个月 12 天的时候（就在他表现出抓住可见物体能力的几天后），一个转转乐和挂在转转乐上的一根绳索出现在他的摇篮上方……从绳索和转转乐的角度看，实验结果完全不理想：劳伦不会自己拉扯绳索。当把绳索放在他手里，他碰巧摇摆了小手，听到了响声。于是他接着挥动手臂却丢掉了绳索。但是从另一个角度看，劳伦似乎很快建立了手臂运动和转转乐声响之间的联系。因为他偶然的手部运动引起了转转乐的震响，所以他就继续空着手挥动，同时看着转转乐，挥得越来越剧烈……
第 134 次观察
7 个月 7 天的劳伦注意集中地看着我。当我用手指敲打一个 15cm×20cm 大的罐头盒的时候，盒子就放在劳伦面前的垫子上，在他所能触及范围的 2cm 外。我停止敲打后，就把手放在离他 5cm 处。与此同时，他却看着、不动。只要我敲打，劳伦就会开心地笑。当我停下来，他就注视着我的手一会儿，然后快速地过来检查盒子，接着看着它，拍拍手，用双手挥舞告别、摇头、弯身等。简而言之，用尽了所有他认为的魔法。而我的手放在他眼前，他连续抓住它、摇晃它、敲打它等。但他就不把手放回盒子，虽然那很容易。同样他也不会尝试着发现特定的方法以调整手的运动。
第 157 观察
1 岁 6 个月 8 天的杰奎琳坐在床上，她母亲就在旁边。我在她对面的床脚。她既看不见我，也不知道我在屋里。我挥舞着藤条，藤条的一端是一把刷子。杰奎琳对此有很大的兴趣，她说，"藤条、藤条"，并积极地注意着它。在某一时刻，她不看了，很显然她尝试去理解。然后她试着探究藤条的另一端。为了达到这个目的，她转到母亲的前面、后面，直到看见了我。她没有表现出任何惊奇，就好像早已知道我是幕后推手……

来源："The Construction of Reality in the Child"（pp. 261，276，334），by J. Piaget，1954，New York：Basic Books. Copyright © 1954.

为了精练出皮亚杰方法的一般特征，将其与本章前面讨论的婴儿知觉研究作一番比较是非常有帮助的。它们存在很多不同。皮亚杰的研究在儿童自然环境下进行；知觉研究，正如我们看到的，几乎都限制在实验室场景里。皮亚杰的研究在本质上没有使用特别的工具。儿童和客体与日常环境中的人交互作用，唯一的记录工具就是作为父亲的皮亚杰。相反，知觉的研究十分依赖复杂的设备，如眼动摄像机和记录心电图的机器。皮亚杰的结论通过一个人类观察者的观察得出，而知觉研究中，自动记录已经普遍应用。最后，皮亚杰研究是纵向长期的，而婴儿知觉研究大部分采用横断设计。

为什么会出现这么多差异呢？这也许是研究内容和皮亚杰研究的某些特质共同作用的结果。正如我们在前面部分看到的，婴儿知觉研究关注的兴趣点决定了其不能采用在自然环境下观察评定的方法。我们难道能通过自然发生的、可观察的行为来判断婴儿是否会对一个后退客体形成大小不变或改变的知觉吗？反之，代表认知发展的行为通常在儿童与环境的自然交互下更易获得，特别是对于婴儿来说。表 12-2 所描述的婴儿对于因果关系的探索就是其中的一个例子。而我们将要简略介绍的客体概念的研究则是另一个例子。虽然这种区别并不是绝对的（正如知觉与认知在总体上的差异），但是认知功能相比于知觉功能更为外在、可视，特别是在婴儿时期。

造成差异的第二个原因是皮亚杰对研究方式的偏爱。皮亚杰婴儿研究的许多特点在以更大儿童为对象的研究中也存在。下一章会对此做更全面的阐述。这些特点包括，相比于严格的标准化、复杂的仪器和标准统计检验，更偏爱灵活的探索、使用简单熟悉的材料和对个人原始记录进行分析。而皮亚杰婴儿研究的这些特点也是由他工作的客观条件决定的。因为样本中只有三个被试，所以不太可能使用标准的统计检验。居家观察的环境对仪器的使用也有限制，而且当代研究的大部分技术工具在皮亚杰开始工作的时候并没有发明出来。

皮亚杰研究婴儿的方法有优点，也有不足。也许缺点更为明显：样本小、十分不随机。除了对观察数据的完全依赖外，皮亚杰没有对观察者之间的一致性程度做任何的检验。只有 3 个被试样本，也有可能在标准化、控制上存在不足。呈现结果的方式通常会混淆数据和结论之间的区别。另外，皮亚杰强调以外在动力行为来判定婴儿发展也许会导致对婴儿能力的低估。我们随后再谈这一论断。

皮亚杰的研究也有许多重要贡献。在第五章对探索性研究的讨论中，我们就以皮亚杰的工作作为一个早期的列子来说明灵活、以发现为定位的方法在儿童研究中的价值。在第六章对情境的探讨中，我们指出很少研究是在自然环境的情境下进行的，而皮亚杰的研究正是为我们提供了一个典型的自然情境的例子。也许没有更好的样例可以说明一个有经验的观察者的自然观察的价值。实际上，皮亚杰研究结果在其出版 70 年后依然影响着婴儿认知领域就足以证明它的生命力。

接下来我们转向客体概念的研究。客体概念（object concept）指的是，客体独立于我们与其的知觉接触而存在。客体不会因为我们看不见、听不见、感觉不到等而不存在。很难想象还有比这更基础的知识。然而，皮亚杰的研究发现，客体概念并不生来就有，而是在出生后的两年中逐渐发展而来的。婴儿需要经过一定顺序的发展阶段来掌握这个概念。这些结论有相当重要的理论和实践意义。这也是为何客体概念在后续的研究中受到的关注。我们感兴趣的是方法上的挑战，因此我们想了解皮亚杰或者其他人是如何考察婴儿是否了解客体？

正如所提到的，皮亚杰的观察是以个人原始记录的形式报告出来的。在客体概念的研究中，有 66 个这样的原始记录，大部分都采用了多重观察。表 12-3 中引用了其中的一小部分作为例子。而这些例子正是接下来几段内容要说明的一些要点。

表 12-3　关于婴儿对客体概念理解的皮亚杰原始记录的举例

第 2 次观察
……两个月 27 天的杰奎琳目不转睛地看着她的母亲。当她母亲离开视野后，她仍旧看着那个方向，直到母亲重新出现。 　　在劳伦两个月零 1 天的时候也对他进行了同样的观察。我透过摇篮的外罩看他。我时不时在大概固定的地方出现；我脱离他的视线后，他仍注视着那个地方，很显然他期待我能再次出现。
第 28 次观察
7 个月 28 天的杰奎琳尝试去抓她被子上的玩具鸭子。她几乎就要够着了，她摇晃了一下。鸭子就滑落到了她身边。鸭子现在离杰奎琳非常近，但它被被子的一角遮住了。杰奎琳的眼睛一直随着鸭子而运动着，她的手臂甚至一直朝鸭子的方向伸着。但是鸭子一旦消失后，就好像什么都没有了一样。杰奎琳并没有到被子后去搜寻鸭子，实际上这对于她很容易…… 　　接着，我将鸭子从它藏匿的地方取出，并把它放在杰奎琳的手边三次。每一次她都试图去抓住鸭子，但正当她快要碰着的时候，我又很明显地将鸭子放回了被子后。于是，杰奎琳立马收回了手，放弃了。第二次、第三次，我使她穿过被子、抓住了鸭子，她摇晃了鸭子一会儿，却没有将被子掀开。

续表

第 40 次观察
10 个月 18 天的杰奎琳坐在床垫上，没有任何东西打扰她或使她分心（没有床单等）。我从她手里拿走了鹦鹉，连续两次藏在了垫子下（在杰奎琳的左边，称为"A"）。每一次杰奎琳迅速地找到鹦鹉并抓住它。接着，我从她手里拿回了鹦鹉。在她面前缓慢地将它移动到相对应的右边垫子下（称为"B"）。杰奎琳集中注意地看着。当鹦鹉在 B 消失时，她转向了她的左边，看着鹦鹉曾经待过的地方（也就是 A 处）。   在接下来的四次尝试中，我都将鹦鹉藏在了 B 处（事先并没有将它放在 A 处）。每一次杰奎琳都很关注地看着，然而每次她都立刻去 A 处找寻鹦鹉……
第 55 次观察
1 岁 8 个月 8 天的杰奎琳坐在绿色的地毯上，玩着一个土豆。看上去她对土豆十分地感兴趣，因为对她来说，那是一个新的客体。她说着，"po-terre"，并通过把土豆放进、取出一个盒子来使自己开心。几天以来，她对这个游戏充满着热情。   在杰奎琳的关注下，我拿起土豆并把它放进了盒子里。接着，我将盒子放在了地毯下，将盒子顶部朝下。由于有地毯的遮蔽，杰奎琳并没有看到我做了什么。然后，我取出了空盒子。她也一直在关注着地毯，并知道我刚才在地毯下做了一些事情。于是，我对杰奎琳说，"给爸爸土豆吧！"她到盒子里找土豆，发现没有，就看看我，看看盒子，又看看地毯等。但她并没有掀起地毯，去找藏在下面的土豆。

来源："The Construction of Reality in the Child"（pp. 8, 39-40, 56, 75-76), by J. Piaget, 1954, New York：Basic Books. Copyright © 1954.

    皮亚杰对客体概念的研究以婴儿对消失客体的反应为中心。当然，在婴儿与客体的自然互动中，这种消失时常出现。一个玩具从高椅子或小床上掉落了。爸爸或妈妈离开了房间。婴儿环顾四周，再也看不到瓶子或妈妈了。除了这些自然发生的事件之外，研究者也可以很容易地设计出某些消失的场景。比如，作为爸爸的皮亚杰可以将一块手绢盖在玩具上，或者将玩具藏进手里，并转移到另外一个地方。从中，我们可以看到皮亚杰研究中的一个一般特点，这个特点前面也有所提及，即他所观察的行为是自然发生与实验引导的结合。

    最基本的问题是，当客体消失后，婴儿是否能意识到它依然存在。因为婴儿不能用语言告诉我们，所以我们必须选择一些能推知婴儿知识的、可观察的行为。而皮亚杰主要关注的是各种各样的搜索行为。婴儿是否会尝试着用眼睛去跟踪那些移出视野范围的客体呢？当玩具掉落时，她会前倾、盯着地板看吗？她会伸手拿走盖在玩具上的手绢吗？她会马上回到玩具遗落的地方，甚至她没有看到它已经好几分钟了。有很多行为可以表明婴儿是否知道客体仍然存在。在一个大范围中探测相关的行为，婴儿许多被强调的行为，尤其是那些更高级的行为，需要儿童自身的积极主动的反应，这也是皮亚杰研究的一大特色。

正如搜寻行为可以以不同的方式发生一样，我们也可以在不同情况下探索婴儿对客体消失的理解。不同的情况如婴儿自身行为导致的消失和外力导致的消失；客体完全消失的情况或部分可见的情况；客体完全消失但有听觉或触觉线索提示它存在的情况；客体隐藏的地方是否不止一个的情况，这种情况下，我们可以探讨儿童是否能追踪不仅是客体依然存在的事实，还有它所处的位置。从这些多种多样的问题中，我们可以看到皮亚杰研究的另一个特点，即强调使用不同种类的问题来研究各种认知能力的发展。这种对多问题、多方法的强调反映了一个重要的前提论断，即重要认知能力的习得，比如客体概念，并不是出现时就十分成熟的，相反，是通过一定阶段逐渐获得的。皮亚杰通过这些问题和行为以描绘出它们的发展阶段。

（二）新皮亚杰研究

皮亚杰睿智的工作给后来的研究者提供了广阔的空间。我研究伊始就直接受到了皮亚杰的影响，投身于验证皮亚杰研究结论的工作。而下面将阐述一些从本质上越来越偏离皮亚杰框架的当代研究。

正如你可能预期到的，当代对婴儿认知的工作和皮亚杰的研究有很多不同之处。当代大部分的研究（几乎是必须地），相对于皮亚杰，会选择更大、更具代表性的样本。除此之外，还有对标准化和实验控制的强调，而在皮亚杰的研究中很难发现这些特点。实验室实验对于婴儿认知研究来说是普遍的；居家研究变得稀少，真正的自然观察就更少了。实验室这一环境使得多种技术工具（如录像）成为可能，这对于皮亚杰的研究是很难实现的。总的来说，越来越多的现代研究在仍然保持以基础和发展形式的知识为焦点的同时，开始尝试着脱去皮亚杰最初研究的许多特质。

具体来说，后续工作最常见的动力来源于对皮亚杰评价技术的质疑。皮亚杰的观察和简单的实验是否能如实地描绘婴儿对世界的理解呢？有没有例子表明皮亚杰错误估计了婴儿真正的能力呢？特别是，由于皮亚杰强调外在动力行为，而低估了婴儿能力的例子呢？比如，婴儿十分清楚地知道客体仍然存在，但就是不能做到皮亚杰所要求的积极搜索行为。这种情况是可能的。

有没有其他的方法可以考察婴儿对客体的理解？最有益的莫过于期待—冲突范式（violation-of-expectation method）：如果一些自然法则很明显地被违背了，如客体永久性原则，婴儿会如何反应。比如，某客体魔术般地消失了，或者某固体看上去穿过了另一个固体，你肯定会对此感到迷惑或者惊奇。如果婴儿也出现了如此的反应，就证明了即使在没有搜索行为的情况下婴儿也具备客体永久性的知识。

巴亚热昂（Baillargeon，1987）的研究给我们提供了一个例子。巴亚热昂使用了在本章前面描述过的习惯化—去习惯化范式。婴儿（3 个月、4 个月）首先将看到如图 12-6 顶部描绘的事件，也就是，一个像吊桥一样可180°转动的屏风。虽然这事件起初很有趣，但最终婴儿注视的时间会减少，这反映出婴儿对重复出现刺激的习惯化。此时，一个木盒子直接放在了屏风行进的路线上（参见图 12-6 底部）。正如图所示，屏风开始转动时盒子是可见的，但当屏风转动到最大高度时盒子就不可见了。

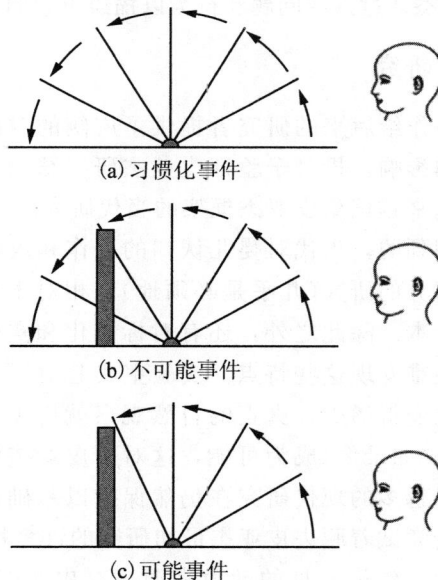

(a)习惯化事件

(b)不可能事件

(c)可能事件

图 12-6　巴亚热昂对客体永久性的考察
婴儿首先对事件习惯化（a）之后测量对不可能事件（b）或者可能事件（c）的反应

来源：改编自"Object Permanence in 3.5-and 4.5-Month-Old Infants"，by R. Baillargeon，1987，Developmental Psychology，23，p. 656. Copyright © 1987 by the American Psychological Association.

　　对两种实验条件进行比较。在可能事件条件下，屏风转动到盒子时将停止——这是理所当然的，因为固体客体在行进路线上的存在。在不可能事件条件下，当屏风转动到与盒子接触时，它竟然继续向前（其实存在一个隐藏的平台，使得盒子可以移出）！问题是，婴儿是否对这两个事件有不同的反应——特别是，它们是否会对其中的一个事件更去习惯化？答案正如你我预期的。当屏风停止在与盒子接触之时，婴儿的兴趣依旧保持低水平；然而，当屏风似乎穿过了盒子所占据的区域时，注视时间显著增长。对此最合理的解释是，婴儿意识到了盒子肯定依然存在，因此当屏风穿过它的时候婴儿会感到惊奇。

　　吊桥方法成为研究婴儿对客体永久性理解的众多精巧程序的先锋。巴亚热昂的研究项目也继续考察了婴儿对客体以不同方式从视野里消失的理解（Baillargeon，2004；Baillargeon，Li，Ng，& Yuan，2009）。一些研究考察了对封闭事件的反应，也就是，在这个情况下，一个客体阻挡了另一客体的视野。而吊桥研究是此类研究中的一个例子。其他研究探讨了对包含事件（一个客体消失在另一客体内）和遮蔽事件（遮蔽物落在客体上）的理解。在每种情况下，都设置了对客体永久性的明显违背。比如，一个客体消失在一个容器里，但是当移出遮盖物时容器是空的。而且在每种情况下，年仅几个月大的婴儿就能对明显的冲突进行反应。必须指出，这些研究并不能证明婴儿具备完善的能力，他们还需要克服一些限制，并取得发展性的进步。然而，相比于皮亚杰的研究，婴儿确实更早地表现出对客体永久性的理解。

　　正如所指出的，期待—冲突范式在许多能力的研究中都有所应用。而这些并不包含在皮亚杰的研究中。图 12-7 和图 12-8 展示了两个例子。图 12-7 所描绘的程序是，通过对可能事件和不可能事件反应的比较（球神奇地悬浮在空中），来考察婴儿对重力和支持力原则的理解。6 个月大的婴儿注视不一致结果的时间要长于一致结果，这说明婴儿对我们所考察的原则有一定的理解。图 12-8 展示的是，婴儿对简单形式加减法理解的实验。5 个月大的婴儿，相比于可能结果，对不可能结果的出现的反应要强烈得多。这再一次表明婴儿具备一些基本的早期理解。而婴儿对数存在怎样的理解已经成为当代研究中十分活跃的话题（Clearfield & Westfahl，2006；McCrink & Wynn，2009；Slater，Bremner，Johnson，& Hayes，2011）。

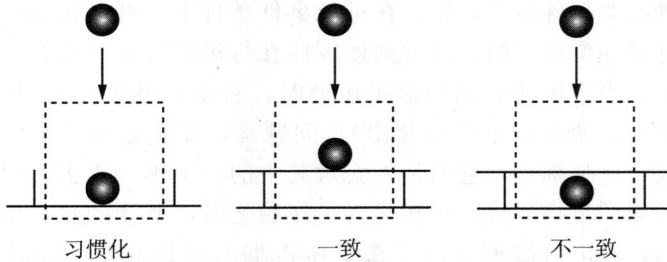

图 12-7 史培基(Spelke)等的婴儿对客体运动和重力理解研究中的一致性和不一致性

注：婴儿首先对图左方的事件习惯化：一个球从幕后下落。当屏幕移出的时候，球在地上。接着，在球行进的路线上安置一个桌子，球再次从幕后下落。屏幕移出后，显示出球在桌上（一致性结果）或者在地上（不一致结果）。

来源："Origins of Knowledge", by E. Spelke, K. Breinlinger, J. Macomber, and K. Jacobson, 1992, Psychological Review, 99, pp. 611-612. Copyright © 1992 by the American Psychological Association.

续发事件：1+1=1 or 2

1.物体被放在箱子中   2.屏幕起来 3.第二个物体加进去   4.空手离开

然后：   (a)可能的结果   或者   (b)不可能结果

5.屏幕落下   6.出现两个物体   5.屏幕落下   6.出现一个物体

续发事件：2-1=1 or 2

1.物体被放在箱子中   2.屏幕起来   3.空手进去   4.拿走一个物体

然后：   (a)可能的结果   或者   (b)不可能结果

5.屏幕落下   6.出现一个物体   5.屏幕落下   6.出现两个物体

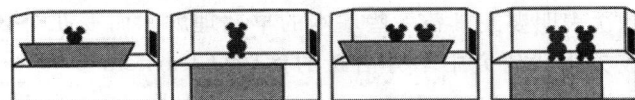

图 12-8 怀恩(Wynn)对婴儿数能力研究中的可能和不可能结果

来源："Addition and Subtraction by Human Infants", by K. Wynn, 1992, Nature, 358, p. 749. Copyright © 1992 by Macmillan Magazines Ltd.

虽然从这样的研究中得出了很多积极的结论，但是必须指出的是，并不是所有以婴儿为对象的研究者都相信婴儿的知识或能力如同一些研究者声称得那么多。某些实验结果仍然不被肯定。要设计一个对结果有唯一解释而排除其他一切可能解释的实验是非常困难的；而且有时当实验受到质疑时，往往也相当于获得了对结果的新解释（e.g., Bogartz, Shinskey, & Schilling, 2000; Cohen & Marks, 2002; Rivera, Wakely, & Langer, 1999）。另外一个饱受争议的问题是对实验结果的解释——尤其是，大量的研究都将注视时间作为唯一被测量的因变量，但是婴儿注视时间的增加在多大程度上归功于其掌握的知识呢（Aslin, 2007; Cohen, 2009; Kagan, 2008; Oakes, 2010）？然而，必须强调的是每个人都同意，相比于皮亚杰的研究，确实发现婴儿对世界有更多的理解。只是由于婴儿的特殊性质，我们不能确定理解的程度究竟是多少。

刚才讨论的种种很难穷尽婴儿认知能力的研究，将在第十三章中进一步讨论各个领域下的婴儿认知。

四、婴儿社会性发展

如同知觉和认知，婴儿时期的社会性发展也是一个大主题。首先将从婴儿社会性通常如何被研究以及当中的一些普遍性要点开始。接着将主要关注婴儿社会性发展研究中最流行的两个主题：依恋（attachment）和气质（temperament）。

在新主题和本章已经介绍过的主题之间做一个比较是有益的。它们有相同之处，同时也存在差异。一方面，婴儿社会性发展的研究者与婴儿知觉或认知的研究者要面临同样的问题。特别是，婴儿是非言语的、顽抗的研究被试，非常难以招募，研究开始之后又非常难以保持。另一方面，很多使知觉或认知研究者苦恼的"问题行为"不再是问题，因为此时这是我们感兴趣的反应。在实验情景中，当母亲尝试离开婴儿的时候，婴儿会不会开始哭泣？婴儿是否会只把注意力指向母亲而拒绝对陌生成人发出的刺激做出反应？婴儿在一些研究中使人厌烦的行为，也许正是社会性发展的研究者所找寻的。

还有其他的不同之处。正如我们所看到的，婴儿的认知研究和大部分新皮亚杰式的关于婴儿认知的研究，主要是实验室实验。然而，社会性发展的研究包括了很多在自然情景下进行的实验——在婴儿的家里。即使使用实验室，相比于其他的婴儿研究，也会尽量使其环境接近于自然情景。玩偶和图画书更可能使实验环境看起来更自然、而不是录像机或者心电图的机器。当然，测试的环境对于婴儿来说依然是一个陌生的房间，并不是他们所熟悉的家，他们能清楚地意识到。但是，实际上，研究结论表明，我们感兴趣的婴儿面对各种问题时的反应——比如，母亲离开后的哭泣、面对生人的不安，在实验室情景下更显著。

社会性发展的研究和知觉或认知的研究还有两个不同之处。第一个不同来源于"社会性"这个词。我们现在感兴趣的是与其他人发生互动的婴儿，而不是处于隔离环境下的婴儿。而最常被研究的"其他人"是婴儿的母亲。近些年来，在一些研究项目中，父亲也成为一个主要的角色。有时也研究婴儿与其他儿童的互动作用，特别是当婴儿刚学会走路的时候（大概18个月至24个月大）。通常，我们会比较婴儿对熟人的反应和对生人的反应——而所谓的"生人"，就是婴儿之前从未遇见过的人。

第二个不同在于测量工具。知觉的研究主要依赖于对反应的自动记录。虽然皮亚杰的研究是观察式的，但是最近对婴儿认知的研究也渐渐转向了自动记录的方向——比如，对眼部运动和心跳速率的测量。而社会性发展的研究则十分依赖观察者的观察评定。对观察评定的依赖是由研究的目的所决定的，即识别自然发生的、具有社会意义的反应单元——"笑""哭""寻求接触"和"抵抗"等。一些技术手段可以起到辅助作用，但是观察者仍然是必不可少的。

（一）依恋

我们现在转向依恋（attachment）的研究。依恋是一个宽泛的概念，它包含了婴儿社会性发展的许多现象。依恋参考核心的意义是，"第一次感情关系"：婴儿和父母形成的强烈情感结合。我们感兴趣的是，这种结合是怎样产生的，一些婴儿发展的依恋为何更令人不满意。

从方法学的视角来看，依恋研究提出了几大挑战。第一个问题关注"判断依恋是否存在的行为"。"依恋"，如同"客体概念""深度知觉"，或者任何一个我们感兴趣的现象，并不是快速获得的；实际上，依恋是一个通过各种相关行为推断而来的更高水平的概念。对依恋最早的系统研究以分离焦虑（separation distress）为主——所谓分离焦虑是指，当婴儿与依恋客体分离时表现出不安焦虑的倾向。比如，当母亲离开房间或夜晚被独自留在小床里时，婴儿会哭吗？分离焦虑作为依恋的测量方法，具有巨大的直觉魅力；我们可以预期，已经与另一个人建立情感联结的婴儿，相比于尚未形成联结的婴儿，更可能会抗拒分离。而且，作为依恋测量的方法，分离焦虑表现出一定的发展过程：分离焦虑在婴儿出生几个月并不存在，但稳定地出现在 6～12 个月的某个时段。

越来越多的近期研究在保留分离焦虑作为有效测量指标的同时也增添了其他一些行为指标作为辅助。这些附加行为包含了一些更为积极的方面。通过这些方面，婴儿可以传达出它与父母的依恋正在逐步地建立。婴儿是否更乐意朝母亲笑或牙牙学语？这些差别性反应虽然并不是充分发展的依恋，但它通常被认为是向成熟依恋发展中的一个阶段。母亲在场的情况下，婴儿是否会感到更安全、更能够去下决心探索新事物或者与生人打交道？哈洛（Harlow，1958）在对幼猴的研究中首次强调了将母亲作为安全感基地的能力；而这种能力在人类婴儿中也同样重要。当母亲进入房间后婴儿会不会活跃起来、卷入问候或者接触引出的行为？总之，婴儿看上去是否喜欢母亲的出现？母亲在场时，婴儿会不会做各种事情使她靠近自己？当母亲离开时，婴儿又会不会想尽办法让她回来？依恋有多种行为表现，而且视情景、发展水平和儿童个体而不同；然而，在有依恋客体存在时，这些行为都体现出愉悦和安全感的特点。

决定研究哪些行为是研究过程中的一个步骤。另一个重要步骤是，如何获取关于这些行为的证据。怎样得出一个婴儿反对与母亲分离；相比于生人对熟人反应更积极；将母亲作为安全感基地；或者其他一切与依恋有关的行为？对于这个问题，一般采用三种方法（回忆表 4-3）：我们可以询问了解孩子的人，一般是父母（父母报告法）；可以在孩子家里观察其行为（自然观察法）；或者可以设计出实验室情景以引出某些令人感兴趣的行为（结构化实验室法）。最后一种方法在依恋研究中使用最广。所以接下来的话题将从此展开。

玛丽·安斯沃斯（Mary Ainsworth）及其同事们创造了依恋研究领域最有影响力的测量方法（其实也称得上是在所有发展心理学领域中最有影响力的测量方法）。安斯沃斯、比利汗、沃特斯和沃尔（Ainsworth，Blehar，Waters，& Wall，1978）设计了一个名为陌生情境（strange situation）的程序。在陌生情境程序中有 3 个参与者：母亲、陌生人（成年女性）和婴儿。实验程序在一个大学里进行，它对于婴儿和母亲都是不熟悉的，因此它是一个"实验室"，而不是自然情境。然而，实验室的环境被布置得很舒适，甚至像个游戏室。里面有供成人使用的椅子和杂志，墙上有明亮的图画，室内还有很多供婴儿玩耍的玩具。此外，这个房间还有一个特点：可以通过单向玻璃秘密地观察房内的情况。母亲对此是知晓的，然而婴儿却不知情。因此，婴儿的行为不会受到观察者的影响。

陌生情境实验依次包括了 8 个阶段，如表 12-4 所示。通过这 8 个阶段，母亲的行为在很大程度上（虽然不是全部）得以被控制。但是，作为研究焦点的婴儿行为是不受控的。正如表 12-4 所描述的，设计这 8 个阶段是为了引导出各种各样的依恋行为。在婴儿与母亲分离之前和之后，婴儿独处和陌生人在场这些不同的情境下，我们将观察婴儿和母亲的互动。同时，婴儿和陌生人的互动也会被观察。因此，我们就可以比较婴儿对母亲和陌生人反应的相同点和不同点。这个过程中包含分离阶段和重聚阶段；当母亲离开后，婴儿有时独处，有时与陌生人在一起。总之，陌生情境实验尝试在 20 分钟内引起高比例的、研究依恋所使用的情境和行为。

表 12-4　陌生情境法各阶段的总结

阶段代号	出现的人物	持续的时间	对活动的简单描述
1	母亲、婴儿和观察者	30 秒	观察者介绍母亲和婴儿到实验室，接着离开
2	母亲和婴儿	3 分钟	母亲并不介入婴儿的探索；如果需要，可以玩耍两分钟后开始
3	陌生人、母亲和婴儿	3 分钟	陌生人进入。第 1 分钟：陌生人保持沉默；第 2 分钟：陌生人与母亲交谈；第 3 分钟：陌生人靠近婴儿。3 分钟后母亲悄悄地离开
4	陌生人和婴儿	3 分钟或更少[a]	第一个分离阶段。陌生人的行为配合婴儿的行为
5	母亲和婴儿	3 分钟或更多[b]	第一个重聚阶段。母亲问候并/或安慰婴儿，尝试使孩子安定下来，重新玩耍。接着母亲离开，并说"拜拜"
6	婴儿	3 分钟或更少[a]	第二个分离阶段
7	陌生人和婴儿	3 分钟或更少[a]	紧接着第二个分离阶段。陌生人进入并使其行为与婴儿行为相配合

阶段代号	出现的人物	持续的时间	对活动的简单描述
8	母亲和婴儿	3分钟	第二个重聚阶段。母亲进入，问候婴儿并将其抱起。同时陌生人悄悄离开

注：a. 如果婴儿过度焦虑的话，时间可以缩减；

　　b. 如果婴儿需要更多的时间恢复到玩耍的状态，时间可以延长.

来源："Patterns of Attachment"（p. 37），by M. D. S. Ainsworth，M. C. Blehar，E. Waters，& S. Wall，1978，Hillsdale，NJ：Lawrence Erlbaum. Copyright © 1978 by Lawrence Erlbaum Associates，Inc.

安斯沃斯等人（1978）的测量来自于对婴儿行为的直接观察。他们使用了三种水平的评分。在最细微的水平，主要是记录特定的、具体的行为。比如，行为的类别有哭、笑、发出声音和运动等。第二种水平是关于相互作用的行为，总共有6类：接近和接触寻求、接触保持、抵抗、回避、搜寻和远距离的相互作用。这个水平的计分，相比于之前需要更多解释（如"抵抗"与"哭"）；第二水平进一步的不同体现在，计分类别的性质是外显社会化的。

大部分研究中最重要的是第三个水平的评分。它包括对婴儿和母亲之间的依恋关系做一个定性的分类。主要分为四个类别。其中，最具适应性的是B型（安全依恋型，securely attached），这是一种安全、令人满意的依恋。B型婴儿在母亲在场时会表现得最开心，当母亲离开时会不安；然而，婴儿并不会因为母亲不在身边而感到十分惊愕。总体上，婴儿对持续累积的压力（如陌生的环境、陌生人、母亲的来来去去等）还是适应良好的。其他两种类型的依恋更不安全和令人不满意。A型（回避型，avoidant）婴儿在与母亲分离或重聚时几乎不表现不安或愉悦，而且这类型婴儿对母亲和陌生人的反应相对差异很小。C型（抵抗型，resistant）婴儿看上去更不安和生气。在与母亲分离时，这类型婴儿表现出强烈的焦虑；当与母亲重聚时，会积极地抵制母亲或者以一种矛盾的方式回应她，也许是缠住母亲或推开母亲。最后，D型（紊乱型，disorganized）是另一种不安全依恋。它的典型特征是，既有回避又有抵抗，与母亲重聚时表现出困惑和不安。

正如描述所表明的，陌生情境法引导出了大量与依恋有关的行为。结构化实验室评定的最大优点就在于会产生丰富的行为；相比于自然观察和访谈，这个方法更经济和直接。然而它也有不足之处，主要表现在不具备其他两种方法（父母报告法和自然观察法）的优点——在自然情境下聚焦于行为。另外，它对某些人群的适用性也有待商榷，对此我持保留意见。

陌生情境法的主要替代程序被称为依恋 Q 分类（attachment Q-Set），它是由埃弗雷特·沃特斯（Everett Waters）及其同事发展而来的（Waters，1995；Waters & Deane，1985）。依恋 Q 分类或者 AQS 是评估个人差异时采用的普遍方法之一，而这种方法就是 Q 分类法。AQS 由 90 道题目组成，它们描述的婴儿行为或特点与依恋有关。表 12-5 就列举了其中的一些题目。值得注意的是，这些题目在某些情况下，肯定回答意味着令人满意的依恋（如表中前几个题目）；而在另外一些情况下，反向回答才是令人满意的依恋（如表中最后两道题目）。如同任何一个 Q 分类，AQS 也涉及对题目所属类别的连续分配。评价儿童的人首先要将 90 道题目粗略地分为 3 类：对儿童的描述、不是对儿童的描述、不置可否。接着，评估者又要将每大类再细分成 3 小类，每个小类有 10 道题目。最后形成一个关于婴儿特点的水平列表，依次包括从最典型的 10 道题目到最不典型的 10 道题目。这样排列的信息给儿童的依恋评定提供了总体的描述。

表 12-5　依恋 Q 分类的题目举例

题目代号	描　述
1	儿童乐意与母亲分享，或者如果母亲要求，儿童会让母亲保存东西
11	在没有母亲要求的情况下，儿童也会常常拥抱她
21	当儿童在房子周围玩耍时，也会常常注意母亲的位置； 儿童会时不时叫母亲；注意到她从一个房间到另一个房间
71	如果在母亲的怀里，儿童会停止哭泣并很快地从惊吓或不安中恢复
73	儿童有抱着的玩具或安全毯，他会四处携带着； 当儿童上床睡觉或者不安时，也是如此
76	如果给予选择，儿童宁愿跟玩具玩，也不跟大人玩
79	儿童很容易对母亲生气
81	儿童大哭以此要求母亲做他想要她做的事情

来源："The Attachment Q-Set（Version 3.0）"，by E. Waters，1995，Monographs of the Society for Research in Child Development，60（2-3，Serial No. 244），pp. 236-246. Copyright © 1995 by the Society for Research in Child Development.

我指出的替代实验室实验的方法是家庭观察或者父母访谈。AQS 有助于任何一种方法的数据收集工作。在一些情况中，受过训练的观察者在家里待上几个小时，并对母亲—婴儿的交互作用进行观察；在另一些情况中，母亲自己完成 AQS 任务。分别来自母亲和观察者的 AQS 评定虽然并不是完全契合，但通常是正相关的（Waters & Deane，1985）。AQS 评定也与陌生情境法得到的依恋分类呈正相关；然而相比于母亲，当受过训练的观察者给予评定时，这个相关会更显著（van IJzendoorn，Vereijken，Bakermanns-Kraneburg，& Riksen-Walraven，2004）。

陌生情境法和依恋 Q 分类法的目的都是评价个体依恋的差异。一旦我们知道这种差异的存在，接着我们想要发现哪些更多的东西呢？也就是，除了基本的评估以外，哪种更深入的研究是令人感兴趣的呢？两个比较宽泛的问题无疑很重要。

第一个问题是关于起源的问题——这些差异源自于哪儿？依恋的研究者以各种方式探讨了这个问题。以安斯沃思的一些研究为开端（Ainsworth et al.，1978），也许最常见的方法是，识别不同依恋类型儿童的父母养育行为。儿童养育研究是这一领域最重要的，也是最具方法学挑战性的问题之一，所以我们将在第十四章中做详细阐述。就目前而言，我很认可育儿研究所得出的主要结论：被安斯沃思称为敏感—回应的教养方式（sensitive-responsive parenting），是安全依恋的主要预测因素。那些对宝宝发出的信号很敏感，并对宝宝的需要做出快速回应的父母，最有可能与自己的孩子建立安全依恋关系（Belsky & Pasco Fearon，2008；De Wolff & van IJzendoorn，1977）。

另外一个可能的方法是跨文化研究——探讨不同的依恋类型随不同文化背景而变化的程度，特别是那些背景，即有别于常被研究的西方文化的婴儿经历。虽然在依恋类型上存在一些普遍的文化差异，但是其解释仍具争议性（van IJzendoorn & Sagi，2008）。最后，除了从经验上探寻依恋的由来，研究者还尝试从生物层面来解释问题。被认为最具影响力的生物因素就是下部分将要介绍的概念：气质的先天差异。研究表明，气质确实与依恋有关，但是对于这种相关程度有多大以及为什么会出现这一状况尚存在争论（Kagan，1998；Vaughn & Bost，1999）。但很显然的是，个体的依恋差异不能仅简单地用气质来解释（Vaughn，Boston，& van IJzendoorn，2008）。

除了了解由来问题之外，我们也想要知道早期依恋关系会带来的结果。婴儿期依恋的质量能否预测儿童后期的发展？要回答这个问题，我们需要进行纵向研究，从婴儿期开始追踪一组被试直至儿童晚期。现在有大量这样的研究，它们表明早期依恋和后期社会性与认知功能有着各种联系（Berlin，Cassidy，& Appleyard，2008；Thompson，2008）。以下列出了部分已被证明能够预测未来认知功能发展的因素：友谊和同伴关系，社会能力，情绪理解和情绪调节、自尊、问题解决能力和学校表现，以及成年后的亲密关系。从最后一项影响因素也可以看出，有些研究的追踪年限很长，在类似的研究中最长的追踪到了 28 岁（Sroufe，Egeland，Carlson，& Collins，2005）。然而，正如从婴儿期做出的其他预测一样，早期依恋和后期评估之间的联系并非完美。但是无论怎样，现有的证据和很多理论家的主张是一致的，即令人满意的早期依恋可以使个体以最优化的路线开始发展。

依恋研究已经持续了将近 50 年，而现在仍然是该领域最活跃的研究话题之一。甚至有一本杂志在专门关注这个话题：《依恋与人类发展》（Attachment and Human Development）。

专栏 12.2　依恋和婴儿日托

近几十年来，美国社会面临众多严峻挑战，其中之一就是，越来越多的家庭成为双职工家庭。与此相对应的改变就是，离家在托儿所度过每天的婴儿和幼儿的数量也在稳定地增加。

这样的社会变迁引发出了一些重要的问题，而发展研究对此也有话要说。出生后的头一年到两年离家在托儿所度过会有什么影响？各种各样的特定问题可以并且已经被考察。然而，最重要的也是最被热烈争论的问题就是，它给婴儿对父母的依恋可能带来的影响。在日托所的婴儿是否更可能发展出不安全的依恋呢？

这个问题其实没有简洁的答案。至少根据现有的证据，大部分考察过这个问题的研究者会给出否定的答案。迄今为止，关于这个问题的最大型的研究也给出了这个结论，而这个研究是由"儿童健康与人类发展的国家学会"（National Institute of Child Health and Human Development，NICHD)资助的，有 1300 多个家庭参与的纵向、多方位的研究（Friedman & Boyle，2008；NICHD，2004，2005，2006；在线网址：secc. rti. org）。NICHD 研究的结果复杂，得出了很多的结论，但对依恋的考察表明日托和家庭护理的婴儿没有显著的差异。引用这个研究其中的一个小结，"日托对婴儿—母亲的依恋关系并不构成威胁，但也没有好处"（NICHD，1997）。而大部分对此的研究也得出相同的结论，"看上去似乎大部分婴儿—母亲的依恋并没有受到定期的非母亲护理的影响"（Lamb，1998）。

另外，引用中"大部分"这个词的使用表明了争论依然存在。一些研究已经报告了有日托经验的婴儿不安全依恋的水平更高；而且，并不是所有的研究者都赞成"没有消极影响"的结论。特别是杰伊·贝尔斯基（Jay Belsky）认为，广泛的早期日托对儿童的发展有一定的风险，虽然并不是不可避免的（Belsky，2001，2007）。

经过数十年的研究之后，结论依然具有争论性这表明日托和依恋的问题是非常难以研究的，这主要涉及方法上的两大挑战。

一大挑战就是依恋评估问题。就像大部分的依恋研究，日托和依恋的大部分研究，使用的是陌生情境法。然而，一些研究质疑道，陌生情境法对于日托婴儿是否合适？因为这个方法主要是针对家庭养育的婴儿设计的(Clarke-Stewart，1989)。毕竟在日托所的婴儿经常在家庭之外的情境中经历与父母的分离。也许对于这些婴儿，陌生情境法并不足以引发想要测量的依恋行为。也就是，这个方法并没有达到我们预期的目的。（值得指出的是，在跨文化研究中也存在同样的问题。）

人们普遍认为陌生情境法有时并不是最理想的或者最充分的测量方式。然而，结论并没有因为这个方法而被否定。虽然难以完全确认，但是有证据表明，陌生情境法对日托和家庭护理的婴儿起着同样的作用(Friedman & Boyle，2008)。另外，关于日托和依恋普遍的相同结论——大部分是没有关系、只有偶然的例外，出现在用其他测量方式的研究中，如使用之前讨论过的依恋 Q 分类法(Belsky & Rovine，1990)。

评估的问题将矛头指向了研究的因变量。而方法上另一大挑战是围绕着自变量展开的。在这里的一个基本问题就是，日托和依恋的研究通常是"准实验"，而非"真实验"。也就是，没有人会对婴儿进行随机分配，更不用说控制婴儿经验等其他方面，而这些也许是非常重要的（如在日托所的时间、日托的质量、父母养育的质量等）。相反，研究者必须将这些当成是自然发生的。研究者能做的是尽量匹配被试，排除一些混淆因素，还有利用各种统计方法以评估每个潜在因素的独自影响。

从此类依恋研究中得出了一个相当明确的结论，那就是早期日托经验并非是一个不可避免的或者全面的风险因素。只有在与其他因素相结合之后才会发现消极影响，尤其是相对低水平的护理和相对不敏感的父母养育。正如贝尔斯基（Belsky，2001)指出，这个结论非常符合布朗芬布伦纳的关于在主体脉络研究中结果复杂性的论述（第六章有引用），也就是，在这样的研究中首要的效应很可能是交互作用。

虽然本文着重探讨依恋，但是依恋只是 NICHD 研究中被测量的众多因素之一；其他变量还包括如学业成绩、阅读、语言、社会能力、社会情绪调节、同伴关系和攻击性等。截至本文开始撰写时，基于这个研究的出版物已接近 250 种之多。就像依恋的研究结果一样，其他这些变量也没有受到日托经历的显著、一致的影响；当受到影响时，也是有时积极（如言语能力的提升），有时消极（如攻击性增加）。而且日托的影响力远比不上其他影响儿童发展的因素那么大。正如 Lamb 和 Ahnert (2006)在对非父母照料研究进行综述时提到的一句话："即便儿童被送进儿童护理机构，家庭的因素仍然是影响儿童发展的最主要因素。"

(二)气质

儿童气质领域的先驱工作来自由托马斯（Thomas）、切斯（Chess）和伯奇(Birch)所完成的纽约纵向研究(New York Longitudinal Study)中的一部分(Thomas & Chess，1977；Thomas，Chess，& Birch，1968)。因此，我们以一段这些研究者对其使用的"气质"的总结为开始：

气质也许指的是行为的方式。它不同于能力，能力指的是行为的含义及其程度。它也不同于动机，动机说明了个体做某件事情的原因。相反，气质关心个体行为表现的方式。气质可以等同于行为的风格。(Thomas & Chess，1977)

在外显的科学研究中，气质是一个相当新近的主题。然而，它背后的很多想法并不新鲜，因为这些想法反映的是很多父母长期以来持有的观念。儿童，甚至是同一个家庭里的孩子，通常在了解世界的方式上非常不同。一些儿童充满着能量，时刻处在活动的状态；另一些儿童更平静，喜欢从事一些安静的活动。一些儿童能保持注意力集中相对长的时间，坚持直到结束；另一些儿童则很容易分心，注意力更可能从一个活动转移到另一个活动。这些风格也许会推广到不同的情境和行为中，而且还可能跨时间保持一致性，即行为风格在婴儿期出现，并且被保持着直到他们长大。此外，这些行为风格在婴儿期就出现，至少说明其部分可能来自生物遗传，而非环境影响。

正如所提到的，托马斯、切斯和伯奇最先开始对气质的研究，他们的工作成为后续研究和理论的开端。托马斯等人确定了气质的 9 个维度，每个维度都采用 3 点计分的方式。表 12-6 呈现并简单描述了这 9 个维度。

表 12-6　在纽约纵向研究中确定的气质维度

1. 活动水平：在某儿童机能中的动力成分和日常活动与非活动时间的比例。在洗澡、吃饭、玩耍、穿衣和操作中关于运动的原始记录，还有关于睡眠—觉醒循环、伸手、爬行和走路等信息都被用于这个维度的计分
2. 节律性：任何机能的时间的可预测性和/或不可预测性。这可以通过对睡眠—觉醒循环、饥饿、喂食方式和排便时间表进行分析
3. 主动或退缩：对新刺激最初反应的性质，如新食物、新玩具或者陌生人。主动反应是积极的，无论是情绪表达(微笑、言语等)或是动力行为(吞咽新食物、接近新玩偶、积极的玩耍等)。退缩反应是消极的，无论是情绪表达(哭泣、大惊小怪、露出痛苦的表情、言语等)或是动力行为(离开、吐出新食物、丢开新玩偶等)
4. 适应性：对新的或者改变的刺激的反应。它并不关心最初反应的性质，而是灵活地根据所需的方向做出适当的修改

续表

5. 反应阈限：对于所有的特定反应形式或感觉通道，引发一个可辨别的反应所需要的刺激强度水平。所利用的行为包括对感觉刺激、环境客体和社会接触等的反应
6. 反应的强度：反应的能量水平，包括其质量和方向
7. 情绪的质量：舒适、快乐和友好行为的数量，与此相对的是不舒适、哭泣和不友好行为的数量
8. 分心程度：受外来环境刺激干扰或者改变正在进行活动的程度
9. 注意跨度和持久性：这两类是彼此相关的。注意跨度是指儿童从事某个活动的时间长度。持久性是指当面对困难时，能坚持目标、继续活动的程度

另外，一些对气质定义的版本通常都会包含这 9 个维度中的大部分内容，虽然同时也会加入其他的方面。比如，巴斯和普罗明（Buss & Plomin，1984）强调情绪性、活动性和社交性；卡根（Kagan）及其同事（e. g.，Kagan，Reznick，& Gibbons，1989）则着重于早期出现的抑制性行为模式；罗斯巴特（Rothbart，1986）则认为反应性，自我调节，以及对积极情绪和消极情绪的进一步区分是重点。

托马斯等人（1968）是如何获取有关气质的证据的呢？其实，不仅对于托马斯等人还包括其他大部分的气质研究，这个问题的答案都是一样的，那就是通过询问儿童的父母来了解儿童的气质。在纽约纵向研究中，主要的数据来自于对儿童父母的访谈。访谈包括一系列情境，在这些情境下婴儿的气质也许会表现得更为明显。比如，父母要回答的问题包括婴儿睡眠和饮食的习惯；当遇上陌生人或者看医生时，婴儿的典型表现；婴儿洗漱、换衣服、穿衣服时的反应等。为了使得报告更准确，研究者尝试把问题和具体的情境与近期的行为相联系。此外，研究者还要尽量让父母描述婴儿的行为（如"他吐出了米饭"，而不是"他讨厌米饭"）。

访谈是引导父母报告的一种方法。除此之外，普遍使用的还有问卷法。在问卷法中，口头反应被书面反应所取代。书面反应也可以采取多种不同的方式；其中最简单也是最常见的是，在一个顺序量表中选择最适合被试的描述。表 12-7 展示的是罗斯巴特在研究中使用的问卷的部分题目。要求母亲根据宝宝近一周的表现来进行评定。需要提醒的是，这只是一个示例，完整的问卷包括 14 个量表，191 道题目。

表 12-7 《婴儿行为问卷(修订版)》的题目举例

			反应选项			
1	2	3	4	5	6	7
从不	很少	一半以下的时间	一半的时间	一半以上的时间	很频繁	总是

气质量表	题目样例
接近	当给宝宝一个玩具时,宝宝表现出非常兴奋的频率
言语反应	当给宝宝穿衣服或脱衣服的时候,宝宝咿呀学语或说话的频率
高愉悦	在玩躲猫猫游戏的时候,宝宝发笑的频率
活跃水平	当宝宝被放到浴缸里时,宝宝拍打或踢溅水花的频率
知觉敏感度	宝宝注意到布料摩擦声音的频率
行动受限时的焦虑	当被背在背上时,宝宝挣扎不安的频率
害怕	宝宝受到突然或很大的声音的惊吓的频率
令人想拥抱的	当被拥抱或拍抚时,宝宝表现出喜欢或享受的频率

来源:改编自"Studying Infant Temperament via the Revised Infant Behavior Questionnaire",by M. A. Garstein and M. K. Rothbart,2003,Infant Behavior and Development,26,2003,p. 72. Copyright 2003 by Elsevier.

无论是访谈或是问卷,由这些方法所得的数据只是对行为的言语报告,而并非对行为的直接观察。即使父母报告法的有效性被认可,还是需要直接观察以对可以推测气质的行为的辅助。表 12-8 就提供了由这样测量所得项目的一个样例,即采用高士和罗斯巴特(Goldsmith & Rothbart,1991,1992)发展的实验室气质评定成套测验(laboratory temperament assessment battery),或 LAB-TAB。正如我们所看到的,LAB-TAB 呈现了各种的情节(其中一半总结在表里)。在不同的情节中,婴儿有不同的反应,从中可以测量出不同维度的差异,如活动水平、害怕程度和持久性等。最近的研究已改编出适用于家庭情景的 LAB-TAB 测验(Gagne,van Hulle,Aksan,Essex,& Goldsmith,2011)。

表 12-8 实验室气质评定成套测验的项目举例

害怕情节
机械狗穿过桌子跑向儿童
男性陌生人接近儿童并把他抱起
生气倾向情节
在儿童玩玩具时稍微限制他们的手臂活动
非常吸引人的玩具放在玻璃屏障后面
愉悦情节
在非社会性情境下对声光的反应
改编的躲猫猫游戏：妈妈的脸出现在不同的门后
兴趣/持久性情节
玩积木时的任务定位
注意重复呈现的幻灯片
活动情节
在装满大橡胶球的围栏里活动
自由玩耍时的运动行为

来源："Contemporary Instruments for Assessing Early Temperament by Question-naire and in the Laboratory"（p. 264），by H. H. Goldsmith and M. K. Rothbart. In J. Strehan and A. Angleitner（Eds.），Explorations in temperament：International perspectives on theory and measurement（pp. 249-272），New York：Plenum Press.

现在我们从工具转向研究问题，而这也是发明工具的目的。气质研究的问题就如同依恋的研究，即由来和结果问题。气质从何而来，早期气质的差异对儿童后来发展的影响是什么？

关于气质由来的讨论一般以生物的作用为焦点。大部分对测量气质的兴趣来源于一种可能性，即这些测量可能得出儿童间的基因上的差异。这些差异在父母做出社会化努力之前出现，而且对儿童最终的社会化有一定的作用。

各方证据表明，气质是部分地以基因为基础的。个体差异在社会化起作用之前就出现的事实可以说明这一点。在纽约纵向研究中，差异在婴儿两个月大时（样本中最小的被试）就很明显。其他研究证明了在初生之时就存在个体差异，包括类似气质等品质的差异（Wachs，Pollitt，Cueto，& Jacoby，2004）。实际上，胎儿在妊娠期 32 周时的反应已经可以预测婴儿气质的某些方面（Dipietro，Ghera，& Costigan，2008）。无疑，在发展中差异越早出现，就越可能是基因的作用。

基因和气质的关系也是行为遗传学（behavior genetics）所研究的问题。本书将在第十三章中，在针对个体智力差异而引起的遗传—环境之争的背景下，对行为遗传学的方法进行更为详细的阐述。在这里较为简单地介绍一下以行为遗传学的视角来研究气质的最重要的方法，即双生子研究。也就是，比较同卵和异卵这两类双生子的差异。这个方法的逻辑很简单：如果基因对发展的某些方面是重要的，那么同卵双生子（100%的基因是相同的），相比于异卵双生子（50%的基因是相同的），应该有更多相似之处（Saudino，2009）。实际上，这正是气质研究所发现的：大量研究在其报告的结果上是一致的，即气质在同卵双生子中更具相似性（Saudino，2009）。这种更大的相似性最早在婴儿 3 个月时就很明显，并且一直保持到整个孩童时期，而且对于不同的气质维度、采用不同的气质测量工具得到的结果也是如此。

双生子研究对于气质研究中第二个普遍问题起到起承转合的作用。双生子研究表明，基因对气质影响很大，但却不能成为个体差异的唯一解释。同卵双生子在气质上相近，但并不是完全相同。因此同卵双生子的任何差异必然是环境影响的结果。所以，气质并不完全由基因决定，环境也有一定的作用。

气质的另一类研究也得出了"环境同样重要"的结论，即气质随儿童发展的稳定性研究。个体在气质上的早期差异随着时间推移而保持稳定吗？为了回答这个问题，我们需要一个长期追踪同一组被试的纵向研究。正如托马斯等人（1968）的项目名称所显示的，纵向分析从一开始就成为气质研究的一部分。而这个研究的一般结论是气质表现出跨时间的稳定性，而且这种稳定性只是一定程度上的（Roberts & DelVecchio，2000；Rothbarts & Bates，2006）。此外，早期气质确实对后续发展有影响，具体来说是一种倾向性，即害羞的儿童会依旧腼腆，易怒的小孩依然常常生气等。但这只是一种倾向，并非全然如此。发展通常依赖于生物和经验的相互作用。比如，一个易怒、难以应付的婴儿如果接受了耐心而敏感的照顾，那么早期的困难并不一定能预测以后的问题。

近年来气质已成为被广泛讨论的概念，因此也成果丰富（e.g.，Kagan & Fox，2006；Rothbarts，2011；Rothbart & Bates，2006）。由于目前介绍的方法只强调对婴儿气质的测量，所以必须指出，也有很多针对儿童晚期甚至是成人的气质评定工具(e. g. ，McClowry，1995；Putnam & Roth-bart，2006)。实际上，依恋研究也存在这种情况。相比于气质，依恋更是传统的婴儿领域的问题，但是近些年来依恋研究也扩展到了儿童和成人领域(e. g. ，Crowell，Fraley，& Shaver，2008；Roisman et al. ，2007)。

小　结

本章以婴儿研究所面临的挑战为开端，讨论了三个普遍问题。第一，寻找和保留婴儿被试。婴儿被试很难招募，而且其流失率也是各类研究中最高的。第二，状态对婴儿行为的影响。婴儿的唤醒状态是其对环境反应的重要影响因素；而且婴儿在大部分时间里的状态是不适宜做出最佳反应的(如睡意和痛苦状态)。第三，反应测量。婴儿不会说话，更小的婴儿的动力技能也很有限，所以我们必须有相当精巧的设计才能找出可推断婴儿对世界经验的反应。我们介绍了三种被证明能够提供大量信息的反应系统，即视觉注视、吮吸和生理反应。

接着讨论转向了年龄比较的问题。当研究以婴儿为对象时，横断设计和纵向设计的很多问题都减少了。并且，由于婴儿期快速的变化又提出了测量等值性问题，即在不同的年龄阶段，找出在心理上等值的反应。

本章第一个具体问题是婴儿知觉。我们介绍了四种研究知觉的方法。偏爱法指向视觉分辨问题：呈现两个视觉刺激，对刺激在注视时间上的差异成为婴儿能够分辨它们的证据。习惯化—去习惯化范式适用的范围很广，它可以应用到任何知觉通道中。首先对其中一个刺激习惯化，接着对另一个刺激去习惯化，这样的反应模式意味着婴儿能够分辨。条件反射在婴儿知觉的研究中也有各种各样的应用。其中包括饱足即强化物效力的恢复是分辨的信号，条件反射性转头，泛化。最后，视崖是为了研究一个相当有趣的理论问题而设计的，即婴儿的深度知觉。

皮亚杰的工作在婴儿认知的研究中处于主要地位。皮亚杰的研究与婴儿知觉的研究在许多方面存在不同，主要是皮亚杰更强调对婴儿能力的自然观察和灵活的、以发现为定位的探索。客体概念是皮亚杰所研究的知识的基本形式之一，即客体独立于瞬时的知觉接触而永久存在的知识。对此皮亚杰的研究方法主要集中在婴儿对消失客体的搜索行为上；各种形式的搜索和消失状况得到了考察。

客体概念也是新皮亚杰研究中最为流行的主题。越来越多的新近研究，相比于皮亚杰的工作，更严格控制，也更为标准化，使用更多的实验室情境和自动记录的反应。特别的兴趣是，建立于较少动力需求的方法对儿童表现的评估效果。给予信息特别丰富的方法是期待—冲突范式，即婴儿对明显违背自然法则的现象进行反应时，测量其注视时间。

社会性发展研究相比于知觉或认知的大部分工作更不局限于实验室情境，其兴趣是婴儿与其他人的交互作用，更多的时候是母亲。其中特别关心依恋的发展。所谓依恋，是通过婴儿各种各样的行为表达出的其与养育者的情感结合。我们可以通过父母访谈、自然观察或结构化实验室评定来获得有关依恋的信息。依恋 Q 分类是前两种方法的一个例子，而陌生情境是最后一种方法的举例。使用这些方法的研究表明儿童依恋的质量存在重要的个体差异。有研究进一步考察了这些差异的由来及其对儿童后续发展的影响。

本章还包括了对气质的讨论。气质指的是一种行为风格，即在活动性水平、主动或退缩、分心程度等维度中所显示出的个体差异。我们通常会采用父母报告法来测量气质，虽然也有研究项目会结合观察法。同依恋研究一样，气质研究的一个基本问题是个体差异的由来，特别是基因在其中的作用。此外，也特别关注气质跨时间的稳定性问题，而这个问题主要是通过纵向设计的方式来研究。

练　习

1. 视敏度是指人们觉察和分辨视觉刺激的精准度。测查成人视敏度最常用方法是视力表。请你设想，如果你要测查一个小婴儿的视敏度，你会选用什么方法，如何进行？

2. 当代婴儿认知的研究者的主要目标是，设计出不像皮亚杰那样对动力需求如此苛刻的测量方法。本章所描述的巴亚热昂对客体永久性的研究，就是其中一个典型的例子。请使用与巴亚热昂类似的方法对婴儿因果关系的理解进行研究，你会设计出怎样的实验呢？

3. 假设你有至少一个 4~8 个月大的婴儿被试。设计并实施一系列适合这个年龄范围的客体概念任务（你可以从皮亚杰 1954 年发表的《*The Construction of Reality in the Child*》中获得特定的方法）。除了标准皮亚杰任务外，你还可以设计出如巴亚热昂一样研究的、对客体概念明显违背的任务，然后比较由这两种方法所得到的结果。

4. 表 12-3 展现了依恋 Q 分类法中 90 道题目中的 8 道。假设你有一个任务，需要为此类的测量编制题目，那么你还能想到哪些婴儿的行为或者特点与依恋评定相关呢？当你编制好题目之后，可以找出依恋 Q 分类的全套题目（其版本来源在本章中已给出），进而比较你的想法和实际测验题目之间的差异。

5. 假设至少有一个或几个婴儿父母可以参与你的实验。你可以使用任意一个相关的测量工具，比如本章所讨论的《婴儿气质问卷》（如表 12-4），或者史拉巴克（Slabach）等在综述中介绍的其他工具。如果你有几个父母与你一起工作，你也许可以对不同的测量方法进行一番比较。此外，你必须以标准化的方式实施你的实验，做完之后，请家长描述一下这个方法在多大程度上抓住了婴儿的特点。

第十三章 认知发展

　　我们可以使用多种方法对发展心理学的研究领域进行分类。在接下来的两章中，我们将采用一种最常见的分类方式。这种分类方式不可能包含发展心理学领域的所有主题，认知与社会性发展之间的界限也并不总是十分清晰。尽管如此，我们还是普遍采用这种方式。

　　本章涵盖了 5 节的内容。首先讨论了两种在儿童智力研究中最具有影响力的方法：皮亚杰的方法和智力测验或 IQ 测验法。其余几节关注的是目前认知发展研究中最热点的三个问题：记忆、心理理论和概念发展。

　　本章引用的研究涉及的年龄一般是 2～16 岁，也就是从婴儿后期到儿童期。在第十二章中我们讨论了皮亚杰研究婴儿认知的方法，在本章中我们将简要介绍其他一些研究方法。在第十五章中，我们将讨论一些关于老龄化的研究。

一、皮亚杰的方法

(一) 皮亚杰的研究

　　从第十二章中，我们可以看出皮亚杰在婴儿认知研究中的成果一直有很大的影响力，但是目前这种影响力已经日益减弱。同样地，皮亚杰对儿童后期的研究所使用的方法的影响力也在减弱。我们很难简要地总结这些研究，因为关于儿童期研究的文献要比婴儿研究多很多——皮亚杰及其同事出版了 25 本这方面的书，其他研究者也做了众多研究。本节的目标是列举一些核心主题的研究成果和重要的研究样例。更加全面的讨论可以参见弗拉维尔（1963），金斯伯格（Ginsburg）和奥博（Opper）（1988），巴亚（Voyat）（1982），以及米勒（Miller）（1982）的研究。

　　首先看一个例子。表 13-1 中记录了两个口头报告结果，它们来源于皮亚杰与斯哉梅斯卡（1952）的《儿童数量概念》（*The Child's Conception of Number*）一书。测查的概念是守恒（conservation），是指物体或物体集合的定量属性不会随着其外观形状的变化而变化的意识。守恒的主要形式是数量守恒。数量守恒是指在出现无关的外观形状变化时，我们能够意识到数量是没有变化的。口头报告表明，儿童开始并不理解守恒概念；他们总是直接参照外观形状来判断数量。因此，对于 4 岁的鲍勃来说，他显然会认为两排中更长的那一排包含的糖更多。

表 13-1　对皮亚杰的数量守恒任务反应的例子

> **Hoc（4；3）：** "来，想象一下在一间咖啡厅里有一些瓶子。你是一位服务生，你必须从橱柜中取一些玻璃杯。每个瓶子搭配一个玻璃杯。"将玻璃杯放到瓶子的对面并一一对齐。"它们的数目相同吗？是的。（接下来，瓶子被收拢在一起）玻璃杯与瓶子的数量相同吗？不。哪个更多？玻璃杯更多"，把瓶子放回玻璃杯的对面，接着将玻璃杯收拢在一起。"玻璃杯与瓶子的数量相同吗？不。哪个更多？瓶子更多。为什么瓶子更多？原本就是这样的。"
>
> **Boq（4；7）：** "这原本有一些糖，又放了一些。这里的 6 块是罗杰的。你要拿和他一样多的糖。（他将 10 块糖排成了紧凑的一行，这比罗杰的糖短）他们一样多吗？不一样。（加入几块）现在呢？是的。为什么？因为他们看起来一样（指长度）。（接着将样例中的 6 块糖的间距加大）谁的更多？罗杰。为什么？因为他的糖从这儿一直到那儿。我们怎么做才能使它们相等？多加几块糖（加 1 块）。（将 6 块糖紧凑的放在一起，而鲍勃的糖之间的间距却被加大）现在我的更多。"

来源："*The Child's Conception of number*"（pp. 44，75），by J. Piaget and A. Szeminska. New York：Humanities. Copyrights © 1952 by Humanities Press.

我们可以发现皮亚杰研究婴儿的方法与研究儿童后期的方法之间有一定的相似性。他关注的是基本的、在认识事物中起到核心作用的那些知识。正如实物概念反映了婴儿可以理解感觉运动世界，对于年龄大一点儿的儿童来说，理解守恒定律代表着他们拥有了更高级的思考形式。获得实物概念和理解守恒定律也有一些相似性。两者都反映了重要的恒定：世界中虽然有很多东西在变化，但总有一些方面未变化。在皮亚杰的整个学术生涯中，他始终对儿童在发展阶段中开始理解守恒的时间点感兴趣。"开始理解"反映了获得实物概念和理解守恒定律的另一种相似性：实物概念与守恒并不是一开始就有的，它们是在儿童的发展中逐渐达到的。皮亚杰的工作引人关注的原因之一是他总能发现那些儿童在特定时间段内不知道的内容，这些发现令我们惊讶。

除了内容相似外，实物概念与守恒的比较也揭示了它们在研究方法上的普遍相似性。皮亚杰并未使用完全标准化的研究方法，而是采用灵活的以发现为导向的方法来探索儿童的知识。皮亚杰主要用个案报告法来呈现他的研究结果，而不是采用组间平均数和统计检验的方法。

　　婴儿研究与儿童的研究有着重要的差异。一个最明显的差异就是样本量。据我们所知，皮亚杰的婴儿研究只限于他自己的三个孩子。而对儿童期的研究，样本则相当大，更具代表性。皮亚杰很少提供有关样本量或样本构成的精确的信息（虽然在《儿童早期逻辑发展》（*The Early Growth of Logic in the Child*）一书中报告的样本量为 2159 名）。所以，除了这种一般性的描述外，我们很难再知道更多的信息。皮亚杰不详细地描述其研究样本是他科学报告中常犯的错误。尽管如此，我们还是可以肯定地说，儿童期研究的样本量还是远大于婴儿研究样本量的。

　　样本的差异还带来了一些其他差异。皮亚杰的婴儿研究是纵向研究。而除了长时记忆研究以外（Piaget & Inhelder，1973），儿童后期的研究都是横断研究。同时，婴儿研究是被试内设计，也就是说三个婴儿都参加了研究者的所有研究，从而使研究者能探索每一个儿童发展中各个研究领域间的相互关系。儿童后期的研究显然都是被试间设计，之所以说"显然"是源于这样的事实，即皮亚杰也不能明确的断定某一特定的结论是基于被试内比较还是被试间比较得出的。一般情况下，被试间比较更难明确得出某一结论。

　　最后一点区别在于观察地点。婴儿研究都在家中进行，关注的是自然情景下发生的行为；而年长儿童的研究主要是在实验室中进行，观察任务是诱发的儿童反应。像《数字》（*Number*）这本书中报告的，研究程序更像是游戏而不是测验，成人与儿童的互动更像自发的交谈而不像学校中的问答。然而，这测量的是人为实验情景中由任务诱发出来的行为，而不是自发的认知活动。稍后我们将再次谈论这一问题。

　　我们有必要再举几个皮亚杰关于数量守恒任务的例子。除了数字领域，他也在其他许多定量领域研究守恒。的确，许多书都关注儿童早期、中期的认知发展，包括守恒测验。这些守恒研究涉及密度、重量、体积、长度、面积、距离、时间、速度、运动等。所有的研究都使用了同样的方法：按照某一定量维度同时呈现两个刺激，接下来将一个刺激的外观进行变化，使两个刺激量看起来不一样，然后问儿童刺激量现在是否一样或是有什么区别。所有结果都表现出从视觉非守恒到逻辑守恒的一致性发展过程。

　　守恒仅仅是皮亚杰和其同事们研究的众多概念之一。在此，我们再简要介绍另外两个重要的例子。一个是类包含（class inclusion），它是说一个亚类不能比其上位类包含更多的内容。例如，罂粟不能包含花，鸭子不能包含鸟。事实上，这两个问题包含在皮亚杰的分类研究中（Inhelder ＆ Piaget，1964；Piaget ＆ Szeminska，1952）。表 13-2 举了第三个例子。任务刺激是一系列的木珠，它们多数是褐色的，但其中有两个是白色的。6 岁贝斯的反应说明，像守恒概念一样，类包含概念也是一个基本概念，它不是开始就有的，而是发展而来的。

表 13-2 皮亚杰类包含任务的反应

> **Bis（6；8）**："那有更多的木制珠子还是棕色珠子？棕色的更多，因为有两颗白色的。白色的是木制的吗？是的。那棕色的呢？是的。那有更多的棕色珠子还是木制珠子？棕色的珠子更多。木制珠子做成的项链是什么颜色的？棕色和白色（这表明贝斯能够清楚地理解问题）。棕色珠子做成的项链是什么颜色的？棕色。哪一个更长一些，是木制珠子做成的项链还是棕色珠子做成的项链？棕色的。为我画出项链，好吗？（贝斯画了一连串的黑环代表棕色项链，一连串的黑环再加上两个白色的环代表木制的项链）很好。现在哪一个更长？是木制珠子做成的项链还是棕色珠子做成的项链？棕色的。"因此，尽管贝斯能够清楚地理解并能正确地描绘问题，但贝斯还是不能很好地解决木制珠子中包含棕色珠子这个问题。

来源："*The Child's Conception of Number*"（p. 164），by J. Piaget and A. Szeminska. New York：Humanities. Copyrights © 1952 by Humanities Press.

除了类概念之外，皮亚杰的研究还关注儿童对关系的理解。他特别感兴趣的是传递性（transitivity）关系的概念。传递性可以体现在如下序列推理过程中：在某些定量维度，如果 A 等于 B，B 等于 C，那么，A 也一定等于 C。或者如果 A 大于 B，B 大于 C，那么，A 也一定大于 C。这种推理主要用在研究长度与重量上，通常情况下，刺激一般是不同长度的棍子或不同重量的球。无论涉及的特定量是什么，方法都是一样的：证明 A－B 和 B－C 之间的关系，按照要求判断 A－C 的关系。值得注意的是，A－C 之间的定量关系并不是表面上的视觉表征，因此，儿童必须运用最初两组的比较信息来推断正确答案。按照皮亚杰的研究结果，儿童直到 8、9 岁的时候才掌握这种逻辑推理。

因此，描述的任务是针对儿童中期思维的，或是被皮亚杰理论认定的具体运算（concrete-operational）期。在《儿童期至青年期思维的发展》（*The Growth of Logical Thinking From Childhood to Adolescence*）一书中，英翰德（Inhedlder）和皮亚杰（1958）考查了青春期左右出现的高级思维形式。皮亚杰理论将这一个时期称为形式运算（formal operations）期。形式运算的实质是假设演绎推理，这种能力超越了现实在抽象的领域内系统、有逻辑地工作。这种推理的原型是科学问题解决。英翰德和皮亚杰用来研究形式运算能力的任务主要由物理科学领域的问题组成。表 13-3 中呈现的就是这些任务之一——钟摆任务。儿童的任务就是判断影响钟摆摆动频率的因素。解决这一问题需要对每一个潜在的重要因素（重量、绳子的长度、推力等）进行辨别，在恒定其他因素的情况下系统地考察每一个因素，最终根据整体结果得出逻辑结论。专栏中分别呈现了年幼儿童判断成功与失败的例子。

表 13-3　英翰德和皮亚杰的形式运算钟摆任务的反应

PER（10；7）能否分离这些变量的典型例子：他同时变化了重量与推力；重量、推力、长度；推力、重量、高度等，第一个结论："重量与推力是影响因素，绳子一定没有影响。""你怎么知道与绳子无关？""因为是同样的绳子。"在最后几个实验中，它的长度一直没有变化；先前是同时改变了绳长和推力，因此，实验变复杂了。"但是速率变化了吗？""不一定，有时候是相同的……是的，变化不大……它依赖于放开绳子的高度。当你从低处放开，就没有速度。"他接着得出关于四个因素结论："频率受重量、推力等因素影响，当绳子越短时，速度越快。"而且"频率也受重量和推力的影响"，"对于高度来说，你可以在高处或低处放开钟摆。""你怎么证明这个结论呢？""你必须试着给它一个推力，去降低或是升高放开绳子的位置，并变化高度和重量。"［他想同时变化所有的因素。］

EME（15；1），选择了 100 克的砝码和一根长绳、一根中等长度的绳子后，他又选择了 20 克的砝码和一长、一短两根绳子，最后他选择了 200 克的砝码和一长、一短两根绳子。结论是："绳子的长度会影响钟摆的频率；重量不起任何作用。"他同时低估了下降高度和推力大小的影响。

来源："*The Growth of Logical Thinking from Childhood to Adolescence*"（pp. 71，75），by B. Inhelder and J. Piaget. New York：Basic Books. Copyright © 1958 by Basic Books，Inc.

看一下皮亚杰任务中的最后一个例子。到目前为止，不是所有的研究结果都符合我们描述的逻辑或物理模型。皮亚杰的第一本书《儿童的语言和思维》（*The language and Thought of the Child*）（1926）关注影响了儿童理解现实社会的重要因素：采择他人观点的能力。儿童能够领会他人在此时此刻所看、所思、所感、所愿吗？特别是，当其他人的观点和儿童自己的观点不同时，他能够做判断吗？这种观点采择（perspective taking）对社会理解与社会互动相当重要。观点采择与自我中心（egocentrism）正好相反，自我中心是使用自己的视角去理解他人的观点。皮亚杰发现年幼的儿童基本上都是自我中心的，参照之前讨论的认知缺陷，我们对他的研究结果并不感到惊讶。图 13-1 呈现了空间观点采择的"三山"实验，证明了这一结果。在绕着模型走了一圈之后，儿童坐在模型的一面；儿童的任务是描绘出放在不同位置上的玩偶所看到的景象。对于 4 岁或 5 岁的儿童来说，他们看到的就是玩偶看到的。

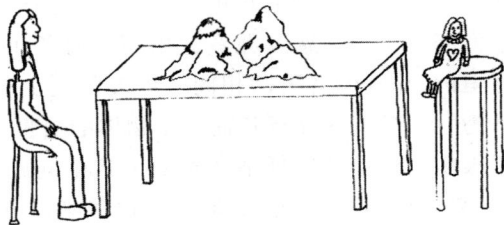

图 13-1　测量视觉观点采择的三山任务

我们还会在后续研究结果中提到一些刚刚描述的任务，但在此之前，我们有必要了解皮亚杰研究方法的一些要点。本章引用的个案使用的方法是临床法（clinical method）。皮亚杰（1929）采用术语"临床法"，是由于这种方法与诊断、治疗情绪问题的临床医生所用的方法相类似。这种方法最大的优势就是其灵活性，调查者可以脱离预先设定好的程序，自由的探索被试的反应。第五章中引用皮亚杰的研究作为例子来说明探索研究的价值。就这一点而言，皮亚杰最主要的成功就体现在创造了临床法。

临床法是皮亚杰研究方法的重要组成部分，在针对一些可以应用该方法进行研究的有趣概念时，临床法才体现出重要意义。我们感兴趣的内容也许正凸显了皮亚杰方法的优势：知识的范围和探索这些知识的程序。这里列举的相关任务和简单样例说明了其研究的丰富性。皮亚杰之后的很多研究者提出了各种新颖的、有益的方法用于儿童思维研究，这些方法为大多数儿童后期认知发展的研究提供了经典范式。第一章中，我们注意到，研究技术总是与什么是值得研究的、如何进行研究等想法相联系。毋庸置疑，发展心理学史上再也没有任何人像皮亚杰一样，拥有如此多的想法。

（二）问题与后续研究

接下来让我们从关注皮亚杰的贡献转向其研究所存在的问题。皮亚杰的研究引发了许多后续的研究，这些研究都是针对皮亚杰研究的缺陷进行的。这些后续研究针对许多特定的问题，我们在此只讨论其中的一个。婴儿研究中也有同样基本的问题即评价（assessment）。皮亚杰的程序真的精确描述了儿童能力吗？

对于婴儿来说，皮亚杰有可能低估了他们真正知道的内容。虽然对低估的原因有多种说法，最普遍的批评还是皮亚杰任务中过分注重语言。从前面章节中引用的个案可以清楚地看到这点。来看一下守恒任务，这一任务的目的是评估儿童对于守恒逻辑的理解。然而，这一逻辑不是直接观察到的，而是依赖于询问儿童的问题及儿童做出回答时所用的语言。这就有可能使一个理解守恒的"非守恒者"被"相同""更多""更少""数字"等词语弄糊涂。也许儿童认为"更多"就意味行长而不是物体的数量。

研究者使用了很多方法来解决低估儿童能力这个问题。一些研究者采用预测验的方法，希望确保儿童能够理解守恒测验中使用词语的意义（Miller，1977）。一些人采用言语预先训练，也就是在测验之前教儿童相关词汇（Gruen，1965）。一些人设计"非言语"程序来评估皮亚杰的概念，希望可以消除潜在的言语影响，例如让儿童选择吃一个糖果或喝一杯果汁（Miller，1976）。这些程序很少用语言，这种做法避免了由词汇（相同、更多）引起的潜在麻烦。

并不是所有的批评都指向言语。还有一些关注评估守恒时所处的环境。事实上，这一环境是陌生的，它的一些特征会导致儿童选择非守恒答案。这些特征包括：明显的关注数量，看似随机的性质转换（为什么大人分那些糖果），相同的问题在短时间内出现两次，重复也许在暗示儿童应该改变他们的答案。如果环境更自然、熟悉，儿童就不太可能是一个非守恒者。

研究者用各种方法检验了低估儿童能力的可能性。罗斯和布兰克（Blank）（1974）采用取消一半被试预实验问题的方法，只让这一半被试回答最后的问题，目的是与前后提问的效应进行对比。麦克瑞格（McGarrigle）和康纳森（Donaldson）（1974）用"淘气"的泰迪熊的意外转换任务代替了实验者的有意识转换任务，希望儿童认为泰迪熊的意外转换是更为熟悉、更少有干扰的。莱特（Light），巴金汉姆（Buckingham）和罗宾（Robbins）（1979）也采用了类似操作方法，但他们的方法只涉及自然转换而不是意外转换。也就是说，任务中的转换不是直接指向守恒这一问题，而是在正在进行的游戏过程中自然发生的。

到目前为止，对于后续研究结果的评论很少。但有三个结论是大家比较认可的（进一步的讨论，请看 Chandler & Chapan，1991；Flavell，Miller，& Miller，2002）。第一，皮亚杰的方法确实低估了儿童的能力。儿童对于修正实验的反应结果都要好于标准的皮亚杰任务。第二，这种低估不是很大，像非守恒这种现象不能完全用言语混淆或情景偏差来解释。第三，像守恒、观点采择这种概念的发展要比皮亚杰研究中涉及的内容广度和丰富度更大。皮亚杰的程序没有发掘出思维发展的早期水平和能力萌芽的有关情况。我们不仅能从刚刚讨论的研究中得出这个结论，那些检验初级或早期发展的外显能力的研究结果也支持这一结论。约翰·弗拉维尔关于观点采择的研究（Flavell，1992）、瑞奇·格尔曼（Rochel Gelman）对于数字概念（Gelman，1991）的研究都值得关注。

二、智力测验方法

（一）IQ 测验的本质

智力测验或 IQ 测验方法与皮亚杰的方法有许多不同。由于目前重点介绍皮亚杰的研究，因此我们从两种方法的分歧讲起。

皮亚杰的兴趣在于发展的普遍性，即儿童成长的共同规律。比如，所有正常儿童最终都会掌握数量守恒的概念。所有儿童也都会达到具体运算阶段。儿童在发展速度上的差异并不是皮亚杰的兴趣所在。相反，IQ 测验的着眼点就是辨别儿童的个体差异。这种测验测量的不仅是差异，而且还是有序的差异。我们说一个儿童的智力水平比另一个儿童"高"或"低"，或者智力"高于"或"低于"平均水平。这种可评估的成分是不可能脱离 IQ 测验的。事实上，这种测验能否帮助我们对儿童做出准确判断一直是存在争议的。

自皮亚杰的工作起，我们就主要关注理论，目标是解决基本的认识论问题，如儿童对于数量、空间、时间、因果关系这些概念的理解。虽然这项工作后来推动了大量的实际应用（影响了学校的课程设置），但皮亚杰并不是主要推动者。相反，IQ 测验的目的却是实用。第一个成功的 IQ 测验，是 1905 年由比内（Binet）和西蒙（Simon）在巴黎设计的，该测验是用来预测儿童在学校学习中的表现的。的确，我们选择 IQ 测验项目时主要是看它能否有效预测学业成绩。IQ 测验就是在这样的实践背景和应用中产生的。

最后一个差异是 IQ 测验更关注量的差异。IQ 测验直指发展而不是如何发展。测验产生的是一个表明儿童智力水平的数。一些测验针对不同的智力产生多个数。然而，无论怎样，这种方法还是属于最基本的定量法。

因此，它关注的焦点是认知活动的结果，而不是认知活动的过程。对于皮亚杰来说正好相反，他关注的问题是过程。皮亚杰的研究试图通过儿童答案的正确与否，来辨别答案背后的思维系统的本质及在儿童发展过程中这一系统的质性变化。皮亚杰关注的是如何发展而不是发展水平。

目前，对于 IQ 测验的评价有相当一部分都是消极的。这种测验更多是定量的而不是定性的，更关注结果而不是背后的过程，更注重实用而不是理论建树。针对 IQ 测验的批评不仅如此。最普遍的批评是：这种测验对某些群体有偏差。鉴于上述种种问题，我们有一个疑问：人们为什么要接受智商测试？有什么证据证明这种测验测量的是真正的智力？简而言之，智力测验效度的证据是什么？

第四章讨论了测验效度问题。一个测验的效度一般是通过证明其与应该有关系的测量的相关来确定的，"应该"既指实用预测的目的相同也指具有共同的理论基础。IQ 测验的效度总是依赖于这种相关的强度。像比内和西蒙的测验之所以成功，就是因为它能够良好的区分出学业成绩好的儿童和学业成绩差的儿童。自从比内和西蒙的测验起，与学业成绩的相关就一直是儿童 IQ 测验的主要效度指标。这种相关一般在 0.5 到 0.6，只是中等程度的相关，并未达到高相关。IQ 测验的相关强度大小不受学业情景的限制。IQ 也与未来的职业地位、职业表现和广泛的学习与认知能力有关（Jenson，1981；Schmidt & Hunter，2004）。

当代的 IQ 测验有更好的理论基础，在讨论测验效度时不仅考虑结构效度也考虑在现实生活中对行为的预测力（e.g.，Roid，2003）。然而，IQ 测验在需要智力参与的不同情境中能够稳定地预测人们的行为（尽管不完美），才是它成为智力测验工具的一个最主要原因。

（二）测验抽样

许多测验的目的都是测量智力，然而长久以来在发展心理学研究中被广泛使用的只有两个测验。一个是斯坦福—比内（Stanford-Binet）测验（Roid，2003），它直接起源于比内—西蒙（Binet-Simon）测验。另一个就是由大卫·韦克斯勒（David Wechsler）（Wechsler，2002，2003，2008）发明的系列测验。斯坦福—比内测验和韦氏测验都可以测量一般智力，也可以得到一些特定领域能力的得分（如言语理解、工作记忆）。斯坦福—比内可以测量两岁至成人的智力。韦氏智力测验按照年龄分了不同的版本：韦氏学龄前儿童智力量表（Wechsler Preschool and Primary Scale of Intelligence，WPPSI），适用年龄是 4～6 岁；韦氏儿童智力量表（Wechsler In-telligence Scale for Children，WISC），适用 6～16 岁；韦氏成人智力量表（Wechsler Adult Intelligence Scale，WAIS），适用于成年人。

虽然韦氏测验和斯坦福—比内量表都没有包含婴儿期这一年龄组，但是有专门测量婴儿发展的测验，如贝利婴儿发展量表（Bayley Scales of Infant Development）（Bayley，2005）。

表 13-4 呈现的是韦氏儿童智力量表中的一些问题类型。斯坦福—比内与韦氏儿童智力测验在许多方面都相似。两个测验都是由测量不同能力的许多个子测验组成，为使儿童智力量表有 11 个子测验，斯坦福—比内有10 个子测验。对于两个测验来说，子测验组成了更大的量表：言语和操作量表组成了韦氏儿童智力测验；流体推理（fluid reasoning）、数量推理（quantitative reasoning）、视空间加工（visual-spatial processing）、知识（knowledge）、工作记忆（working memory）组成了斯坦福—比内测验。两个测验强调的认知能力是相似的。两个测验都认为言语能力很重要。无论是对有意义材料的识记还是对不相关项目的"机械记忆"（rote memory），记忆都很重要。许多数测验关注算术能力，同时也关注推理能力及儿童对现实世界事实知识的存储，如韦氏儿童量表中的常识子测验。总之，针对儿童的各种 IQ 测验测量了各种确保教育成功所需的能力（词汇、记忆、算术、问题解决）。因此，测验表现与学业成绩间存在相关也就不足为奇了。

表 13-4 与韦克斯勒儿童智力量表第四版相类似的模拟项目

子测验	项目
常识	小鸟有几只翅膀？ 一角钱是多少分？ 什么是胡椒粉？
算术	山姆有 3 块糖，乔又给了他 4 块，山姆共有几块糖？ 如果两个纽扣值 1.5 美元，那么 12 个纽扣值多少钱？
词汇	_____是什么？或是什么意思？ 铁锤 保护 流行

续表

子测验	操作测验
拼图	请把零散的图片重新组合成一种常见事物的图片。

来源：Simulated Items similar to those in the Wechsler Intelligence Scale for Children-Fourth Edition. Copyright © 1997 by Harcourt Assessment，Inc.

斯坦福—比内测验与韦氏儿童智力量表在其他方面也很相似。对于两个测验来说，儿童的 IQ 都是指与同龄儿童相比，他的发展有多快。发展快的儿童的 IQ 高于平均水平；发展慢的儿童的 IQ 低于平均水平。儿童期的 IQ 测量的是发展的比率，它是相对测量。对于智力的测量不像测量长度、重量一样有绝对的标准。相反，IQ 表示的是儿童与其他儿童对比的结果。

斯坦福—比内与韦氏儿童智力量表在操作实施方法上也很类似。任何 IQ 测验的实施都必须强调两点。第一，标准化（standardization）。IQ 测验是相对测量，是儿童的成绩与其他同龄儿童相比的结果。测验实施时，对于所有儿童的计分必须一致，这样分数才可以解释。第二，测验中，与儿童建立并保持融洽关系（rapport）。IQ 分数假定是儿童最佳成绩的表现。这一最佳效果只有在儿童感觉放松、积极认真应答时才会表现出来。最好的测验者是那些能够成功完成这两个目标的人。他们能够保证测验标准化，同时能够运用他们的实践经验去激发儿童给出最佳答案。

（三）问题与研究范式

围绕 IQ 测验的许多问题都涉及实用价值，如基于 IQ 分数来追踪在校儿童。在此所关注的更多的是智力发展的理论问题。这样的两个问题引发了许多研究与争论：IQ 稳定性与 IQ 差异的决定性因素。

对 IQ 稳定性的讨论相对简洁一些，因为在第三章的纵向研究设计中已经讨论了相关观点。稳定性研究需要纵向研究的方法，因为研究兴趣在于儿童早期成就与后期成就之间的关系。个体差异的稳定性是稳定性的一种特定形式。随着儿童的成长，他们在 IQ 测验上的相对位置能够保持不变吗？那些高分的人会一直保持高分，那些低分者会一直保持低分吗？什么时候会发生变化呢？这一问题可以通过检验第一次与第二次测验的相关来解答，高相关代表高稳定性。因为儿童的 IQ 测验对同一年龄段的儿童都产生同样的平均 IQ 分，这也可以被看作是 IQ 值自身的恒常性。毕竟，IQ 是相对标准，因此相对标准的恒定就意味着 IQ 的恒定。例如，我们可以问一个儿童在 4 岁时的 IQ 是 90，是不是在他 6 岁、10 岁、20 岁时 IQ 也是 90？

对于纵向研究来说，在最近 90 年，IQ 测验始终是一个热门的话题。这些研究同样遇到了和第三章的纵向研究相同的问题。愿意或能够重复参加研究的被试不能代表样本总体，偏差限制了结论的可推广性。若研究过程的样本流失是有选择性的，那么样本偏差就更大了。同一测验的重复测量会导致练习效应，因此影响后期分数与前期分数的相关。如果研究的年龄跨度较广，需要不同的 IQ 测验，那么测量的等值也是问题。

稳定性研究的一些结论值得注意。首先是来自婴儿研究的预测结论。除了极端的低分外，像 Bayley 这种传统的婴儿测验的分数一般不能够预测其后的 IQ(Lipsitt，1992)。这一结论是很明显的，它意味着从婴儿到儿童后期的智力发展本质上是不连续的(discontinuity)。也就是说，我们讲的处于感知运动、前语言阶段的婴儿智力与儿童期或成年期的智力是不一样的。

对于不连续性的争论，不容置疑有一定的真实性。尽管如此，近期的研究提出了一个重要问题。许多调查者发现婴儿对于新奇事物的反应(response to novelty)能够预测后期的 IQ，虽然相关系数不是很高，只有 0.35～0.40(Kaveck，2004)。因此，一般来说，那些对新奇事物有兴趣并对其反应的小孩长大后会有高的 IQ 分数。几个特殊程序的测量结果都有良好预测性（如习惯化速度，范兹偏好程序中对新异刺激的偏好）。如果把不同方法结合起来，预测力就会提高(Domsch，Lohaus，& Thomas，2009)。已有研究表明，这种相关在青年期也有所体现(Fagan，Holland，& Wheeler，2007)。

从儿童 IQ 测验中能够预测什么？一旦脱离婴儿期，不同年龄间的 IQ 分数的相关就开始显著，稳定性却不是很好。总之，年龄越相近，相关越高，初期测验儿童的年龄越大，相关越高。后文将讲到等值性问题，也就是说随着年龄的增长，IQ 的稳定性也在增长。

自从第一个 IQ 测验开始，关于 IQ 差异的问题就一直是争论的热点。

部分原因在于较难得到明确的证据。IQ 差异可能有两方面的原因：个体出生时的基因差异或成长环境差异。想象一个区分这两个因素的完美研究设计是很容易的，需要做的就是恒定一个因素，系统地改变另一个因素。但是显然，我们能发现这样的研究是不可能进行的。因此我们必须依靠那些不十分令人满意的证据得出结论。遗传环境的争论中存在这两种证据：双生子研究与领养儿童研究。

在第十二章关于气质的讨论中简要谈到了双生子研究。双生子有两种：来源于同一个卵子的同卵（monozygotic or identical）双生子，来源于不同卵子的异卵（dizygotic or fratenal）双生子。异卵双生子只有 50% 的基因重叠，与普通的兄弟姐妹是一样的。如果基因对于 IQ 很重要，那么同卵双生子的 IQ 要比异卵双生子的更为相似。事实也是如此。研究报告证明：同卵双生子的 IQ 分数相关为 0.80；异卵双生子的 IQ 分数相关为 0.50～0.60（Kaufman，2009）。

对双生子数据的解释存在一定的争议。与异卵双生子相比，也许对于同卵双生子来说环境更为相似。毕竟同卵双生子在长相和一些行为方面更为相像，且受到环境的影响也更为相似。有一种方法可以回应这个争论：研究那些在早年生活中就分开的、在不同环境中被抚养长大的同卵双生子。但是这样的双生子不容易找到，因此这种研究的数量相当少，样本总量并不大。而且，也没有人会为了科学研究的目的将双生子分离。在不同情境中分离的原因多种多样，由于缺少相应的控制，因此也限制了对于研究结果的解释。无论如何，来自这些研究的数据还是支持基因模型的（Bouchard，1997；Segal，1999）。分开抚养的同卵双生子的 IQ 相关大约为 0.75，只比那些没有分开的同卵双生子低一点点，而比那些在同一家庭中抚养的异卵双生子要高。

领养儿童的研究文献要远远多于双生子研究。这种研究的初始目的是探究父母与儿童之间的 IQ 相关大约是 0.5 的原因。父母对于孩子的基因分别有 50% 的贡献，这是相关的基因基础。但是父母对儿童的生活环境也有重要影响，因此也是环境基础。

领养儿童研究为区分基因和环境因素提供了可能性。我们要看的是两组相关。一是被收养儿童与养父母两人之间的 IQ 相关。这种情况下存在环境基础，排除了基因的贡献。二是被收养儿童与其生父母之间的 IQ 相关。这种情况排除了环境的贡献（分离了出生前与出生后的环境），存在基因基础。

领养儿童研究主要有两大结论（Horn & Loehlin，2010；van IJzedoorn，Jufer，& Poehuis，2005）。第一个结论是，儿童的 IQ 与他们亲生父母的相关要高于与其养父母的相关。这一结论支持基因的重要性。第二个结论是，被收养儿童样本的平均 IQ 要高于他们亲生父母的平均 IQ。由于相关是相对测量，即使两组分数有很高的相关，也会出现一个平均差异。父母—子女差异的部分原因可能是向平均数回归，这一现象也出现在隔代（cross-generation）比较研究中（低于平均 IQ 的父母总是有 IQ 高于他们自己的孩子）。然而，父母—子女差异的部分原因一定是领养家庭的环境优于平均水平。这些领养家庭总是想尽办法提供特别良好环境，这显然提升了他们抚养的儿童的 IQ。因此，收养儿童研究支持了基因与环境效应的作用。

值得注意的是，像双生子研究一样，领养儿童研究也存在一些局限。第一，选择性安置（selective placement）。也就是说，一般收养机构总是将领养家庭与亲生父母的特征进行匹配。由于这种选择性安置，父母—子女之间的相关解释变得非常困难。第二，领养家庭的范围局限。如前面提到的那些家庭，它们并不是一般家庭的子集，它们总是在某些方面高于平均水平。这也就意味着它们是相当类似的，而这种类似在相关研究中是一个问题。变量的变异越低（领养家庭的特征，包括领养父母的 IQ），变量与其他变量显著相关的可能性越小。这个因素对被收养的子女与养父母之间 IQ 低相关的问题有重要影响。

三、记忆

本章余下的几节将开始从一般方法转向讨论认知发展研究中的特定问题。第一个问题是一个古老的问题。自从心理学作为科学起，记忆就是心理学研究的焦点。儿童的记忆一直都是父母与心理学家感兴趣的内容。我们从婴儿的记忆谈起，然后是年长儿童的记忆。

（一）婴儿记忆

在第十二章关于婴儿研究的讨论中，没有涉及记忆。尽管如此，那章中介绍的一些程序，无论它们最初关注的是什么，都会告诉我们一些关于婴儿记忆的内容。例如，皮亚杰的研究揭示了婴儿能够记住早期生活中的事情与行为。类似地，依恋发展过程中的许多现象都清楚地暗示了记忆操作的存在，比如婴儿更加偏爱母亲而非陌生人。

在第十二章的讨论中，习惯化－去习惯化（habituation-dishabitation）范式是婴儿记忆外显研究的一种主要方法。记忆是习惯化－去习惯化进程中的本质部分。婴儿能够长时存储刺激信息，当再次遇到时能够进行辨认，这是婴儿习惯刺激的唯一方式。如果没有对过去事情的记忆，就不会有习惯化。同理，婴儿记住最初的刺激，并能意识到新刺激与其在某些方面不同，这是婴儿对新刺激表现出去习惯化的唯一方式。习惯化和去习惯化在新生儿中都得到了证明，因此可知，记忆能力在出生时就已经存在。

简单的证明记忆存在的习惯化范式可以用来探索早期记忆系统的本质。例如，通过变化早期呈现的刺激与新异刺激的时间间隔来验证婴儿记忆的持久性。在去习惯化阶段，通过改变刺激的不同方面，可以证明婴儿注意并记住了刺激的哪些方面。如果一个刺激由 A、B、C 三部分组成，在去习惯化阶段，可以对 A、B、C 单独变化的情况进行测查。这种研究不但能够揭示婴儿早期的一些能力，也能揭示出早期记忆系统的重要发展（Courage & Howe, 2004；Rose, Feldman, & Jankowski, 2004）。

还有一些早期记忆研究的方法步骤。如图 13-2 所示，连接脚踝与玩具的带子给孩子一个潜在的力量：如果婴儿踢腿，玩具就动。两个月的婴儿能够学会这种联系（操作条件反射）。一旦形成反射，就可以通过多种方式的情景变化来探索婴儿的记忆。通过延迟重新呈现刺激的时间，看其是否仍然发生踢腿行为，能够检验记忆的持久性。通过呈现新玩具来检验记忆的特异性。这些研究同样揭示了丰富的早期能力及其发展（Rovee-Collier & Cuevas, 2009）。

所举的例子代表着一种记忆，称为再认记忆（recognition memory）。心理学的"再认"定义与常用词典中的定义是相同的，是指意识到新出现的东西与以前遇到过的东西是一样的。习惯化了的婴儿能够表现出再认，婴儿能够再认母亲的脸。与再认相对的另一种基本记忆形式是回忆记忆（recall memory）。回忆是指对那些没有直接呈现的记忆材料的主动提取。能讲述在他/她一周前生日派对上所发生的事的儿童或能够描绘出派对景象的儿童都具有回忆能力。

婴儿的回忆研究很困难，因为他们不能像年龄更大的被试那样反应（如口头报告或画图）。因此，研究者必须依赖于间接测量（less direct measure）。其中最著名的可能是延迟模仿（deferred imitation），模仿信息不是直接呈现的，而是发生在过去的某个时间里。这种重复一天或一个星期前行为的能力意味着回忆信息的能力。

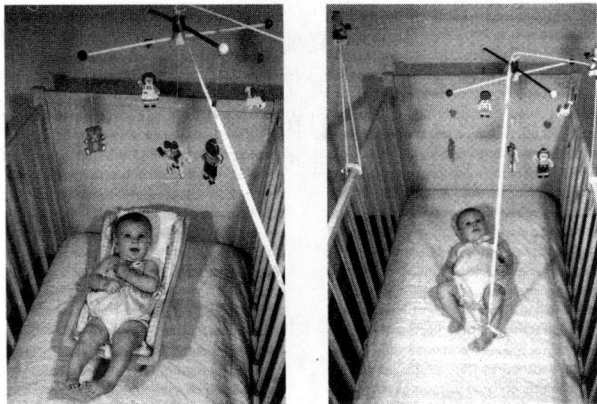

图 13-2 一个研究婴儿学习与记忆能力的实验

注：带子缠在婴儿的脚踝上，踢腿可以让婴儿床上方的物体运动。无论什么时候，只要带子一动，物体就动，这样产生学习。

来源：The photos were made available by D. D. K. Rovee-Collier.

皮亚杰首次对延迟模仿进行研究，他推论这种模仿行为在婴儿 18～24 个月时出现，这一结论与延迟模仿需要表征和回忆能力，而这些能力到婴儿末期才会出现的观点是一致的。随后的研究接受了其理论观点，但不同意他的时序观点。梅尔佐夫（Meltzoff）（1988）对皮亚杰的说法提出挑战，认为 9 个月大的婴儿也能模仿他们 24 小时前看到的新奇行为（按一个按钮产生一个声音）。后续的研究将最早的延迟模仿迹象向前推进，大约是在 6 个星期的时候（Meltzoff & Moore，1994）。因此，某些回忆能力如果不是出生时就有的，似乎也出现得很早。

婴儿能够模仿与记住的不仅是单一的行为，也有简单的动作序列。例如，11 个月的婴儿能够重复两个由成人模仿的行为序列（制造咔嗒声，先按一个盒子中的按钮，再摇动盒子）；13 个月的婴儿能够完成有三个部分的序列动作（制造一个更复杂的咔嗒声，首先将一个球放入一个大的杯子中，然后将一个小点的杯子颠倒放入大杯子中，接着摇晃杯子）；32 个月婴儿的记忆广度可以达到 7（Bauer，2007）。并且，这种记忆并不是短时记忆，11 个月的婴儿对于模仿序列能够保持 3 个月，14 个月婴儿的记忆可以保持 9 个月，20 个月婴儿的记忆可以保持一整年（Bauer，2010）。一个纵向研究证明，一些婴儿在他们 11 个月时进行测验，在后续一年的时间里他们都能记住他们经历测验的某些方面(McDonough & Mandler，1994)。后续讨论自传体记忆时会再提到这些研究结果。

一旦过了婴儿阶段，回忆的研究要比再认研究更普遍。一般来说，年龄大的儿童回忆事情的能力明显强于年龄小的儿童。这样的结果出现在各种情景、各种回忆形式中，包括我们在婴儿期看到的高级的序列记忆。最有意思的问题是记忆能力为什么会进步。接下来讨论的两个研究试图揭示记忆发展进步的基础。

(二)记忆策略

记忆策略(mnemonic strategies)研究背后的基本思想是，回忆的发展进步不是简单的记忆存储容量的扩大(也许根本不是)。这种进步体现在年长的儿童能够运用记忆策略去记忆一些东西。这些策略也许产生于材料的最初呈现阶段，或是呈现阶段与测验之间，或是在提取这些材料的时候。这些策略形式多样：言语的、非言语的、简单的、复杂的。通常情况下，它们共同的特征是都能促进记忆。

在讨论如何研究记忆策略之前，先看一下记忆策略是什么。表 13-5 列举了记忆策略的三种分类。表中所列的策略并不是儿童使用的全部策略，但却是我们研究最多的记忆策略。

表 13-5　记忆策略举例

一般策略	实验任务	儿童程序(children's procedure)
言语复述	10 张熟悉但无关系的实物图片，一次呈现一张，紧接着拿走。儿童的任务是尽可能多地回忆图片	单一项目复述：呈现之后对每幅图片进行重复标识——苹果、苹果、苹果、旗子、旗子、旗子…… 累积复述：呈现之后标识一幅图片，接着对所有标识进行复述——苹果、苹果—旗子、苹果—旗子—月亮……
精加工	呈现 20 对熟悉但无关系的字词图片(牛—领带，车—树)。接下来呈现每对词中的一个，儿童的任务是回忆出另一个	图像精加工：以某种方式为成对词汇创造心理图像——系着领带的牛，汽车正在冲向一棵树…… 言语精加工：以某种方式为成对词汇创造一个句子或是一段话——牛打着领带，汽车冲向了一棵树……

续表

一般策略	实验任务	儿童程序（children's procedure）
组织	呈现 20 张熟悉物体的图片，包括四种概念：动物、车辆、服装、家具。呈现时并未按类分组。儿童的任务是尽可能多地回忆图片	聚类：按照四种分类对图片进行组织，将同类的图片一起回忆——狗、马、骆驼、熊、松鼠、汽车、卡车、飞机……

如何研究这些策略？有一些策略是很明显的，因此相对容易研究。例如，记笔记是最普通、最容易进行观察的记忆策略。请父母帮助记忆一些事情也是最普遍的方式。也许是因为这些外部策略非常显而易见，所以发展心理学家对它们并不是很注意。他们感兴趣的是那些更加内隐的、发生在头脑中的策略，就像表 12-2 中列举的哪些。这些策略在记笔记、父母帮助不能起作用时是必要的策略。在此，我们遇到了一个测量的问题：头脑中的策略如何进行测量？

一种办法是根据记忆的外显成绩来推测策略的运用。例如，假设研究一个有关言语的记忆任务，分别以言语能力成熟的年龄大的儿童与言语能力尚不成熟的儿童为被试，研究结果发现年长儿童的成绩更好。一个合理的推断（虽然不是很肯定的）是年长儿童记忆成绩好是因为他们运用了自己的言语能力来帮助记忆。也许，他们在延迟阶段对问题进行了言语复述，而年少的儿童并没有复述。如果我们能够确定成绩水平和模式上的发展变化，那这种推断就更加肯定。例如，来自成人记忆研究的一个经典结论，即首因效应（primacy effect），是指对刺激列表中最前面的项目记忆效果要优于后面的项目。这种效应是由于对前面项目进行了言语复述。发展性的对比研究揭示年长的儿童有首因效应，而年少的儿童则没有（Cole，Frankel，& Sharp，1971）。这一结果与言语复述会随年龄增长而增加的假设相一致。

第二种方式是对所运用的策略进行诱导。在这种情况，不论猜测策略是否出现，都指导儿童运用策略，接着检查其效果。例如，告诉一半被试在延迟阶段对项目进行复述，而不对控制组加以指导。典型的结果是指导是有效的，接受策略帮助的儿童的成绩要优于没有接受帮助的儿童。从不同角度进行讨论的研究组成聚合性的证据。推断策略运用的研究说明一些有用的策略在被运用；诱导策略运用的研究说明策略的确是有用的。

虽然刚刚讨论过的研究都是有用的，但他们也有局限。推断策略运用研究的显著局限是策略是被推断出来的，并不能十分肯定地知道儿童就是采用这种策略。诱导策略运用研究避免了这一问题，但是又陷入了另一问题：由于强迫儿童使用一种策略，便不能知道他们是否确实运用了此策略。

在 20 世纪 60 年代，儿童记忆的研究产生了突破，发现在实验情形中儿童能够自发产生某种明显的、可测量的策略。这一发现使得结合两种方法的优势成为可能，研究策略既是自然的，又是可观察的。由于弗拉维尔是这一领域的先驱，这里将用他早期的研究作为例子。然而，需要强调的是这仅是众多研究之一（Bjorklund，Dukes，& Brown 2009）。

弗拉维尔、比奇（Beach）和钦斯基（Chinsky）（1966）向幼儿园、二年级、五年级儿童呈现七个普通物体的图片。在每种实验条件下，实验者按照特定顺序指出若干图片，儿童的任务是按正确顺序回忆指定的图片。在指出与回忆测验之间有 15 秒的时间延迟。在整个研究过程中，儿童要戴着一个玩具太空头盔，在延迟阶段，放下头盔的边沿，这样做是为了保证儿童看不到图片。头盔边沿还有第二个作用，那就是可以让实验者在延迟阶段盯着儿童的嘴。实验者的工作是记录儿童任何的言语活动，包括明显的言语活动与半明显的活动（在实验前，研究者都受过读唇训练）。最有意思的例子当属明显复述（apparent rehearsal）。

儿童确实会复述，但是复述的可能性与年龄紧紧相关：20 个 5 年级学生中有 17 个表现出了可观察到的复述，然而 20 个幼儿园的儿童只有两个是这样。采用类似程序进行的后继研究揭示在一个年龄组内是否复述与回忆成绩相关，也就是说，能够进行自然复述的儿童的回忆成绩要好于那些不能进行自然复述的儿童。记忆文献中最共同的结论是运用策略的趋势存在发展差异，并且运用策略是有益的。

在刚刚描述过的那类研究中，小于 5、6 岁的儿童经常无法产生记忆策略。为了避免大家误会这一个绝对的缺陷，来看一下韦尔曼、瑞特（Ritter）和弗拉维尔（1975）的研究。被试为 3 岁儿童，实验程序总结如下：

我将要给你讲一个关于狗的故事。看，它就在操场上［桌面］。它喜欢玩，它跑呀、跳呀……它玩得很累，感觉饿了。所以它开始寻找吃的。它来到这只狗的家、这只狗的家、这只狗的家、这只狗的家［狗沿着四个杯子走］。接着它走到这只狗的家里去找吃的［藏起狗］。我有另一个玩具来帮助我们讲这个故事。我将去拿它，因为我们需要它来完成这个故事。

两种不同的条件下有不同的指导语。在等待条件下，儿童只是被简单地告知与狗一起等着。在记忆条件下，儿童被告知要记住狗的位置。当然，问题是被告知记住的儿童的行为是否不同于被告知等待的儿童。答案是他们的行为确实不一样，被告知记住的儿童更有可能在延迟阶段紧紧盯着那个关键的杯子，也有可能用手指摸着那个杯子。可以肯定这是非常简单的记忆策略，它们是策略，是3岁儿童才用的策略。其他一些也采用类似的隐藏—寻找程序的研究表明这种初步的策略行为产生在18个月大的时候（DeLoache，Cassidy，& Brown，1985）。我们再看一个已经成为发展心理学重复主题的例子：断言年幼儿童绝不具有某些能力（在此，指的记忆策略）是很容易出错的。

（三）建构性记忆

虽然策略很重要，但它不能代表全部有趣的记忆现象或记忆中每一个重要的发展变化。记忆策略研究也有一定的局限。首先，这些研究只关注对随意、无意义材料的记忆（不相关词表），然而真实生活中的记忆显然是针对有意义材料的。其次，记忆策略的研究关注的是有目的的记忆，可是真实生活中的许多（可能是大多数）记忆却是无目的或偶然的。在这种情况下，我们记住的事情是我们从来没有准备去记忆的事情。最后，记忆策略研究关注的是明确的、离散的存储、提取记忆材料的技术。但是不是所有涉及记忆的认知活动都需要这种明确的、离散的技术。

建构性记忆（constructive memory）关注的是一般性知识的记忆效应。这种方法背后的基本思想是，记忆是一种简单的认知形式，负责存储并提取信息。像其他认知形式一样，记忆也包括行动与理解，不仅仅是被动的接收。随着儿童对于世界变化的理解，记忆也表现出明显的发展变化。

我们看两个例子。我们知道即使是婴儿也会有对于典型事件的序列记忆。当然，与婴儿序列记忆的广度相比，年龄大一些的儿童有着更加冗长、复杂的记忆。对顺序与相似事件的结构记忆被称为脚本（script）。在儿童发展的过程中，形成了许多脚本。已研究的脚本有洗澡、制作饼干、去麦当劳、举办生日会。

脚本本身就是一种记忆形式，一旦发展它将影响后续的记忆。儿童经常是（事实上，是任何人）通过将新体验与过去类似的脚本相联系而赋予新体验意义的。总之，儿童更容易记住那些与脚本结构类似的经验，他们对于接近脚本中心的事件记忆要好于只处在脚本边缘的事件记忆（Hudson &

Mayhew，2009）。儿童在回忆组织他们经验的时候，可以根据脚本重新组合细节。例如，在一项研究中，讲述了一个关于生日聚会的故事，在结尾时听到"儿童买了礼物"的学龄前儿童总是在复述这个故事的时候将这句话放到开头（Hudson & Nelson，1983）。我们在第十四章考察儿童对于性别差异的信念如何影响他们对于男孩与女孩、男人与女人行为的记忆时，还会遇到这种建构性的"修改"。

作为记忆建构性本质的最后一个例子，看一下图 13-3 中的刺激。想象你的任务是观察每张图片 10 秒钟，紧接着从记忆中重制出这些图形。如果你不下国际象棋，这两组图片可能是同样困难的。毕竟，这两组图片都包含同样数量、同样种类的刺激。然而，如果你下国际象棋，左面一幅图片可能更容易记忆。因为图片中的位置是在实际游戏中出现的位置；右面的图片则是随机排列的。进一步说，如果你不仅玩国际象棋而且玩得很好，那么你对于左面一幅图片的记忆会更好，两幅图的记忆差异也会更大。

图 13-3　随机配置的和有意义的国际象棋子图

注：由于可以运用他们的象棋知识，下棋者对于左图的记忆要好于右图。

来源："Chess Expertise and Memory for Chess Positions in Children and Adults"，by W. Schneider，H. Gruber，A. Gold，and K. Opwis. 1993，Journal of Experimental Child Psychology，56，p. 335. Copyright © 1993 by Academic Press.

国际象棋的例子证明了在记忆上的专业知识效应。术语专业知识（expertise）是指对某些内容领域（我们所知道的一些课题）的事实知识的组织。一般而言，像国际象棋的例子，专业知识高，记忆能力就强——专家接纳、吸收信息的能力要比非专家更迅速、更有效率。因为年长儿童与成年人在许多主题上要比年幼儿童拥有更多的专业知识，这就为记忆随着年龄的变化而变化提供了另一种解释。另外，专业知识的概念也产生了一个有意思的预测：如果我们找出儿童拥有比成年人更多专业知识的情景，那么记忆的一般发展差异将被扭转。事实上，这已经被众多主题证明，包括作为引入专业知识这一概念的国际象棋记忆的例子（Chi，1978）。这一结果具有重要意义，因为它说明在某些情况下专业知识对于记忆很重要，而不是其他与年龄相关的因素。

本章以多种方式讨论了儿童的知识对其记忆的影响。对于这种效应更为全面的论述以及记忆发展变化的其他基础的探讨，可以参见弗拉维尔、米勒和米勒（2002）、希格勒和阿里巴利（Alibali）（2005）的文章。

（四）自传体记忆

我们将要探讨的是记忆中的最后一个主题，这和之前的部分有一些不同。自传体记忆这个词指的是对于一个人生命故事的独特的、个人的、长时的记忆。对兄弟姐妹出生，第一天上幼儿园，或者一次愉悦的家庭度假的记忆都是自传体记忆的例子。最近这些年，自传体记忆逐步成为当今记忆研究领域中一个热点的主题（Fivush，2011；Markowitsch & Welzer，2010；Reese，2010）。

研究者们如何研究自传体记忆？最主要的方法就是直接询问：我们直接问被试，让他告诉我们对生命不同时间的记忆。因为早期记忆十分有趣，所以大家的共同关注点都是能够回忆出的最早的记忆，包括记忆的性质和这个事件发生的年龄。

一些研究中也会使用更加聚焦的方法。在线索词程序中，被试根据不同的线索词产生并确定记忆的时间（如冰激凌、湖）。在目标事件程序中，要求被试回忆一个特定时间的事件，如兄弟姐妹的出生。

值得注意的一个基本问题是自传体记忆第一次出现是什么时候？长期以来人们确定的是，婴儿时期是没有这种记忆的。弗洛伊德创造性的思索了婴儿期遗忘或者婴儿期记忆长时间消失这一现象。从弗洛伊德开始，已经有很多系统研究都证明没有人能够记得两岁半或者3岁之前的具体经验。

对于婴儿期遗忘最简单的解释就是婴儿还不能形成长时记忆。然而，在我们看来，近期的研究证明这并不是真正的原因。那为什么早期的记忆都被遗忘了呢？或者用另一种方式来表述这个问题——什么使得自传体记忆出现成为可能？

　　大多数研究者认为没有一个解释是充分的；这是很多因素造成的结果。众多已被认可的影响因素有两岁左右出现的自我意识（这时仅仅只是不包含自我概念，对自我的记忆）和从非言语到言语记忆系统的过渡。在这里详细阐述一下第三个影响因素，它来源于维果茨基的社会文化理论。在这种视角下，认为自传体记忆是来源于早期经验中的家庭谈话。

　　当然，所有父母都会同他们的孩子说话，提到以往的经验。然而研究证明，不同父母与孩子说话的频率有显著差异。他们与孩子说话的方式也有显著差异。研究者明确了父母广泛使用的两种方式，表 13-6（Fivush，2011）列举了例子。正如例子表明的，使用精心计划策略的父母比使用重复策略的父母表现出更丰富的叙事结构。他们不仅在叙述中提供了更多的信息，而且使用更加扩展和支持性的方式引出他们所要讲的信息。因此使用精心计划策略父母的孩子拥有更多的机会积极主动地参与关于过去的讨论。通常，这样的孩子在回忆和谈论过去经验时会提供一个更加流畅和有益的模式。

表 13-6　父母—孩子交谈中精心计划策略和重复策略类型的例子

精心计划策略
父母：回忆一下我们第一次来是什么时候，回忆一下我们第一次来水族馆是什么时候？我们向下看，看到了水中有一大群小鸟？回忆一下这种鸟的名字是什么？
孩子：鸭子！
父母：不不，它们不是鸭子。它们都穿着小衣服。企鹅。记得吗，企鹅在干什么？
孩子：我不知道。
父母：你不记得吗？
孩子：不记得。
父母：记得他们从石头上跳下去，然后在水里游吗？
孩子：是的。
父母：非常快。你看到他们跳下水了，对吧。
孩子：是的
重复策略
父母：我们是怎么到达佛罗里达的，你记得吗？
孩子：记得。
父母：我们怎么到那儿？我们做了什么？记得吗？
孩子：记得。
父母：你想坐在我的膝盖上吗？

续表

孩子：不想。
父母：哦，好吧。记得我们什么时候去佛罗里达吗？我们怎么到那儿的？我们去_____？
孩子：大海。
父母：很好，当我们到了佛罗里达，我们到了海上，非常好，但是我们怎么到佛罗里达的呢？我们开车去了吗？
孩子：是的。
父母：不，再想想。我不认为我们是开车去佛罗里达的。我们怎么去佛罗里达的，想一想，我们乘了一个非常大的_____？你还记得吗？

来源："Parental styles of Talking About the Past"，by E. Reese and R. Fivush，1993，Developmental psychology，29，p. 606. Copyright 1993 by the American Psychological Association.

正如我们预想的那样，采用精心计划策略父母的孩子在回忆过去经验时表现得比采用重复策略父母的孩子好，而且这不仅表现在与他们父母的谈话中，而且表现在与实验者的谈话中。他们在报告过去事件时也更喜欢采用成人喜欢的概述结构。横向研究和纵向研究结果都表明了这种关系，即早期父母的谈话方式可以预测后期的儿童记忆（Reese，Haden，& Fivush，1993）。

父母谈话方式和儿童记忆之间的关系为家庭谈话对自传体记忆形成的重要作用提供了相关证据。此外，还有一些实验性证据。当训练母亲使用精心计划策略时，他们的孩子随之会产生更详细和连贯的记忆报告（Boland，Haden，& Ornstein，2003；Perterson，Jesso，& McCabe，1999）。

在相同文化中父母的谈话方式存在个体差异，在不同文化中也存在一些差异。一般来说，西方父母更喜欢采用精心计划策略；他们更加关注有关孩子经验的谈话，而东方父母则相反，他们更加关注一般的教导（参见Miller等人1996年的讨论，第七章中有相关研究）。除了这些不同之外，西方文化中的孩子第一次出现自传体记忆的年龄早于东方文化中的孩子（Wang，2006）。

对于自我的记忆是很明显的，而且不局限于儿童阶段。在关于老化的最后一章中将再次探讨自传体记忆这个主题。

四、心理理论

请看一下图 13-4 所描述的简单情节。对于任何成人来说，萨丽将到哪里去寻找弹球这一问题的答案是显而易见的——在篮子里，她最后看到的地方。毕竟，她不知道弹球已经在她不在时被移走了。然而，这一答案对于许多学前儿童来说并不是那么显而易见的。多数 3 岁大的儿童认为萨丽将到盒子那里去找弹球。他们的答案是参照他们自己在真实情景中的知识，而不是对萨丽将做什么的思考。

这是萨丽　　　　　　　　　　　　　　这是安妮

萨丽有一个篮子　　　　　　　　　　安妮有一个盒子

萨丽有一个大理石球，她把它放到了篮子里

萨丽出去散步了

安妮把大理石从篮子里拿出来放到了盒子里

现在萨丽回来了　　　她想要玩大理石球

萨丽会去哪找大理石球？

图 13-4　错误信念任务

注：为了正确回答，儿童必须意识到信念是可能不同于真实世界的心理表征。

来源："*Explaining the Enigma*"（p.160），by U. Frith，1989，Oxford：Basil Blackwell. Copyright 1989 by Axel Sheffler.

萨丽/安妮任务是来自一个新的研究领域——心理理论（theory of mind）——的例子。心理理论是对心理世界的理解——儿童如何思考像愿望、目的、情绪、信念这样的现象。可以肯定的是对于这一问题的兴趣并不是全新的。需要指出的是，皮亚杰在他的研究对象中早就包含了社会和心理现象。然而，现在的研究已经超越了皮亚杰最初的阶段，产生了一系列以前没有的理论、主题、研究结果。也因此产生了许多研究儿童心理现象的方法，在此我们只关注心理理论方面的方法论。

（一）研究方法

图 13-4 就展现了这种方法论。萨丽/安妮任务的主要概念是错误信念（false belief），是指能够意识到某些人可能会相信那些不真实的事实。对任务正确的反应需要这种意识；儿童必须能够抑制自己关于弹球真实位置信息的影响，才能意识到萨丽将相信其他的信息——将拥有错误信念。已经提过 3 岁的儿童在此任务上会失败，然而大多数 4 岁或 5 岁的儿童却可以成功完成。

错误信念现已经是研究热点，因为它能告诉人们儿童对心理表征理解的基本状况。意识到错误信念的可能性需要理解知识信念是简单的心理表征，而不是现实世界的直接反应，作为表征可以是真的也可以不是真的。因此，我所相信的与你所相信的可能相同也可能不同，我们所相信的与现实可能相同也可能不同。年幼的儿童似乎就缺少这种理解。

研究错误信念有两种范式。一种是图 13-4 中所示的方法被称为意外位置或意外转换（unexpected locations or unexpected transfer）任务，它是由韦默（Wimmer）和佩尔奈（Perner）在 1983 年发明的程序。另一种是意外内容任务（unexpected contents task），是霍格瑞夫（Hogrefe）、韦默和佩尔奈在 1986 年首次使用。假定给儿童呈现一个糖果盒子，问他认为盒子里面是什么。儿童回答"糖果"，然后我们打开盒子，让他看到里面装的其实是铅笔。接着合上盒子，拿出一个来自芝麻街的玩偶欧尼，提出如下问题："欧尼没有看过盒子里面。在我打开之前，欧尼认为盒子里面是什么呢？"多数 4、5 岁的儿童都会说"糖果"，他们能够意识到欧尼只根据盒子的表面来判断，因此形成关于其内容的错误信念。大多数 3 岁儿童会说"铅笔"。像在位置任务中一样，儿童不能够抑制他们自己的真实信息的影响；相反，他们认为其他人都拥有与他一致的真实信念。

内容任务还有另外一种测量方法。不是从欧尼角度来说，而是按照儿童自己最初的信念。问题现在变成儿童是否意识他们自己已经拥有了错误信念。这一程序的前半部分与原先相同：呈现糖果盒子，诱发儿童对于内容的最初判断，揭示真实的内容。但是，测验问题现在变成："在我打开盒子之前，你认为盒子里面是什么？"我们也许认为这个问题很容易；儿童需要做的是重复几秒之前的反应。然而，3岁的儿童有可能会说"铅笔"。理解自己的错误信念就像理解他人的错误信念一样困难。

研究心理理论的另一种基本程序是外表—真实任务（appearance-reality task）。这一任务也直接指向知识形式：认识到事情表面可以与它们真实的情况不一致。例如，你认识到放入水杯中的麦秆不是真正的弯曲，仅仅是看起来弯曲。同样，放在红色滤镜下的剪影蝴蝶不是真正的红色，只是看起来是红色。

年幼的儿童起初并不具备这样的理解。事实上，过滤任务是最普通的测量，它一般按如下程序进行（Flavell，Flavell，& Green，1983）。在对所用言语进行预先训练之后，实验者首先呈现真实的蝴蝶，接着放置过滤器，然后问下面两个问题："当你看蝴蝶时，它看起来是红的还是白的？""从真实的意义来说，蝴蝶是实实在在的白色还是实实在在的红色？"正确的反应需要区分外表与真实，这是年幼儿童做不到的。大多数3岁儿童在两种情况下都是依据表面来回答，认为蝴蝶是真实的红色，不只是外表上的。按照外表进行判断而忽略真实被认为是现象错误（phenomenalism error）。在其他版本的外表—真实任务中，儿童犯了相反的现实错误（realism error），按照真实进行判断而忽略了外表。经常使用的刺激是海绵/岩石：一块塑料橡胶的海绵看起来像一块灰色的岩石。一旦儿童有机会接触海绵，知道了它的本质，将会问他们两个问题：它看起来像什么？其实它是什么？在这种情况下，3岁儿童不仅会认为这种物体是真实的海绵而且认为它看起来也像海绵。一旦他们意识到事实，他们就不再报告有差异的外表。

与错误信念、外表—真实任务不同，接下来要讨论的方法没有单一的、已确定的标签。许多研究都探索了儿童对于知识起源（origins of knowledge）的理解，也就是说，我们如何形成关于现实信念的概念（Miller，Hardin，& Montgomery，2003；O'Neill，Astington，& Flavell，1992）。儿童理解知觉在信念形成中的中心作用吗？他们怎样判断一个知觉到刺激的人能获得信息，而一个知觉不到刺激的人就不能获得信息？他们是否可以区别不同的知觉形式，判断什么是可以通过视觉学习的（或者他们已经习得），而不能通过听觉或触觉学习？他们是否认识到除了知觉信息还存在知识源，如逻辑推断、从他人那里获取信息？他们做的所有判断能够不只考虑自己还要考虑他人吗？

从头到尾的多种可能性说明，可以从众多角度去总结研究结果。然而，我们将关注一个来自知识起源研究的一般性结论。它与来自于错误信念和外表－真实研究的结论类似。结论是说年幼的学前儿童对于信念从何而来只有有限的理解，他们经常会在对于成年人而言显而易见的任务上犯错误。例如，他们也许认为已经掌握了实验者所教给的事实（Taylor，Esbensen，& Bennett，1994），在学过某些知识之后，他们还是不能够说明看、触、听是信息的来源（O'Neill & Chong，2001）。我们可以看出对于心理理论的理解还有很多需要研究之处。

几个简单的任务是不能完全代表心理理论领域研究的。研究者还探索除了思维与信念之外，儿童对于多种心理状态的理解，如对情绪（Lagutta，2005）、愿望（Moses，Coon，& Wusinich，2000）、幻想（Sharon & Woolley，2004）、意图（Baird & Moses，2001）的认识。通常，当我们关注的是幼儿的心理状态而不是信念时，幼儿对其的理解让人印象深刻，但这是毫无意义的；特别是，当我们关注的是幻想或欲望时，即使是两岁的幼儿也能表现出令人钦佩的能力。研究者也探究学前儿童之外的其他年龄阶段人们的心理理论。有些研究者已经研究了儿童后期的一些发展情况（Miller，2012），然而，其他人则关注婴儿时期心理理论的萌芽。这是接下来将要介绍的内容。

（二）研究方法：婴儿

虽然很多研究都关注学前儿童这一年龄段，但是心理理论很明显在这个年龄段之前就已经开始发展。婴儿在生命早期就可以从不同方面区分社会和非社会世界，他们甚至还发展出了一些能力，这些能力是心理理论的萌芽或者初级形式。这里讨论两种类似能力，更多关于婴儿心理理论的信息可以参见里格斯特（Legerstee）（2006）和雷迪（Reddy）（2008）的文献。

我们想象一下这样的图景，来引入两种能力的发展。假设一个宝宝正和他的妈妈一起玩，这时妈妈突然把目光转向了房间的一角。这个婴儿会不会跟随妈妈的目光也朝同样的地方看呢？小婴儿并不这样做，然而到了接近 1 岁的前 3 个月，大多数婴儿都会做出跟随妈妈目光的行为。这种形式的共同注意被称作联合注意（Carpenter，2011）。一旦完全形成（实际上对于形成的准确时间是存在争议的），虽然只是在初级水平上，联合注意仍被认为可以反映几种基本的心理能力：妈妈有过有趣的视觉经验；我和妈妈很像；因此如果我也看妈妈注视的地方，我也会发现有趣的东西。这种建立联合注意的能力是婴儿认识世界能力的巨大发展。它被认为在指认新词意义时具有关键作用（Balawin，1995）。

我们将这个例子稍微变化一下，引入第二个能力发展。假设现在妈妈不再看向房间的一角，而是注视门的方向，妈妈之所以这样做是因为刚才门的位置出现了一个陌生人（如，一个婴儿不认识的人）。这时婴儿会怎么做呢？同样，小婴儿并不对妈妈的转头行为做出任何反应。然而有时候到了1岁前的3个月，婴儿不光跟随妈妈做出转头行为，还会做出其他行为。当婴儿看到一个陌生人时，他会转头看着妈妈的脸，从她的表情中寻找线索来帮助自己理解这个新异的事件。这个搜寻妈妈脸的行为是一个社会参照的例子：使用他人提供的情绪线索（通过面部表情或者音调）来指导自己对不确定情境做出反应（Baldwin & Moses，1996；Walker-Andrews，1997）。正如联合注意一样，社会参照反映了婴儿的一个基本认识，就是他人的心理经验与我们自己的心理经验是相关的。同时，与联合注意相似，社会参照帮助婴儿理解我们的世界。

（三）研究问题

正如所涉及的任务是有选择性的，研究问题也必须有选择性。接下来将讨论许多研究都注意到的两个问题。

第一个问题是同皮亚杰研究一样的基本问题：评估问题。从某种意义上说基于同样的原因，错误信念研究与皮亚杰的研究都很有趣：迄今为止它提供了令人惊奇且信服的关于儿童认知局限的信息。就像婴儿缺少客体永久性、学前儿童缺少守恒概念一样值得注意，3岁儿童没有错误信念的概念同样让人惊奇。对于皮亚杰的研究而言，针对这种违反直觉结果的自然、恰当的反应，研究者对评估精确性产生怀疑。标准任务真的能够精确测量出年幼儿童对于信念的理解吗？可能不行，皮亚杰的测量受到批评也是由于同样的原因。因为涉及言语的任务可能让儿童感到困惑，评估的环境是陌生的，至少是非自然的，程序不能有效激发儿童的兴趣与动机。如果评估能够在某种程度上变得更加贴近儿童，也许3岁儿童可以显现出更多的能力。

对于守恒任务，研究者通过各种方式去探查早期的能力，还探索了措辞修改后守恒任务的效果。例如，在位置范式中，有可能年幼的儿童认为标准任务是在问参与者应该到哪里去找目标，或者参与者最终会到哪去找目标；在这两种情况下儿童会选出真实位置，以致犯错。为了检验这种可能性，西加尔（Siegal）和贝蒂（Beattie）（1991）增加了一个词"首先"，来澄清问题（珍妮首先要到哪里去找她的小猫）。其他研究者变化了儿童的反应形式。结果显示，对于年幼儿童来说，预测一个基于错误信念的行为要比解释一个已经发生的以错误信念为基础的行为更加困难。因此，一些研究者（Bartsch & Wellman，1989；Moses & Flavell，1990）对标准预测测量与解释测量（要求儿童解释故事中人物的错误行为：珍妮在错误的地方寻找她的小猫）进行了对比。克莱门茨（Clements）和佩尔奈（1994）的研究减少了儿童的反应。这些研究者测量了儿童在位置任务中的展望行为，试图看看儿童是否也许先看到原来的、错误信念位置，即使他们不能够回答标准的言语问题（许多儿童确实如此）。

最普遍的修正可能是在错误信念评估中加入了欺骗（deception）。对于这样的做法，在理论与方法上都受到了质疑。理论上，对欺骗的全面理解也就意味着对错误信念的理解，欺骗的目的就是为了对他人输入错误信念。方法上，基于欺骗的评估能够建立起儿童对于诡计与游戏的自然体验，因此增加了一定的熟悉性与个人卷入，但是这些内容缺乏标准化的测量。研究者采用各种方式探查儿童对于欺骗的理解。一些研究者通过让儿童扮演帮助者来完成欺骗某人的任务，儿童扮演那个变换糖果盒子里东西的人或是移动玩具到新位置的人（Sullivan & Winner，1993）。其他一些研究者设计了一个游戏，让儿童有机会去欺骗其他儿童而赢得奖励，如为了得到巧克力而指认错误的位置（Russell，Mauthner，Sharpe，& Tidswell，1991）。在此，可以清楚地看到儿童思考他人信念的动机被放大了。

我们综述了所有的修正评估吗？为了回答这个问题，我们将引用韦尔曼、克劳斯（Cross）和沃森（Watson）（2001）对错误信念进行的元分析。正如一般的元分析一样（回忆一下在第九章中的讨论），韦尔曼等人综合分析了许多篇不同研究的结果。有时候能通过研究对比发现结果变化和早期的成功表现，特别是当欺骗作为评估的一部分时，年幼儿童有时候会做得更好。然而，主要的结论是在程序、样本的变化中呈现出发展的相似性。不管他们的研究是在什么地方、如何进行的，3岁儿童都很难意识到信念可能是错误的。

前面已经呈现了韦尔曼等人（2001）的结论，由于他们的回顾使得这幅研究图景更加丰富，此处会引用他们的研究。第十二章中奥尼西（Onishi）和巴雅尔荣（Baillargeon）（2005）使用期待冲突范式证明了 15 个月大的婴儿对错误信念也有一定的理解！正如所期待的那样，如此早的出现这种能力的说法引起了争议，而且直到现在，婴儿是否知道错误信念这一问题仍旧是此领域中最热门的研究主题之一（Baillargeon，Scott，& He，2010；Caron，2009；Sodian，2011）。

研究的第二个角度关心的是心理理论与社会经验之间的联结。这种联结是一种似是而非的、在两个方向上的联结——儿童对于心理世界的理解有助于他与其他人的交往，同时与他人的交往又能够帮助儿童理解信念、愿望和其他心理状态。这种研究对心理状态理解的起源与影响两方面都有意义。

对这一问题的研究方法主要是相关法。许多研究都测量了学前儿童的心理理论发展与社会经验的一些方面的关系（Astington，2003；Hughes & Leekam，2004）。总之，这两者之间存在正相关，也就是说，对于心理理论理解更深的儿童，他们的社会行为也更高级。

当然，两种测量间存在相关并不能告诉我们原因与结果的方向。正如我们在第三章中所述，要确定因果关系推论需要在纵向研究中追踪原因和结果之间的相关。许多研究者都是这样做的，来自这些研究的结果表明在两个方向上都存在因果关系。在某些情况下，心理理论的发展为后来高级的社会行为奠定了基础。例如，詹金斯（Jenkins）和奥斯汀顿（Astington）（2000）发现最初对错误信念任务的测量成绩有时候能够预测后期在假装扮演中的能力；但是，反之不成立。在其他一些例子中，是社会经验起到了原因的作用。例如，由朱迪邓恩（Judy Dunn）和他的助手们做的研究计划发现早期家庭交互作用的某些方面与后期心理理论的理解有关。一项研究表明，在儿童两岁时，母亲所谈论的情感与 7 个月后儿童对于情绪与信念的理解有关（Dunn，Brown，Slomkowski，Tesla，& Youngblade，1991）。另外一项研究表明，在儿童 3 岁时，家庭中谈论情感的程度能够预测儿童在 6 岁时的情绪理解能力（Dunn，Brown，& Beardsall，1991）。

相关研究不是心理理论与社会行为之间联结关系的唯一证据，也不是两个领域在两个方向上因果关系的唯一证据。在此，再引用两种其他形式的证据。

其中一方面的证据关注家庭大小的影响。一般来说，生长在有许多兄弟姐妹家庭中的儿童，尤其是有着年长兄弟姐妹的儿童在掌握错误信念上要比一般儿童快（McAlister & Perterson，2007；Ruffman，Perner，Naito，Parkin，& Clements，1998）。大家庭中成长的儿童在掌握错误信念上也要比一般儿童快（Lewis，Freeman，Kyriakidou，Maridaki-Kassotaki，& Berridege，1996）。可以推测，与不同社会个体交往的丰富社会经验能够为儿童理解他人的心理状态提供基础。无论具体解释是什么，这种因果关系属于社会认知的一种。儿童有许多兄弟姐妹从而促进了心理理论的高级化，这是可以肯定的。

从社会认知的角度有另一方面证据，主要是来自对自闭症现象的研究。自闭症是一种严重的障碍，有其生理起源，在发展中有许多异常，尤其是社会交往方面存在困难。从早期生活开始，自闭症儿童就对他人不感兴趣，也没有能力去建立人际关系。在心理理论上他们也有着显著的缺陷（Baron-Coen，2001；Tager-Flusberg，2007）。即使其他心理功能没有受损，自闭症儿童执行心理理论任务的能力也很差。正如巴伦—科恩（Baron-Coen）（1995）所观察到的那样，这些儿童对于他人的想法、愿望、情感一点儿也不敏感，他们也许根本就不知道这些心理状态的存在。这种心智盲（mindblindness）的结果清楚地证明了心理理论对于正常的社会关系的重要性。

本书对心理理论研究的总结仅仅只是涉及了大量研究文献中的很小一部分。我们可以通过一些资源看到一些进一步的讨论，包括卡本迪奥（Carpendale）和李维斯（Lewis）（2006），多尔蒂（Doherty）（2009），哈里斯（Harris）（2006）以及休斯（Hughes）（2011b）的研究。

专栏 13.1　执行功能研究

认知发展的许多研究都直接指向儿童对于特定主题或内容领域的了解。这才是在刚刚讨论过的心理理论框架下的工作，也是我们将要接触的概念框架下的工作。

这些研究的一个基本共识是，儿童在一个内容领域中（心理理论）知道什么或他们如何推理只与他们的知识或对于另一个内容领域（生物概念）的推理有弱相关。因此，发展具有领域特殊性。也就是说，是针对特定的内容领域，跨领域适用性非常有限。这一结论相当重要，因为与长期处于统治地位的领域一般性的模型（如皮亚杰的发展阶段论）相比，它更突出。

虽然领域特殊性是目前研究中的热点，但许多心理学家还是不愿意放弃涵盖多领域的一般性过程的研究。最近几年的研究试图辨识隐藏在各种不同任务成绩背后的基本能力。执行功能被认为是这种一般性问题解决的资源。总之一句话，执行功能"是所有复杂的认知过程的共同基础，它使得我们对新异或困难情境做出灵活的指向性反应"（Hughes & Graham，2002，p.131）。

在这一框架下的是哪种过程？让我们看一下经常在儿童早期研究中出现的例子。图 13-5 呈现了维度卡片排序任务（Dimensional Card Sort task）的刺激（Zelazo & Frye，1998）。给儿童一系列形状与颜色有变化的卡片，让他们按两个维度中的一个进行排序。如果任务是"颜色游戏"，指导语是将红色卡片放到红色的盒子里，将蓝色卡片放到蓝色盒子里。多次实验之后，规则发生变化：现在任务变成"形状游戏"，要将汽车放到一个盒子里，而将花放到另一个盒子里。任务虽然看似简单，但却超出了大多数 3 岁儿童的能力。即使他们在每一次实验开始都接受新指导语，甚至他们在言语上能够成功理解新规则，3 岁儿童还是继续按照原先的规则行事。

为什么看似简单的任务却如此困难？成功完成卡片分类任务事实上需要多种加工成分，但是在 3 岁时这些成分还未发展成熟。在执行任务过程中，儿童必须拥有充足的短时记忆空间才能够记住相关规则。如果要在规则变化时进行新的反应，儿童必须能够抑制优势反应。儿童必须要有自我意识，能够从所学的规则中进行选择。

值得注意的是，在儿童的执行功能的研究中，只有那些已经确定的加工过程才是通常研究的对象。卡片分类任务是众多评估程序中的一种。例如，抑制可以通过西蒙说（Simon Says）游戏进行评估，在这个游戏中，儿童必须对"乖乖熊（Nice Bear）"的命令进行反应，而要抑制对"坏蛋龙（Nasty Dragon）"的反应（Carlson & Moses，2001）。可以通过倒背数字广度或倒背字词广度（backward digit span or backward word span）来评估短时工作记忆。卡尔森（2005）、休斯和格翰（Graham）（2002）对测量方法进行了综述，包括一些标准化的评估测验。值得注意的是这些方法包括父母报告问卷和直接的行为观察测验，如卡片分类任务或者西蒙说的游戏（Gioia，Isquith，Retzlaff，& Espy，2002）。

对儿童的执行功能的研究结果揭示了什么？得出了两个结论（Best & Miller，2010；Hughes，2011a）。第一个结论关注的是执行功能本身。来自卡片分类任务的结果表明，像短时记忆、抑制这样的能力在儿童早期没有完全发展成熟。执行功能随着儿童的成长而提高。除了发展上的差异外，还存在个体差异，也就是说，对于同一年龄的儿童在短时记忆或抑制上的能力是不一样的。这些个体差异也与某些临床症状有关。特别是在注意缺陷多动障碍（Attention-Deficit Hyperactivity Disorder，ADHD）和自闭症人群中，他们在执行功能上有着显著的缺陷（Hill，2004；Willoughby，Blair，Wirth，& Greenberg，2010）。对成人和儿童的执行功能感兴趣的原因之一是这项工作对临床的意义。

第二个结论关注的是执行功能与其他认知能力的关系。这一主题在心理理论的研究中有大量研究。大量的研究文献得出这样一个结论：执行功能的各个方面都比较成熟的儿童对心理理论的理解也更加成熟。事实上，这也是不同认知研究的一般性结论。为什么会产生这种关系，在研究者之间存在争议（Moses，2001；Perner & Lang，1999）。可以很公平地说，大多数研究者都认可执行功能的某些必要性但还缺乏足够的证据。按照这一观点，执行功能也许对错误信念概念的出现与表达是必要的，但是领域特殊性的经验与知识也是必要的。换句话说，发展既是领域特殊性的又是领域一般性的。

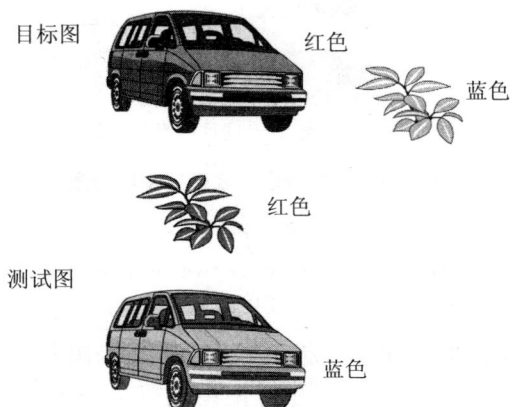

目标图　红色　蓝色

红色

测试图　蓝色

图 13-5　热拉佐瓦（Zelazo）和弗莱伊（Frye）的早期规则研究中的维度卡片分类任务

来源："Cognitive Complexity and Control：Ⅱ. The Development of Executive Function in Childhood"，by P. D. Zelazo and Frye，1998，Current Directions in Psychological Science，7，122. Copyright © 1998 by Blackwell Publishing.

五、概念

（一）婴儿

让我们再回顾一下对于婴儿记忆的研究。婴儿早期的再认记忆表现在他们对于熟悉和新奇刺激的差异反应中。事实上，即使是一两天大的婴儿也能够再认他们以前遇到过的刺激。这种能力让人印象深刻，但是 3 个月大的婴儿能开始做一些更让人印象深刻的事情。

设想一下，我们先使用范兹偏好范式给婴儿展示一系列猫的图片，像图 13-6 上半部分所示的那样。每个试次中呈现两张不同的图片。经过一系列试次后，我们引入一个关键性的实验试次。一个窗口中的图片是以前没有呈现过的一幅猫的图片，另一个窗口中是一张狗的图片。因此，这两刺激对于儿童来说都是新的。然而，3 个月的婴儿不认为它们是同样的新刺激，儿童对狗的关注要多于猫。

原型一 → 原型二 → 原型三 → 原型四

新种类中的新原型　　　同种类中的新原型

图 13-6　婴儿概念形成研究中的刺激

来源："Early Category Representation and Concepts"（p. 29），by P. C. Quinn and J. Oates. In J. Oates & A. Grayson（Eds），Cognitive and Language Development In Children（pp. 21-60），Oxford，UK：Blackwell Publishing.

这一研究结果说明即使是年幼的婴儿也不会局限于只对直接经验的刺激进行编码和记忆。在这个例子中，图中底部的猫一点儿也不比狗更熟悉。而在早期生活中，婴儿已经超越了他们特定的经验形成对熟悉刺激与事件的概念。这里的概念是指基于某些内在的相似性（形成它们所有的东西，在某种意义上说是"同一事物"）将不同的项目在心理上合成一组。概念是我们组织与认识世界的基本方式；的确没有概念，我们经历的每件事情都将被认为是新的。因此，从某种意义上说，我们将不同的猫看作是同一事物，显然 3 个月的儿童也是这样做的。

当然，像猫与狗进行对比这样的事让你来做，就不能作为概念存在的证据了。也许那个年龄的儿童对狗更加感兴趣。或许所使用的具体图片为反应提供了基础而不是猫或狗本身。这种可能性也会发生在这类研究中，因此研究者认真地进行控制以排除其他影响结果解释的因素。因此，就不用质疑 3 个月的婴儿能够对猫与狗进行区分了。他们也能从鸟类和马中区分出猫，但是却不能从雌性狮子中区分出猫（Quinn，1999）。而且，他们的区分能力不限于生物分类，还可以拓展到人造物品。3 个月的婴儿能够区分动物与家具，知道一些家具的分类——能够区分椅子与沙发、床、桌子的不同（BehlChadha，1996）。

偏好法是众多研究婴儿概念形成的方法之一（Quinn，2007）。所有的方法都是基于同一原理：看看婴儿是否对同属一类的物体进行更相似的反应，因此在某种程度上，是将类别成员看成是同一事物的例子。习惯化—去习惯化程序是另外一种可能的证据源。呈现一系列猫的图片，直到儿童兴趣下降，接着测查对另外两个刺激之一（另外的猫或狗）的去习惯化。操作条件也已经被应用到此类研究中。采用针对特定移动物体的条件反应的诺雷—考勒范式(前面章节中讨论过),盖住猫的图片,考察婴儿对于原刺激有所不同的新的移动物体的反应。

随着婴儿的成长,有更多种测量方法可以采用。1岁时,可采用序列触摸程序(sequential touching procedure)。呈现一系列不同类别的物品(玩具动物、玩具车辆、玩具家具),并记录婴儿接触物品的顺序(Mandler & Bauer,1988)。如果婴儿连续触摸相同类别物品的趋势高于随机水平,那么,我们就可以认为婴儿知道它们是同一类物品。事实上,这也是典型的结果。

最后,对于年龄稍大一点儿的婴儿,可以检查他们对于分类知识的推断(inferences)或归纳(inductions)。例如,一个研究表明,14个月大的婴儿能够模仿成人的各种行为,如给狗喝水、将钥匙插入车门。然后给他们机会在新的动物成员或车辆分类中重复这些行为。即使当新的例子不是很熟悉(如动物狐猿),婴儿也能恰当地泛化,对动物进行恰当的动物的反应,对车辆进行恰当的反应(Mandler & McDonough,1996)。正确理解新类别样例,并对其进行反应的能力是概念的主要功能。这一结果说明婴儿发展的早期就在自主地运用概念。

(二)年长儿童

当研究被试从婴儿转到年龄稍大的儿童时,可利用的方法就会更多。特别是,通过词语来表达指导语并收集言语反应。与对婴儿的间接测量不同,现在能够要求儿童告诉主试或是展示给主试哪些可以放在一起并解释原因。

儿童的项目排序分组研究可以追溯到一个世纪之前,包括皮亚杰所做的一些有影响的研究(Inhelder & Piaget,1964)。来自这些研究的一般性结论(对于认知发展是相当可靠的)是,儿童随着发展逐渐克服了早期的局限。尤其是年幼儿童经常表现出知觉定向,只关注表面特征而忽略更基本的内在属性。例如,呈现消防车、汽车、苹果,大多数3、4岁儿童将消防车与苹果分为一组,两个红色的物体,而不是将消防车与汽车两种车辆分为一组(Tversky,1985)。年幼儿童的知觉定向也是之前章节中所讨论的众多研究的结果,如皮亚杰的非守恒现象、学前儿童不能区别外表与真实。

表 13-7　来自格尔曼和马尔克曼(Markman)的儿童概念研究的例题

这只鸟的腿在晚上会感觉很冷(火烈鸟的图片)

这只蝙蝠的腿在晚上很暖和(黑蝙蝠的图片)

看这只鸟!在夜间,它的腿会像上面那只鸟的腿一样变冷,还是会像蝙蝠的腿一样很暖和呢?(黑鸟图片,看起来像蝙蝠)(见图片)

这条鱼在水下呼吸(热带鱼的图片)

这条海豚要浮出水面呼吸(海豚的图片)

看这条鱼!它是像那条鱼一样在水下呼吸,还是像海豚一样浮出水面呼吸?(鲨鱼图片,有些像海豚)

这只小狗在地下藏了骨头(棕色的腊肠犬的图片)

这只狐狸在地下藏了食物(红色狐狸的图片)

看这只小狗!它是像狗一样在地下藏了骨头,还是像狐狸一样藏了食物?(红色狗的图片,看起来像狐狸)

来源:"Categories and Induction in Young Children", by S. A. Gelman and E. M. Markman, 1986, Cognition, 23, pp. 183-209. Copyright © 1986.

在不否定这些局限性的同时,最近一些研究对学前儿童的能力有了更深入的探讨。表 13-7 就展示了一个例子。表中的问题来源于格尔曼、马尔克曼及其同事们的研究(Gelman, 2000; Gelman & Markman, 1986, 1987)。问题是儿童如何归纳已经知道的新事物,对两种可能性进行了比较。如果知觉相似性起关键作用,那么新的项目应该被判断与更相似的为一组。例如,这就意味着黑鸟将被认为在晚上有暖腿,这种判断只是基于鸟的样子与蝙蝠相似。相反,如果类成员是重要的,那么儿童将认为腿是冷的,像其他鸟一样。这些任务中的比较是儿童概念研究的基础:外表相似性和内在本质是判断事物是否是相同的基础。

需要注意的是,早于格尔曼和马尔克曼的研究表明年幼儿童主要依靠外表相似性来判断事物。这不同于格尔曼和马尔克曼的发现。格尔曼和马尔克曼认为即使有着引人注目的视觉线索,大多数 4 岁儿童还是选择类成员作为推断的基础。因此，他们认为鸟的腿应该是冷的，鲨鱼将在水下呼吸等。简化程序后的研究表明，甚至两岁儿童都有能力忽略视觉外表而采用类成员推断（Gelman & Coley，1990）。

为什么最近一些研究中对学前儿童的能力更加乐观？这可能受两个重要因素的影响。首先是方法：许多早期的研究是以儿童对项目归类指导语的反应为基础得出结论的（展示哪些应该放在一起）；相反，格尔曼和马尔克曼的程序与自然、日常生活所用概念紧密相连——根据已知的知识对新的例子进行推断。将这种概念的自然功能作为反应测量的基础，也许是新近研究中儿童表现令人印象深刻的原因。

其次概念的类型也很重要。一些研究采用任意创造的概念作为研究材料，如分类行为研究中的蓝环分类。然而，儿童自然形成的概念，如人的、动物的、车辆的、食物的概念，是不存在随意性的。这些概念代表了现实生活经验的共同性，随着儿童尝试去感知世界，他们就吸收了这些共同性。对于熟悉的、有意思的材料的关注也可作为在新近研究中儿童成绩较好的原因（Gelman & Kalish，2006）。

这一结论的进一步证据来自目前最为活跃的概念发展领域：研究直接指向儿童的生物性概念。再次重申，以前文献认为年幼儿童在理解概念方面存在困惑与局限。这种困惑最典型的例子是皮亚杰的泛灵论（animism）（1929）：把无生命物体看作是有生命属性的。那些认为太阳发光是"因为它想"的儿童有泛灵论的思维，那些认为纸被割开会感觉痛的儿童有泛灵论的思维。显然，这种思维方式反映出在生物理解上的根本差距。

对于一般性的概念，当前研究表明，年幼儿童的能力水平较为良好。当用恰当的言语来询问时，学前儿童能够理解生命的某些基本属性。这里有几个例子。

生命的基本属性之一是成长。3岁或4岁的儿童能够理解有关成长的一些基本事实。例如，他们意识到只有活着的东西能够成长，成长是必然的（例如，你不能因为你想，就让宠物总是那么又小又可爱），成长是有方向性的——随着不断成熟，人、植物、动物是变大而不是变小（Inagaki & Hatano，2002，2006；Rosengren，Gelman，Kalish，& McCormick，1991）。他们也知道只有动物可以再生，如一只擦伤的猫可以最终痊愈，但是一辆刮了的车则需要人为修理（Backschneider，Shatz，& Gelman，1993）。

虽然，成长是所有生命的属性，但只有动物能够进行自我繁殖。当然，许多其他的东西也能够运动（汽车、自行车、云、风中的叶子等）。皮亚杰研究的那些有泛灵论思维的儿童有时候会将这些事实弄混。有研究表明3岁儿童能够成功判断哪些事物能自行运动，哪些不能（Massey & Gelman，1988）。

众多研究都关注的生命的最后一个属性是遗传。活着的生命起源于其他活着的生命，他们遗传了物种的一般特性，以及他们父母的独特特征。即使学前儿童也了解一些生物知识，这也是属于起源与血缘关系的例子。他们意识到狗可以产小狗而不是小猫，认识到后代类似于他们的母体（Springer，1996；Springer & Keil，1991）。到了小学阶段，儿童能够对哪些属性可能是由生物遗传（人的外表、饮食偏好），哪些属性可能是由环境决定（人格特质）进行合理的判断（Astuti et al.，2004；Springer，1996）。

对于心理理论，在不断增加的大量文献中，我只使用了其中一些有重要价值的。如想进一步了解，可以参见凯里（Carey，2009）和格尔曼（2003，2009）的相关研究。

小　结

本章在儿童认知发展的大框架下讲了五个主题。

本章从颇具影响力的皮亚杰方法讲起。与对婴儿的研究一样，皮亚杰的方法对于儿童后期的研究是很有价值的，通过灵活的临床法，能够辨别有趣的知识，发展的基本形式。在这些知识形式中，守恒——这种面对视觉变化时能够继续保持数量不变的知识——尤其耐人寻味。对于守恒的讨论必须要引入皮亚杰的另外四个概念：类包含、传递性、形式运算推理、观点采择。

皮亚杰的研究对后续研究有许多启发。评估是一个基本问题：实验程序如何精确地评估儿童能力？长久以来，人们认为皮亚杰低估了儿童的能力，主要是由于许多支亚杰的任务过多依赖了言语。通过对两种研究的讨论可以了解这种对效度的质疑。一是在皮亚杰的评估中简化了语言的研究；二是增加了评估情境的自然特征的研究。

智力测验或 IQ 法在许多方面都不同于皮亚杰的方法。对于这种差异的回顾引发了对于两大著名的 IQ 测验（斯坦福—比内智力测验和韦氏儿童智力量表）项目类型的讨论。这些测验都是高度标准化的用来辨别儿童间个体差异的工具。它们的内容以对学业有重要意义的言语能力为导向。的确，它具有一定的预测能力，包括与学校成绩的相关。学校成绩经常被用作效标。

对于 IQ 测验的描述还要考虑到一些理论问题。一个问题是稳定性（stability）：儿童的 IQ 在发展过程中是不变的，还是升高或下降的？对于这一问题的回答需要纵向的研究方法，本章的内容只是作为第三章关于纵向研究设计内容的补充。另一个问题是 IQ 差异的决定因素，是起源于基因还是环境。这里回顾了针对这一问题的两种研究方法。双生子的研究得出这样的事实：同卵双生子比异卵双生子更有可能受基因影响；同卵双生子的 IQ 具有更大的相似性可以作为基因因素的证据。领养儿童的研究为区分正常父母－子女关系中的基因与环境因素打开了新局面。可以将领养儿童的 IQ 与其生父母、养父母的 IQ 进行比对。虽然双生子与领养儿童研究都是很有影响力的，但是它们也存在局限性，根据不同研究结果分别讨论了这些局限性。

发展心理学中一个长久不衰的主题是记忆。记忆是从出生开始就已经存在的一种基本认知加工过程。婴儿早期的记忆似乎主要包括再认记忆。这种记忆方式可以通过习惯化－去习惯化范式来进行研究。延迟模仿的研究说明某些回忆记忆能力出现在出生后的几个星期里。

年长儿童的研究关注的是回忆记忆与不同时期内回忆发展变化的解释。策略的研究想要测量各种能够用来帮助回忆的记忆策略的存在与效应。建构性记忆的研究检验的是一般知识系统的效应及这一系统在记忆上的发展变化。本章讨论了一些建构性记忆的例子，包括脚本效应与专家的记忆效应。记忆这一部分以对自传体记忆或者与自己有关的长时记忆的讨论作为结束。

心理理论是指儿童关于心理世界的想法与信念。最令人感兴趣的概念是错误信念：意识到人们可能拥有错误的信念。另外一个重要的发展是对外表－真实区分的掌握：当外表与真实相冲突时，有能力对此进行区分。这里不仅对错误信念与外表－真实任务的研究方法进行了阐述，同时也对心理理论研究的第三个焦点——儿童对于知识起源的理解——进行了阐述。这一部分还阐述了婴儿研究的两个重要成就：联合注意或者共同注意的建立和社会参照或者使用来自他人的线索来解释不确定情境。

与皮亚杰的研究一样，对于心理理论的评估是相当重要的，因此也阐述了一些研究错误信念任务的其他方法。另一个重要的问题就是心理理论与社会经验之间的关系。多种证据表明它们之间是有联系的，在两个方向上有着因果关系。

本章的最后一部分讲概念形成，也就是在相似的基础上进行项目的心理分组。根据儿童对特定类别（如猫和狗）成员与非成员的不同反应，可以看出他们在早期就已经开始形成简单的概念。用于证明这种反应的特定程序包括偏好法、习惯化一去习惯化、序列触摸、归纳。虽然在对年长儿童研究时，用言语程序代替了非言语程序，但是原理相同，都是要寻找对不同类别成员反应的差异。近期研究表明，即使是学前儿童，在他们已有的知识上做出推论时，有时也认为类别成员关系比知觉相似性更重要。近期研究还揭示在发展的早期就已经出现了生物概念理解的基本形式。

练 习

1. 皮亚杰任务与心理理论任务最显著的特征是容易操作，因此，可以让被试自己乐意参加实验。下面的练习假定你已经接触到至少一名能够让你进行测验的儿童。如果儿童是在 3～5 岁，你应该关注的是心理理论的测量；如果他们年龄更大，你应该关注的是皮亚杰任务的测量。在这两种情况下，请先查阅书中对两个任务的介绍，然后设计一个自己的任务，对比你的结果与文献的结果。注意：在开始实验前，确认获得儿童及其父母的同意。

2. 皮亚杰对发展后期的后续研究表明，许多成年人的形式运算思维任务上的成绩也不是很好。找到文中引用的英翰德（Inhelder）和皮亚杰书的复本，尽你所能的重复多个任务，以你的同伴为被试进行测验。你认为这些任务是否对假设—演绎推理进行了全面测量？如果没有，你将如何修正或增加评估手段？

3. 对于 IQ 测验的一种批评是，它们测量的只是某种忽略了其他认知能力形式的智力，社会或人际智力领域是常常被忽略的。假定你要为小学儿童设计一个社会智力测验。你如何选择要测量的题目？如何证明测验的效度？

4. 回想一下你上周或是更早时候的记忆策略。它们属于文中讨论的哪种加工？假定研究者想要研究你的日常记忆活动，研究者要如何收集资料？

5. 阅读本章中引用的杨（Yang）（2006）的研究程序，然后假设你是研究的被试，试着做出反应。把你的反应与研究中被试的反应进行比较。如果你有朋友是亚裔或亚裔美国人，请他也对实验做出反应，将他的反应与你的进行比较（如果你是亚裔或者亚裔美国人，那么请你的一位高加索朋友对实验做出反应）。

第十四章　社会性发展研究

　　像第十三章一样，本章关注婴儿后期的发展状况，重点讨论儿童的社会性发展。这个课题与认知如何发展的课题一样宏观，同样在方法学上受到许多挑战。

　　本章分为四个部分，前三个部分总结了社会性发展的重要成果。在第十二章中已经讨论过这方面的两个研究——依恋和气质。本章将加入另外三方面的研究：道德标准和道德行为的发展，性别类型化和性别差异的发展，以及同伴关系的发展。

　　对重要结果的鉴定和测量是社会性发展研究中的第一个普遍问题。第二个问题是决定因素的问题——这些结果从何而来？为什么特定的行为是儿童社会性发展进程中的一部分？如何解释发展差异或个体差异？本章的最后一部分还讨论了其中最重要，也是研究最多的决定因素，即父母的教养方式。

一、道德发展

　　"道德发展"似乎是一个庞大的主题，它包含了儿童发展的诸多方面。事实上，由于发展的很多方面都能在这个标题下得到考察，所以正如发展心理学家所完成的对道德的研究一样，这个主题确实庞大。因此在本章中对第一部分道德发展阐述得最为详尽。

　　依据传统，道德发展划分为三个方面：行为、情绪和认知。本书的体系将遵循这一划分，由这三个方面的子成分组成。

(一)行为

　　道德的行为层面指的是道德行动——以道德的、好的、社会接受的方式行事。确切地定义道德行为的标准是一个复杂、饱受争议的问题，这已经大大超出了本章的范围。但是，任何定义都包含这样一种观念：行为至少部分的是由内部产生的，而且不仅仅是对外部压力的即时反应。比如，一个孩子由于老师站在旁边而没有作弊，那他并没有表现出道德的行为

（或是不道德的行为）。同样地，一个孩子由于害怕被妈妈斥责，而与他的弟弟分享糖果的行为也不能被判断为道德或不道德。相反，一个孩子至少在某种程度上独立，决定不作弊或分享，这些才是道德行为的表现。

独立于某人自身的利益是另一个判断行为是否道德的普遍标准。如果行为与个人的利益柜违背（或者至少不服从于个人利益），那么它无疑是道德的。因此如果一个孩子与别人分糖果是因为他讨厌糖果，那这就不是一种道德行为；同样一个不需要作弊的孩子没有作弊也是如此。从另一方面来说，一个孩子送出最后一块糖果，而这块糖果又是他最喜欢的，那么这个孩子就表现出了道德行为。

值得注意的是，这种定义是一种方法上的推论。我们需要研究的是自然发生或经实验诱导的情境，在这些情境中儿童有机会产生道德行为，其行为不服从他们的利益，也不是受即时环境压力所强制做出的反应。接下来我将描述一些这样的情境。

有什么具体的行为被归入道德行为呢？这样的行为有很多，可以粗略地分为两类，这两类刚好与之前描述的两个例子相对应。在一些情形中，儿童能否避免犯错是问题的关键。如作弊，这是学龄儿童研究中一种较常使用的测量方法。作弊是一个更为普遍概念的具体实例，而这个概念就是抵制诱惑（resistance to temptation）。抵制诱惑的测验是建立起一种冲突，这种冲突存在于一些儿童想要去做的行为（如在考试中作弊以求更好的成绩）和对行为的约束或限制（有关作弊的规定或者老师和家长的反对）中。这时的问题是儿童能否抵制诱惑。接下来简要描述通常适合于较小儿童的抵制测量——"禁止玩具测验"。

多年来，对道德行为所做的研究主要针对抵制情景和儿童能否避免不端行为等消极行为。近些年来，随着对积极道德行为研究兴趣的增长，也对消极行为的研究进行了补充：儿童不仅避免坏的行为，而且积极参与好的行为。这种对社会有益的行为被称为亲社会行为（prosocial behavior），分享就是一种亲社会行为。对痛苦的人表达共情，或者向他们提供某种形式的帮助以减轻其痛苦，同样是一种亲社会行为。

无论我们决定研究什么具体行为，在收集数据时都有几种方法可采用。本书在第四章和第六章中，笼统地介绍了这些方法。在这里要介绍其中一些方法在道德发展测量中的具体应用。

第一种方法是，到某些自然事件的场景中，收集感兴趣行为的自然观察（naturalistic observations）的数据。艾森伯格-伯格（Eisenberg-Berg）和汉德(Hand)(1979)的研究提供了一个例子。在他们的研究中，持续几周在幼儿园观察学龄前儿童，每个观察期包括至少70个两分钟的观察时间，主要关注亲社会行为自然发生的例子。表14-1显示了计分的类型。

表14-1　艾森伯格-伯格和汉德亲社会行为的观察性研究的分类

分类	描　　述
分享	儿童将其拥有的实物分发或允许其他人暂时使用(不作为游戏的一部分)
帮助	儿童试图缓解他人的非情绪性的需要。例如，通过提供信息帮助他人，帮助他人做任务，或者提供不属于提供者的东西
提供安慰	儿童试图缓解他人的情绪性需要。例如，当他人有压力时，试着使其感觉稍好一些
行为社会性	儿童积极地和同伴进行社会互动。例如，向其他同伴问好，交流一些关于表达团体稳定性的信息而不是满足一些直接的锻炼需求，建议一个团体游戏，或者仅仅是和其他同伴玩耍

第六章说明了艾森伯格-伯格和汉德方法的明显优点。使用自然观察的方法，我们的关注点直接集中于希望去解释的东西：在自然情境下自然发生的行为。而且，这种方法的好处还在于它观察的程度——对每个儿童进行最少70次到最多119次的观察。但如此广泛的取样说明了自然研究的两个常见的限制。其中一个是很多感兴趣的行为在自然情景下发生得很不规律。正像亲社会行为一样，至少在艾森伯格-伯格和汉德研究关注的年龄段中，在每两分钟的观察期间，被试产生0.09个分享、帮助、或者是安慰成分。因此，想得到感兴趣行为的足够样例，唯一的方式就是大幅度地收集样例。

自然研究的第二个限制是行为的诱发条件因儿童而异。比如，某个儿童在安慰测量上得分很低可能只是因为在这个观察期里，碰巧他没有机会为别人提供安慰。这个问题来源于自然研究缺乏控制：我们不能对所有儿童设立相同环境，而必须采用当其恰巧发生的条件。关于这个问题的一种处理方式是测量每一个儿童产生这些行为的条件，并相应地调整分析。在艾森伯格-伯格和汉德(1979)的研究中并没有采用这种方式，但是在一些亲社会的观察研究中可以看到(e.g., Barrett & Yarrow, 1977)。另一种方式是艾森伯格-伯格和汉德的研究中使用的方法：列举、收集每个儿童行为的大量样例。样例行为的逻辑与之前讨论过的被试样例是一样的：我们能够观察到的样例越大，我们越有可能排除偶然因素（在这个例子中是偶然亲社会）最终呈现出每个儿童行为的图像。

正如我们看到的，自然方法既有优势又有劣势。保证测量的精确性是非常困难的，特别是当观察者在无法控制的情景中实施观察。艾森伯格-伯格和汉德（1979）研究中的评分者信度实际上处于中等水平，在 0.7 到 0.8 之间波动。另一个问题涉及行为被观察时的观察者效应。在艾森伯格-伯格和汉德的研究中，在室内观察时，通过单向玻璃，儿童是看不到观察者的，但是在室外游戏时，儿童可以看到观察者。虽然，像艾森伯格-伯格和汉德（1979）的研究那样，在一个自由活动的学校情境中不同成年人的出现可能是常见的、也是很容易被接受的，但是也不能太过乐观。例如，在一个存在由成年人看来应该怎么做的情境（应该分享、应该提供帮助等）中，被观察所造成的反应效应很可能导致道德行为的发生。而没有成年人在旁边，亲社会行为可能就会少一些。

第二种常用的方法是行为的实验室诱导（laboratory elicitation）。在这种方法中，我们观察的地点是某些结构化的实验室情境，设计这种情境用来产生某些我们感兴趣的道德行为，并对其进行测量。

我们已经接触了采用实验室方法研究道德行为的一个例子：在第二章中被用作运行示例的布朗奈尔等（2009）的研究。图 14-1 描述了另一个例子（Dunfield, Kuhlmeier, O'Connell, & Kelley, 2011）。在这项研究中，18 个月到 24 个月的被试有机会来表现三种亲社会行为：帮助、安慰和分享。实验设置了两种条件。在实验条件下，成人主试做出明显的外显企图来诱发儿童的亲社会行为，即在帮助实验中，主试指向她掉在地上的东西；在安慰实验中，主试在膝盖受到碰撞后，表现出明显的疼痛；在分享实验中，主试伸出一只空手。相反，在控制条件下，呈现相同的行为机会但是没有提供明显的帮助线索。当然，问题是当主试表示出她的需要时，儿童是否更可能会表现出亲社会行为。三种情形中的两种表现是：在实验条件下，帮助和分享比控制条件发生得更加频繁；相反，安慰没有显出差异。对这个没有差异的解释非常简单：此研究中，没有儿童试图去安慰成人。

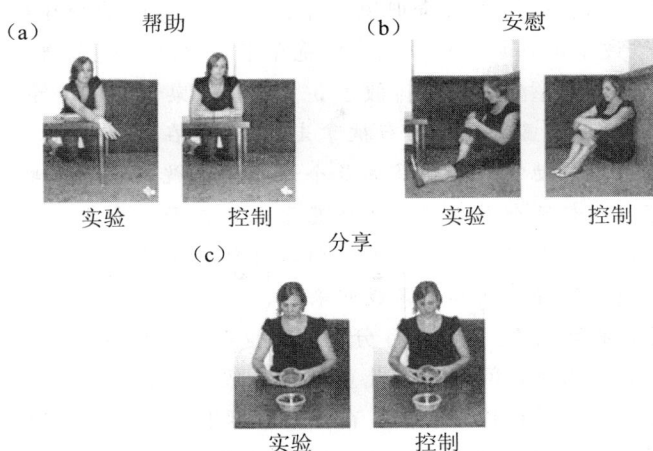

图 14-1　邓菲尔德等的亲社会行为研究中的实验和控制条件举例

来源："Examiming the Diversity of Prosocial Behavior: Helping, Sharing, and Comforting in Infancy", by K. Dunfield, V. A. Kuhlmeier, Lo'Connell, and E. Kelley, 2011, *Infancy*, 16, p. 234. Copyright 2011 by John Wiley and Sons.

布朗奈尔等（2009）和邓菲尔德（Dunfield）等（2011）的研究都关注很小的儿童，这不是巧合，因为最近研究的一个目标就是探测亲社会行为的早期形式。不过，只要合理使用，相同的技术形式也可以用来研究较大儿童的亲社会行为。比如，巴奈特（Barnett）、金（King）以及霍华德（Howard）（1979）所做的研究阐述了一项比较流行的研究学龄儿童分享的程序。在他们的研究中，每个 7～12 岁的儿童都可以得到 30 个奖励筹码，作为儿童对正确回忆所记的项目的奖励，这个筹码可以在实验的最后兑换奖品。不过，在儿童可以拿着筹码离开之前，实验者指向一个最近的捐赠箱，并且告诉儿童：

有一些孩子在其他的学校上学，但是他们没有机会来参与这项研究也不能赚取奖励筹码。稍后，如果你愿意，你可以通过把你的一些筹码放到捐赠箱的方式和那些孩子分享。你并不是必须分享，但是如果你愿意，你可以分享。（Barnett et al., 1979）

随后主试离开，儿童可以选择捐赠或者不捐赠。约一分钟后，儿童单独离开。

现在研究转向道德行为中更加消极的、不良回避的方面。前面曾说过，对年幼儿童抵制诱惑的测量通常使用"禁止玩具测验"。帕克（1967）的早期研究就其用法提供了一个典型的案例。在帕克的研究中，被试（1～2年级儿童）被逐个带到一辆移动的实验拖车中，在那他们先画10分钟的画。画画之后，每个儿童坐在一张排放了5个玩具的桌子前，指导语如下：

> 你可以坐在这［盖着玩具的布被拿走了］。现在，这些玩具是为别人摆放的，你最好不要动它们。如果你是个好孩子，就不要动这些玩具。过一会儿我们可以一起玩个游戏，但是我忘了点儿东西，要去学校拿。当我出去的时候，你可以看这本书。我关上门，这样就不会有人打扰你。我回来的时候会敲门，这样你就知道是我回来了。

儿童独自和玩具在一起待15分钟，在这期间，研究者通过单向玻璃观察儿童的行为。当然，问题在于儿童是否会放弃坚持，然后去玩玩具。如果他这样做的话，是在什么时候、在什么程度上做出这种行为。

在帕克（1967）的研究中，不许玩玩具的要求来自实验者，但这并不是一定的。在某些使用禁止玩具程序的研究中，是儿童的母亲传达了禁止的要求（e.g., Kochanska, Koenig, Barry, Kim, & Yoon, 2010）。

实验法有几个优点。与自然观察相比，实验室评定是一种更有效的收集行为信息的方法。该方法可以在大概几分钟内建立一种诱发行为（比如分享或不分享，抵制或不抵制）的情境，而不用等上几小时直到有关行为的出现。而且，这样做使得被试之间可比较，而这正是纯自然观察研究中所面临的一个问题。此外，我们可以通过一种精确且客观的方式测量行为。例如，测量儿童是否、有多快开始玩被禁止的玩具，这是非常简单的，而记录儿童捐了多少筹码则更简单。

另一个优点在第六章中提到过。一旦发展出基本的实验范式，如禁止玩具测验或捐赠测验，我们就可以系统地操纵大量潜在的重要自变量。我们可以看到是什么导致了抵制行为，如变化禁止玩具的吸引力，或者变化禁止要求的强度，再或者变化替代活动的可用性。而在分享研究中，我们可以变化被分享对象的数量和吸引力，或者变化分享的接受者的熟悉度和应接受分享的程度，再或者变化实验者在捐款时是否在场这一因素。

实验室方法的局限性同样可以用第六章出现过的一个词来总结：人为性。格鲁斯克（Grusec）（1982）总结过对它的批评：

> 抵制了强制性的禁止玩玩具的诱惑就能抵制说谎、欺骗或偷窃吗？捐赠在游戏中得到的筹码给看不到的可怜孩子就真的能与帮助有实际困难的朋友相关吗？

问题在于外部效度——实验室情境是否与实际生活足够相似以使其结

论具有推广性。在任何具体的实验室测量中，都不难发现可能存在的问题和偏差。

从另一个方面来说，第六章提出的另一点同样是值得重申的。实验室情境和自然情境是统一的，而不是割裂的，而且实验诱导的实验室情境也不必与儿童的自然经历完全不同。事实上，相比于其他主题，道德行为更适合在实验室情境中测量。捐赠测验是一个例子——一个不经意的、似乎合理的要求，看上去好像与实验目的无关。如果实施得有技巧（强调如果），这些测验可以是非常自然和有价值的。

最后一种常用的方法被称为口头报告（verbal report）或等级评定（rating approach）。等级评定法具备自然观察的几个特点。与实验室情境中的诱导行为相对，等级评定法的焦点是在自然情境中自然发生的行为，这种测量与实验室中自动的或本质上机械的记录不同，仍然需要观察者的判断。然而，等级评定更全面、更有价值，更多地剔除了观察中的即时行为。自然观察试图抓住正在进行行为的细节，通常使用精确与客观的记录系统和受到良好训练的观察者。而等级评定则试图确认儿童的一般特点，如诚实或不诚实、慷慨或吝啬等。这些特征不是由行为测量直接得出的，而是由一个了解儿童的人回顾大量自然和非系统化的观察后抽取出的，这个人通常是儿童的老师或父母。在对年龄较大的儿童所做的研究中，这个人可能是其他儿童或被试本人。不管怎样，测量是建立在了解儿童的人告诉我们有关儿童情况的基础上的。

让我们来看一些例子。马尔蒂及其合作者（Malti, Gummerum, Keller, & Buchmann, 2009）所做研究的焦点是道德情感和道德推理（本章接下来两个部分的主题），这可能对幼儿园儿童的亲社会行为有贡献。他们对亲社会行为的测量，是基于当呈现一个表现亲社会行为的机会时，母亲对儿童典型行为的报告。特别的，母亲会参与《优点和难度问卷》（Strengths and Difficulties Questionnaire）的测量（Goodman, 1997），这个问卷的一个子量表直接指向亲社会行为。每个项目都是4点计分，包括"如果有人情绪低落、受伤或是感觉不舒服，我的孩子会积极帮助的"以及"我的孩子很愿意和其他孩子分享（食物、玩具、铅笔等）"。在最近的亲社会行为研究中，优点和难度问卷已经成为一种非常流行的测量方式。在马尔蒂等人的研究中测量的得分和道德情感以及道德推理都显示出显著的相关，也就是说，在情绪和推理相关的测量上得分高的儿童趋向于在亲社会行为上得分也高。

正如我们注意到的，当研究目标是较大的儿童或是青少年时，自我报告变为一种测量的选择。用道德行为的消极方面作为例子。一个常用的测量青少年和年轻成人的严重攻击形式的方式就是《自我报告过失行为量表》(SRDS)(Elliot, Huizinga, & Ageton, 1985)。SRDS 包括 27 个项目，回答这些问题时，被试需指出在过去的 12 个月中，他们参与不同形式的攻击行为的频次。项目包括"携带隐藏的武器""打（或是威胁打）其他同学"以及"使用武力（强制方式）从其他同学处获取钱或东西"。

和其他测验一样，等级评定既有优点也有不足。不好的一方面是，很明显等级评定不是直接测量行为，它们是对行为的再次报告。有很多原因可以说明为什么等级评定可能不是对儿童真实情况的准确描述——观察机会不充分或存在偏差、错误理解指导语、遗忘、故意地歪曲、刻板印象等。特别是父母做出的评定很容易出现偏差。有证据表明父母在评定儿童行为时有不实际、过度乐观的倾向(Seifer, 2005)。另外，当等级评定定位于对总体特征的抽象时，它在特定行为即时决定因素的研究中就会成为不合适的测量工具（回忆第四章中曾讨论过的特质—状态的区别）。积极的一面是，如果可以从真实丰富的信息中有技巧地抽取，那么相比于其他方法，等级评定将提供更深入和广泛的信息。实验室测量只局限于简单的、可能非典型的行为样本。而自然情境下的观察，还局限于那些能被取样的情境和行为。然而使用等级评定，我们对儿童做出的结论则要广泛得多——可能是父母、老师或朋友看到儿童做过的任何事。

这部分得出的结论与第六章相似，所有方法都有其局限性。因此我们要做的是将这些方法整合起来，尽可能地通过不同的方法对具体的问题（在这里指道德行为的发展）进行研究。

（二）情绪

现在来看与道德有关的情绪成分，了解在道德相关情境中儿童是如何感觉的。传统研究的主要兴趣在于内疚之类的消极情绪，内疚是在某人做错事（或仅仅是想到一些不好的事）时产生的一种令人不快的、自责的感觉。近年来，研究者对共情之类的积极情绪产生了相当大的兴趣，这是一种与其他人分享情绪反应的倾向（如因为别人悲伤而悲伤）。

情绪被定义为一种内部现象，这给它提出了方法上的挑战。我们怎样才能知道儿童的感受呢？直到最近，主要使用的方法都还是简单的询问，即从与研究兴趣有关的情境中收集情绪反应的口头报告。从这种方法开始，介绍其在共情和内疚研究中的运用。最后介绍一种尝试，它超越了口头报告，可以更直接地测量情绪反应。

在道德行为方面，当幼儿是研究目标时，父母就是获取信息的自然资源。表 14-2 呈现了类似的用父母报告测量共情的一些项目，如《共情问卷》（EmQue）的一些项目的样例（Rieffe，Ketelaar，& Wiefferink，2010）。EmQue 一共包括 20 个项目，分为三个理论派生的子量表：情感认知，对他人情绪的注意，以及亲社会行为。每个项目采用 3 点计分：从不、有时、经常。其他父母报告测量（e. g.，Howe，Pit-Ten Cate，Brown，& Hadwin，2008；Kochansk，De Vet，Goldman，Murray，& Putnam，1994）关注与共情回答有关的相似指标。

表 14-2　共情问卷（EmQue）的项目举例

情绪感染
当其他孩子哭时，我的孩子也会感到心烦
当其他孩子心烦时，我的孩子也需要安慰
当其他孩子争论时，我的孩子变得心烦
对他人感受的关注
当一个成人对其他孩子生气时，我的孩子会认真观察
当其他孩子大笑时，我的孩子会察看
当其他孩子哭泣时，我的孩子会察看
亲社会行为
当其他孩子开始哭泣时，我的孩子试图去安慰他/她
当其他孩子争吵时，我的孩子试图阻止他们
当其他孩子感到害怕时，我的孩子试图帮助他/她

《共情问卷》以学步儿童或学龄前儿童的父母为目标，而对较大儿童或青少年来说，自我报告比父母报告更普及。另外，已经编制了在内容上都很相似的各种量表。在此呈现一个例子：《基本共情量表》（BES），一个以10～15 岁儿童为样本编制的测量（Jolliffe & Farrington，2006）。BES 包括20 个项目，其中的一半题目用来测量认知共情（如理解他人经历的能力），另一半题目用来测量情感共情（如经历他人感觉的能力）。前者的一个例子是"当我朋友难过的时候，我很难理解"。后者的一个例子是，"当他人感到害怕时，我经常很平静"。尽管认知—情感区分是理论派生的，但对测量反应的相关分析为这个区分提供了经验的支持。

语音报告在内疚的研究中也是很普遍的。在这类研究中，青少年自我认知影响的测验，或者是 TOSCA-A（Tangney & Dearing，2002—也有儿童和成人版本）是一个被广泛使用的测验，它包含 15 个项目，表 14-3 给出了其中的 5 个项目。正如已经看到的，TOSCA-A 测量了被试做出不期望行为之后的各种反应的可能性。反应选项分为几个已决定的类别，在每种情况中，包括一个内疚指示的选项，一个羞愧指示的选项（见表 14-3，这个例子试图区分这些选项）。

表 14-3　青少年自我意识影响的测试的项目举例

你在自助餐厅行走，碰洒了你朋友的饮料：
①我会认为每个人都会看我并嘲笑我
②我会感到非常抱歉，会感到无地自容
③我不会感到太坏，因为它花费并不多
④我会认为：我没有办法，地板很滑
在玩耍时，你扔了一个球，球击中了你朋友的脸：
①我会感到自己很傻，以致我不能再扔球了
②我会想：可能我的朋友需要更多的接球练习
③我会想：这只是一次意外
④我会道歉并确认我的朋友感觉好些
你弄坏了朋友家的某件东西，然后把它藏了起来：
①我会想：这使我感到焦虑，我需要把它修好或者换一个
②我会在短时期内避免见到那位朋友
③我会想：很多东西做得并不好
④我会想：这只是一次意外
一天早晨你醒来并想起今天是你母亲的生日，你忘了给她买礼物：
①我会想：礼物并不重要，重要的是我关心这件事
②我会想：她为我做了所有的事情，我怎么能忘记她的生日呢
③我会感到自己不负责任，考虑不周全
④我会想：应该有人提醒我
你在学校犯了错误，并且发现一个同学因这个错误受到了责备：
①我会想：老师不喜欢这位同学
②我会想：生活是不公平的
③我会保持安静并避开这位同学
④我会感到不高兴，并渴望改变这种情形

适用于测量道德行为的语音报告和行为比率也具有类似的优点。这些测量在操纵和计分上相对简单，并且允许记录一系列情景和行为下的反应，比用其他测量工具可能测出的范围更加广泛。另外，共情和内疚的测量度均有效度。特别是，这些测验的分数显示出我们希望在这样的测验中看到的相关模型。例如，较高的同情与较低的侵犯存在相关。

尽管存在这些积极的观点，但这些方法与早期的行为比率方式存在相似的限制：它测量了有关情绪的口头报告，但不是直接测量情绪。接下来，将介绍直接测量道德相关情境中儿童情绪反应的一些尝试。

理论上，内疚是错误行为发生后最让人感兴趣的东西。因此，我们需要一种情境，在这种情境中，儿童的做法是错误的。与其坐等错误行为的发生，很多研究者测量了儿童在被诱导违规（contrived transgressions）后的反应。也就是，在通过实验操作所建立的情境中，引导儿童去认为他们做了错误的事情。

科查斯卡（Kochanska）、格罗斯（Gross）、林（Lin）和尼可拉斯（Nichols）（2002）所做的研究提供了这样的一个例子，给2～3岁大的被试呈现一个物品，实验者告诉被试这个物品具有特殊价值或个人意义，如她童年最爱的毛绒动物或者一个陪伴她的玩具（特殊的物品随年龄不同而不同）。每件物品都被设置成只要儿童开始操作它就会散架，实验者对此的反应是用一种遗憾的语气说，"噢，天呐"，然后静静地坐60秒。这段时间内儿童的反应会被录像并分析。接着会问儿童几个标准化的问题，包括"发生了什么""谁做的""是你做的吗"（这类研究中存在明显的伦理问题，需要指出的是程序结束后实验者会拿出一个完整的物品，并向儿童仔细解释他或她没有做任何不对的事情）。

实际上，很多儿童是以某种暗含内疚的方式做出反应，如转移目光或表现出某些身体的紧张（扭动、耸肩、挡住脸）。这些反应显示了跨时间的一致性，而且也显示了期望中的与其他测量的相关（尽管是中等程度的），如抵制诱惑的能力。对年龄较大的儿童所做的研究在其他诱发违规的程序中也出现了类似的结果（e.g.，Dienstbier，1984）。

对共情的研究已经超越了纯粹的口头报告，另外两种指标也可以成为共情反应的信号：即面部表情和生理改变。

艾森伯格（Eisenberg）（1988）所做的一项研究对此进行了说明。在这项研究中，学前及二年级的被试观看三部影片，这些影片可能唤起儿童的某种情绪反应：一个男孩和一个女孩被困在一场暴风雨中，一个小女孩的宠物鸟刚刚死掉，一个有残疾的女孩试图走路。在影片放映过程中测量儿童的心率，对其面部表情录像。影片结束后询问儿童在看影片时有什么感受。假设儿童对主人公的遭遇会产生共情反应，那么研究期望第一部影片可以唤起害怕或焦虑的感受，而第二部和第三部可以唤起悲伤的感受。

事实上，研究发现，在年龄较大的儿童身上得到的结果要比较小的儿童更加清晰。与第二部和第三部相比，他们对第一部影片报告了更多的害怕反应。反之，在宠物死亡的影片中对悲伤的报告是最多的。对面部表情的分析呈现了相似的结果：观看暴风雨影片时表现出了害怕和痛苦的表情，观看其他两部影片时则表现出了悲伤或担忧的表情。最后，被试观看不同影片时的心率也改变了：观看第一部影片时心跳加快，而观看其他两部影片时心跳减缓。在第十二章中也提到了心跳减缓与注意是相关的；艾森伯格(1988)等人认为对他人的悲伤做出心跳减缓的反应，表面上是一种定向的行为，事实上是一种共情反应。为支持这种解释，他们在另一项研究中发现(Eisenberg et al.，1989)，当遇到需要帮助的人时，心跳减缓与试图帮助的意愿增加是相关的。

应该指出的是，本书的各个方面始终都强调艾森伯格测量共情的方法中所蕴含的融合操作的思想。尽管情绪的自我报告是合理证据的来源，但可能因为各种原因而变得不精确或不完整。特定的情绪表情确实可以成为内部经验的线索，但仅有面部表情是不充分的，任何特定形式的生理改变都不可能完全自圆其说。然而，当以上三种形式的证据指向同一个方向时，我们可以更自信地说——我们的确在测量目标概念上取得了成功。

这里重点介绍了道德情绪中对内疚和共情的测量。在情绪测量方面比较熟知的较好的资源包括艾森伯格，莫里斯(Morris)以及斯宾拉德(Spinrad)(2005)和苏维吉(Suveg)，塞曼(Zeman)(2011)的研究。

(三)认知

此部分的最后一个主题是道德的认知方面。当前研究中最感兴趣的是儿童怎样对道德问题进行推理，以及这种推理随着儿童认知能力的成熟所发生的变化。

在道德认知方面的研究有两大体系。首先，从 20 世纪 20 年代皮亚杰开展的工作，以及随后相关的上百项研究开始；然后再对其他研究者的工作进行介绍，包括科尔伯格及其同事启动的一项更为新近的研究项目。这部分也以见闻广博的形式简要地介绍许多拓展了皮亚杰和科尔伯格传统的当代研究方法。

　　皮亚杰在道德上的研究成果主要体现在他的一本书中——《儿童的道德判断》(*The Moral Judgment of the Child*)(Piaget，1932)。如上所述，这项工作开始于 20 世纪 20 年代，是皮亚杰最早的研究课题之一。因为这方面的研究比较早，所以它与第十三章所探讨的关于认知发展较后期的研究不是很相同。当时皮亚杰的许多观点已经很鲜明了，这些观点包括儿童的道德推理不仅仅是儿童对父母或社会教导其内容的被动反应，而是反映了儿童认知发展的水平。它们也包含一些推导的信念：儿童在道德推理上的发展变化主要由儿童认知能力的发展变化而产生。正如我们将要看到的，从方法学上来讲，它们强调探测儿童信念最好的方法是灵活的"临床访谈法"。

　　皮亚杰研究道德的主要方法为后续相关主题的研究建立了模型，这一研究方法具体为：给儿童呈现一个小故事或道德两难故事(moral dilemmas)，即给儿童呈现某种道德问题后让儿童做出判断。其中最著名的例子就是，对一个不好行为的道德判断是应该依据行为的物质结果来"客观地"判断，还是应该依据行为背后的意图来"主观地"判断。表 14-4 给出了皮亚杰用于研究这一课题的三个故事。他的主要结果是，从早期"客观地"重视结果到后期更加成熟"主观地"关注人的意图的一个发展变化。

表 14-4　皮亚杰用来研究客观性和主观性责任的故事

Ⅰ A. 一个名叫约翰的小男孩在他房间里。他妈妈叫他去吃饭。他走进餐厅。在门的后面有一个椅子，而且椅子上面有一个盛有 15 个玻璃杯的托盘。约翰并不知道门后有这些东西。他进门时撞到托盘上，"乓"一声 15 个玻璃杯都被打碎了。
B. 从前有一个小男孩叫亨利。有一天他妈妈出去了，他试着从橱子里拿出一些果酱来，他爬上一个椅子伸出手。但是果酱太高他够不着。当他试着去够的时候，他打翻了一个杯子，杯子掉到地上打碎了。
Ⅱ A. 有一个小男孩叫朱利安。他的爸爸出去了。朱利安想，玩耍他爸爸的墨水瓶一定很有趣。他开始用钢笔玩，结果他在桌布上弄了一小滴的墨水印。
B. 从前有一个小男孩叫奥古斯塔斯，他看见他爸爸的墨水瓶空了。一天他爸爸出去的时候，他想帮助爸爸把墨水瓶装满，这样爸爸回来的时候就会发现墨水瓶是满的。但是当他打开墨水瓶的时候在桌布上留下了很大一块墨迹。
Ⅲ A. 从前有一个小女孩名叫玛丽。她想给妈妈一个惊喜，她想帮妈妈做点针线活，结果她不会适当地使用剪刀把裙子剪了一个大洞。

> B. 一个小女孩叫玛格丽特。一天她在妈妈不在家的时候拿出了妈妈的剪刀。她拿着剪刀玩了一会儿，因为她不会适当地使用剪刀把裙子剪了一个小洞。

来源：*"The Moral Judgment of the child"*（pp. 122-123），by J. Piaget，1932. New York：Free Press. Copyright 1932 by The Free Press.

为了对皮亚杰研究的其他主题有一个大致的了解，表 14-5 呈现了另外两个皮亚杰式故事及其反应的例子。第一个例子的相关主题是"为什么说谎是错误的"，第二个例子是关于"内在公平"的概念，或自发地对错误行为进行惩罚的信念。

表 14-5 对于说谎和内在公平概念的皮亚杰式故事及其反应的举例

> A. 一个小男孩（或者小女孩）到街上散步，碰到一条大狗把他（她）吓了一跳。因此他（她）回家后告诉妈妈他（她）看见了一条像牛那样大的狗。

> B. 一个孩子从学校回到家，告诉妈妈老师给了他非常高的分数，但这并不是真的；无论好坏，老师根本没有给他什么分数。他妈妈非常高兴而且奖励了他。

> 6 岁的飞（Fel）正确地重现了这两个故事："这两个孩子哪一个更淘气？"——说自己看见了一条和牛一样大的狗的小女孩。——为什么她更淘气？——因为她说的事情不可能发生。——她妈妈相信她了吗？——没有，因为从来都没有和牛一样大的狗。——为什么她要那样说呢？——为了夸张。——那为什么其他人还要说谎呢？——因为他想让别人相信她取得了好成绩。——他妈妈相信他了吗？——是的。——如果你是妈妈你会对哪一个孩子惩罚更严厉一些？——那个碰到狗的小朋友，因为她说的谎话最严重而且她最淘气。"

> 10 岁的奥（Arl）：最淘气的孩子是那个"骗妈妈说老师对自己很满意的孩子"。——为什么他更淘气？——因为妈妈非常清楚根本没有和牛一样大的狗，但是她相信孩子所说的老师非常满意。——为什么那个孩子要说狗和牛一样大呢？——为了让别人相信自己，或者作为一个笑话。——为什么另一个小孩要说老师非常满意？——因为他做得非常糟糕。——那也是一个玩笑吗？——不，那是一个谎言。——谎言和玩笑是一样的吗？——谎言更坏，因为它更严重。

> 从前有两个孩子，他们在一个果园偷苹果。突然一个警察来了，两个孩子赶紧逃跑。一个孩子被抓住了，另一个孩子从一条小路往家跑，在过一条跨河的旧桥时掉进了河里。现在你怎么想？如果他没去偷苹果却同样从那座旧桥上过，那么他还会掉进河里吗？

续表

7 岁 的 Pail：你怎样认为？——那是公平的。就应该这样对他。——为什么？——因为他不应该去偷苹果。——如果他没去偷还会掉进水里吗？——不会。——为什么？——因为他就不会做错事。——那么为什么他会掉进河里？——为了惩罚他。
13 岁的 Fran：如果他没有偷苹果，他会掉进河里吗？——是的。如果桥本来就快垮了，那么不管怎么样它都会坍塌，因为它已经年久失修了。

来源："*The Moral Judgment of the child*"（pp. 148，150-151，157-158，252，253-254，255），by J. Piaget，1932. New York：Free Press. Copyright 1932 by The Free Press.

让我们来看看表 14-4 中的故事及客观与主观的道德判断问题。后续研究对原创的皮亚杰式故事有许多批评之处，在进一步阅读之前思考可能存在的问题是非常有意义的。实际上，书中仅仅列举了后续研究中所探索过的一些修正。一些研究者认为，皮亚杰故事的呈现顺序——关于行为结果的信息总是最后呈现，可能使年幼儿童更多注意行为的后果而不是人的意图。因此他们在被试内或者被试间平衡了顺序的影响（e.g.，Moran & McCullers，1984）。其他研究者则聚焦于儿童很难理解或者记住主试口头呈现的一对故事中的所有信息。有些研究者通过一次只呈现包含一种信息的一个故事来简化任务，然后比较儿童对不同故事的道德判断（e.g.，Berg-Cross，1975）。还有一些研究者将需要进行判断的故事采用录像方式呈现，以代替皮亚杰式口头呈现的方式（e.g.，Chandler，Greenspan，& Barenboim，1973）。许多研究者（e.g.，Nelson-LeGall，1985）认为皮亚杰的故事没有清晰地区分动机（目的是好的还是坏的）与意图（有意识的还是无意识的）；因此对其的修正将这些维度进行了分离。最后，在后续的研究中最为重要的改变，是尝试在皮亚杰式故事中理顺儿童做出反应的两个基础。因为动机和破坏的程度在大多皮亚杰式故事中都是共变的，所以确定儿童究竟能够运用什么信息基本是不可能的。

这些后续的研究可以得出三个普遍结论（Parke & Clarke-Stewart，2011）。这些结论与第十三章皮亚杰认知发展的后续研究中所得出的结论有些类似。首先，皮亚杰的方法导致了对年幼儿童能力的低估，因为年幼儿童在修正后的任务中有更为成熟的表现。其次，道德推理会比皮亚杰预想得更为复杂，它由更多种因素决定，而且所有种类的变量都可能影响儿童的反应方式。最后，不管皮亚杰的研究存在什么问题，他工作的价值是毋庸置疑的。这不仅是因为他详细的研究结果，还因为他将道德的认知层面开创为一个独立的研究领域所起的先锋作用。接下来将讨论科尔伯格在当代道德推理研究中所使用的主要方法。

与皮亚杰一样，科尔伯格的研究方法基于儿童对假设的道德两难问题的反应。然而，科尔伯格对于道德推理更高级的形式感兴趣，相应地他呈现的道德两难问题会更复杂。一共有 9 个科尔伯格道德两难故事。表 14-6 呈现了 3 个道德两难问题，包括最著名且经常被引用的海因茨偷药故事。

表 14-6　科尔伯格道德两难故事举例

两难故事 3：在欧洲，一个女人因为得了一种特殊的癌症快要死了。医生认为有一种药可以治疗她的病，它是镭的一种形式，是一位和她住同一个小镇的药剂师最近发现的。制作这种药的费用非常昂贵，但是药剂师向她索要的价格是成本的 10 倍。药剂师花了 200 美元来制作这种药，但是一服小剂量的药就卖 2000 美元。那位病人的丈夫叫海因茨，他向每一位认识的人借钱，但是加起来也只有 1000 美元，只是药价的一半。他告诉药剂师说他的妻子快要不行了，请他卖便宜一点儿，或者过后再还给他剩下的钱。但是药剂师说："不行，我发现了这种药，我要从中赚钱。"因此海因茨很沮丧，然后考虑去药剂师的商店为他的妻子偷药。海因茨应该偷药吗？为什么应该又或者为什么不应该？
两难故事 5：在朝鲜，一支海军因为兵力远远少于敌方而正在撤退，这支队伍通过了一座跨河的桥，但是敌人很可能还在河的对岸。如果队伍的领袖发动剩下的战士，使得有人回到桥上并把桥炸毁，他们就可能逃脱。但是回去炸桥的人很可能不能活着回来，他死亡的概率是 80%。队伍的领袖是这些人中最有能力领导撤退的人，但是除了他之外，没有人愿意去。如果他自己去，剩下的人可能不能安全地回去，他是唯一知道怎样领导撤退的人。队伍的领袖应该指定一名战士去炸桥还是他应该自己去？为什么？
两难故事 8：在欧洲的一个国家，一个名叫冉阿让（Valjean）的可怜人找不到工作，他的兄弟姐妹也没有工作。由于没钱他就去偷他们所需要的食物和药，因此被抓住并被判了六年的刑。几年后，他从监狱里逃了出来，隐姓埋名地住在这个国家的另一个地方。他慢慢地积蓄钱财最后开了一个很大的工厂。他给他的工人最高的工资，而且用他的大部分利润为用不起好药、看不起病的人建造医院。20 年过去了，一个裁缝发现这个工厂老板就是冉阿让，那个警察在他们镇上一直在缉拿的逃犯。裁缝应该将冉阿让举报给警察吗？保持沉默是对还是错？为什么？

来源："A Longitudinal Study of Moral Judgment"，by A. Colby，L. Kohlberg，J. Gibbs，and M. Lieberman，1983，*Monographs of the Society for Research in Child development*，48，pp. 77，82，and 83. Copyright © 1983 by the Society for Research in Child Development.

呈现一个两难故事后，第一反应是判断故事中主人公的行为是否道德（例如，海因茨应不应该偷药，队伍的领袖应该命令一个人去还是他自己去）。但是研究者真正感兴趣的是"是"或"否"答案背后的推理过程。探索这个推理过程的第一种尝试是利用"为什么"的问题，而后实验者可以用许多半标准化的方式自由地追问儿童最初反应的原因。在对被试的反应评分和划分阶段水平时，推理过程是最主要的，而不是是或否判断。

大多数关于科尔伯格理论的介绍确定了六个有序的发展阶段[①]，这些阶段被归为三个发展水平。发展最早的是前习俗水平（preconventional level），这个水平儿童的道德推理以外在的奖励和惩罚为导向。在此水平的儿童对于海因茨偷药故事会有这样的结论："海因茨不应该偷药，因为他会被抓起来关进监狱。"第二个水平是习俗水平（conventional level），处于这一水平的儿童关心社会规则而且维护法律规范。此水平的儿童对于偷药故事会有这样的结论："当海因茨被法律惩罚关进监狱的时候，他会知道自己犯了错，他会为自己违反法律而内疚。"最后是道德发展的最高水平后习俗水平（postconventional level）。处于这一水平的儿童的道德推理反映了其内在的道德规则，这些规则有时候比法律更重要。此水平的儿童对于偷药故事会有这样的结论："如果海因茨没有偷药而使他的妻子死去，他会因此而感到自责，他将难以达到自己的道德标准。"需要指出的一点是，人在青春期之前不可能达到最高阶段，即使在成人期达到此水平的人也并不普遍。

至今未提及如何对儿童的回答计分以及如何将儿童划分到各个阶段，这是因为科尔伯格的计分系统非常复杂，所以很难简要地讨论这个问题；的确，它可能是心理学文献中最复杂的计分系统。然而需要指出的是，计分的核心不是答案的具体内容（例如，海因茨是否应该偷药），而是给出支持他们答案的推理水平和结构。而且，阶段的划分不是基于某个单一的反应，而是基于由许多两难故事及其相应的多元问题而得出的推理模式。这种计分系统尽管难以学习和应用，但是它显示出很好的内部评分者信度和中等程度的重测信度（Colby & Kohlberg，1987；Colby et al.，1987）。

由于科尔伯格的计分系统非常复杂，这里介绍两种其主要的替代方法：社会道德反思测量（Sociomoral Reflection Measure，SRM）（Gibbs，

[①] 在科尔伯格后期的著作中（如 Colby, Kohlberg, Gibbs, & Lieberman, 1983），阶段 5 和阶段 6 被合并，从而成为 5 阶段模型而非 6 阶段模型。

2003；Gibbs，Basinger，& Fuller，1992)和确定问题测验(Defining Is-sues Test，DIT)(Rest，1979；Rest，Narvaez，Bebeau，& Thoma，1999)。在 SRM 中，两难故事都以文字的方式呈现而且被试以手写的方式回答。而在 DIT 中，被试对解决两难问题的各个因素按不同重要性划分等级。这两种方法都没有标准的科尔伯格方法费时，而且每一种都便于实施和计分。需要补充的是，尽管没有详细阐述，但瑞斯特(Rest)和吉布斯(Gibbs)对科尔伯格方式的精细修正不仅仅是方法上的，两位作者都发现了它基于的理论位置，并从科尔伯格的出发点分离出不同的方式。

现在讨论从方法本身过渡到由科尔伯格的工作引发的一些问题。很多问题既引发许多后续研究又引来许多争论，包括道德推理中性别差异的阐述(如 Gilligan，1982；Walker，2006)、道德推理和道德行为关系的问题(如 Blasi，1980；Alker，2004a)以及道德判断是否真的像科尔伯格主张的那样是一个有意识的合理的过程的问题(如 Haidt，2001)。在此主要聚焦于理论的核心，即道德推理发展经历了一系列阶段的主张。

依据这种主张可以得出两个预测。第一个是反应的一贯性或者一致性。如果认为儿童处于某一特定阶段的说法是合理的，那么他们的推理应一致地归入此阶段内。第二个预测是儿童道德发展具有固定的顺序。后面的阶段以前面的阶段发展为基础，前面的阶段使后面阶段的发展成为可能。较低的阶段总是比较高的阶段先出现，没有儿童会跨越一个阶段或者倒退。

后来的研究为这两个预测提供了非常充足的证据(Walker，2004)。对一致性的检验主张采用组内设计，即相同的被试对一系列道德两难故事进行反应，然后对他们在不同任务中的推理进行比较。这样的研究显示了在阶段水平内有稳定但并不完全的一致性。例如，沃克尔(Walker)、德弗勒斯(deVries)和瑞文坦(Trevethan)(1987)让被试对标准的科尔伯格两难故事和由被试个体提供的"现实生活"两难故事进行反应，并对这些反应进行研究。他们发现 62% 的被试在两种测量中取得了相同的阶段划分，而且这些阶段要么相同，要么有 90% 以上相似。当对许多标准两难故事进行对比时也出现了相似的研究结果。通常，被试有一个模型化的阶段，65%～70% 的回答可以归为这个模型化阶段，剩下的大部分在模型化阶段一个阶段之上或之下。两个或者更多阶段差异的情况很少出现(Walker，1988)。

对固定发展顺序观点的检验要通过纵向研究进行。科尔伯格最先做了这方面的努力：他的学位论文的研究最后成为一个 20 年的纵向研究项目，在 20 世纪 50 年代的后期当被试在 10～16 岁期间对其进行第一次测试，然后在接下来 20 年里每间隔 3 年或 4 年进行了 5 次或者更多次的测验。这个研究（Colby，Kohlberg，Gibbs，& Lieberman，1983）的最后报告指出，没有跨越阶段的被试，而且仅有非常少的被试有明显的倒退现象，这种结果要归于测量误差而不是真正的倒退。更新近的纵向研究也支持固定顺序的主张（Walker，Gustafson，& Hennig，2001）。

对阶段观的进一步探讨来自于跨文化研究。科尔伯格的理论强调道德的基本认知结构成分，它预测在不同的文化背景下道德发展有着许多相似性。该理论允许在发展速度上、儿童取得发展最高水平上、某些答案的具体内容上存在差异。然而，科尔伯格坚持认为，在所有的文化中基本的发展阶段是确定的，而且它们以相同的顺序出现。跨文化的研究普遍支持这些主张（Gibbs，Basinger，Grime，& Snarey，2007）。通过对研究方法进行合适的调整，研究者在不同文化的广泛领域发现了科尔伯格式的道德发展阶段，年龄趋势与从较低级阶段向较高级阶段发展的观点相一致，而且来自于其他文化纵向研究的子课题的数据也支持儿童道德发展有固定顺序的观点。然而研究也显示，超出阶段四的发展在非西方社会中非常少见。这一结果究竟是反映了在道德推理水平中真正存在的一种文化差异，还是反映了科尔伯格的方法在研究不同于我们文化的道德思维形式上的失败（像大多数研究者所认为的那样），目前研究者们对此尚不清楚。

这部分最后所说的是一些与此相关的内容。我们都很清楚：皮亚杰和科尔伯格的研究方法虽然能提供大量的信息，但是即使在我们的文化中也不能穷尽道德认知的整个领域。近年来，出现了许多属于皮亚杰—科尔伯格认知—结构主义方法的研究发展。研究者尝试在探索推理形式的发展时不被这些理论家限制。需要特别指出的是以下两个重点。

第一个争论的重点是道德内容。本书在道德发展这一部分的开始就将道德行为分为两大类：避免错误行为和产生正确行为。皮亚杰和科尔伯格都强调对这两类中第一类的推理——有时候被称为正义推理（justice reasoning）。以亲社会道德推理（prosocial moral reasoning）为主题的工作属于第二类：当他人有需要时应该产生什么样的好行为。以下是两难故事中的一个例子：

一个名叫瑟克麦维尔（Circleville）的贫困村庄，它的收成仅仅能养活这个村的村民，没有任何多余的粮食。就在这时，一个名叫拉克斯坦的临近小镇发生了洪灾而且所有粮食都被冲走了，因此他们没有了任何食物。受到洪涝灾害的拉克斯坦小镇的市民请求瑟克麦维尔可怜的农民给他们一些食物。如果农民给拉克斯坦市民一些食物，那么他们会在非常辛苦地种植庄稼后仍然挨饿。从其他村庄运送来粮食需要非常长的时间，因为路非常难走而且他们也没有飞机。那么这个可怜的村庄应该怎么做呢？（Eisenberg-Berg，1979）

使用这种道德两难故事的研究说明，亲社会道德推理像正义推理一样，随着儿童成长在不同复杂性水平上取得进步。然而它也说明，许多重要的进步发生在小学早期（Eisenberg，1986）。而这样的研究，相比于皮亚杰和科尔伯格的研究，展现了更多关于年幼儿童道德推理的积极方面。

最近研究提出的第二个重点来源于艾略特·图列尔（Elliot Turiel）（1983）的一些推论，这是一个基本的问题：儿童是否能够认识到存在一个道德领域，某些特定的行为将归于这个领域？特别地，他们能将道德行为从其他社会赞许行为中区分出来吗，如社会习俗（礼节规则、言语礼貌等）？他们能否认识到诸如偷盗和攻击等行为在任何情景和任何社会中都是不好的，而礼貌行为的标准却随着文化背景的不同而不同？答案是，大多数四五岁儿童能认识到道德行为不同于其他种类他们学会遵守的规则或者规定（Smetana，2006；Tisak，1995）。因此，这些工作也展示了皮亚杰和科尔伯格都没有研究过的一些重要的儿童早期的道德发展情况。

二、性别差异[①]

（一）一些基本观点

正如麦科比（Maccoby）和杰克林（Jacklin）（1974）指出的，性别差异主题是一个不太一样的话题。因为大部分发现来自于对其他目标的研究，性别差异的结果只是附带产生的。也就是说，如果研究者报告深度知觉、守恒，或者攻击行为数据时，是因为他们以此为出发点对其进行研究。然而，对于性别差异方面的数据，只要涉及（事实上大部分都会涉及）性别因

---

① 近年来，一些研究者认为"性"和"性别"这两个词不应该通用，应该保留其现象和过程的不同方面，而在历史上这些都统统归属于"性别差异"和"性别角色发展"的标题下。至今大家并未对坚持这种词语上区分的必要性达成一致，也没有对"性"和"性别"应该有何不同达成确切的共识。本章遵循许多心理学家的做法，把这两个词作为同义词使用。

素，就可能出现在任何主题的任何研究中。

性别差异大部分数据是附带产生的这个特点表明，讨论这一主题的数据库不仅数量巨大（最近的一项回顾，艾利斯（Ellis）等人（2008）引用了18000项研究），而且极为异质。这些特点给尝试考察这一因素并从中抽取结论的研究者带来了一个巨大的挑战：如何对大量不同质的研究结果进行筛查和评价？

专栏9-1介绍了元分析的概念——对大量研究进行整合，使用各种方法将相关研究的数据综合起来，并进行统计分析。在发展心理学领域中，相比于其他主题，元分析在性别差异这一主题中应用更广泛、提供的信息更多。正如简要讨论的一样，这种分析并不能解决一个复杂话题的所有问题——通常，一个元分析并不比针对这一话题的研究并从中获得数据的方法好。不过，对于一些可能非常复杂的情况，元分析仍然具有一定意义。

在基本性别差异的大标题下，元分析关注哪些具体主题？表14-7给出了一些例子。海德（Hyde）（2005）的一篇文章给出了一个较全面的介绍。海德列举了46项各种主题的元分析，显然她的总结也是不完全的。她从其元分析的回顾中得出两个值得一提的基本结论。第一点（在她的标题中反映出来："性别相似性假设"）是指，无论在范围或是程度上，性别差异比我们平时认为的要小。第二点是，即使出现差异通常也是基于情境，在有些情况下发生而在另一些情况下并不存在。这也是当代对待性别角色发展的一个主题：埃莉诺·麦科比（1998）的《两性》（*The Two Sex*）。

表14-7　性别差异的元分析举例

主　题	来　源
攻击行为	Card，Stucky，Sawalani，& Little（2008）
合作	Balliet，Li，Macfarlan，& Van Vugt（2011）
适应	Tamres，Janicki，& Helgeson（2002）
面部表情加工	McClure（2000）
助人行为	Eagly & Crowley（1986）
冲动行为	Cross，Copping，& Campbell（2011）
婴儿的活动水平	Campell & Eaton（1999）
语言使用	Leaper & Robnett（2011）
数学表现	Lindberg，Hyde，Petersen，& Linn（2010）
道德定位	Jaffee & Hyde（2000）

续表

主　题	来　源
道德敏感性	You，Maeda，& Bebeau（2011）
人格和兴趣	Lippa（2010）
自尊	Gentile et al.（2009）
性欲	Petersen & Hyde（2010）
气质	Else-Quest，Hyde，Goldsmith，& Van Hulle（2006）
语言能力	Hyde & Linn（1988）

　　如前所述，元分析不能解决性别差异文献资料提出的所有问题。大部分元分析局限于已发表的文献，因此有可能受专栏 9-1 所讨论的"文件抽取问题"的影响——哪类文章更容易被发表的偏差。从任何方面讨论这些偏差都可以。按照麦科比和杰克林（1974）的观点，显著差异的发现有报告的价值，而缺乏差异的报告少。因此研究者倾向于注意、分析和报告这些存在性别差异的例子，而忽略那些未出现差异（更常见）的例子，结果导致了对实际的性别差异夸大的局面。然而布洛克（Block）（1976）认为，这种偏差也可能往相反的方向发展。正如她指出的，很多研究者认为性别差异是很烦人的，在任何可能的情况下都应尽可能排除。因此研究者在某种程度上精确选择测量工具，尽量选择一些没有性别差异的工具。在不确定的情况下，会使用预测验，来确保不同性别个体在其中的反应是一致的。虽然性别差异的分析变得不重要，但是一些杂志或评论要求进行这样的分析并报告结果。按照布洛克的观点，这种做法导致了大量无意义的消极结果。

　　刚才讨论的两种类型的偏差无疑都存在，然而没有人知道它们覆盖的范围有多广，以及如果两种偏差都存在的话，哪种倾向更严重。这导致了长期以来围绕性别差异话题所产生的争论。

　　前面章节中介绍的一些问题，也与性别差异的评价有关。第五章讨论了研究者的期望可能对研究结果造成偏差。正如前面表明的，有效防止偏差的方法就是排除期望效应——使实验者或观察者对于研究假设或被试组并不知情。这种单盲实验对很多自变量是可行的。而对性别变量基本不能实现。在有些情况下，如果研究的对象是婴儿，实验者或者（更有可能）观察者可能不被告知婴儿的性别。当对言语反应进行录音以备后续分析时，对录音进行评分的人可能分不清楚说话者是男孩还是女孩。如果在评分之前对被试的回答进行转录，那么任何年龄段的被试的性别差异都会被掩盖。然而，这些情况与一般的规则不同：通常对一个行为进行评价的观察者，以及大部分引发行为的实验者，能够注意到被试的性别。

更值得注意的一点是，前面已经讨论了成人因素在儿童性别中的作用，但是还存在相反的情况：儿童也知道与他/她进行互动的成人的性别。在有些情况下，儿童在男性主试和女性主试面前的反应是不一样的。解释性别差异的问题在于，不是简单的由于主试的性别主效应，而是主试性别和儿童性别之间的交互作用。比如男孩在女性主试面前的表现要好一些，而女孩在男性主试面前的表现要好一些。这里就存在一个性别差异的问题。然而（正如各种交互作用的存在），这种差异比最初表现的要复杂得多。另外，事实上大部分情况还存在一个可能被研究者误解的差异，即研究者的研究中只有一种性别的主试。

这一部分的内容很容易总结。判断心理发展的哪个方面显示了性别差异似乎很简单——发展的测量工具已经存在，需要做的就是将它们运用到两种性别的被试中去。然而，由于刚才讨论的理由，判断起来并不那么简单。因此性别差异的问题仍是这一领域最有争议的话题之一。

（二）性别角色发展的测量

之前部分的重点是，研究者不需要专门研究性别差异来获得性别差异的信息。当然，有研究者的主要兴趣就在于性别差异的性质和由来。研究者也设计了大量测量工具，用于提供关于性别角色发展的信息。本部分仅从大量此类研究中列举出一些例子，更充分的讨论可以参考布雷克莫尔（Blakemore），贝伦鲍姆（Berenbaum）和里本（Liben）（2009），里本和比格勒（Bigler）（2002），以及布勃莱（Ruble）、马丁（Martin）和贝伦鲍姆（2006）的研究。

本书从历史上最早的测量，即性别类型化测验开始。格伦博（Golombok）和菲伍氏（1994）将性别类型化定义为"一个人与所规定的男性和女性角色的符合程度"。因此，从一开始就假定存在性别角色，与此相关的，性别之间也有其一般的差异——思考方式、感受，或者可被标注为"男性化"或"女性化"的行为。性别类型化测验的一个目标就在于，在一个非常简单的测验中，确定一个回答者在男性化—女性化维度上的位置。这样的测验可以描绘出童年期性别类型化发展的变化程度。它们也被用于寻找性别类型化本身可能存在的性别差异——在发展的某一特定点上，考察是男孩还是女孩更符合其所归属的性别角色。它们也可以被用于识别在某一性别中的性别类型化程度的个体差异，而其由来可以在进一步的研究中探索。

我们来看一些例子。很多最常用的关于性别类型化测验都采用了自我报告法——通过直接询问，来确定儿童的活动和偏好。图 14-2 呈现了这种测量的一个例子：性别角色学习指标（SERLI, Edelbrock, & Sugawara, 1978）。SERLI 用来测量学前儿童的性别类型化偏好和性别角色刻板印象知识。题目形式包括部分言语和部分图画。测量儿童刻板印象知识的方法是，依次给儿童呈现 10 幅常见物体的图片，一半（如图所示的锤子或者钉子）与刻板的男性活动有关；一半（如针或者线）与刻板的女性活动有关。在呈现每一幅图片之后都会问这样的问题："谁会使用（物体的名称）去从事（活动的名称），男孩还是女孩，或者男孩和女孩都会？"对于偏好测量，同时给儿童呈现 10 幅图片，在这种情况下，一半描述了刻板的男性活动（比如打棒球），一半描述了刻板的女性活动（如照看婴儿）。有两组各 10 张图片，一组是儿童的活动，另一组是成人角色和职业。而在这种情况下的问题是："如果你能够做这些活动的任何一种，你最想做其中的哪一个？"一旦儿童做出了一个选择，就会移走那张图片；对下一幅图片进行同样的询问。通过这种方式，逐渐获得了关于偏好的一个完整的顺序。因此，如果一个小男孩，优先选择 5 幅男性化的图片而非女性化图片，那说明这个小男孩得到了性别类型化的最高分。

图 14-2　性别角色学习指标的刺激材料举例

来源："Acquisition of Sex-Typed Preferences in Preschool-Aged Children", by C. Edelbrock and A. I. Sugawara, 1978, *Developmental Psychology*, 14, p. 616. Copyright © 1978 by the American Psychological Association.

　　SERLI 已经成为性别类型研究中很有影响的测量，经过 20 多年的发展，它已经出现在很多研究中了。然而，如前讨论过的，这个测量确实存在一些局限性，最近的一些研究者正试图去阐释。

　　正如前面看到的，口头报告并不需要自我报告，我们也可以从了解儿童的他人那获得信息。在性别类型化研究中最常用的报告者是父母或老师。一个名为"学前活动量表"（PSAI）的工具提供了一个针对学前儿童（正如名称所表明的）性别类型化测量的例子（Golombok & Rust，1993a，1993b）。PSAI 包括分布在 3 个领域内的 24 个题目：玩具（如玩具娃娃、玩具汽车），活动（如玩房子、做运动）以及人格特征（如"喜欢漂亮的东西""喜欢粗野和摔跤的活动"）。和 SERLI 一样，每一个分类中的一半题目具有刻板的男性化特点，一半题目具有刻板的女性化特点。儿童的父母或老师用一个 4 点量表评定儿童每题的得分，从"从不"到"经常"。因此，和 SERLI 一样，PSAI 提供了一个表明儿童行为符合其性别模式的分数范围。

　　并非所有性别类型化的评定都采用口头报告法，还可选择直接评定其自身行为。这样的观察测量既可以在自然情境中设定，也可以通过特殊的实验室设置获得。这里描述的例子涉及自然情境研究。马丁（Martin）和费比斯（Fabes）（2001）对学前儿童在学校的自由游戏进行观察研究，此研究分为两个阶段，前后相差 6 个月。使用的方法是时间样例，每 10 秒观察儿童一次，在这期间对儿童行为的多方面计分，其中的两个方面和性别类别相关。其一是游戏组的组成：儿童自己玩，和一个或多个同性别的同伴玩，和一个或多个异性同伴玩，或是混合性别组。与同性别同伴游戏的趋势被认为是性别隔离（gender segregation）。另一个测量是游戏的本质——尤其是，游戏是否适合儿童性别的性别刻板（如男孩玩汽车或卡车，女孩玩装扮或娃娃）。通过这些方式，马丁和费比斯既能够记录男孩和女孩游戏时的平均差异，又可以在儿童遵守传统性别模式的一定的程度内记录性别内的个体差异。由于这个研究的纵向成分，他们也能够指明在这 6 个月期间儿童性别在很多方面的稳定性发展。

　　这部分最后一个例子介绍的工具较新，提出了以前测量的一些不足。表 14-8 呈现了名为"COAT"（Liben & Bigler，2002）的测量工具中的一些项目。可以看出，这种测量的范围很广，评定了儿童对三种可能存在性别差异的领域的信念：职业、活动以及特质（因此称为 OAT，C 的意思是指儿童）。表格中呈现的仅仅是其中的一个小样本，所判断的每一个样例被分成三类：男性化、女性化和中性化。被试（11～13 岁的儿童）对每个项目进行两种判断。"个人"量表评定他们自身的偏好或者归属；该量表下的题目如"你多大程度上喜欢"或者"你多久做一次"或者"多大程度上像你""态度"量表评定他们对于男性或者女性样例符合程度的信念。这种情况下的问题如"谁应该"。

表 14-8 来自 COAT 的题目举例

男性化	女性化	中性化
职业类型		
飞行员	芭蕾舞演员	艺术家
机修工	小学教师	面包师
医生	室内装潢师	喜剧演员
消防员	图书管理员	电梯操作员
校长	秘书	作家
活动类型		
使用工具	照看婴儿	打保龄球
钓鱼	练体操	去海边
下棋	跳绳	听音乐
使用显微镜	做首饰	画画
洗车	洗衣服	骑车
特质类型		
冒险的	柔情的	创造性的
攻击的	情绪性的	好奇的
统治的	温和的	友好的
擅长数学	擅长英语	擅长艺术
擅长运动	整洁的	诚实的

来源："The Developmental Course of Gender Differentiation"，by L. S. Liben and R. S. Bigler，2002，*Monographs of the Society for Research in Child Development*，67 (2，Serial No. 269)，pp. 114-116. Copyright © 2002 by the Society for Research in Child Development.

如前所述，发展 COAT 这一测量方法的目的在于改进已有研究工具的不足。COAT 这个方法有以下三个优点。首先，与某些测量工具不同，它包括了"个性"和"态度"两个量表，明确区分了儿童的个人偏好和基本信念，同时对两者进行了清楚的比较。其次，它所列举的样例范围远远大于其他测验，并试图使男性化和女性化项目在赞许性上保持一致（对于 SER-LI 的一个批判是：总体上，"男性化"活动比"女性化"活动更吸引人）。最后，大部分性别类型化的测验，包括这一部分涉及的其他三种测验，将"男性化"和"女性化"看作是在一个维度上完全相反的两端。也就是说，在一些特征上得分较高，如被标志为"男性化"，就自然意味着在维度另一端的特征分数就低，在这种情况下被称为"女性化"特质。然而一些个体的特征和偏好可能包含传统维度上的两方面元素——如可能既独立坚定（典型的"男性化"特质），又富有共情心和母性（典型的"女性化"特质）。COAT 允许（其研究结果也证实确实如此）这种"雌雄同体"的特质混合。

POAT 是 COAT 向更小年龄被试进行探讨的最新研究（P 代表学前儿童），是为学前儿童和较低年级被试设计的测量工具（Hilliard & Liben，2010）。其基本方式和 COAT 相似，但是做了一些调整（如较简单的词语、使用图片）来适应更小的被试。

可以从本部分描述的测验类型中得到一些一般的结论。第一，测量上确实存在诸如玩具或活动偏好的性别差异。现实中这种差异的存在表明，使用这样的测验评定任何一个儿童的性别类型化程度是可行的。第二，在自然发生的游戏活动中测量的性别差异的出现，要早于用诸如 SERLI 和 COAT 等的言语测量工具的结果。事实上，在一些研究中，儿童早在 1 岁就出现了简单的玩具和游戏偏好。第三，在某种程度上，男孩的性别类型化偏好可能出现得更早，但是，女孩在与性别角色刻板印象相关的知识上要超过男孩。

最后介绍的测量类似于道德发展部分的最后一部分讨论的内容。道德发展部分的兴趣在于道德认知的一面：研究儿童对道德问题推理的方式。而这里集中于性别类型化的认知的一面：儿童如何思考性别角色和性别差异，以及这样的变化如何随着发展而进行。

在性别类型化的认知层面中，有哪些种类的问题呢？最简单的问题就是，儿童如何恰当地区分性别。一些这样的能力在婴儿期很明显（Martin & Ruble，2010）。大约 4 个月的婴儿就能区分男性和女性的脸；如，如果出示一系列男性脸，他们最终会习惯化，但是当一张女性脸出现时，他们会去习惯化。大约在这个年龄或随后，他们很快就可以区分男性和女性的声音，并且在第一年的稍晚些时候（这个时间在不同研究中存在差异）他们能够进行跨通道匹配，也就是说，将男性脸与男性声音匹配，女性脸与女性声音匹配。

大约在第二年末，可观察到进一步的发展。在这个年龄，儿童开始对自己和他人准确地使用性别标签（Fagot & Leinbach，1993；Zosuls et al.，2009）。实际上，自我标签（如我是一个男孩）是儿童出现自我概念的第一个典型的方面。两岁的儿童也显示出对性别刻板印象的基本理解。如对有违性别印象的图片（如一个女人锤击、一个男人使用唇膏）的注视时间要比符合性别印象的图片更久，这个模式说明他们发现了前者的奇怪（Serbin，Poulin-Dubois，& Eichstedt，2002）。他们展示了一些儿童水平的刻板印象和意识，将女孩与娃娃匹配、男孩与玩具车匹配，不过女孩在这方面要比男孩突出（Serbin，Poulin-Dubois，Colburne，Sen，& Eichstedt，2001）。

虽然有这些早期的研究成果，对两岁儿童性别理解的探讨还远远没有结束。尤其是，儿童在性别理解上还没有掌握基本的方法。也就是，一个人的性别是长久不变的意识。实际上，科尔伯格（1966）对性别恒常性进行了理论探讨，并一时间激起了性别类别认知方面的广泛研究。在1966年的文章中，科尔伯格提出了两种一般性主张。第一种是，儿童只是渐进地意识到性别是恒久的属性，不随不同年龄、意志以及暂时的环境变化而变化（如衣服或发型）。第二种是，儿童对于性别恒常性的认知意识对儿童的性别类型和性别差异的发展发挥因果的作用。例如，只有当小男孩意识到他是一个男性并且一直会是一个男性时，他才会与父亲（父亲也是男性）一致并且呈现出男性的表现和特质。

从科尔伯格的最初研究开始，很多研究关注性别恒常性的发展变化。一些方法成为皮亚杰谈话任务之后的研究范式，在这些方法中，儿童必须对刺激的错误认知转化做出反应。例如，儿童可能看到一个男孩的照片可以通过增加长发和裙子转化。在其他研究中，方式更加纯口头化。表14-9列出了后一类研究中经常使用的测量里的问题。

表14-9　斯拉比和弗雷的性别恒常性测验的问题举例

当你是个小婴儿的时候，你是一个小男孩还是小女孩？
你曾经是一个小（与上题答案相反的性别）？
当你长大的时候，你会变成妈妈还是爸爸？
你会是（与上题答案相反的性别）？
如果你穿（与儿童性别相反，如"男孩"或"女孩"）衣服时，你会是女孩还是男孩？
如果你穿（与儿童性别相反）衣服时，你会是（与上题答案相反的性别）？
如果你玩（与儿童性别相反）游戏时，你是女孩还是男孩？

续表

如果你玩（与儿童性别相反）游戏时，你会是（与上题答案相反的性别）？
如果你想的话，你会成为（与儿童性别相反）？

来源：改编自"Development of Gender Constancy and Selective Attention to Same-Sex Modals", by R. G. Slaby and K. D. Frey, 1975, *Child Development*, 46, p. 851. Copyright © 1975.

可以简单地总结一下这些测量方法的几个发现（Martin, Ruble, & Szkrybalo, 2002）。首先，科尔伯格对于性别恒常性是逐渐发展完成的看法是正确的；较小的学前儿童通常在性别恒常性任务上失败，4～7 岁的儿童却能够通过这样的测验。其次，大跨度的年龄范围表明，评定恒常性的方法不同会导致差异性结果。正如我们所预料到的，儿童在一个纯语言程序中的表现要比在面对误导时的表现好。例如，斯拉比（Slaby）和弗雷（Frey）的任务（1975）会出现性别不一致，但有项研究例外（Bem, 1989）。最后，与科尔伯格理论两个观点中的第二点相关，对性别恒常性和性别类型化行为的理解之间有中等且不稳定的相关。似乎性别角色的发展虽然归因于恒常性，但尚不能被其完全解释。

这里要提出的一点是，科尔伯格（1966）的性别恒常性的分析，引起了对性别类型化认知取向的研究。最近几年，认知取向的研究远不止对性别恒常性的注意，还包括对性别图式（gender schema）这一概念的兴趣（Martin, 1993）。图式是指头脑中对于一类熟悉的经验的表征，性别图式是指儿童对于性别有组织的知识和信念。正如这个定义所表明的，性别图式是一个包含很多具体思维形式的较宽泛的概念。它包括对性别标记及其相关标准的掌握，还有对于性别恒常性的信念——刚开始是错误的，逐渐发展正确。它同时还包括 COAT 和类似测量工具测量的性别角色刻板印象的知识——每种性别都偏好哪些种类的玩具，哪些种类的人格品质属于典型的男孩或女孩特征？总体来说，性别图式包含对自己和他人的信念，对自己的性别和他人性别的信念，以及对儿童和成人的信念。因此，相比于性别恒常性，性别图式是一个更全面的概念，具有更长的发展历史。

你可能已经发现，图式的概念类似于第十三章讨论的"脚本"的概念。脚本事实上是图式的一种形式——与熟悉事件的结构有关。第十三章中对脚本的一个基本发现是：脚本一旦形成，就可以影响新信息纳入、解释和记忆的方式。这个发现同样适用于一般的图式，也包括性别图式。比如，有研究发现，儿童在与其性别图式相一致的经验记忆中成绩最好。在某些情况下，他们会歪曲不一致的信念，以使其符合自己的预期——如回忆医生为男性而护士为女性，实际情况却相反（Carter & Levy，1988；Liben & Signorella，1993）。性别图式也可以影响行为，如相比于不理解性别标记的儿童，在性别标记上学习速度相对较快的儿童在游戏中表现得更为性别类型化（Zosuls et al.，2009）。因此，在一般水平上，存在对科尔伯格（1966）的认知—结构主义理论第二点主张的支持：儿童对性别的理解影响其行为，理解能力的发展变化导致行为的发展变化。

三、同伴关系

第二章介绍了自变量（可能引起变化的变量）和因变量（研究中测量的结果）的基本差别。同伴关系的研究对自变量和因变量的区分比较粗糙。一些研究发现同伴关系是社会性发展的重要结果。在研究儿童友谊的本质和决定性因素，以及评估儿童在同伴群体中的受欢迎程度和问题时，这个情况更加常见。其他研究的兴趣在于和同伴的经历怎样影响儿童发展的其他方面。在研究儿童相互传递的强化刺激的效果，或者是一个儿童的行为作为榜样影响其他儿童的方式时，总是会出现上述的情况。

我们区分出的差异是非常粗糙的。例如，友谊不仅是一种结果，儿童友谊的质量更能够影响儿童发展的很多其他方面。接下来，将采用依赖—独立分类，从前一个题目下有两个主题开始。

（一）友谊

关于友谊的第一个问题是测量：我们如何判断哪些孩子是朋友？大约从 4 岁儿童开始，最常见的方式只是简单地问儿童谁是他们的朋友（Bagwell & Schmidt，2011）。但需要注意只问一个儿童是不够的；友谊从定义上来说是一种相互的关系，因此我们必须确定两个儿童都同意友谊的存在。对于较小的儿童来说，这样的自我报告难以得到，但是可以使用父母或老师的报告。可以观察自然发生的行为：如果两个儿童经常寻找彼此，花很多时间在一起，明显喜欢彼此的陪伴，那么就可以很合理地推断他们之间存在友谊。从这种测量中得到的一个发现是，友谊可以在发展的很早阶段就出现，一些儿童在两岁或者更早就出现了（Howes，1996）。

即使是刚刚学步的儿童也可能建立友谊，但是两岁和 6 岁、12 岁、18 岁时在有些方面不相同，其中一个发展中的变化是友谊的稳定性。对于年幼的儿童，友谊常常是一种暂时的状态，这决定于玩伴的可获得性和最近的行为。随着儿童的发展，他们逐渐认为友谊是一种可维持的、长时间的关系，因此随着年龄的增长，友谊也变得更加长久。和发展相关的一个变化是朋友的品质被认为很重要，这是一个经常通过简单的访谈程序来测量的结果（如什么是朋友，什么使一个人成为好朋友）。学前儿童关注于稳定的外在的品质——朋友就是一起分享东西和一起愉快游戏的人。随着发展，更多关注朋友的个人品质以及自己和他人的相容性。对于青少年，诸如忠诚和亲密的品质已经变成友谊的中心概念（Gifford-Smith & Brownell，2003）。

并不是所有的友谊都是相同的，就像友谊本质会发展变化，友谊品质在发展的过程中也存在个体差异。已经有不同形式的自我报告量表用来测量友谊的品质（Berndt & McCandless，2009；Furman，1996）；表 14-10 提供了这些测量中的项目样例。使用这种测量的研究不仅考察了儿童友谊品质的差异，同时记录了这些变量对发展的很多其他方面的影响（Bukowski，Burhmeister，& Underwood，2011）。实际上，这篇文章的子标题（同伴群体的接受和孤独感以及社会不满意的相关）给出了一些典型的发现：友谊品质和在同伴群体中的成功正相关，友谊品质和孤独感与不满意负相关。

表 14-10　友谊品质问卷的问题举例

0. 一点儿也不；1. 有一点是；2. 有时候是；3. 相当是；4. 真的是
使我对自己的想法感觉良好
关心我的感受
当我们吵架时很容易挽回
争论很多
不听我说话
通过指出一些事情来给我建议
彼此分享
休息时经常在一起玩耍
经常告诉彼此我们的问题
彼此谈论隐私的事情

来源："Friendship and Friendship Quality in Middle Childhood：Links With Peer Group Acceptance and Feelings of Loneliness and Social Dissatisfaction"，by J. G. Parker and S. R. Asher，1993，*Developmental Psychology*，29，p. 615.

因此到目前为止，关于友谊的讨论还没有陈述这篇文献中的基本问题：友谊怎样形成。这个问题实际上是两部分的问题。第一个问题关于朋友的选择。在成长的过程中，任何一个孩子都会遇到很多同伴，但是这些可能的朋友仅仅一小部分成为了真正的朋友。那么这个选择的根据是什么呢？

虽然很多因素会影响友谊选择，但是在大多数研究中，相似性是一个中心的影响因素（Hartup & Stevens，1997）。儿童趋向于挑选和自己相似的朋友。在一般的人口统计学特点上会发现相似。虽然存在例外，但大多数儿童期的友谊是发生在同年龄、同种族，并且（非常多）同性别的儿童之间的。在行为水平也发现相似。朋友趋向于在兴趣、喜欢的活动以及一般的个性性情方面相似。这种行为/心理方面的相似性被认为是行为同质性（behavioral homophily）。

行为同质性现象有两种可能的解释。其中一个就是已经给出的：儿童选择和自己相似的朋友。另一个是反向的，友谊使儿童变得更加相似。解决这些可能性需要纵向研究，这种方法可以随时间追踪相似性。这样的研究指出，因果关系发生在两个方向（Epstein，1989；Prinstein & Dodge，2010）。最初的相似确实是友谊选择的基础，但是随着时间的延伸，朋友也变得更加相似。

友谊形成的第二个问题关于友谊形成的过程——他们相互作用中的什么因素导致儿童成为朋友？研究这个问题常用的方式是观察最初相互陌生的儿童的相互作用，试着去区分最后变为朋友和没有成为朋友的过程（Gottman，1983），这个过程中有些重要的因素起作用。成为朋友的儿童比没有成为朋友的儿童在建立公共领域的活动时更可能成功，也就是说，对做什么达成一致。最终成为朋友的比不是朋友的在交流信息方面更加成功，并且他们更擅长于解决冲突。最后，朋友比非朋友更可能出现自我暴露，即分享个人信息。

这些发现很有意义。交流、冲突解决以及自我暴露是建立友谊的重要成分；因此，它们在建立友谊上发挥着最重要的作用也就不足为奇。

（二）社会地位

现在的问题是儿童在同伴群体中的所有地位，儿童一般喜欢或不喜欢什么，关注或忽略什么，以及我们怎样决定这个问题。

到目前为止，测量儿童社会地位最常用的方式就是问儿童的同伴。

这个方式合理的推断是，同伴是推测群体怎样看待一个儿童的最好资源。这种基于同伴的社会地位的评估被认为是社会测量技术（Cillessen，2009）。

社会测量技术可以采用不同的方式。在提名法中，要求儿童指出某一数量的他们喜欢的同伴的名字。例如，"告诉我三个你特别喜欢的你们班里的同学的名字"。这种方法也可以产生消极的关系，如"告诉我三个你非常不喜欢的你们班里的同学的名字"。评定法要求儿童在兴趣领域里评定他的每一个同学。例如，儿童可能会被要求在5点量表上评定他的同学，从"特别想与其一起游戏"到"特别不想与其一起游戏"。最后，通过配对比较技术，向儿童一次同时呈现两个同学的名字，让儿童指出他更喜欢哪一个。由于所有可能的配对都呈现了，因此这个结果是对每一个目标儿童的喜欢程度的所有排列。

评定和配对比较的方式都比提名法消耗时间。评定量表对较小的儿童来说，也是一种挑战。因此，一些提名方式的形式就成为研究中更常见的方式。

社会地位的不同分类可以来源于这些技术（Howe，2010）。然而，最常见的是可伊（Coie）、道奇（Dodge）和考佩特里（Coppotelli）（1982）首先提出的5部分系统。在这个分类的积极端是受欢迎儿童。受欢迎儿童得到较多积极、较少消极的提名，并且在评定中出现在量表顶端。在连续量表的另一端是被拒儿童。被拒儿童得到较少积极、较多消极的提名，并且当儿童评定他们的同伴时，他们排在量表的低端。因此，被拒儿童似乎很不受群体欢迎。不论是积极的还是消极的，被忽视儿童更可能被同伴忽视，受到较少的提名。正像命名的那样，受争议儿童得到同伴的混合评价，在积极和消极提名中的次数都很高。最后，"平均数"用于那些其他四类都不明显适合的儿童。

在大多数研究中，社会地位的测量仅仅是开始点。关于不同的结果来自于哪里的问题，需要做更多的努力，尤其是，为什么一些儿童被同伴拒绝或忽视（Asher & McDonald，2009）。需要设计更多的调查来帮助那些与同伴相处有困难的儿童（Bierman & Powers，2009）。

同伴标题下的这两个主题是明显相关的。使一个儿童成为好伙伴相似的品质也使儿童在同伴群体中获得积极的评价，实际上友谊和社会地位存在正相关。但是，这个关系并不确定。一个儿童可能很受欢迎，但是没有几个亲密的朋友。也有可能一个儿童被同伴排斥但是有一个或更多的令人满意的朋友。

对社会测量方式的简单介绍掩盖了社会性测量研究中很多操作和解释的复杂性。西利森（2009）和西利森、施瓦兹（Schwartz）和迈纳克斯（Mayeux）（2011）的文章是很好的深入介绍的资源。迈纳克斯，安德伍德以及里瑟尔（Risser）（2007）在文献中提供了对这个重要问题很有帮助的讨论：社会性测量研究的伦理道德。

（三）同伴作为社会化媒介

现在转向同伴文献中的自变量方面。此方面的介绍将比前一部分的更具有选择性。我们从一个这样的研究开始，它的目的是测量同伴在发展的很多方面产生的影响。然后，考虑其中的一个过程，同伴通过这个过程施加他们的影响。

我们已经见到同伴影响的很多证据，行为同质性现象就是其中的一个例子，友谊品质的影响是另外一个例子。我们即将考虑的研究更多与儿童晚期和少年被试相关。有两个目标，一个是不仅测量同伴影响，也测量同伴和父母的相对（relative）影响；另外一个是，测量对青少年生活中的很多重要方面的影响。方式是自我报告：青少年自我评估这两个潜在影响的重要性。

表14-11显示了来自于这种测量的其中一个项目。对任何一个刚进入青春期的人来说，考察他自己可能的回答是很有趣的。另一个测量（Berndt，1979）在内容和形式上与前者相似，不过包括一些将更多重点放在不正常活动中（如药物使用）的测量。

表 14-11　父母和同伴对青少年决策的相对影响的测量问卷

在以下的情景中，如果你必须在父母和朋友意见以及感受之间做出决策，你会认为谁的意见更重要？	
1. 在什么上花钱	10. 是否去上大学
2. 和谁约会	11. 读什么书
3. 参加哪个俱乐部	12. 买什么杂志
4. 个人问题的建议	13. 多频繁的约会
5. 怎么着装	14. 参加酒水聚会
6. 选修学校的哪门课程	15. 在选择未来的伴侣上
7. 培养哪种爱好	16. 是否保持稳定

续表

8. 在选择未来职业上	17. 在约会中要多亲密
9. 参与哪项社会事务	18. 关于性的信息

来源："Adolescents' Shifting Orientation Toward Parents and Peers: A Curvilinear Trend over Recent Decades", by H. Sdbald, 1986, Journal of Marriage and the Family, 48, p. 7. Copyright 1986 by National Council on Family Relations.

这些测量的使用报告了一些发现(Berndt, 1996；Hartup, 1999)。第一，适合一般的模型：在青少年中期，13 岁或 14 岁，无论是绝对还是相对意义来说，同伴影响都趋向顶峰。第二，儿童和青少年在受同伴的影响上不同，一些人比其他人更易受影响。第三，父母在儿童对同伴的反应上以两种方式发挥重要作用：他们影响儿童交往的同伴，他们影响同伴作用对儿童的影响。第四，父母和同伴的相对影响在不同主题下变化。同伴在儿童的当前生活方式的选择上更重要。例如，穿什么类型的衣服，听什么类型的音乐。在长期的重要的选择上(如受教育方向、职业抱负)，父母一般有更重要的影响。

这并不意味着同伴不能产生消极影响。实际上，同伴影响已经成为很多引起青少年问题行为(吸烟、喝酒、使用药物、侵犯、婚前性行为)的重要因素(Dishion & Tipsord, 2011)。这个观点认为同伴影响不仅是必然的，甚至很多时候可能是有害的。

前面已经提到两种同伴影响同龄儿童的方式：同伴提供某种行为的榜样，同伴强化某种行为。第三种影响是社会比较：将自己和他人比较并从比较中得出关于自己结论的过程。虽然，儿童可能会接触任何人，但是在很多方面，同伴是被用到的最自然的、最频繁的比较团体。这在班级中很适用；一个想要知道在一项测验中得 80 分的意义的儿童，在知道大多数同伴都得了 60 多分或 70 多分时会感到高兴，但在得知他的同伴得分都优于他时，会感到郁闷。不过，同伴的关联不仅限于同班同学。一个 10 岁的儿童可能会将他的球技与乔丹(Michael Jordan)做比较；然而，他对自己能力的评估将会很大程度上受到他和其他 10 岁儿童相比较的结果的影响。

社会比较研究中有两个主要的发现(Parke & Clarke-Stewart, 2011；Suls & Willis, 1991)。第一个是关于发展的变化。虽然学前儿童也能够掌握社会比较的简单形式，但是社会比较的趋势会随着年龄增长。第二个是关于影响。随着儿童的发展，他们的自我评价不仅越来越多地受到绝对信息(如某一个分数有多高)的影响，而且会受到相对信息的影响(这个分数和其他人的分数相比较怎么样）。一个一般的结论是随着年龄的增加，自我评价变得更加悲观，也更加现实（Harter，2006）。

同伴虽然很重要，但同伴不是唯一的影响儿童发展的社会媒介。本章的最后一部分将会阐述评估父母贡献的方式。

专栏 14.1　互联网作为发展的环境

本章的主题是关于从儿童期到青少年期的社会行为的丰富内容，以及获得和练习这些行为的广泛的社会内容。虽然一般的主题要追溯到心理学的起源，但最近的20多年来见证了一个新领域的出现并进入社会内容领域：互联网世界。伴随着这个新的社会环境产生了新的研究文献：书（Stasburger，Wilson，& Jordan，2009；Subrahmanyam & Smahel，2011），期刊（如《网络心理学》《网络心理和行为》），期刊的栏目（Greenfield & Yan，2006；Subrahmanyam & Greenfield，2008）以及网站（如www.worldinternetproject.net），这些文献涉及年轻人网上经历的可能后果。

网络激发了什么类型的研究呢？表 14-12 提供了当前主要的用到的网络方式以及相应的研究例子。"当前"是一个很重要的限定语，今天流行的可能很快就会失去它的影响力，研究者有时候会发现他们研究的东西是网络使用者已经不使用的东西（Subrahmanyam & Smahel，2011）。

表 14-12　网络经历分类

分类	研究范例
浏览网页	Peter & Valkenburg（2010）
社交网络	Manago, Graham, Greenfield, & Salimkhan（2008）
聊天	Subrahmanyam, Smahel, & Greenfield（2006）
即时传讯	Valkenburg, Sumter, & Peter（2011）
电子邮件和文本	Underwood, Rosen, More, Ehrenreich, & Gentsch
博客	Subrahmanyam, Garcia, Harsono, Li, & Lipana（2009）
信息板	Whitlock, Powers, & Eckenrode（2006）
游戏	Holtz & Appel（2011）

与网络经历影响相关的文章面临很多挑战。在这里提两个。第一个是关于研究过程的基本步骤：具体到取样。如果样例是以典型的方式收集来的，如在高中或大学教室，那么这也不算是一个挑战。但如果例子是在网上发现的，如在参与聊天室讨论的被试，那就是一个挑战了。在这些情况下，那些几乎描绘所有研究报告的标准的人口学信息（年龄、性别、种族）就得不到。或者即使得到了，由于我们熟知的一些网络使用者会故意错误呈现他们的人口学信息，这些信息也可能不正确。

第二个挑战与之前的研究文献类似，它经常被引用为最靠近网络研究的先驱：关于电视对儿童发展的影响。正如大量的研究者已经指出，这种等同是不正确的，网络经历要比观看电视的经历更广泛。网络经历更加活跃，更加互动，有更多的经历，并且使用者有更多的选择和控制。然而，从设计者的角度来看，这两种文献很相似，因为大量的文献是相关的。由于他们是相关的，很难建立确定的原因和结果。例如，暴力网络内容的观看者是由于他们自己本身就激进还是由于网络经验的影响。

本书已经讨论过使从相关数据中得到的因果关系更加确定的方式。所有这些方式可以在网络文献中找到。如追踪研究可以被用来追踪关系随时间发展的模式（如Eijnden，Meerkerk，Vermulst，Spijkerman，& Engels，2008）。对一些主题来说，可以使用实验控制来完善相关数据（如Smyth，2007）。

我们经常关注的是方式而不是结果，无论如何网络文献太多太杂以至于很难形成一个简洁的总结。在此再提两点。

首先，网络文献的基本问题是关于青少年网络和真实世界自我的关系。虽然对于这个问题，没有简单的、适用于所有问题的答案，但是大多数研究者同意这两个世界的相似性很广泛，并一致认为这比差异更重要。用研究者的话来说，"年轻人将他们现实生活中的人和事带到了网络情景中"（Subrahmanyam & Smahel，2011）。这是因为他们在诸如博客、聊天室等做的事情，也可以对现实生活中的探索和工作很有价值，如性别认同、浪漫关系或者自尊。基于同样的原因，对于想要研究此类发展性问题的研究者来说，这些网站可以提供很有价值的研究内容。

其次，关于被网络经历影响的发展性结果。父母和研究者关于网络的担心主要集中于浏览特定种类的网络带来的破坏性影响的可能性。事实上，至少一些使用网络的年轻人确实遭遇了不同种类的危险：接触暴力内容，接触性内容以及接触性虐待的可能性，网络欺负，对不健康的锻炼方式的鼓励（Whitlock〔2006〕注意到有400多个关于自残主题的网站）。然而，正像很多本主题的研究者所强调的，网络使用也涉及很多积极的方面，在认知/教育领域（设想一下不使用网络写一篇论文）和社会情绪的发展领域都有涉及。实际上，这是本段陈述的与现实世界相关结论的主要暗含意义，年轻人将网络经历应用到工作中，应用到他们生活中的重要事件中。

贯穿本书的一个主题是群体效应在发展心理学中的重要性。很少有文献能把这个主题阐述得更清晰。当然，任何年龄和年代的人都可以使用网络、智能手机以及其他现代设备，不过年轻人天生就容易做到，老一点儿的使用者经常得尽力才能赶上。用马克·普林斯基（Marc Prensky）（2001）的话说，在计算机世界中长大的是"网络土著"，其余的是"网络移民"。

四、儿童抚养

对儿童抚养的讨论开始于一个警告。首先需要强调的是，虽然父母的抚养方式对儿童的发展很重要，但它不是唯一重要的。在前面的部分讨论了同伴的作用，其他社会角色：兄弟姐妹、祖父母、教师等也在其中发挥重要作用。生物因素也有影响。因此，本部分仅阐述了儿童如何形成以后行为方式的一个原因。

正如很多父母抚养方式研究本身面临的问题一样，我们的讨论一开始也面临这样的问题：我们如何区分出父母对孩子的影响？这里值得考虑一下测量父母行为时遇到的困难。子女抚养是一项最私人的活动，主要发生在家庭中，父母与子女不仅是唯一的参与者，也是唯一的目击者。它同时也是一个延伸范围非常广的活动，发生于整个童年时期父母与子女的数千次的具体交互作用中。研究者如何看待这一复杂问题，并指出父母对子女的影响呢？

到现在为止，人们对这一问题的基本回答似乎都很熟悉了。通常有三种可能的研究方法：自然观察、实验室研究和言语报告。下面依次进行介绍。

(一)自然观察

这一标题的第一个例子来自于子女抚养这一主题中最有影响力的项目，其中的一些来自于大约 40 年前戴安娜·鲍姆林德的研究，以及随后基于鲍姆林德的许多研究(Baumrind，1967，1971)。你可以参照第六章简要介绍的布朗芬布伦纳的生态系统理论，以及在跨文化研究中父母养育方式之间可能的差异。这里首先要考虑这种方式是如何确立的。

起先鲍姆林德的研究样本为 4 岁的儿童及其父母。在各种抚养情境下访谈父母双方，访谈同时也是明确父母抚养方式的一种方法。这一测量的核心是直接观察父母—子女互动方式。受过训练的观察者在两种情境下进入被试的家中，进行每次数小时的观察，其间详细观察父母与子女的互动方式。观察从晚饭前一个小时一直持续到孩子上床睡觉。用研究者的话来说，这样的一个时间段就是"通常认为的父母—子女分歧的情景，选择在这样的时间段进行观察是为了在最大的压力下产生一种强烈的交互作用"(Baumrind & Black，1967)。分歧和压力的情景事实上很常见，并且反映了研究者对名为"控制顺序"的特殊关注。也就是说，一个家庭成员试图改变或者控制另一家庭成员行为的情景。

对家庭互动几个小时的详细观察，获得了关于父母和子女行为的极富价值的信息。收集这样的数据是测量过程的一部分，但不是唯一的部分。接下来的步骤是给收集到的所有数据赋予意义——从大量父母子女互动的具体交互作用中抽离出基本的规律和过程。部分依据理论、部分依据以往研究，鲍姆林德从观察中确定了15"簇"父母行为，即包含了子女养育的重要维度以及父母之间重要差异的相关行为集。簇的例子包括直接—间接，权威—缺少强制的管束，鼓励独立—不赞成独立，以及惩罚—教育行为。

最后一个步骤是决定是否"簇"——本身包括各种具体行为——可以组成更大的、更概括的类。鲍姆林德的结论——部分基于对理论的考虑、部分来自于各种统计分析——表明它们可以合并，结果就是著名的父母抚养类型说。首先明确三种抚养方式。权威型（authoritative style）是指在温暖和支持关系中的一种严格的控制，强调理由和讨论，而不是明显的父母权威。独裁型（authoritarian style）在控制维度上的得分很高，然而在温暖维度上的得分很低，强大的控制来自于父母具有更大的权威。最后，溺爱型（permissive style）在温暖维度上的得分也很高，但是正如名字所示，在控制上得分很低。（第四种类型称作放任型（uninvolved），后续研究添加的类型，在温暖和控制上得分都很低）。

关于自然观察研究的第二个例子，回到第十二章讨论的一个话题中。我们发现婴儿在依恋的类型上不同，一类研究尝试明确子女抚养对这些差异所起的作用。这类研究的一个基本结论就是，敏感和负责任的照看方式与安全依恋的发展相关（De Wolff & Van IJzendoorn，1997）。现在需要考虑的问题是，研究者如何测量照看方式的敏感性。

最常用的方法可以追溯到由玛丽·安斯沃斯及其同事（Ainsworth et al.，1978）所做的早期研究，是通过观察家庭中母亲与婴儿的互动方式进行的。伊莎贝拉（Isabella）（1993）的一项研究给出了一个典型的例子。研究中的母亲和婴儿总共被观察9次：当婴儿1个月、4个月和9个月时，分别进行三次30分钟的观察，而每三次的观察跨越两周的时间。对母亲的指导语强调研究者"感兴趣于观察她孩子典型的日常经历，因此希望她能够像平常那样做，不要受研究者在场的干扰"（Isabella，1993）。对母亲—婴儿的互动方式进行持续的描述性记录，记录父母的行为和结果以及行为和结果之间的联系。尤其关注与依恋有关的行为，如来自婴儿的信号行为和母亲的发声和刺激。之后，这些描述性记录会通过十点计分的方式被划分为敏感性、合作、积极情绪和反应适当性几个维度。在这类研究中，一个经典的结论就是较好的敏感性和合适的照顾行为可以增加安全依恋的可能性。

前面从多个角度讨论了自然观察法的优缺点，现在做简要总结。再重复一次，这种方法的最大优点显然可以总结为：它是唯一一种可以对我们所感兴趣的东西进行直接测量的方法，可以说是在自然条件下行为的自然发生。而所有的缺点反映的都是实现这种自然测量的各种障碍。只有一部分家庭愿意让研究者进入他们的家，这样得到的样本就可能会受到多方面的影响而产生偏差。即使样本没有受到影响，他们的行为也可能受到影响。当父母知道有观察者在记录他们的行为时，他们可能会改变自己的行为。只有很小一部分父母对孩子所做的事会在任何条件下都发生，他们的行为往往受限于特定的条件和时间阶段。因为家庭之间总是有所不同，从而产生可比性的问题，而且在观察的过程中，不同的父母会遇到不同的挑战。最后，对正在发生的行为的准确记录和解读也存在麻烦，而且这些困难在无控制的家庭环境中可能会更加明显。

（二）实验室研究

刚才介绍的问题可以看成是向第二种研究途径的过渡。实验室研究有一些与自然研究相同的缺点。同样，可供取样的环境和行为的范围是有限的，意识到自己在被研究可能会改变父母的行为反应。然而，相比于在家庭中的种种努力，实验室研究也是有些优点的。不同父母间的可比性不再是一个问题，因为我们可以给所有父母设置同质的环境。这样的实验控制使实验室研究成为引发我们所关注的行为的一个非常有效的方式，而且它也可以让我们对潜在重要因素进行系统化的操纵。最后，在可控的实验室条件下，测量也变得极其简单。可以更容易地让被试在一定的范围内活动，并通过各种技术装置来辅助观察。

可以从之前的章节中找个例子来说明实验室研究，从而使关于测量的问题变得更加清晰。第四章观察法一节使用了这样一个例子：阿尔斯等（1979）研究了母亲与小婴儿之间的面对面交流（表4-5）。像表中显示的那样，为了研究母亲行为与婴儿行为之间的同步性和互惠性，这个研究的目标是记录面部和躯体运动以及言语表达的精确细节。这类研究已经证明虽然也存在一些重要的个体差异，但大多数母亲与婴儿之间在婴儿早期就确立了同步的互相满意的交流方式(Kaye，1982)。很明显，很难在家庭环境中获得精确性测量，从而使不同母婴组合之间具有明确的可比性。对于这样的问题，实验室研究是一个更为明智的选择。

实验室研究不仅限于婴儿研究或者一些发展研究的微末方面。在之前的一节中，通过自然研究法了解父母控制和惩戒儿童的一般方法；在接下来的一节中，将看到这些也可以通过言语报告的方法来了解。实验室研究提供了第三个一般测量的选择。

有一个来自科查斯卡等人(2002)在道德情感领域进行探讨的例子。这个研究中的几个部分是请一些母亲和她们的 2~3 岁的孩子作为被试。在两种管教条件下，对多个场合中母亲的行为进行编码，一种条件是约束儿童不要触碰那些被设计为受限级别的玩具和物体，另一种条件是督促儿童在整理时间内放下玩具。在各种编码的控制方式中，暴力强制(power asser-tive)管教(如威胁、打屁股、对儿童行为的躯体控制等)被证明是较为频繁出现的方式。暴力强制与内疚呈负相关，即如果儿童的母亲较高频率地使用暴力强制的方式，那么儿童就会在违规的时候表现出较少的内疚。鲍姆林德的研究证明高频率使用暴力强制是一种比较无效的管教方式，而这个结果与此结论很好的相合了。

(三)言语报告

现在来看最频繁使用的测量抚养行为的方法。就像前面提到的那些例子说明的，观察研究和实验室研究都对这个方法有所贡献。在大多数儿童抚养问题的研究中，研究者都是通过询问父母做了什么来了解他们的行为。因为对任何社会化结果都至少存在两个方面，所以这样的报告也存在两类可能的信息：可以询问父母他们如何对待自己的孩子，或者也可以询问孩子本身。或许你已经猜到，前者比后者使用得更普遍。直到较大儿童或者青少年成为可用的资源时，仍然需要兼顾他们父母给出的信息，稍后会给出一个例子。

除了报告者的变化之外，言语报告的方式也会在一定范围内有所变化。它们可能通过面对面的访谈实现，也可能通过请报告者完成一份问卷实现。它们可能聚焦于社会化的一个方面，也可能试图更广泛地关注父母的行为。它们可能只询问目前的行为，也可能询问儿童在较小的时候的行为，还可能同时询问。它们可能使用回答者要在固定选项中做出选择的闭合形式，也可能引发一些需要随后分类的开放性回答。当然，它们也可以随着特定的儿童抚养环境和研究所关注的抚养行为而改变。近百年来，或者说随着儿童抚养研究中"抚养行为"概念如何形成和研究所强调的不同范围的变化，这些确实都发生了巨大的改变（Collins，Maccoby，Steinberg，Hetherington，& Bornstein，2000；Holden，2010）。

下面看一些例子。帕迪拉·沃克（Padilla Walker）和汤普森（2005）对孩子遇到的外界信息与家庭观念存在冲突时，青少年的父母怎样操控这样的情景感兴趣。他们建立了11种假设片段来呈现一系列可能的冲突。表14-13提供了外界信息样例的例子：同伴、学校、老师、电视、网络以及音乐。父母从显示在表的后半部分的5个一般的反应选项中对每个片段做出回应。

表14-13 来自帕迪拉·沃克和汤普森的关于冲突信息方面父母对儿童抚养策略研究的项目举例和父母可能的反应方式

冲突来源	生活片段
同伴	儿童受到朋友榜样的鼓励去商店偷拿东西
学校	学校提供性教育课程
老师	儿童被老师鼓励，当受到欺负时要反击
电视	儿童观看暴力电视节目
网络	儿童可能在网上观看有关性的内容
音乐	儿童听暴力音乐
父母反应	描述
合理封闭	当提供让儿童这样做的建议时，也保护儿童不观看或不参与
强制封闭	强制保护儿童不观看或不参与
提前装备	为儿童提供参与冲突的建议准备
妥协	允许儿童参与冲突但仍保持家庭价值
顺从	当面对冲突时，允许儿童自己做决定

来源：改编自"Combatting Conflicting Messages of Values：A Closer Look at Parental Strategies"，by L. M. Padilla—Walker，and R. A. Thompson，2005，Social Development，14，pp. 313-314. Copyright 2005 by Blackwell Publishing.

研究者有两个主要的发现。尽管每个反应选项都获得了一些选择，但是两个最主要的策略是封闭和提前准备。某一策略的可能性是随着父母对问题重要性的评价变化的；随着重要性的增值，父母将会施加防伪的程度，即控制程度也会增加。

我们注意到，在使用小片段方式的研究中，接近选择的形式不是唯一的可能性。在一些研究中（Grusec & Kuczynski，1980），父母对列出的情境描述他们可能的反应，这些反应稍后依据儿童喜欢的抚养方式被编码。

言语报告方法的第二个例子来自多恩布施，兰伯恩，斯坦伯格及其同事的一系列研究（Dornbusch et al.，1987；Lamborn et al.，1991；Steinberg，Elmen，& Mounts，1989）。本章之前所讨论的鲍姆林德关于儿童养育的工作是多恩布施团队研究的出发点，鲍姆林德结合了自然观察与父母报告的方式，来确认几种一般的儿童养育类型在温暖、控制和父母参与范围内的变化。多恩布施团队研究面对的一个问题是鲍姆林德确定的类型是否会在青少年对他们父母抚养行为的报告中体现出来。

他们的被试是年龄为14～18岁的高中学生，每一个被试在学校的群组测试会议中要完成一个问卷。因此，设计问卷题目是为了测量定义鲍姆林德分类的三个维度：温暖、控制和参与范围。表14-14呈现的是其中一个研究的一些问题题目例子。

表14-14　来自兰伯恩等人的青少年报告抚养行为量表的题目举例

父母的温暖/参与
下面关于你父亲(继父、男性监护人)的描述是基本属实还是基本不属实？(答案的选项是"基本属实"和"基本不属实")
如果遇到了一些问题，我可以靠他来帮我解决
他始终要求我尽力完成我所做的
如果我学业上有什么不明白的，他可以帮助我
当他希望我做一件事的时候，他会解释为什么
当你在学校取得的成绩不理想时，你的父母或者监护人会鼓励你加油吗？(答案的选项是："从不""有时"和"经常")
当你在学校取得好成绩时，你的父母或者监护人会表扬你吗？(答案的选项是："从不""有时"和"经常")
你的父母有多了解你的朋友？(答案的选项是："不了解""了解一点儿"和"了解很多")
父母的严格/督导
一般一周内，在上课日(周一至周四)你最晚可以在外面逗留到几点？(答案的选项是："不许外出""8:00之前""8:00～8:59""9:00～9:59""10:00～10:59""11:00或更晚些"和"完全根据我的意愿")

续表

一般一周内，周五或者周六的时候你最晚可以在外面逗留到几点？（答案的选项是："不许外出""9：00 之前""9：00～9：59""10：00～10：59""11：00～11：59""12：00～12：59""1：00～1：59""2：00 以后"和"完全根据我的意愿"）
我父母清楚地知道通常下午放学后我会在哪里（答案的选项是："是""否"）

来源：改编自"Patterns of Competence and Adjustment Among Adolescents from Authoritative, Authoritarian, Indulgent, and Neglectful Families", by S. D. Lamborn, N. S. Mounts, L. Steinberg, and S. M. Dornbusch, 1991, *Child Development*, 62, pp. 1063-1064. Copyright © 1991 by the Society for Research in Child Development.

这个研究的一个基本结论是鲍姆林德的分类确实适用于青少年的父母。进一步的结论是抚养类型和青少年的能力与适应是相关的。总的来说，权威型与比较积极的结果（如好的学业表现）相关，而独裁型则与相对负向的结果相关。鲍姆林德曾经提及不同的抚养类型各有效果的观点，这些结果为此提供了基本的支持。然而，回溯第六章提到的一个问题：在某种程度上研究结果会随着研究中所涉及的社会文化群体不同而变化。

现在对言语报告进行评价。事情总是这样，当我们把一种方法与其他方法的优缺点进行比较时，它自身的优缺点就很明了了。我们知道，实验室研究的优点是实验控制和精确的测量，但可能的代价是不够自然和缺乏普适性。观察研究可获得父母在自然环境下的真实行为，但是要加一个重要的限定：它们获得的是当父母知道自己在被观察时的行为。此外，观察法的测量要依赖于观察者对一系列复杂社会行为的解读能力。而且实验室测量和观察法测量都受限于它们能够触及的情况和行为的范围。

这些易变的范围可能最终构成言语报告法的最明显优点。言语报告法能够在相对短的时间里，收集广泛的社会化行为的证据，而且比自然观察和实验室研究囊括了更广的时间阶段、环境状态和特定行为。这些行为证据还涉及父母在自然状态下发生的自然行为，是不受观察者影响也不受实验室操纵的行为。虽然这些证据是由言语报告而不是行为组成，但是这些报告的提供者（父母自己或养育行为的对象——孩子）最起码是最了解抚养行为的人，有时还可能是唯一了解这些的人。

言语报告法优点的确立必须排除一个明显且十分重要的疑问——这些报告是准确的吗？一般对这个疑问的回答是"有时候是，有时候不是"。各种各样的证据表明社会化的言语报告并不总是准确的。父母报告的他们的社会化行为与直接观察的结果往往最多是中度相关（e.g., Yarrow,

Campbell，& Burton，1968）。向不同报告者询问同一社会化主体的信息（如问母亲、父亲和孩子关于母亲的行为）的研究也常报告的是中度相关（e.g.，Gonzalez，Cauce，& Mason，1996）。

言语报告可能会因为一些原因而变得不准确。有时父母可能会有意或无意地歪曲他们的回答，从而使自己看起来更好。父母和孩子可能会错误地理解问题，或者他们对同一题目的使用方式与研究者不同。不同的父母可能会有不同的词语对象系统或者"锚点"。例如，两个母亲可能都会说自己对违规行为很"严厉"，然而，对于其中一个人来说，"严厉"可能意味着偶尔的警告，而对于另外一个人来说，则可能意味着经常的体罚。父母可能会轻易地忘记他们如何对待或者曾经如何对待他们的孩子。当测量的内容是回溯性的，也就是说涉及的社会化行为是发生在儿童生命中更早的阶段时，这种记忆的问题就更可能出现。研究表明对几年以前事件的言语报告的准确性非常值得怀疑（Yarrow，Campbell，& Burton，1970）。

可以从偏差的来源中得到提高言语报告数据的准确性的方法。关于当下社会化行为的问题会比关于过去事件的问题更容易获得准确的回答。指向具体情况和特殊行为的问题也更可能获得准确的回答，因为这样的问题使报告者最不费力的准确理解研究者在问什么。最后，自我展示这一难以避免的倾向至少可以通过尽可能地把访谈和问卷置于一种非评价性的框架下来降低（"答案没有正确与否""只是想了解一下父母在做什么"等）。鉴于对儿童抚养的了解不足，这种言语报告具有相对合理的准确性。

（五）确定因果性

在儿童抚养的研究中，如何准确测量抚养行为是一个重要的问题。确定因果性是另一个重要的问题。大多数有关儿童抚养的研究目的不是简单地了解父母做了什么，而是要确定不同的抚养行为对儿童的重要方面的影响。如鲍姆林德的初始研究，多恩布施及其同事的后续工作，对母亲敏感性与婴儿依恋的考察等。在所有这些研究中，对父母变化的测量只是研究过程的第一步。第二步就是把这些变化与感兴趣的儿童表现联系起来。

事实上，所有讨论过的研究确实找到了抚养行为与儿童表现的联系。那么，为什么它们不能证明抚养行为对儿童如何发展有因果性贡献？这是因为儿童抚养研究本质上是相关研究。它们所证明的是一些儿童抚养行为与一些儿童发展的状态发生了共变（如讲道理使用的频率与良好行为道德的相关、敏感的抚养行为与安全性依恋的相关）。但是由于缺少实验控制，它们不能说明为什么会出现这些相关。当然，这是我们在第三章中讨论相关研究时的一个基本问题。

在儿童抚养的研究中，对于这种父母—孩子相关总会给出一些可能的解释。一种解释是父母的行为引起儿童的行为，如讲道理促进道德行为、敏感性导致安全依恋等。当然，一般来说这是研究者最感兴趣的一种解释。第二种可能是儿童的行为引起父母的行为。在贝尔（Bell）（1968）的影响广泛的报告之后，在社会化研究领域提出越来越多的儿童影响其父母的观点。例如，表现良好的儿童可能比较容易和他讲道理，这是讲道理与好表现之间产生相关的原因。第三种可能是因果的影响在两个方向之间转换。可能随着时间的延长，抚养行为影响儿童和儿童行为影响父母在以一种复杂的交互方式进行。最后一种可能是特定的抚养行为和我们关注的特定的儿童表现之间根本就不存在因果关系。二者可能都是其他某个或某系列因素起作用的结果，这样二者的相关可能只是统计上的而非因果性的。现在加入一个这样的第三因素——基因共享，这个因素在最近的讨论中受到很大关注，并且显然是一个重要因素（Rowe，1994）。父母只构成儿童环境的一部分，但是他们却提供了儿童的全部基因，而且许多父母—孩子相关可以被解释为来源于基因而非环境。

怎样才能更准确地确定儿童抚养的因果性影响因素？第三章在一般意义上讨论了相关与因果的问题，而且柯林斯等人（2000）的文章也是一个好的启发，其中特别地涉及了儿童抚养问题。表 14-15 总结了获取证据的可能途径（所有的途径都在儿童抚养的文献中出现过，虽然并不总是像一些关于抚养重要性的观点提出时那样强烈和一致）。如表 14-15 所示，证据的形式被分成几个种类。有些证据试图得出其他重要的第三因素，这都是考虑到共享基因问题的收养设计。有些随时间追踪研究父母与儿童的关系，或在一个短期的基础上（序列分析），或跨越一个较长的时间阶段（纵向研究）。最后，有些跨过相关分析对抚养行为的某些方面进行实验室操纵，或用其他物种进行可控的抚养研究，或操纵一个假设的抚养过程（模拟研究），或对几组父母进行更广泛和适用的干预（抚养训练）。

表 14-15　在儿童养育研究中确定抚养因素的因果性影响的证据的可能形式

证据类型	理论解释	例子
收养家庭中的父母—孩子相关	收养设计排除了父母—孩子关系的基因基础，是儿童养育的解释看起来更加合理	Ge te al.(1996) Leve，Neiderhiser，Scaramella，& Reiss (2010)
在双向交互作用的情况下，养育行为与儿童行为的跨时间短程状态（序列分析）	对跨时间关系进行描述，从而推断养育行为与儿童行为的因果方向	Patterson & Cobb(1971)
在发展过程中的至少两个时间点上评估父母行为与儿童特点的跨时间长程关系（纵向研究）	与短程的情况一样，对养育行为与儿童行为的跨时间关系进行描述，从而推断因果的方向	Meunier，Roskam，& Browne (2011) Sterinberg et al.(1994)
在人类以外的物种身上对养育条件进行实验室操纵	在人类以外的物种身上实施的这种实验室操纵可以得到关于因果的性质与方向的准确结论	Anisman，Zaharia，Meaney，& Merali(1998)
对人类父母进行干预	与动物研究一样，这种实验控制（必然比动物研究受到更多的限制，且更简单）可以得到因果性的结论	Cowan & Cowan(2002) Forgatch & DeGarmo(1999)
对社会化的某些方面（如推理、惩罚）的实验操纵以控制实验室条件（模拟研究）	实验室控制可以得到父母所采取的行为对儿童行为产生因果性影响的结论	Bandura et al.(1963) Parke(1981)

小　结

本章从最重要的社会性发展的成果之一开始，即"道德情感"，它由行为、情感和认知组成。道德的行为层面（behavioral aspect of marality）既包括积极的、亲社会行为的产生，如分享，又包括抑制消极的、被禁止的行为，如作弊。道德行为可以从三种一般途径进行研究。通过自然观察，研究希望测量在自然状态下行为的自然发生。相对地，实验室研究设置了一种结构化的情境，我们感兴趣的行为会被可控地引发出来。第三种途径是从十分了解孩子的人那里收集道德行为的评定结果，如父母或老师。我们对这些途径都做了具体说明，并讨论了不同研究方法的优缺点。

道德的情感层面（emotional aspect of morality）的研究既考察了内疚一类的消极情感，也考察了共情一类的更积极的、亲社会的情感。言语测量普遍用于对这两项的评定，文中为每一项都提供了例子。文中也说明了行为方面的测量：常是从儿童对一个人造违规事件的反应中推断其内疚表现，以及尝试从儿童面对处于困境中的他人时的面部和生理反应中推断其共情的情况。

道德的认知层面（cognitive aspect of morality）的研究始于皮亚杰的开创性工作。就像他的认知发展研究一样，皮亚杰的道德研究强调灵活的临床测量法，以及随着儿童成熟对有本质区别的各阶段推理的鉴别。除了令人兴奋的后续研究之外，作为同一时期主要道德推理研究方法的先驱，科尔伯格的工作也非常重要。像皮亚杰一样，科尔伯格通过儿童对两难故事的反应来划分阶段，然而这里的两难故事和相应的反应要比皮亚杰任务复杂得多。事实上，计分系统的复杂性总是成为评价科尔伯格工作时的一个困难。另一个问题则是理论的核心，即关于道德推理可以被划分为一系列阶段的观点。文中讨论了检验这一观点的各种方法。这一部分以对关于年幼儿童亲社会道德推理的新近研究的简单回顾作为总结。

第二个大主题是在性别类型化（sex typing）和性别差异（sex differences）的标题下对一组重要成果进行讨论。性别差异的发现经常是一个研究主要目标的副产品，这使得已发表的性别差异的解释变得更为复杂，并因发表的性别差异的报告而增加了偏差的可能性。已经证明元分析这种广为人知的综合研究形式对性别差异的文献资料具有解释的价值。此外，偏差也可能发生在数据收集的过程上，特别是成人因对男孩和女孩有不同期望而受到的影响。

在谈到对性别差异和性别类型化做外显设计研究的方法之后，讨论几个一般问题。对性别类型化的传统测量，如性别角色学习指标，试图测量儿童选择了刻板印象中男性的行为和表现还是女性的行为和表现，对这种测量的一个批评，认为它们把男性和女性看成是截然相反的，一个名为COAT的新近测量避免了这种局限。最后，本章关注了性别类型化的认知方面，以及儿童对性别和性别差异的理解。这里令人感兴趣的是儿童恰当标记性别的能力、对性别是一种长期不变的特质的认识，以及性别图式的形成。

同伴关系的研究组成了本章的第三部分。友谊是同伴关系主题下一个主要的话题。关于友谊需要强调的是友谊的发展性变化、友谊品质的个体差异、友谊形成的过程。鉴于友谊是一个双向关系，社会状态必须和在同伴群体内的一般位置有关，故经常使用社会测量技术测量；基于同伴的评价内容是一个儿童被同伴喜欢与否。对同伴的讨论以同伴影响的讨论结束。继而讨论了父母和同伴相对影响的方式，后又关注同伴互相影响的过程：自己和他人的比较，即社会比较。

本章的最后部分关注了一个影响儿童社会性发展的主要因素：父母的儿童抚养行为。与其他的研究目标一样，儿童抚养行为可以从三个一般的途径进行研究。文中介绍了两个自然观察的例子：极具影响的鲍姆林德关于抚养类型的研究和抚养敏感性可能影响依恋的测量研究。实验室研究和言语报告是另外两种测量方法，相关的例子也同样被一一列举。

在儿童养育的研究中抚养行为的测量是一个难题，对抚养行为与儿童表现的因果关系的确认则是另外一个难题。这个问题的产生是由于儿童抚养研究本质上是相关研究，通常这种研究不能对已发现的关系做出三种可能解释：父母的抚养行为影响儿童，儿童的特点影响父母，以及第三因素（如共享基因）是已发现的关系的产生根源。文中讨论了解决儿童抚养研究中的因果性问题的各种方法，包括跨时间研究和对抚养行为的实验室操纵。

练　习

1. 文中简单地介绍了沃克等人做的一个研究，其中比较了被试对科尔伯格设定的道德两难故事的反应和其对自己所引发的现实生活中的道德两难故事的反应。沃克及其同事用来引发现实生活中的两难故事的句子如下。

你曾经面对过这样一种道德冲突的情境吗？你必须做出对错的判断，但你并不确定该怎么做。你能描述一下这样的情境吗？在情境中对你来说冲突是什么？在考虑怎么做的过程中，你都想到了什么？你是如何做的？你认为那样做是对的吗？你是怎么知道的？

请你来回答沃克等人的问题，并从你的同伴那里也收集一些回答。在你生活中曾经很重要的道德两难故事和科尔伯格研究中的比起来怎么样？

2. 看一下在 306 页提供的在兰伯恩等人的养育行为报告量表中的题目。试想作为一个青少年，你会如何回答这些问题。试想一下如果你的父母被问到同样的问题，他们会如何回答，或者说如果有可能，问一下你的父母，然后将其与你的回答相比较。你相信像这样的一些问题涵盖了父母—孩子关系的重要方面吗？

3. 在 20 世纪 70 年代中期，莱茵歌德(Rheingold)和库克(Cook)报告了有关性别类型化的一个研究，这个研究建立在对年幼儿童的房间进行内容分析的基础上。他们希望发现在平均水平上，女孩的房间与男孩的房间是否包含了不同的玩具、装饰和家具，事实确实证明了这一点。阅读莱茵歌德和库克的研究(来源于《发展心理学》(*Child Development*)，1975)，然后给出一个当下的回答。尽你所能参观你能进入的年幼儿童的房间，记录与莱茵歌德和库克所记录的同样的信息，把你的结果与其比较。

4. 讨论在儿童成长过程中的大量影音作品的可能影响，特别是电视。儿童读物一直以来是影响儿童思想与行为的信息和形象的另一个来源。到当地图书馆的儿童类书籍当中，随机选择大量为年幼儿童设计的图书。带着你感兴趣的一些主题对这些书进行内容分析，同时关注这些主题的出现频次和出现方式。下面是一些主题的建议：

①性别间的异同；

②暴力或攻击的动作；

③对不同种族群体的刻画；

④对老人的刻画。

5. 本章讨论了社会测量技术以及这个技术区分的社会位置分类。但是，并没有尝试回顾对儿童社会测量状态起决定性作用的文献。在流行和被拒的分类中，在每一种情况下，列举一些你认为最可能会导致同伴群体对儿童做出如此评价的因素。一旦你列出了清单，寻找一篇社会测量研究的出版文献并将你的想法和研究结果做比较。

6. 在儿童规则教育中，体罚的使用很早就成为一个争论的问题。很多国家禁止在学校使用体罚，并且现在在 29 个国家中，已经规定父母使用体罚是非法的！阅读两篇在此问题上有争论的文章(Baumrind, Larzelere, & Cowan, 2002；Gershoff, 2002)然后形成你自己的观点。

第十五章 老化研究

在心理学领域，"发展心理学"经常被看作"儿童心理学"的同义词。那些自称"发展心理学家"的人，大多数都是儿童心理学的研究者；大多数关于"发展"的教材，其实都是关于儿童的教材。但现在，这种状态已经不复存在。在基本测验(e. g., Cavanaugh & Blanchardfield, 2006)，甚至在大量前沿专题的文献中 (e. g., Baltes, Staudinger, & Lindenberger, 1999)，都采用生命全程(life-span)发展观。在生命全程中，研究者感兴趣的是生命全程的最后阶段，以及老年人的变化和面临的挑战。因此，本章就来探讨有关老年人的专题以及老年心理学。

研究者对老化的兴趣来自很多方面，其中最显而易见的一点是，老年人的数量和比例都在不断升高。1900 年，美国年龄超过 65 岁的人大约有 4％。而今天，这个比例达到了 13％。预计到 2030 年，这个比例将增长到 20％(美国人口调查局，2004)。人们生活期望的提高，人口出生率的波动，都促使老年人的数量在不断增长。而在老年人中，80 岁以上人口增长的比例是最大的。

关注老化的第二个原因与研究者对儿童期感兴趣的原因相似。儿童期的个体在许多方面都很脆弱，他们在成长的过程中会遇到各种各样的问题。因此，学者将儿童作为研究对象，在很大程度上是想找出如何预防这些问题的方法。老年期也是这样一个脆弱、危险的时期，这一时期个体的能力会下降，会经历失去(健康、工作、配偶)。老化研究的一个核心问题是，这些典型的消极变化有多精确。因此，如何让这些问题的影响最小化也是研究老化的一个理由，至少对于某些老年人而言，这些问题是很现实的。

关注老化的第三个原因更加理论化。"发展"是贯穿生命全程的，因此任何只涉及成年期的发展模型必定是不完善的。从出生到死亡的漫长路程中，我们应特别注意那些有明显重要变化的时期。显然，儿童期就是这样一个时期——一个发生了众多重要巨大变化的时期。当然，很多变化都具有方向性，如不断增长、不断成熟。老年期也是一个重要时期，也存在一些必然的变化，但是老年期与儿童期的重要差别在于：在这一时期，一些变化的自然发展趋势是消极的，而不是积极的，个体会失去很多而获得较少。但这种消极特征的有效性还存在争论。尽管这个问题在理论上极其重要，但仍需要加强实证研究。

关注老化的最后一个原因可能在前面章节提到的争论和不确定中有所涉及。这些争论和不确定出现的原因，可能来自老年期发展研究中方法论的挑战，也可能来自生命不同阶段表现的比较。事实上，要特别清楚地阐明老化研究，不但需要做好一般性研究，还需要做好发展研究。因此，设立一些有趣而有益的科学方法论专题，就会吸引一些没有对此进行特别专业或个体研究的人。

本章关注老化研究的方法，讨论的基本结构与第十二章婴儿研究相同。本章以老化研究中的基本问题引入，这些问题在很大程度上并不针对某一个年龄阶段；除此之外，其中也有很多是老化研究的特定问题。本章的第二部分将会探讨老化心理的具体研究主题。

我们会以具体例子来探讨老化研究中的基本问题。本章使用的例子是IQ 研究。IQ 不仅是老化研究中最普通的自变量之一，而且很多关于研究方法的争论也大都集中在 IQ 研究中，所以 IQ 是一个很好的例子。本章的第一部分既是对问题的概括总结，也是一个重要的独立主题。

一、基本问题(通过 IQ 研究阐述)

(一)取样

首先，老化研究与婴儿研究面临同样的问题：研究者怎样寻找研究所需的老年人？答案也与婴儿研究一样：方法有多种，但其中很少能符合随机取样的理论模型。与研究儿童和成年早期的研究者不同，并没有公共机构为老化研究者提供被试，如中小学或者大学。因此，难以确定老年人的代表性群体并进行随机取样。最常见的做法就是，从不同的老年人群体或组织中寻求被试，如宗教团体、老年中心或者退休协会等。只有相对积极健康的老年人才可能加入这些团体，因此这样的群体存在明显的偏差。又因为只有那些自愿参加研究的老年人才会成为被试，并且那些很有能力的老年人更可能自愿参与研究，所以样本就存在进一步的偏差。这样的结果使老化研究采用的是不具有代表性、存在偏差的积极老年人样本(Hultsch，MacDonald，Hunter，Maitland，& Dixon，2002)。

如何获得具有代表性的老年人样本是老化研究的目标之一。第二个目标是获得一个可与年轻样本作比较的老年人样本。许多老化研究的目标，不只是简单地证实老年人行为水平，而是比较老年时期与年轻时期的行为变化。在这样的研究中，年龄是自变量，因此除了年龄之外，很重要的一点是，进行比较的两个年龄组在各方面都要尽可能相似。如同第二章提到的，这种限制并不意味着研究者应该努力排除 20 岁和 70 岁个体所有方面的差异，但至少意味着应该排除那些与年龄无关的差异。

对于任何一个年龄组，不具有代表性的取样可能使不同年龄组的比较产生偏差。前面提到，老年被试的样本经常是高于老年人平均能力水平的群组。如果在年轻组取样时没有进行比较性选择，那么年龄比较将会产生有利于老年的偏差。另一方面，如果年轻组被试由大学生组成（通常做法），或者如果老年组被试来自护理室，那么年龄比较就会产生有利于年轻组的偏差。即使在每个年龄组都使用同样的程序选择被试，但被试比例的不同仍然可能使样本不具有比较性。

在年轻人和老年人比较研究中，还要特别关注两种可能存在混淆的问题。一种混淆来自于教育水平的差异。设想一个研究要比较 25 岁和 75 岁个体的平均 IQ 水平，我们假设研究者解决了前面讨论的取样问题，并获得了每个年龄组的代表性样本。如果样本能够真正代表各自的年龄组，那么在年龄方面和教育水平上都会存在差异：平均来说，年轻人比老年人受到更好的教育。因此，我们将面临年龄和教育的混淆问题。需要注意一种矛盾现象：要想实现取样的目标，即取得每个年龄的代表性样本，必然会在某种程度上削弱其他目标，如获得不同年龄的可比较样本。

第三章已经对横断研究中由年龄引起的大量混淆问题进行了讨论。前面已提到，当某变量与年龄混淆，都与因变量产生看似合理的相关时，混淆才是主要问题。以教育水平和 IQ 的关系为例，从表面上看二者是相关的，事实上，大量的研究也清楚地证明了这一点（Gonda，1980）。例如，韦氏成人智力量表的标准化数据表明，教育水平和 IQ 之间存在 0.68 的相关（Wechsler，1958）。学者的分析（Birrren & Morrison，1961）也表明，IQ 与教育水平之间的相关要比 IQ 与年龄之间的相关大得多。

那么如何处理这种混淆呢？如同第三章中的建议，对此没有太好的解决办法，但可以仔细选取被试，使不同年龄组在平均的教育水平上进行匹配。例如，有倾向地选择那些受过良好教育的老年人和受过不良教育的年轻人（e.g.，Green，1969）。但这样的匹配不能完全消除年龄对 IQ 的影响，只可以在一定程度上降低影响。该程序存在一个很明显的问题，即产生了一个不能代表研究总体的偏差样本。在统计上，可以通过协方差技术校正教育水平的差异，但如同其他统计校正一样，协方差分析也有很多限制，在用来处理年龄和教育的混淆问题时，也受到了很多批判（Storandt & Hudson，1975）。另外，匹配或统计校正方法最多只能量化地平衡被试的教育水平，如完成学校教育的时间。这样的程序既不能控制教育的近因性，也不能控制教育质量随时间推移而发生的变化。

在涉及不同健康状况的横断老化研究中，第二个主要的可能混淆的问题也来自代表性取样的目标。当人们变老时，健康水平一般也随之变差。因此，如果我们要进行代表性取样，就一定面临另一个混淆：我们的群组之间在年龄与健康方面都存在差异。

健康状况是否与 IQ 相关？大量研究表明二者间存在相关。与教育水平的匹配相同，健康状况也可以通过被试选取来进行匹配，有研究专门在最老的年龄中选取异常健康的被试作为样本。这种程序降低了 IQ 的年龄差异，但无法完全消除差异。另外，也可以检验在老年样本中健康状况对 IQ 的影响系数。得出的结论很有代表性，即健康的老年个体表现好于不健康的老年个体。健康从很多方面影响 IQ 测验成绩，如视力和听力下降（Baltes & Lindenberger，1997）、高血压和心脏血管疾病（Spieth，1965）、焦虑和抑郁（van Hocren et al.，2005），以及全面的健康状况（Rosnick，Small，Graves，& Mortimer，2004）等方面。

健康状况的问题有时比教育水平更复杂。首先，在测量教育水平时并没有出现测量健康状况时存在的问题。如何确定一个老年被试的健康水平？我们喜欢采用全面医疗检测后的医师评估。有些研究能采用医师报告（e.g. Schaie，2005），但大多数研究不能采用这种理想方式。最普遍而实际的做法是，采用被试的自我报告作为健康评估指标。这种自我报告的量表尺度不局限于单一标准（如所有被试都报告他们健康状况良好）。表 15-1 是一个常用来进行自我报告的健康调查简易表。该表是 SF-12 量表的简易版；还有一个版本包括 36 个项目（SF-36，Ware & Sherbourne，1992）。

如上所述，自我报告量表总是在某种程度上令人质疑。因此，一些健康状况的自我报告量表（如表 15-1 中的测量工具）指出，自我报告的健康状况与医师评定等级的相关性很重要（Siegler，Bosworth，& Poon，2003）。另外，这样的量表可以不依赖医师出具的医学诊断来提供信息。如果我们对健康状况如何影响日常功能和生活质量感兴趣，那么自我报告量表，可能比医生报告提供更多的信息。

表 15-1　来自"健康调查——12 个项目的简表"(the Short-Form-12 Health Survey)

1. 你的健康状态总体是				
极为健康□	很健康□	健康□	一般健康□	不太健康□

下面的运动可能是你会参加的，现在你的健康状况对你从事下面的运动是否有限制？如果有限制，那么限制程度有多少？

	有很大程度上的限制	只有一点儿限制	没有限制
2. 中等体力的运动，如搬桌子、推动吸尘器、打保龄球或者高尔夫球	□	□	□
3. 爬几层楼梯	□	□	□

在过去 4 周里，在你的工作或者其他日常活动中是否出现下列由健康引发的问题？

	是	否
4. 完成的任务比预期要少	□	□
5. 工作或者其他日常活动受到限制	□	□

在过去 4 周里，你的工作或者其他日常活动中是否出现如下由情绪(如沮丧或者焦虑等情绪)引发的问题？

	是	否
6. 完成的任务比预期要少	□	□
7. 在工作或者其他日常活动中不如以前仔细	□	□

8. 在过去 4 周里，疼痛感在多大程度上干扰了你的正常工作(包括家庭之外的工作以及家务)				
根本没干扰□	有一点儿干扰□	中等程度干扰□	比较干扰□	特别干扰□

下面的几个问题是关于过去 4 周里你的个人感受以及生活中的一些情况的。对于每一个问题，请选出一个与你个人感受最相符的选项：请选出过去 4 周里，生活中这些情况出现的频率。

	总是	大多数时间	经常	有时	很少	没有
9. 感觉到冷静或者平静	□	□	□	□	□	□
10. 觉得很有力量	□	□	□	□	□	□
11. 情绪低沉或者感到沮丧	□	□	□	□	□	□

续表

12. 在过去 4 周里，你的生理健康和情绪问题干扰你社会活动（如探亲访友等）的频率					
总是□	大多数时间□	经常□	有时□	很少□	没有□

来源："A 12-Item Short-Form Health Survey：Construction of Scales and Preliminary Tests of Reliability and Validity"，by J. E. Ware，Jr.，M. Kosinski，and S. Keller，1996，Medical Care，34，p. 227. Copyright © 1996 by American Public Health Association.

如方法中指出的那样，从概念上来说，健康状况是比教育更复杂的变量。我们很容易发现在文化或者历史因素中，教育水平不随年龄而变化。年龄与教育的独立性告诉我们，教育的差异不是老化的本质，也就是说，二者在时代和文化中的联合变化才是混淆的变量。但健康与年龄的独立性却不是很清晰，那么健康的变化、心理表现的联合变化与年龄本身是独立的吗？这种变化是次要而不是首要的吗？是病态的而不是正常老化吗？健康水平的下降是老化过程的内在成分吗？

如何理解健康与年龄之间的关系，这是一个复杂且争论颇多的问题，本书可能无法解决这一问题。尽管如此，还是要指出，无论这个问题最终如何解决，可以确定的是 IQ 与健康的下降是无关的，或者这种相关是人为的。健康确实随着年龄而变化，IQ 随着健康而变化。即使 IQ 下降与健康有关（目前并没有证据），这种下降也只能说是真实而重要的。

最后，教育变量和健康变量之间的还存在一个差异，即在不同设计中所起到的作用不同。正如前面讨论中的举例，在横断设计中会同时考虑这两个变量。而在纵向设计中通常不考虑教育的差异，只要年龄最小的被试完成了正规的学校教育即可。相比而言，健康的差异是纵向研究要关心的问题，因为健康与正规教育不同，会随年龄而变化，因此健康在横向和纵向设计中都对年龄差异产生影响。

我们再回到有关取样的基本问题上，从纵向设计的角度探讨这一问题。第三章中，纵向研究的样本是按照纵向研究的要求选取的。同时我们也看到，纵向研究的样本限于单一群体。这些因素都会影响研究结论，即随着年龄增长，IQ 究竟是稳定的还是变化的。另外，在开始选择被试时就可能存在一个偏差，即纵向研究中被试的流失。在 IQ 的纵向研究中，显然会出现被试的选择性流失：一般来说，IQ 较低的被试流失的可能性最大。这显然产生了有利于老年组的被试偏差，即被试年龄越大，样本中 IQ 较高的被试越多。

西格尔(Siegler)和波特威内克(Botwinick)(1979)的研究为这种选择性流失现象提供了一个生动例子。研究中，被试在65～74岁时进行了第一次测试，之后的10年里又进行了10次测试。一些被试在第一次测试完就退出了，一些被试在头两次测试后退出，所以只有少量的被试(130个中只有8个)完成了11次测试。图15-1呈现了各个测试阶段平均分的变化。与完成所有测试的被试相比，只进行了一次测试的被试，分数要低30分。这清楚地表明，在纵向研究中进行的测试越多，我们的样本越可能产生偏差。

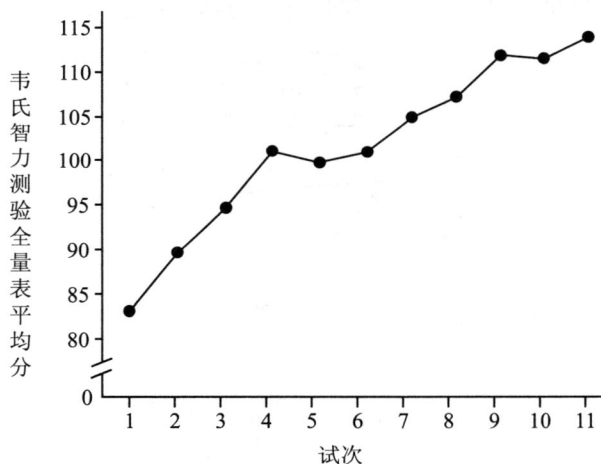

图 15-1　纵向测量可测被试的初始 IQ 平均分随测量次数的变化

来源：“*Experimental Psychology and Human Aging*”(p. 84)，by D. H. Kausler, 1982，New York：John Wiley & Sons. Copyright 1982 by John Wiley & Sons.

注：考斯勒(Kausler)采用了西格尔和波特威内克(1979)的数据。

为什么会发生选择性流失？有两个基本原因，一个是自愿性，一些被试不愿意继续测试。一般来说，第一次测试分数较低的被试更不愿意继续进行测试。

第二个原因是死亡。在涉及老年被试的纵向研究中，在两次测试阶段的间隔中有一些被试死亡。一般来说，测验分数相对较低的被试幸存的可能性更小(e.g.，Botwinick，West，& Storandt，1978)。因此，IQ 较低可以粗略地预测死亡的迫近。

终点跌落(terminal drop)现象为 IQ 与幸存者之间的关系提供了一个非常有趣的例证。终点跌落指死亡前的几个月或几年里，心理能力出现明显急剧的下降。这种现象可能与预示死亡功能的退化有关。终点跌落可以通过纵向研究进行检测，并且至少包括三个测验情境。设计一项纵向研究，被试在 65 岁时进行 IQ 测验，70 岁时进行再测，75 岁再测验一次，这样研究就会有三组被试：完成三次测验的被试；完成前两次测验，但在第三次测验前死亡的被试；完成第一次测验，在第二次测验前死亡的被试。我们感兴趣的是第二组被试。这组被试的 IQ 平均数在第二次测验时出现巨大的下降，如图 15-2 所示。这种在死亡前不久的退化就构成终点跌落。（请注意这种现象不总是如表格表现得那么清楚，它的普遍性和重要性还存在争议。参见贝格〔Berg〕1996 年进行的总结和讨论）。

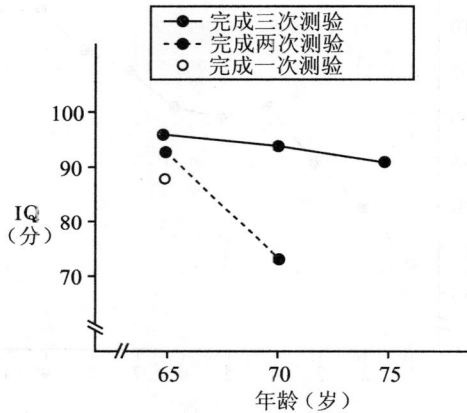

图 15-2　终点跌落现象中 IQ 分数的下降（假设数据）

（二）测量

到目前为止，我们一直都在讨论与 IQ、老化相关研究的结果，而没有介绍一个基本问题：在这些研究中是如何测量 IQ 的？下面我们就来探讨这个问题，并探讨一些老化研究中更普遍的测量问题。

事实上在老化研究中，使用了大量不同的 IQ 测验。其中有两个最常用也最有影响力的测验。一个是 WAIS 第四版（Wechsler，2008）。第十三章主要介绍了这个测验的儿童版，并列出这个测验的典型项目（表 13-4）。尽管 WAIS 在测量年长目标群体时难度水平会相应提高，但其格式和内容大体相似。与其他韦氏测验相同，该测验对被试进行单独施测，对一般智力进行整体估计。在以往的测验版本中（尽管不是在最新的修订版中），测验由一个言语量表和一个操作量表组成，除总分外还产生独立的言语 IQ 分和操作 IQ 分。很多关于老化的研究都关注言语和操作（智商）的比较，在后面会探讨这一问题。另一个被广泛应用于 IQ 和老化研究的量表是基本心理能力测验（PMA）（Thurstone & Thurstone，1962）。PMA 与 WAIS 不同，可以进行团体施测。PMA 同样分为 5 个分测验，分别是语义、空间、推理、数字和文字流畅性测验，见表 15-2。

表 15-2　基本心理能力测试（Primary Mental Abilities Test，PMA）举例

语义				
指导语：在每行中找出与第一个词语意思相似的词。				
古老的	A. 干燥的	B. 长的	C. 高兴的	D. 年老的　　E. 泥泞的
安静的	A. 沮丧的	B. 静止的	C. 紧张的	D. 潮湿的　　E. 准确的
安全的	A. 安心的	B. 忠实的	C. 积极的	D. 年轻的　　E. 灵巧的
数字				
一万一千零十一的数字写法是什么？				
A. 111				
B. 1，111				
C. 11，011				
D. 110，001				
E. 111，011				
$1/2 + 1/2 =$　　A. 1/8	B. 1/4	C. 1/2	D. 1	E. 2
$16 \times 99 =$　　A. 154	B. 1，584	C. 1，614	D. 15，084	E. 150，084
推理				
指导语：在每行中找出所给序列的下一个字母。				
c d c d c d　　　　1. c	2. d	3. e	4. f	5. g
a b c a b d a b e a b　　1. b	2. c	3. d	4. e	5. f
a m b a n b a o b a p b a　1. m	2. o	3. p	4. q	5. r

来源：“*SRA Primary Mental Abilities*”（pp. 1，6，11），by L. L. Thurstone and T. G. Thurstone，1962，Chicago：Science Research Associates. Copyright © 1962 by Science Research Associates，Inc.

　　IQ 与老化研究中最普遍的测量问题是什么？一个基本问题是测量等价的问题。要比较不同年龄 IQ 的差异，不管是横断还是纵向设计，我们都必须对不同年龄进行 IQ 等价测验。当然，实现字面意义的等价测验很容易：我们只需要对不同的年龄组使用同样的智力测验。不管实现的是字面还是功能的等价，问题在于对不同年龄组的被试，我们的测验是否真正测

量了同一问题。如果测验对一个年龄组合适有效，而不适用于另一个年龄组，那么这种年龄比较的合理性就值得怀疑。

不管是 IQ 测验还是其他心理测验，这些在老年研究中使用的测验都是在年轻样本的基础上发展起来的。正如我们所知，IQ 测验最初编制的目的是预测儿童的学校表现，因此其内容都适应于各种在学校中非常重要的专业言语技能。成人的 IQ 测验也具有相似的专业目标和内容。PMA 测验最初以大学生为样本，Army Alpha 测验的编制目的是预测军队年轻人的表现。WAIS 测验确实是基于 16 岁到 74 岁样本的标准化测验，即使如此，这些内容看似更适合年轻人，效度数据总是集中预测年轻人具有的专业或职业表现。

测验等价问题不局限于特定项目的测量，还涉及各种评估智力表现的情境。目前，这些情境主要由结构化的实验环境和标准化较高的测验组成。尽管我们认为这种方式可以消除老年被试的偏差，但这些老年人可能已经很多年没有接触这类专业情境，因此与年轻人相比，老年人的熟悉度更低，动机更弱。如果在自然和熟悉的情境中施测，如购买周末的食品或者向孙子解释一个玩具的操作[1]，也许老年人会更有优势。

以上这些争论促使研究者关注年长者的"日常"智力与问题解决能力（Margrett，Allaire，Johnson，Daugherty，& Weatherbee，2010；Marsiske & Margrett，2006）。这些研究试图采取多种形式，在这里仅简短描述几个例子，后面章节中会有更多的例子。

表 15-3 呈现的是日常生活观察任务修订版（OTDL-R）（Diehl et al.，2005；Diehl，Willis，& Schaie，1995）。OTDL-R 测验用于家庭施测与观察测量，测验者提供道具、指导语并记录反应，随后按照从完全成功到完全失败，对被试解决问题的质量进行编码。测验选自三个领域：药物摄取、电话使用和财务管理，共包括 9 个任务。这些任务通常在"日常生活"

---

[1] 由梅（May）及同事（May，Hasher，& Foong，2005；May，Hasher，& Stoltzfus，1993；Yoon，May，& Hasher，2000）所进行的研究项目提供了一个有趣的例子，即实验室研究的特点可能干扰了老年被试的表现。研究起因是，有证据表明身体或生理上的节律随年龄增长而变化，大多数的老年人在早晨唤醒时处于最佳状态，而大多数年轻人的最佳时间在下午或晚上。通过系列研究，May 及其同事也证明，很多（尽管不是全部）认知任务的表现会在一天的不同时间发生变化。这些结果清晰地表明：如果（如证据表明）实验程序（session）倾向于按照时间表进行，而这样经常不利于老年人，那么结果就会出现显著的年龄差异。

中很常见，其他任务一般来源于人际关系、购物及运输等方面。

表 15-3 日常生活观察任务修订版(OTDL-R)举例

粘贴"服药提醒"

　　测试者虚构了一名叫作佩吉·莱特(Peggy Wright)的患者，并给被试呈现该患者的医疗图表和药瓶，包括两个服药清单。在图表里下面三种药品被标注了"×"：

　　1. 氯噻酮(Hygroton)，50 毫克。说明：早晨进食后服用一片

　　2. 卡托普利(Capoten)，50 毫克。说明：一日三次，每次一片

　　3. 利尿剂(Lasix)，40 毫克。说明：周一至周五早晨，隔天一片

　　测试者给被试一个用于提醒服药的矩形盒子，盒内有 4 个小格子，分别表示周一至周六每天的早上、中午、晚上和睡觉时间。之后测试者拿出一张 4 英寸×6 英寸(10.2 厘米×15.2 厘米)的索引卡片，卡片上面写有指导语："莱特夫人要用这个药物提醒盒来保证按时吃药。请将医疗图表中这三种有标注的药品服用时间贴在药物提醒小盒子中。"

测试者将被试的表现记录如下

正确步骤	被试步骤
1. 氯噻酮(Hygroton)，每天早上服用	1. _____
2. 卡托普利(Capoten)，每天早中晚服用	2. _____
3. 利尿剂(Lasix)，周一、周三、周五早上服用	3. _____

核对电话费清单上面列出的电话

　　测试者给被试一份 9 页的月话费清单。每页都清楚地标注了页码。然后测试者拿出一张 4 英寸×6 英寸(10.2 厘米×15.2 厘米)的索引卡片，提问："在这张话费清单中，哪一天往俄勒冈州(Oregon)打了长途电话？请不要包括任何使用电话卡的电话。"

测试者将被试的表现记录在下面表格中

正确步骤	被试步骤
1. 翻到电话费清单的第 6 页	1. _____
2. 3 月 4 号	2. _____
3. 3 月 11 号	3. _____
4. 3 月 23 号	4. _____
5. 3 月 24 号	5. _____
支票账户的平衡	

测试者提供一张支票簿和一根铅笔,以及一张卡片:"该支票账户的所有者要存入 50 美元,同时要支付 29.21 美元的账单。"请为这个人平衡支票簿。	
测试者用以下方法来记录被试的回答	
正确步骤	被试步骤
1. 检查支票簿	1. _____
2. 在贷方栏/存款栏中填写 50 美元	2. _____
3. 在借方栏/提款栏中填写 29.21 美元(步骤 2 和步骤 3 的顺序可以颠倒。)	3. _____
4. 加存款减提款得到最终余额	4. _____

来源:改编自"Everyday Problem Solving in Older Adults: Observational Assessment and Cognitive Correlates", M. Diehl, S. L. Willis, K. W. Schaie, 1995, Psychology and Aging, 10, p. 491, Copyright 1995 by the American psyoholvgical Association.

"The Revised Observed Tasks of Daily Living: A Performance-Based Assessment of Everyday Problem Solving in Older Adults", M Diehl, M. Marsiske, A. L. Horgas, A. Rosenberg, J. S. Saczynski, S. L. Willis, 2005, Journal of Applied Gerontology, 24, pp. 211-230, Copyright 2005 by Sage Publications. Additional material courtesy of Michael Marsiske.

除了测量内容不同,测量工具也因测量方法不同而不同。家庭生活中的实际问题(如 OTDL-R)也是测验中的一个项目。通常更实际的问题是,如何通过某种纸笔形式的测验评估日常能力,如日常问题测验(EPT)(Marsiske & Willis, 1995)。EPT 以文字形式呈现,涉及日常功能领域的大量问题;样例项目包括阅读医药标签、理解营养信息、解释交通法律、填写个人医疗史。最后,第三个测量选项是对被试适应不同日常任务能力的等级评定,也包括自我评定(e. g., Fillenbaum, 1985),或者了解个体并能够进行判断的他人的等级评定(e. g., Fillenbaum, 1978)。

我们很难对日常认知研究的结果进行简短的总结,这不仅是因为近年来学者进行了大量的研究,也因为这些结果可能因对日常概念的不同操作而有所差异(Berg, 2008)。在一些研究中,这些测量结果与 IQ 等能力的标准化指标有很强的相关;而在其他一些研究中,两种形式的能力表现出独立性。同样,一些研究中解决日常问题的成功率在成年时期是下降的

(Thornton & Dumke，2005)，而其他一些研究的结果却表明这种行为表现直到老年都是稳定的(Berg & Klaczynksi，1996)。在一些研究中，当任务熟悉度高时，老年人的表现好于年轻人(Artistico，Orom，Cervone，Krauss，& Houston，2010)。无论研究有什么特定的结果，都对全面了解这些研究有明确的意义。这样的研究注重老年人在日常生活中比较重要的能力，既能识别个体差异也能识别老年人不同形式的能力，而这些能力往往被传统的 IQ 测验所忽视。

现在回来看 IQ 领域。IQ 研究提出的第二个测量问题在某种意义上比测验等价更基础。与其他一些普通的概念一样，智力也可以通过不同方式进行定义与测量。IQ 测验建立了一种智力的操作性定义，当然这种定义不是唯一和完美的。另外，IQ 本身不是单一的实体，而是一个由不同能力组成的多维混合物。我们所做的关于 IQ 稳定性或变化性的结论更依赖于我们究竟关注 IQ 的哪部分。

再来看近期的相关观点，因为 IQ 研究的特定成分对 IQ 年龄差异的结论具有决定性作用。在这方面做得最好的是 WAIS 测验中言语和操作的区分。年龄差异在操作量表中表现的比言语量表更明显。IQ 的言语量表事实上更适用于年龄大的群体，相比而言，操作量表更适用于年轻被试，并且测验结果随年龄增长的下降幅度更大，这被称为"老化的经典模式"(classic pattern of aging)(Botwinick，1984)。图 15-3 就是很好的例证，这些数据都来自对不同年龄组的横断比较。在纵向研究中也出现相同的言语—操作比较，但能力随年龄递减的时间和程度与在横断研究中是不同的，在设计部分还会提到这一点。

WAIS 测验中言语与操作技能的差别，与年龄和老化研究中另一个经常讨论的差别重叠在一起，即晶体智力与流体智力之间的区分(Horn，1982)。晶体智力(Crystallized intelligence)指逐渐通过经验获得的一种知识，也就是说我们知道的所有事情都是经过多年教育和积累获得的。言语是晶体智力的一种形式。相对而言，流体智力(Fluid intelligence)主要考查对新奇事物的反应和当场进行问题解决的能力，即考查对立于经验的基本信息加工技能。类推或者迷宫任务都是测量流体智力的方式，如 PMA 测验中的推理项目(表 15-2)。当人成熟时，首先是流体智力开始下降。晶体智力随着年龄增长而保持稳定；事实上，晶体智力的某些成分在生命全程中都会提高。

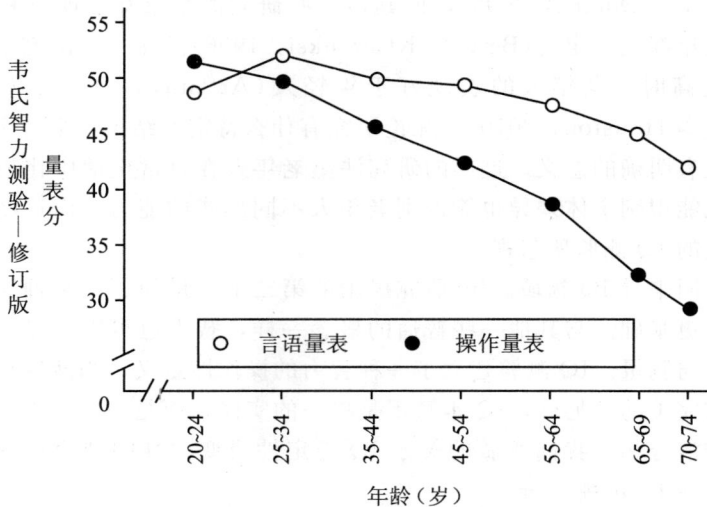

**图 15-3　不同年龄的 WAIS 言语与操作分数（言语分数的 5/6
乘以操作分数作为一个基线）**

　来源："*Aging and Behavior*"（3rd ed.），by J. Botwinick. Copyright © 1984 by
Spring Publishing Company，Inc，New York 10026.

　　"有差别的下降"的研究结果很有意义。IQ 测验项目可以划为"速度"项
目和"非速度"项目。速度项目中反应速度很重要，必须在特定的时间内作
答，特别快的反应将获得一些奖励。非速度项目是指反应速度不重要的项
目，被试可以不限时的作答，并且尽量保证正确，反应时不计入总分。一
般来说，年轻人和老年人在速度项目上的年龄差异大于非速度项目，因
此，老年人在要求快速反应的情境中表现得特别困难。

　　尽管之前的总结关注在 IQ 测验的操作上，然而速度不仅在 IQ 测验中
起作用。反应速度随着年龄增长而变慢是一个很普遍的现象，这在多种情
境中都已得到证明（Verhaeghen & Cerella，2008）。此外，反应速度变慢
并不纯粹由于外因，如感觉准确性的下降或者手部灵敏度的降低。研究表
明这种变化至少部分源于中心因素，即由于中央神经系统加工全面变慢，
从而影响一系列任务的操作（Salthouse，1996）。

　　在记忆部分我们会再谈到加工速度的作用。下面重点介绍 IQ 文献的
结果。前面已指出，IQ 测验成绩低是临近死亡的强有力的预测指标。之后
将介绍在反应速度测验中出现的困难，这具有很好的预测性（Deary &
Der，2005；Schaie，2005）。

（三）设计

首先来看 IQ 和老化研究中两种最常见的设计：横断研究和纵向研究。之后探讨一些其他的研究方法。

IQ 的横断研究和纵向研究的结论在很多方面都是相似的。在这两种设计下，主要的年龄效应是消极的；老年个体成绩比年轻个体差。两种设计中某些相同的变量都会影响成绩，如健康状况、言语与操作内容、速度等。这两种设计的结论也存在差异，主要表现在纵向研究中 IQ 成绩的下降没有横断研究表现得明显。特别是在纵向研究中，IQ 开始下降的时间比横断研究晚，下降的幅度也小。因此，与横断研究相比，纵向研究中的老化表现得更积极一些。

为什么横断研究和纵向研究会出现这些差异？在本章的开头部分及第三章发展设计的基本方法部分，已经讨论了两个最显而易见的解释。在横断研究中，存在年龄等很多因素的混淆。年轻人和老年人的差别不仅限于年龄，还有代际差异（如受教育机会），这种差异似乎是最有利于年轻人的。代际差异很可能会导致除年龄影响之外的 IQ 差异。而在纵向研究中，产生的偏差正好相反。纵向研究中会出现被试流失，而且是选择性流失，随着研究的进程，IQ 低的被试很难完成实验全程，因此导致结果有利于年老群体。

除了选择性流失，纵向研究中还存在另一个因素，该因素不利于这种 IQ 随年龄下降的结果。在 IQ 的纵向研究中，被试对同一个 IQ 测验进行重复施测。即使对测验成绩不进行外显的反馈，同样的材料不断使用也会出现练习效应。有证据表明存在一种积极的练习效应，即进行过一次 IQ 测验，会在以后相同测验中表现得好一些，这表明了练习效应确实会发生（Rabbitt et al.，2004）。所以这种因素也会使纵向研究中随年龄下降的趋势变小。

除了横断设计和纵向设计，第三章还介绍了序列设计。我们可以看出，不同的序列设计涉及简单的横断、纵向和时间滞后设计。这样的设计比简单的方法提供了更多的信息，但也需要相当多的时间和资源。因此，在使用时也受到限制。这里介绍一项很有影响的序列研究，即沙耶及其同事所做的西雅图追踪研究（Schaie，2005，2008）。

沙耶的项目始于 1956 年，约 500 名年龄在 21～71 岁之间的成年人参加了测验。为了进行数据分析，把样本（称为样本 1）按照 7 岁的间距分成 7

个年龄组。最小年龄组在第一次测验时的平均年龄为 25 岁；最大年龄组为 67 岁。尽管施测了很多量表，但主要的因变量为 PMA，其中关键变量是个体分测验 IQ 和合成 IQ 分数。

1956 年的这次测验是一项横断研究，沙耶报告了研究结果（1958）。同其他横断研究一样，这次研究的结果也描绘了 IQ 和老化的消极效应，即人们 IQ 到 50 岁时就表现出明显下降。尽管如此，这些横断研究数据仅是沙耶研究的起始点。在 1963 年，沙耶采用两个不同的样本进行了第二次测验。一个样本沿用之前的样本，1958 年 500 人的样本中共有 303 名被试接受了 1963 年的第二次测验，此时这个样本的年龄是 28～74 岁。第二个样本（样本 2）是一个新样本：这是第二个独立的横断样本，年龄范围为 21～74 岁，共 977 名被试。沙耶及同事对 1963 年的数据进行了大量的分析和比较。在大多数被试的生命全程中，横断比较主要有三组：1956 年的样本 1、7 年后的样本 1、1963 年的新样本——样本 2。这里有一个跨 7 年的纵向比较，如样本 1 在 1956 年和 1963 年的分数比较，这里存在一个时间滞后的比较。

尽管 1963 年测验时主试的想法很好，也经历了诸多挑战，但实验最终还是远离了当初的计划。事实上，目前该类研究中有七个不同的"波段"，或者称作数据收集的次数，而 1963 年的测验纯粹是第二个"波段"。之后沙耶及其同事继续以 8 年为间距进行数据收集，最新的报告来自 2005 年的测验。每次测验阶段的策略与 1963 年最初的再测相同。首先，每一次数据收集要尽可能多地对早期研究的被试进行测验。如同预期，再测的数量随着阶段间隔下降，而被试年龄在上升；最新的测验显示，最初的 500 名被试中只有 22 名可以继续。然而，这一部分样本 50 年的纵向数据仍然能提供非比寻常的信息。其次，在 1998 年的测验中，一个新的横断样本被加入到研究中，年龄跨度从 20 岁到 80 岁。在 1998 年的测验中，有 719 个被试首次参与研究，使参加研究计划的被试总数达到 5676 名。

图表能让我们更直观地观察这项复杂研究的数据，如表 15-4。从这个表中可以看到很多横断、纵向和时间滞后的比较。图 3-2 和图 3-3 的比较也许会帮助大家区分出整个研究中穿插的序列分析。例如，这个表格中的任何成对的行都为代际序列分析提供了基础，即两个交叠的纵向研究中，年龄与代际可以作为独立的自变量进行分析。

表 15-4 沙耶序列研究：每一个测试阶段的平均年龄和样本量

	测试时间						
	1956 年	1963 年	1970 年	1977 年	1984 年	1991 年	1998 年
样本 1	第一次测试 25～67 岁 (500 人)	第二次测试 32～74 岁 (303 人)	第三次测试 39～81 岁 (162 人)	第四次测试 46～88 岁 (130 人)	第五次测试 53～95 岁 (97 人)	第六次测试 60～95 岁 (71 人)	第七次测试 67～95 岁 (38 人)
样本 2		第一次测试 25～74 岁 (997 人)	第二次测试 32～81 岁 (419 人)	第三次测试 39～88 岁 (337 人)	第四次测试 46～95 岁 (225 人)	第五次测试 53～95 岁 (161 人)	第六次测试 60～95 岁 (111 人)
样本 3			第一次测试 25～81 岁 (705 人)	第二次测试 32～88 岁 (340 人)	第三次测试 39～95 岁 (223 人)	第四次测试 46～95 岁 (175 人)	第五次测试 53～95 岁 (127 人)
样本 4				第一次测试 25～81 岁 (609 人)	第二次测试 32～88 岁 (295 人)	第三次测试 39～95 岁 (201 人)	第四次测试 46～95 岁 (136 人)
样本 5					第一次测试 25～81 岁 (629 人)	第二次测试 32～88 岁 (428 人)	第三次测试 39～95 岁 (266 人)
样本 6						第一次测试 25～81 岁 (693 人)	第二次测试 32～88 岁 (406 人)
样本 7							第一次测试 25～81 岁 (719 人)

注：括号内为样本量。

　　大量的工作取得了何种结果呢？自从沙耶的研究为 IQ 和老化研究提供了一般结论，这项计划的重要成果就已经表现出来。其中有一个很清晰的结果，即通过 PMA 评估已经发现不同能力表现出了不同的变化方式。正如沙耶（2005）所说："对所有智力能力，不存在统一的随年龄变化的模式"；更准确地说，有些能力保持稳定或者随年龄增长而提高，而另一些能力随年龄增长表现出不同程度的下降。第二个结果来自于对横断研究和纵向研究的比较，如表 15-4 中所示，各个年龄段（如 60 岁与 74 岁的比较）在横断和纵向设计的研究中会进行多次比较，横断组都比纵向组表现出更大的年龄差异。第三个相关的结论是，代际研究对能力的评估具有重要作用，这个作用肯定比前面提到的沙耶的研究更重要。尽管代际比较一般有利于年轻人，但也并不绝对。例如，数能力分测验的成绩中，1924 年出生的被试得分最高，之后呈现逐渐下降的趋势。

表 15-5　西雅图纵向研究中智能保持的预测量

无心血管疾病及其他慢性疾病
居住于自己喜欢的环境之中
经常在复杂的以及与智力有关的环境中活动
中年期拥有灵活的人际交往模式
已婚，且配偶具有高认知水平
知觉加工速度保持在很高的水平
在中年期和老年早期对自己的生活成就感到满意

来源："The Course of Adult Intellectual Development"，by K. W. Schaie，1994，*American Psychologist*，40，pp. 304-313.

下面介绍沙耶研究中的其他结果。目前为止，重点一直是对年龄的组间比较，如 60 岁组与 74 岁组的比较。纵向研究的一个主要优势在于，不仅能够进行组间比较，还可以分析个体及个体轨迹一致性随时间的变化。在纵向研究中，不仅要清楚变化的平均水平，还要了解是谁在变化，即哪些个体随着年龄表现出下降。沙耶研究的一个目标就是确定老化的预测指标，即确定中年的哪些因素可以预测老年的能力水平。表 15-5 总结了已有结论。我们在本章的总结部分将讨论第三个因素——活动在成功老化中的作用。

我们以这些基本问题的讨论为背景，现在转向 IQ 老化研究中一些很有趣的问题。首先涉及的一个主要研究取向是老年认知，之后将对人格和社会发展研究方法进行讨论。

专栏 15.1　智慧研究

学者对老化和智力的关系有着根深蒂固的消极偏见，即老年期是心理能力退化的时期。然而，有人持有不同观念，他们认为随着年龄的增加，个体的智慧水平比年轻的时候有显著的提高。

生活中，经常会有智慧老人的趣闻逸事，历史上也有类似的故事。为了证实这种观点，首先需要解决这样一个富有挑战的问题：怎样测量智慧？

正如测量智力的方法，学者们并未达成普遍共识，因此智慧研究也没有统一方法。这里介绍一种时下比较常用的研究方法：保罗·巴尔特斯（Paul Baltes）和同事所做的名为"柏林小组"（Berlin Group）的研究（Baltes & Smith，2008；Baltes & Staudinger，2000；Kunzmann & Baltes，2005）。其他概念化的方法都和柏林小组有

着共同点，但也存在着分歧。阿达特（Ardelt）（2000，2004，2011）批评了柏林小组的方法，并提出了一个有趣的概念替换。卡瑞雷特斯（Karelitz），亚尔温（Jarvin），斯腾伯格（2010）以及施陶丁格（Staudinger）和格鲁克（Gluck）（2011）从一种更加广阔的视角提出了智慧研究的不同方法。

　　第四章提到过测量的任何构想都要经过多步骤加工。第一步就是对所要测量的概念进行界定，针对我们目前的研究，就需要给"智慧"下一个准确的定义。柏林小组提供了两个定义：智慧是"一个处理人们对生活准则的理解的专家知识系统"（Baltes & Smith，2008），"智慧的定义是，具有出众的知识，知道如何有利于自己、有利于他人，并有利于整个社会"（Staudinger & Werner，2003）。这些定义都包括了智慧概念的某种共同因素（"专家"、"特别的"、"出众的"），也暴露了柏林小组研究方法中的一些分歧。如提到了"其他人"和"有利于社会"，这里强调了社会这个概念，即智慧并不孤立于自我取向，而是要服务于他人。智慧的社会性内涵还体现在其不仅存在于个人，还存在于整个社会和文化当中，似乎是"文化的共同产物"（Baltes & Staudinger，2000）。柏林小组的研究方法还强调了认知因素（"专家知识系统""出众的知识"），这与另外一种观点形成对比，它认为与获得知识相比，智慧更像是人格的一个方面。图 15-4 总结了柏林小组方法的必要元素。

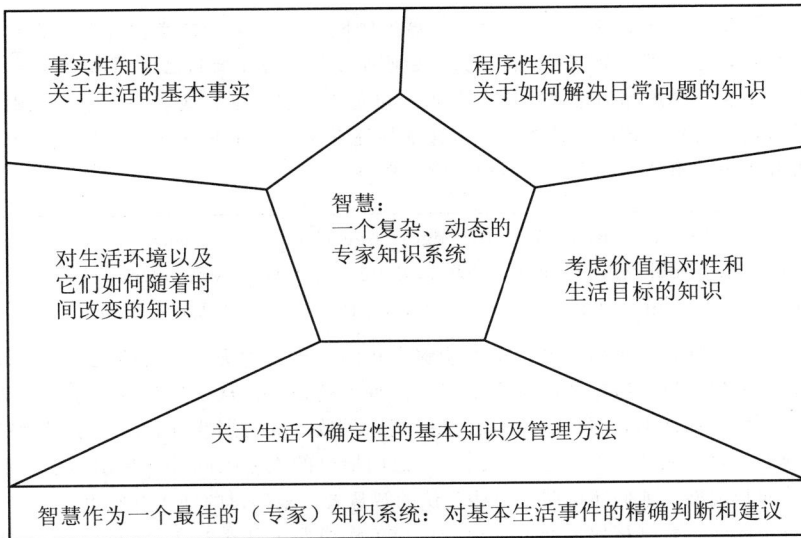

图 15-4　柏林小组的智慧模型

来源："The fascination of wisdom：Its Nature，Ontogeny，and Function"，by P. B. Baltes and J. Smith，2008，Perspectives on Psychological Science，3，p. 58. Copyright 2008 by Sage Publishing.

　　概念的定义必须具有可操作性，即要能呈现在测量表格中。巴尔特斯和同事们已经发现，智慧基本上可以通过对假设问题的反应来表现，这些假设的问题是一些复杂的、有待解决的日常问题。表 15-6 列举了两个例子。运用认知心理学中"出声思维"范例，让被试在解决问题的过程中说出自己的所有想法，并对其反应进行评分，评分不局限于最终的问题解决程度，还有推理过程。分数根据图 15-4 中的五个维度进行评价（评分员都是经过挑选和训练的）：对于人类自然现象和生命过程的事实性知识；关于解决日常问题的程序性知识；关于过去、现在和未来生活的线索性知识；对于拥有不同的价值观和目标的知觉和接受；对于个人知识的不确定性和局限性的知觉。

表 15-6　巴尔特斯和同事们智慧研究中的例子

> 　　迈克（Michael）是 28 岁的机修工人，他有两个孩子，都还没到上学的年纪，他刚刚得知他工作的工厂即将于三个月后关闭。目前，在该地区不可能有其他的工作机会，最近他太太做回了收入很高的护士工作。迈克正在考虑如何选择：搬到其他城市寻找工作机会，或者全职负责照顾孩子并包揽所有家务。请详细描述迈克在未来三年到五年中需要做和考虑的事情。还需要其他额外的信息吗？
>
> 　　乔伊斯（Joyce）是 60 岁的寡妇，最近刚刚拿到工商管理学位并开了自己的公司，她对于这个挑战期待已久。她刚听说她的儿子要自己照顾两个孩子。乔伊斯正在考虑如何选择：放弃事业去和儿子一起生活，或者为儿子提供财政援助，支付小孩所需的费用。请详细描述乔伊斯在未来三年到五年中需要做和考虑的事情。还需要其他额外的信息吗？

　　来源："Wisdom-Related Knowledge：Age/Cohort Differences in Response to Life-Planning Problems，J. Smith"，P. B. Baltes，1990，Developmental Psychology，26，p. 497. Copyright © 1990 by the American Psychological Association.

　　我们如何知道这种研究方法是否能够真正测量出智慧呢？换句话说，测试效度的证据在哪里？巴尔特斯和同事提供了不同种类的证据。从理论上讲，他们认为着重强调的部分和标准，与哲学中对智慧的概念一致，且与那些外行人对于"智慧"的内隐观点一致。从经验主义的角度出发，他们指出的五种不同维度显示出了我们期望的组间相关性。他们还证明了那些公认的智慧者，表现得的确比对照组好。

　　对于那些有着刻板偏见的人来说，这项工作说明了什么？在每个年龄阶段才智超群的人都是很罕见的，至少运用这种评估方式得出的结论是这样。昆兹曼（Kunzmann）和巴尔特斯的文章中指出"许多成年人的智慧水平都在不断发展，但是很少有人达到很高的水平"。然而成年早期之后，发展水平并不会随着年龄增长而提高。而有些研究却得出相反结论（Karelitz et al.，2010）。同时柏林小组的研究结果也未证明智慧随年龄增长而下降。所以这个研究反击了老年人能力下降的偏见。

二、记忆

前面已经指出，老化研究中 IQ 一直是最普遍的因变量之一，另一个因变量则是记忆。确实，在老化研究中，最普遍的结果可能都来源于对不同形式记忆的测量。

与 IQ 相同，老年的记忆研究也存在一个共同的典型特征。而且该典型特征同样呈下降趋势：老年人的记忆力不再如年轻时那般好。记忆确实存在典型特征，但也有许多局限和例外。很多记忆和老化研究的目的，是发现在什么条件下会出现记忆问题。

接下来，首先探讨三个有关儿童记忆的主题：再认和回忆，记忆策略，自传体记忆。之后再探讨两个针对老化研究的主题。正如接下来将要看到的，这些主题（并非巧合）倾向于为老年记忆研究提供更加积极的一面。

（一）再认和回忆

在生命全程的任何时刻，记忆研究都包含一种基本的区分方式，那就是再认记忆和回忆记忆。在第十三章中，我们发现再认记忆在生命早期就已经出现，并且这种再认记忆的能力非常强大，回忆记忆在儿童时期也表现出显著的发展变化。

回忆能力更可能随着人们老化而变化。一项由斯科菲尔德（Schonfield）和罗伯森（Robertson）（1966）进行的研究为此提供了证据。斯科菲尔德和罗伯森向年轻人（20～29 岁）和老年人（60～75 岁）呈现两列字表，共 24 个单词，要求他们记住。随后，采用两种方式对记忆进行测验：对其中一列字表，要求被试大声说出他们所能记住的该字表中所有单词（回忆测验）；对于另一列字表，向被试呈现 5 个选项，要求被试圈出曾出现过的项目（再认测验）。图 15-5 表明了研究结果。再认测验的成绩好于回忆测验，这并不奇怪，每个年龄段都有相似的结果。尽管如此，老年被试在再认—回忆测验中的差异，比年轻被试要大得多。事实上，老年和年轻被试在再认测验中的测量成绩根本没有差异，只是在回忆测验中，年轻人的表现超过老年人。这些结果反映了年龄和测验方式的交互作用，即不同年龄受记忆检验类型影响的效应。

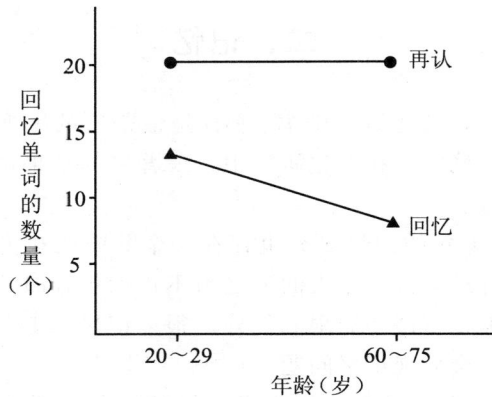

图 15-5　斯科菲尔德和罗伯森研究中年龄与实验条件的交互作用

来源：改编自*"Memory Storage and Aging"*，by D. Schonfield and E. A. Robertson，1966，*Canadian Journal of Psychology*，20，pp. 228-236.

　　斯科菲尔德和罗伯森(1966)的研究经常被引用，可能不仅仅因为它是对再认—回忆问题的早期研究，也是因为它的结果十分清晰。从这项研究开始，很多研究者也对不同年龄成年人的再认和回忆进行了研究。这些研究几乎都发现了类似的年龄与测验方式的交互作用，这足以证明老年人在回忆测验中比在再认测验中更可能出现困难(Hess，2005)。另一方面，斯科菲尔德和罗伯森报告指出再认测验中无年龄差异，而这种结果并未重复出现。在许多研究中，再认和回忆都表现出了有利于年轻人的年龄差异。

　　为什么回忆和再认随着年龄增长表现出不同的发展模式？回答这个问题首先要解释为什么研究者期望回忆成绩和再认成绩有差异？这两种记忆方式明显的区别是，储存与提取不同，二者都需要对材料进行储存；但与再认相比，回忆在提取已储存材料时需要更多的努力，在再认测验中，被试做出反应的这段时间内已经呈现出正确答案，研究发现再认回忆能力不会出现发展性下降，因此表明记忆的储存成分随年龄增长保持良好；只有当个体年龄很大时，提取能力下降，这时才会出现发展性变化。正如记忆中普遍存在的年龄差异，这种普遍特点也有局限性和特殊性(如再认也会出现年龄差异)。尽管如此，这种普遍性还是有效地估计了记忆的年龄差异。

　　还有其他的方式来研究储存和提取的区别吗？另一种普遍的方法是线索—回忆范式。在线索回忆研究中，将有提示或线索的回忆测验与标准回忆测验进行对比。例如，劳伦斯(Laurence)(1967)对年轻人(平均年龄为20岁)和老年人(平均年龄为75岁)进行回忆测验。实验刺激来自六个类别的36个词，这六个类别为：花、树木、鸟类、物质构成、蔬菜和国家。单词表只呈现一次，随机排序，不按类别划分。在回忆测验前，一半被试先看包含6个类别名称的线索卡片，并告诉他们每个单词都包含在这6个类别中；另一半被试不给任何提示，结果见图15-6。由图可知，年龄和回忆方式存在交互作用，即与年轻被试相比，老年被试更能够受到线索提示的积极影响。

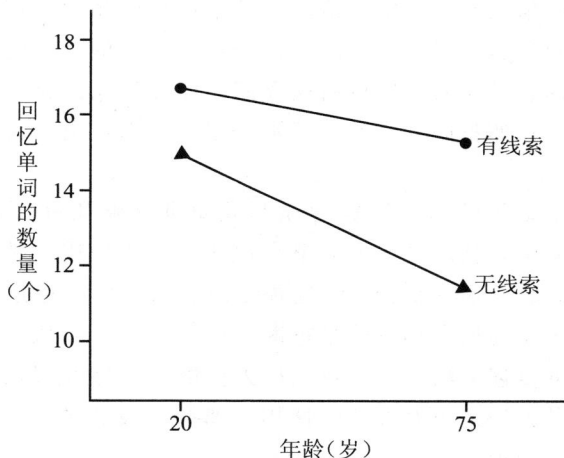

图 15-6　劳伦斯的线索回忆研究中年龄与实验条件的交互作用

来源：改编自"*Memory Loss With Age：A Test of Two Strategies for its Retardation*"，by M. W. Laurence，1967，*Psychonomic Science*，9，pp. 209-210.

如同斯科菲尔德和罗伯森的研究，劳伦斯的早期研究中也遇到了类似的情况。但劳伦斯发现，在线索—回忆研究中并非总能得到年龄与回忆方式的交互作用；许多实例表明，年轻人与老年被试一样也可以受到线索提示的积极影响。一般结论似乎与再认—回忆研究相同。提取线索对老年被试更有帮助，这一事实说明，老年人经常成功地学习和储存信息，但提取时存在困难。年轻被试和年老被试并不总在提取线索时表现出差异，这表明除了提取外，还有其他因素对记忆的年龄差异产生影响。

有很多证据支持了这样的观点：随着年龄增加，提取变得更为困难。这个结论来自众所周知的"舌尖效应"现象，或者叫作 TOT。TOT 指确定知道一个单词或一个名字，但不能在那一刻想起来。你也许有过这种经验，但研究表明，50 岁之后这种情况更加普遍（MacKay & Abrams，1996）。随着年龄的增加，人们会经历更多的 TOT 现象，这再一次表明此时记忆的提取特别困难。

（二）记忆策略

记忆的年龄差异中更常见的一个假设，是关于"激活才能被提取"的争论。一般假设认为，老年人在以下情况中更可能遇到困难：为了记住而采用某种激活加工处理，也就是说为了获得信息或保持信息，又或者为了在需要时能够提取信息而做某些事情。这种争论似曾相识，在探讨儿童期有关变化时也涉及了类似的假设，即大孩子比小孩子的记忆能力更好，原因不只是大孩子拥有更大的记忆材料储存库，还因为他们能够使用更合适的方法加工材料。正如我们看到的，特别是年长儿童，更喜欢应用记忆策略来帮助记忆。

成人期的记忆策略研究同样遵循与儿童期策略研究相同的方法与思路。在一些研究中，从记忆表现的整个模式推断出使用了某种策略。如表13-5，考察被试是否运用了"聚类"这种组织策略，可以通过观察他们回忆出项目中有多少是与概念相关的来推断。同样，也可以从回忆中的首因效应来推断被试的复述策略，首因效应指人们能够较好的记忆单词表中靠前的项目。另一种方法是引发策略的使用，如指导被试进行复述，这样可以测量记忆表现中的近因效应。

前文所述可以很好地描述老年记忆中策略的作用。回想一下，第八章介绍了在应用研究中，为老年个体设计记忆训练计划，这些计划的前提（当然并不总是）是老年人不能有效地利用记忆技巧，导致记忆困难。前面介绍了这些基础研究。尽管结果并不完全一致（Ornstein & Light，2010），但多种证据表明，与年轻人相比，老年人更不可能经常自发地使用记忆策略，在尝试使用策略时，也更难选择最佳策略。在使用引发策略的研究中，有短期研究也有长期研究。如同我们看到的那样，对策略使用的指导能够提高老年人的记忆成绩。

需要补充的是，策略的重要性不仅仅表现在记忆领域。策略对于推理和问题解决同样重要。并且年轻人与老年人之所以在这些领域上存在差异，一部分原因就是策略使用的不同（Lemaire，2010）。

为什么策略对老年人的记忆有帮助，但他们却不能采用呢？在大多数研究中，仅从字面上表述老年人不能产生策略，似乎不是一个合理的解释，因为我们考虑的大多数策略可能只涉及老年人能力中比较简单的部分。还有另外一个可能的解释，即"失用假说"(disuse hypothesis，也叫作使用—丢失假说(use-it-or-lose-it hypothesis)。失用假说指未能有规律运用的那些认知技能，会在需要时出现难以获得或难以激活的现象。这个观点可以广泛应用到老年的认知和社会能力方面。在记忆研究中，存在一个争议，即与年轻人相比，老年人需要记忆信息的场合更少，因此，当把他们置于要求记忆信息的情境下时，他们就处于劣势(并不是所有研究者都把"失用假说"作为记忆困难的一个有效解释——cf. Light，1991)。

另一个(未必完全)对老年人使用记忆策略失败的解释与加工速度有关。在前文提到，老年人反应速度的下降是一个正常现象，并影响了老年人在很多情境中的表现。这些受到影响的情境包括许多形式的记忆，以及使用策略会对记忆结果有帮助的记忆情境(Verhaeghen & Salthouse，1997)。在这些情境中，速度起到了重要的作用：处理基本任务信息所用的时间越长，用于产生有效记忆策略的时间和资源就越少。

(三)自传体记忆

对于成年期来说，自传体记忆的建构与童年期有着相同的含义：持续时间长，关于自己的记忆。然而，对不同人群的研究重点和方法并不相同。在方法上，成人研究的特点是使用很多形式的关键词，这与儿童研究常用的开放式结尾截然相反。本质上，成人研究的焦点已经不再是记忆的早期来源，而是一生中记忆的分配。对于这一点我们并不惊讶；在4岁时，人们很难发现一生的变化。人们也只能有限度地对年轻成人进行考察——因此，在这方面研究中我们更关注老年人。

对成年期自传体记忆的研究，我们得出了三个主要结果——其中一个已经提到，第二个是可以预料的，最后一个不大容易预期(Conway，2005；Rubin，Rahhal，& Poon，1998)。已经提到的结果与婴儿的遗忘现象有关——很少有成人能报告出3岁或4岁以前的记忆。可以预料的结果是近因效应——一两年前的记忆可以很清晰，而三四十年前的记忆就相对模糊了。最后，不可预期的结果是记忆高峰(reminiscence bump)现象。研究发现，10～30岁时人们对事件的记忆是最佳的。因此在描绘记忆的年龄曲线时就形成了一个"高峰"。高峰主要表现为记忆的频率和生动性——当要求被试回忆特别生动的记忆时，青春期和成年早期也是存在差异的。

为什么记忆高峰的出现成为很多理论和研究的焦点，至今还没有明确的答案(Rubin et al.，1989)。这一现象提醒我们，假设你正处于学生年龄，那么此时是你人生中记忆最好的阶段。

(四)日常记忆

我们在前面看到，日常认知的研究很普遍，日常记忆也如此。事实上对日常记忆的内容和方法的研究中，普遍渗透着对日常认知的关注。这里举几个例子，如赫斯(Hess)和普伦(Pullen)(1996)与帕克(Park)和布朗(Brown)(2001)都曾对此进行全面讨论。

空间记忆显然是日常记忆中一个非常受关注的主题。每天我们都无数次的利用空间记忆，如遵循熟悉路线、回忆事物的地点等。这些记忆会在老年下降吗？与大多数情况一样，我们会用"多数时候但不总是"来回答。

克瑞斯克(Kirasic)(1991)的研究为我们提供了一个很好的例子。她关注的是对大多人来说再熟悉不过的现实生活任务：在商场里购物。该研究的被试包括年轻(平均年龄为24岁)和年老(平均年龄为70岁)女性，实验任务是不同形式的认知任务，这些认知任务都在超市中完成。例如，其中一个任务要求被试计划一个最有效的路线，找出购物单上的7个物品。另一个任务要求被试按照等级，将到达一组货物的距离进行排列。所有任务在两种情境下进行：熟悉和不熟悉的超市。

除此之外，还有几个发现。年轻被试确实做得比老年人略好，但仅表现在某些任务上。一般来说，被试在熟悉情境中的表现比在不熟悉情境中略好。更有趣的是，出现了年龄与情境的交互作用，即年老女性从熟悉情境中的受益比年轻女性大。图15-7表明了路线计划和距离评估任务的结果。可以看出，当这些任务在一个熟悉的环境下完成时，不仅成绩没有随着年龄增长而降低，事实上年老女性的平均成绩更高。

虽然这一结果在一系列测量中普遍存在，但并不总能得到老年人受益于熟悉性的结果。这项研究得出了一个普遍结论：当评定任务在自然情境中进行，老年人可能表现出很强的空间记忆。这类研究使用的其他情境包括办公室建筑或博物馆(Uttl & Graf，1993)、熟悉的邻居(Rabbitt，1989)和家中(West & Wafton，1985)。

日常记忆的第二个主题是前瞻记忆。我们经常认为记忆与经验、过去事件有关。然而，记忆的一个很重要的形式是记住将要去做的事情——吃药、赴约、还款等。对未来行动的记忆是前瞻记忆(prospective memory)。有学者如此描述前瞻记忆："这种记忆任务在我们日常生活中是普遍存在的，对老年人也是一样"（McDaniel & Einstein，2008）。

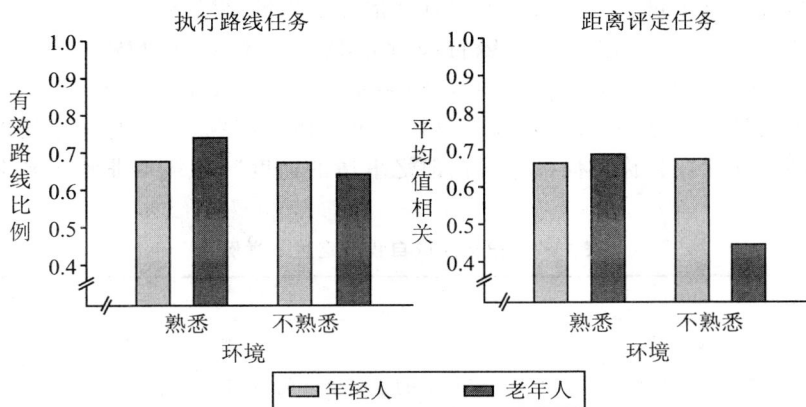

图 15-7 克瑞斯克的空间记忆研究中环境情境与年龄的交互作用

注：执行路线任务的因变量是选择最有效路线的比率；距离评定任务的因变量是估计距离和真实距离之间的相关。在这两个任务中，因变量数值越高表现越好。

来源：改编自"Spatial Cogniton and Behavior in Young and Elderly Adults：Implications for learning New Environments"，by K. C. Kirasic，1991，*Psychology and Aging*，6，10-18，p. 14. Copyright © 1991 by the American Psychological Association.

前瞻记忆包括两个维度（Henry，Macleod，Phillips，& Crawford，2004；McDaniel & Einstein，2008）。第一个区别在于时间基础任务和事件基础任务。时间基础任务需要在未来某一时间执行一个特定的行动，如10分钟后把饼干拿出来，或3点去见医生。事件基础任务需要在未来遇到某件事时执行一个特定的行动，如当你看到一个朋友时给她捎个口信，或当遇到加油站时停车加油。与时间基础任务相比，事件基础任务呈现了更多的线索，因此可能更加容易，但也并不总是这样。相似的，年轻人和老年人前瞻记忆的差异有时在时间基础任务上更大。

第二个区别更加重要，与实验室研究和现场研究的区别类似。当在实验室进行前瞻记忆研究时，年龄的效应是清晰的：老年人的成绩比年轻人差。当在自然情境中进行前瞻记忆研究时（多数在被试的家里），年龄效应依然显著，但是趋势正好相反：老年人的成绩更好。至此，我们已经证明了与记忆和年龄有关的两个结论：对于老年人来说记忆出现问题是可避免的，那些老年人很熟悉和重要的记忆可能会保持完整和无误。

最后一种日常记忆研究方法在范围上有所拓展，既有基础科学应用，也涉及临床/实效应用。近些年来，可以看到大量的自我评定（self-rating）记忆量表，这个量表可以通过各种日常情境来测量记忆能力。表 15-7 列举了其中一种量表：《记忆的临床自我评定量表》（MAC-S）（Crook & Larrabee，1990；Winterling，Crook，Salama，& Gobert，1986）。除了表中列举的具体项目之外，MAC-S 还包括几个总体性问题，如"与你记忆能力最好的时候相比，你如何描述现在记忆事情的速度"（等级从非常慢到非常快）。

表 15-7　记忆临床自我评定量表举例

能力量表	
测试内容	举例
记住具体信息的能力——运用五点评分量表，从最差到最好	去年发生的家庭事件的细节 刚刚介绍认识的人的姓名 物品（如钥匙）放在房间或者办公室的具体位置 第一次知道的一个单词的意思 如何到达只去过一次或者两次的地方
事件发生频率的量表	
测试内容	举例
回忆具体问题发生的频率——运用五点评分量表，从特别经常到特别少有	很难回忆出要使用的一个单词 不记得会议中别人提到的重点 进房间取东西但是忘记了要取什么 忘记约会或者其他重要的事情 认不出认识自己的人

来源："A Self-Rating Scale for Evaluating Memory in Everyday Life"，by I. H. Crook，G. J. Larrabee，1990，*Psychology and Aging*，5，p. 55. Copyright © 1990 by American Psychological Association.

这样的测量工具可以用于很多问题的研究，这里主要关注两个问题。第一，随年龄出现的变化。通常随着人们变老，自我报告的记忆问题就增加。因此，类似 MAC-S 的工具确认了这种普通的理论：记忆问题来源于年龄增大（尽管不可避免）。

第二个问题与真正的记忆表现有关——人们评估自己的记忆优势和不足是否精确？与自我报告测量相同，答案是"不完全精确"。大多数这样的测量表明记忆评估的精确性与实验或临床的记忆功能指标存在正相关。虽然这种相关并不是完全的正相关，但在有些情况下，与真正的记忆相比，抑郁和其他情绪问题可以更好地预测自我报告中的记忆问题（Comjis，Deeg，Dik，Twisk，& Jonker，2002）。这种发现并没有否定老年人生活中记忆问题增加具有潜在的重要性；但确实表明了这种问题可能有不同的来源。

（五）远记忆

记忆还有另一种形式。在记忆部分的开始曾指出，对老年记忆的刻板印象是它会呈一种降低的趋势。这种刻板印象也是有局限的，即使有时近期事件的记忆出现下降，但真正的长时记忆在老年期保持得非常完整。刻板印象的一个典型例子是，能生动回忆儿童期事件的老年人却不能想起当天早餐吃了什么。因此，记忆丢失是选择性的，至少目前争论的结果是如此，而这种选择性是令人惊讶的。

对长时记忆或远记忆（remote memory）观点的真实性如何呢？答案是，可能部分是真实的，但这个问题很难研究，从逸事趣闻中可以发现一些证据。这里简要介绍两种远记忆研究的普遍方法，这些研究都遇到了某些方法上的困难（Bahrick，2000；Erber，2001）。

巴赫瑞克（Bahrick）和维特林格（Wittlinger）（1975）对 17～74 岁的高中毕业生进行了测验。选择被试时，高中毕业生这一标准很重要，因为任务考察的是个体对高中同班同学的记忆。研究采用了 6 个不同的记忆测验，2 个回忆任务和 4 个再认任务。回忆测验是当呈现班级照片时，尽可能多地列出同班同学的名字。再认是从 5 个一组的名字（或图片）中选出一个同学的名字（图片），使名字与一个或几个照片匹配，或者使图片与一个或几个名字匹配。很显然，研究中被试的记忆时间长短（如自从高中同学最后一次露面到现在的时间）随被试年龄变化，最年轻被试记忆的时间为 3 个月或 4 个月，而最老的被试记忆的是 50 多年前的同学的名字。

所以，巴赫瑞克等人（1975）发现年轻人比老年人更成功地记起高中同学，就不足为怪了。年龄差异尤其表现在回忆的两种测量上。相比而言，再认测验在各个年龄上都表现出较高的成绩，各个年龄的测验成绩表现出更多的相似性。特别是面孔再认，在毕业 30 年到 40 年后也表现得相当好。这与前面的讨论一致。与再认相比，回忆随着年龄增长出现更大程度的降低，这与其他研究一致，均表明记忆类型与年龄存在交互作用。一些形式的记忆在经过很长时间后反弹，为老年人在远记忆中令人惊讶的出色表现提供了支持。

年鉴研究只是巴赫瑞克及同事对真实世界知识长时保持力进行的研究之一。考察的其他主题包括对建筑、地理标志的记忆(Bahrick，1983)、对高中或大学所学的西班牙语的记忆(Bahrick，1984)、对学校年级和高中老师的记忆(Schonfield，1969)、对歌曲名字的记忆(Bartlett & Snelus，1980)、对街道名字的记忆(Schmidt，Peeck，Paas，& van Breukelen，2000)、对大学课程内容的记忆(Cohen，Stanhope，& Conway，1992)。同年鉴研究结果一样，这些记忆一般在较长的时间间隔后，仍然保持出色的保持力。当人们变老时，部分记忆表现出降低而不是大量降低。

这种研究最明显的局限与老化问题有关，前面已经指出：记忆的老化随被试年龄变化，即与被试年龄相混淆。因此，如果我们发现老年人的表现比年轻人差，并不能确定是否可以把这种年龄差异归因于老年的记忆变弱，或归因于捕获 50 岁个体的记忆比 5 岁难。这两种因素都可能起作用，但是不能同时在这种研究中存在。

除此之外，还能用什么方法研究远记忆呢？第二种方法对不同时期的社会历史性事实记忆进行了考察，包括被试的早期生活时期(以及之后建立的远记忆)。第一个例子是鲁宾(Rubin)等(1998)的一项研究，其他相似的研究包括波特威内克和斯陶然特(Storandt)(1974)，豪斯(Howes)和卡茨(Katz)(1988)，朗莫尔(Longmore)、奈特(Knight)和朗莫尔(1990)，以及佩尔穆德(Perlmutter)、梅茨格(Metzger)、米勒(Miller)和奈斯沃思克(Nezworski)(1980)。

鲁宾等(1998)研究的被试是两批大学生(其中一批在 1984 年进行测试，另一批在 1994 年进行)以及两批老年人(平均年龄 69 岁，测试时间同大学生)。测试题以多选形式呈现，内容跨越了五个领域：这一年中发生的最重要的新闻事件(来自美联社新闻故事排行榜)，总统大选的失败者，世界职业棒球赛的冠军，奥斯卡最佳影片，以及奥斯卡最佳男演员或最佳女演员得主。每一个年份中的相关事件都被问及，从 1900 年的总统大选开始，还有其他事件(1937 年的新闻事件，美联社排行榜的第一年；1905 年的棒球赛，第一个赛季；1927 年的奥斯卡是第一届)，一直到研究的前一年。如果你是 1994 年测试的被试，那么你要回答 89 道关于棒球赛的题目，66 道最佳影片题，64 道最佳男女主角题，57 道题关于头条新闻故事，24 道关于总统大选的题目。假设你在大学生组，那么大多数的事件都发生在你出生之前。如果你在老年组，大多数事件你都经历过。

这项研究以及相似的有关历史事件记忆的研究都得出了两个主要结

论。首先，并没有很多证据显示，随着年龄增长记忆成绩会降低；甚至，在一些研究中老年人的成绩要好于大学生。其次，在很多类似的研究中，被试在10～30岁时对已经发生的事件的记忆处于最佳水平。鲁宾等（1998）的研究结果也是如此，如图15-8。这些研究显示出了同自传体记忆研究中一样的"高峰"现象。无论出于何种原因（Rubin等给出了很多可能的解释），青少年和成年人似乎有更好的记忆。

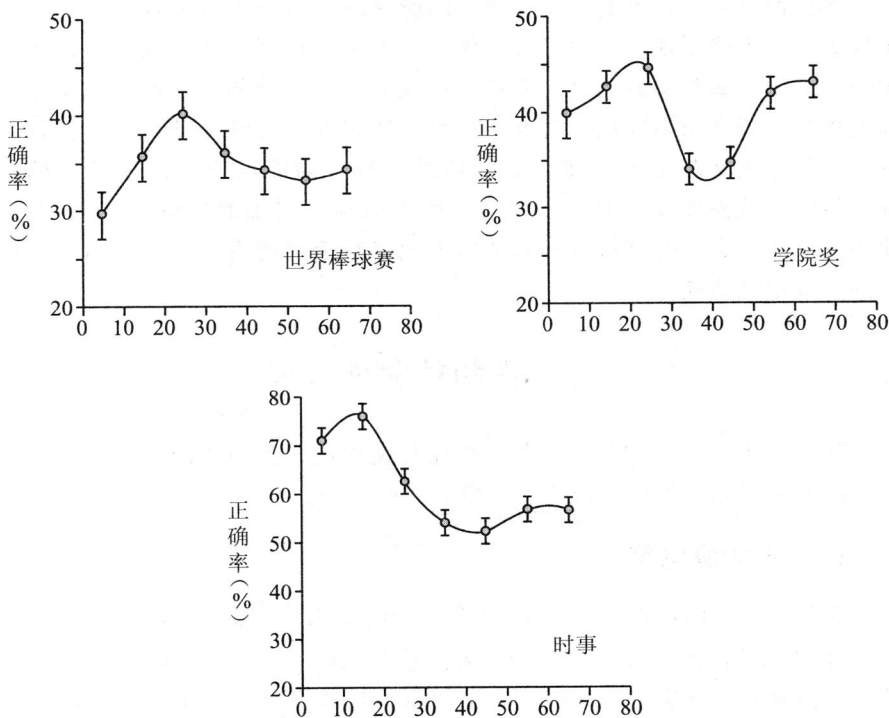

图 15-8　鲁宾等人有关社会历史事实记忆研究中的记忆高峰

来源："Things learned in Early Adulthood Are Remembered Best", by D. C. Rubin, T. A. Ralhal, and L. W. Poon, 1998, *Memory and Cognition*, 26, p. 13. Copyright 1998 by Springer Publishing.

　　鲁宾等人（1998）的研究方法避开了巴赫瑞克研究中的局限，但是又陷入了另一困境。当刺激项是高中同班同学时，我们能合理地肯定，被问及的信息被试曾经学习过；因此回忆或再认的任何失败都能归因于记忆的缺失，而不是最初学习的问题。而鲁宾等考察的对社会历史事实的记忆，个体最初是否进行了同样的学习还不能确定。也许一些年轻人从来不知道谁赢得了 1905 年的棒球赛。如果是这样，那么回答错误就不能归因于记忆失败。另外，当向被试问及他们出生之前的事情时，对这种问题的回答能否称为"记忆"也存在争论。鲁宾等人的问卷并没有触及特定的个人经验，而这是巴赫瑞克等人（1975）研究的重点。但他们确实研究了关于这个世界的更普遍的事实，这些事实可以通过不同的方式聚集。

无论何种局限，鲁宾等人（1998）的研究确实阐明了有关成年人记忆的重要观点。更概括地说，他们又提供了一个实证证据：老年人的记忆不一定差。对于一些类型的问题，老年人可能和年轻人做的一样好，甚至比年轻人更好。研究结果发现：对世界一般性知识的记忆随年龄增长保持得很好，这与老化文献中大量研究是一致的，符合前面讨论的晶体智力的发展。最后，与鲁宾等人类似的研究，均表明与不熟悉的实验室任务相比，使用有意义、真实的材料得出的老年人记忆结论可能更积极，如前一节讨论的日常记忆研究。

三、个性和社会性发展

现在，我们将从智力转向个性和社会性领域。我们从两个成年期个性研究的例子开始，然后探讨测量引发的一些问题。

（一）生活满意度

老化心理学中存在一个普遍的主题，可称为"精神"、"主观幸福感"、"生活满意度"，或者简单地称为"幸福感"。其中一个基本且重要的问题是：个体对其生活满意度如何？为了测量生活满意度，前人已经设计了多种测量工具。首先来看最早且最有影响力的测量工具之一：诺嘉顿（Neugarten），哈威格斯特（Havighurst）和托宾（Tobin）（1961）的生活满意指数（LSI）。之后再讨论一些近期的测量工具及相应结果。

作为早期老化研究（堪萨斯州城市成年人生活研究）的一部分，生活满意度指数得到了一定的发展。此研究样本包括 177 名男性和女性，年龄在50 岁到 90 岁之间。研究对每个被试进行了一系列深度访谈，时间跨度大约为两年。如同下面措述所示（Neugarten et al.，1961），访谈的内容非常宽泛，调查了中年和老年生活的许多方面。

访谈内容包括日常信息和周末活动；其他家庭成员；亲戚、朋友和邻居；收入和工作；宗教信仰；自愿参加的组织团体；与 45 岁相比，对社会交流的评估；对老年、疾病、死亡与不朽声名的态度；有关孤独、厌烦和生气的问题；有关回答者的角色与自我形象的问题。

访谈的目的是了解被试对生活满意度在不同维度上的评价。最终，确定从 5 个维度进行评价：热情或冷漠、坚定与坚韧、愿望与实现目标的一致性、自我概念、心境。每个维度都是 5 点量表，5 代表在这个维度上最积极，1 代表最消极。

很明显访谈中可能需要对初始的每个维度进行描述，也就是说访谈是一种耗时的个体评估方法。因此，诺嘉顿等（1961）的下一步工作是努力发展更简便的技术以获得相同信息。于是就产生了 LSI：一种自我报告问卷，要求被试对 20 项陈述简单地回答同意或不同意。表 15-8 列出了这些项目的样例，后面紧跟选项，从而在每个维度上获得最确定的分数。

表 15-8　生活满意度调查项目

下面是人们对生活的看法，总体来说不同的人有不同的看法。请读一读所列的观点，如果你同意，请在"同意"下面的空格中画一个标记。如果你不同意这个观点，请在"不同意"下面的空格中画一个标记。如果你不确定自己的想法，请在"?"下面的空格中画一个标记。请将列表中的问题全部作答。

（注意：标记为×的回答记 1 分）

	同意	不同意	?
1. 随着我年纪的增长，事情似乎比想象的要好	×		
2. 比起其他人，我的生活遭到了更多的破坏	×		
3. 这是我生命中最沉闷的时光		×	
4. 我和年轻时一样快乐	×		
5. 我的生活可能比现在要更快乐		×	
6. 这几年是我生命中的最佳时期	×		
7. 我做的事情大多很枯燥单调		×	
8. 我期望今后能发生一些有趣的让人高兴的事情	×		
9. 现在我做的事情和以前一样有趣	×		
10. 我觉得我老了，而且累了		×	

来源："The Measurement of Life Satisfaction", by, B. L. Neugarten, R. J. Havighurst, S. S. Tobin, 1961, *Journal of Gerontology*, 16, p. 141. Copyright © 1961 by the Gerontological Society of America.

如前所述，LSI 旨在测量老年人的生活满意度。但显然，生活满意度并不是生命全程最后时期的特定问题。而且，想要了解整个成人阶段生活满意度的稳定性或变化性，就需要一种适合不同年龄组的工具。近年出现了很多这样的工具和相关的研究程序。这里介绍另外一个工具，参见瑞夫（Ryff）（1989，1995）。

表 15-9 是研究生活满意度时经常使用的一个量表：生活满意度量表（SWLS）（Diener，Emmons，Larsen，& Griffin，1985）。正如我们看到的，SWLS 是一个自我报告量表，那么有一个问题：除了向被试提问，还能如何测量一个人对自己的感受？SMLS 是一个很简洁的工具，因此容易执行；表中的五个题项构成了整个测验。尽管评估很简短，但大量证据都表明，SWLS 是测量不同年龄成人主观幸福感的有效工具（Pavot & Diener，2008；Pavot，Diener，Colvin，& Sandvik，1991）。例如，该测验表明与其他生活满意度量表存在相关，也与从其他来源获得的个体精神状态（morale）相关，比如朋友报告，或临床评估。

表 15-9　生活满意感量表

项目	指导语
1. 我生活的很多方面都是我理想中的情况 2. 我的生活条件特别好 3. 我对现在的生活很满意 4. 到目前为止，我已经得到了生命中最重要的东西 5. 如果我可以再活一次，我将依旧选择这样的生活	"表中的五个观点请你根据自己是否同意来进行评分，该评分为 7 点评分，将你认为合适的分数画在相应项目的下面。请诚实作答。"量表分数从 1 分（不同意）到 7 分（非常同意）

来源："The Satisfaction with Life Scale"，by E. Diener，R. A. Emmons，R. J. Larsen，S. Griffin，1985，*Journal of Personality Assessment*，49，p. 72. Copyright © by Lawrence Erlbaum Associates，Inc.

对于老年人生活满意度，这些量表（如 LSI 和 SWLS）揭示了什么呢？本书提出两个主要问题（Diener & Ryan，2009；George，2010）。

首先来看发展问题：生活满意度是否随年龄增长发生变化？这个问题很难回答，由于大多研究都是横断设计；因此随着年龄出现的明显变化可能反映了群体差异，而不是当人们变老时真正的变化。研究结果随着样本与生活满意度的维度不同而不同，存在不一致的情况。例如，贫穷国家的老年人生活满意度比富裕国家低(Deaton，2008)。有趣的是，早期研究中的满意度要比最近的研究低。事实上，大多数同时代的研究中，老年人的生活满意度要比其他成人时期高(George，2010)。因此，尽管在一些情况下是适用的，但孤独和沮丧的老年人形象绝不是常见的。

当然，在人生的任何一个时间点上，生活满意度都存在个体差异，这就引起了另外一个问题：是什么决定了生活满意度的发展及个体差异？很多运用 LSI 和 SWLS 等测量工具的研究都提出了这个问题。研究确定了很多相关，大多数都是相当有预测性的(Diener & Ryan，2009；George，2010；Ryff，1995)。例如，健康与生活满意度呈正相关；平均来说，相对健康的人比不健康的人报告的满意度更高。婚姻状态与生活满意度也相关；已婚人士的生活满意度比寡妇或离异的人要高。收入也和生活满意度在期望方向上呈中度相关，最后，更多行为或心理的变量也与生活满意度相关。也许最有趣的结果是关于活动与生活满意度之间的相关。许多研究表明，两者之间是正相关，也就是，保持活动的老年人比那些活动水平下降的老年人报告的生活满意度更高。我们会在后面继续探讨这个结果。

专栏 15.2 年龄歧视(Ageism)

假设现在让你填写表 15-10，你会如何作答？

表中的题目来自弗莱伯尼(Fraboni)的年龄歧视量表(Fraboni Scale of Ageism)(Fraboni，Saltstone，& Hughes，1990)。正如量表的标题，该量表的目的是测量年龄歧视(ageism)：仅仅因为年龄而对老年人产生的消极信念和行为。正如我们看到的，对于一些题目(如前两项)选择"强烈同意"被认为是年龄歧视得分高；对于另外一些题目(如第三题)，选择"强烈不同意"被认为是年龄歧视得分高。

弗莱伯尼量表强调的是构成年龄歧视的多种信念，以及对老年人的态度。其他测量工具则关注这种信念所伴随的行为，也就是老年人所遭受的歧视。在一些研究中(如，Cherry & Palmore，2008)要求被试回答他们对老年人的行为；这类量表的题目包括"跟老年人说话时使用简单的词语"以及"老年人很古怪所以要回避他们"。在另一些研究中(如，Palmore，2001)将老年人报告自身经验作为歧视回答的指标；如"因为我的年龄，我受到忽略或不被重视"以及"我因为年龄而找不到工作"。

对年龄歧视研究(Gordon & Arvey，2004；Kite，Stockdale，Whitley，& Johnson，2005)以及现实生活考验(Palmore，Branch，& Harris，2005)的回顾，证实了年龄歧视是真实存在的，并且是一个严重的问题。然而，这些资料也表明，年龄歧视变化的可能性和范围也是一个影响因素。我这里列举三个因素。

表 15-10 弗莱伯尼年龄歧视量表举例

	1 强烈不同意	2 不同意	3 同意	4 强烈同意
很多老人都是吝啬的，他们都把钱财积攒起来				
很多老人多活在过去				
有老人的陪伴多数时候是愉快的				
老人值得拥有与其他社会成员相同的权利和自由				
我不希望跟老人一起生活				
老人比其他年龄的人更爱抱怨				
大多数老人是有趣和我行我素的				
老人应该生活在不打扰任何人的地方				
我并不喜欢有老人试图跟我交谈				

来源："The Fraboni Scale of Ageism（FBA）：An Attempt at a More Precise Measure of Ageism", by M. Fraboni, R. Saltstone, and S. Hughes, 1990, *Canadian Journal on Aging*, 9, p. 62. Copyright 1990 by Cambridge University Press.

第一个因素是还在争论中的领域或内容。消极信念并不都是存在的。成年人和老年人间感知到的差异在判断健康、体态吸引力时表现得更大，而在判断个体完成工作的能力时，两个群体感知到的差异更小（Kite et al. , 2005；Kornadt & Rothermund, 2011）。在社会领域，人们认为老年人对待友谊是消极的，但对待伙伴和家庭是积极的。

第二个因素是文化。人们普遍认为，在一些文化中，老年人被认为是很有价值的（比如，东方文化），而在西方文化中老年人却不那么重要。人们之所以普遍认同，是因为有大量人类学的证据来支持这一点（Schoenberg & Lewis, 2005）。然而，这类心理学研究却很少，并且也并不总是能发现我们所预期的东西方差异（如，Lin & Bryant, 2009；Sharps, Price-Sharps, & Hanson, 1998）。因此，我们可以知道的是，在同一种文化下，如何看待和对待老年人是有显著差异的。

最后，第三个因素是回答者的年龄。这类研究的大部分数据来自成年早期和中期。只有少量关于儿童的研究（如 Femia，Zarit，Blair，Jarrott，& Bruno，2008；Newman，Faux，& Larimer，1997—见 Montpare & Zebrowitz，2002），结果表明，对老年人的消极态度可能在个体生命早期就已经出现了，但经常跟一些更加积极的评价混在一起（如"愉快的""和蔼的"）。有很多研究老年人自身信念的文献，正如我们的预期，老年人看待老年更加积极；然而也并不总能得出这样的结论，在很多研究中，消极信念仍然是超过积极信念的。此外，这些信念会带来不同结果；研究表明，当人们对自己持有消极信念时，对身体和认知结果会有大量的不利影响（Levy，2009）。

鉴于已经给这些结论提供了很多悲观的解释，下面补充两个积极观点。第一，当年龄是与我们要考察的目标唯一相关的可用信息时，倾向于出现最大的年龄歧视。相反，当目标指定信息可用时，年龄歧视降低（在日常生活中经常出现）。第二，年龄歧视的情况可能会改变，一些证据表明与早期研究相比，最近的研究中已经很少提及年龄歧视。

年龄歧视这一名词在 1968 年由老年病学专家罗伯特·尼尔·巴特勒（Robert Neil Butler）提出。当然，这一术语的出现是受到种族歧视和性别歧视这类广为人知的名词启发得来。然而，正如很多研究者提到的，年龄歧视与这两种消极成见之间至少有两点区别。第一个区别是种族和性别在一生中是不会改变的；但年龄会。第二个区别是：如果我们能活得足够长，我们都是年龄歧视的潜在目标。

（二）个性测量

虽然生活满意度可能是研究的重点，但这只是成年人个性的一个方面。我们所说的测量范围很宽，个性测量的目标是良好的定义个性及个性各方面的个体差异。关于如何更好地理解这样宽泛的目标，存在很多争论，与之相适的可用评估工具也存在差异。这里，我们关注一个有影响力的研究中使用的工具：大五人格问卷（NEO PI-R），由科斯塔（Costa）和麦克科雷（McCrae）（1992）编制。贝茨（Bates）、舍默霍恩（Schermerhorn）和古德奈特（Goodnight）（2010）以及麦克亚当斯（McAdams）和奥尔森（Olson）（2010）都对其他有影响力的人格研究方法进行了概括。

科斯塔和麦克科雷（1992）首次提出了理论框架。他们认为（尽管不是全部，但对于大多数人格研究者来说），人格存在一系列潜在的特质（traits）。麦克亚当斯和奥尔森（2010）将这些特质定义如下："个体普遍、内在、相对的心理特征，随着环境和时间的变化形成了稳定的行为、思想和感受。"NEO PI-R 的目标是识别构成成人人格的特质。

NEO PI-R 可以通过自我报告或他人评估的形式进行测量。在任何一种形式下，该工具都包括 240 个关于成年人个性方面的陈述性描述。表 15-11 呈现了自我报告的项目样例。被试对每个项目进行五点量表评定，范围从强烈不同意(strongly disagree)到强烈同意(strongly agree)。

表 15-11　NEO 个性问卷中的项目举例

领域	项目
神经质	我经常感到紧张和颤抖 我经常因人们对待我的方式而感到生气 我很少感到孤独和忧伤 我很难下定决心
外倾性	我喜欢遇到的大多数人 我害羞得离开人群 我经常成为群体中的领导 我做事情经常精力充沛
开放性	我想象力丰富 我感情丰富 我特立独行 我经常喜欢和理论或者抽象的事物打交道
宜人性	我相信大部分人都是心地善良的 有时我欺骗别人按照我的想法做事 比起竞争我更喜欢和大家合作 最好不要让我谈自己和我取得的成就
负责任性	我有时很苛刻、苛求 我努力将所有分配给我的任务负责任地做好 我很难让自己做应该做的事情 我基本不做草率的决定

来源：Costa, Jr., P. T., McCrae, R. R., *Manual for the Revised NEO Personality Inventory*（*NEO-PI-R*）*and NEO Five-Factor Inventory*（*NEO-FFI*），Copyright © 1992 by Psychological Assessment Resources, Inc.

即使是从这些简洁的样例中我们也可以清楚地看出，NEO PI-R 提供了关于成年人个性的信息。但是如何处理这些信息呢，也就是说，我们怎样从这 240 个单独项目中得出更全面的个性特征。关于这个问题，科斯塔和麦克科雷(1992)和很多其他的人格测验编制者一样，利用因素分析的统计技术来解决。因素分析的目标是确定独特的成分或因素，这些因素可以从一些目标建构的测量中得到确认。这种取向(比这描述的要复杂得多)涉及一系列项目之间相关模式分析，涉及测量相同潜在因素时与概念存在较高相关的项目。

运用前面的研究、理论以及对其测验进行的因素分析，科斯塔和麦克科雷(1992)得出结论：若要考察个性的个体差异，五因素已经足够；这五个因素自此被称为"大五"。在被确定的这五个因素中，首要的三个因素形成了测验名称中"NEO"部分：神经质、外倾性、开放性。另两个因素是：宜人性、负责任性。表 15-11 列举了用于测量每个因素的项目。(注意，在进行实际测验时，这些项目并不像表中那样进行标注和分组；而是构成一个因素的项目在整个测验中随机分布)。

一般来说，一个评估工具的出现仅仅是研究的起点。NEO PI-R 以及其他个性测验都被应用于许多问题的研究中。这里，我们关注老化研究中的一个基本问题，即整个生命全程中个性的稳定性。我们能假设用来定义 20 岁时个体个性的特质依然与 40 岁、60 岁或 80 岁时一样吗？或者我们的个性随着变老而改变吗，老年人的个性总体上与年轻人不同吗？

这两种观点至少是潜在可分离的。一些特质的个体差异可能随年龄增长趋于稳定(如神经质的个体就会保持神经质，外向型个体会保持外向)，即使这些特质的平均水平会随年龄变化(如个体成长过程中神经质和外向性会有一定的增长)。因此个体特质会有稳定性，但年龄组中却不存在这种稳定性。相反的，一个特质的平均水平随年龄增长可能会保持平均水平，但个体可能会改变其各维度的相对顺序。在这种情况下，组内就会存在稳定性，而个体水平不存在稳定性。

在科斯塔和麦克科雷的研究中，使用了 NEO PI-R 及其程序，这项研究为这些问题提供了重要证据(Costa & McCrae，1989；McCrae & Costa，1990，2008；McCrae et al.，1999；Terracciano，McCrae，Brant，& Costa，2005)。该研究不仅包括不同年龄成年人的横断比较，还包括相同个体随年龄增长的纵向研究。这两种类型的结果对个性稳定性的结论具有重要作用，横断方面，直到 30 岁个体在一定特质的水平上才会出现变化，但关于这一点，没有证据支持发生了系统的变化。根据该研究以及他人的研究，我们能发现，对于老年人一些比较小的变化：责任心、亲和性增加，外向性、经验开放性降低。但是有关 20 岁和 70 岁相似性的争论要比对差异的争论更加激烈。

那么关于个体稳定性呢？纵向方面，科斯塔和麦克科雷的研究表明，整个成年阶段的个性都相当稳定，即使间隔 30 年，相关也在 0.60～0.80 之间。引用他们的话，"个性所有五个维度似乎都表现出稳定的特点……[证据]表明从总体上来说，成年人的个性随时间的变化很小"（McCrae & Costa，1994）。

关于一直都在强调的科斯塔和麦克科雷研究，应该说明，并不是所有学者都同意稳定性问题的重要性（Caspi & Roberts，2001；Donnellan & Lucas，2008；Helson，Kwan，John，& Jones，2002；Roberts，Walton，& Viechtbauer，2006）。他们所依赖的证据能够以不同的方式进行解释，也有很多研究表明，个性研究的其他方法可能比特质研究的 NEO PI-R 技术展现出了更多的变化性。尽管如此，他们的研究已使大多数的学生相信，个性比想象中稳定。同时，个性的稳定性与老化刻板现象互相支持，在该研究中是老年个性。毫无疑问，一些人确实变得更刚硬，更内向，更沮丧等。但这些都是个体的异常变化，而不是一般模式。

（三）一些基本观点

现在，我们再回到一般方法论的问题，这些问题由个性测验样例所引发，一个是测量等值的问题。只有当所用的测量工具对要比较的年龄组都适用时，年龄差异或年龄变化的结论才有效。智力研究中也存在这个问题，很多用来测量老年的个性测验起初都是为年轻样本编制的。即使那些为生命全程心理研究设计的测验内容，也常常更适合年轻样本。就算这些内容适合各个年龄，测验施测因素（如填完一个长问卷的难度）也可能影响老年个体的反应。

第二个问题关系到评估个性一般方法的问题。本书有三个基本方法，任何行为领域中都能采取这三种方法：在自然情境下，对感兴趣的行为进行直接观察；在一些有结构的实验室情境下，对行为进行实验诱发；为了解被试而对被试典型行为进行等级评定或言语报告。在这部分所使用的测验很明显属于第三种等级评定或言语报告。等级评定是目前成年人个性评估最常用的方法，当然也存在例外。一些研究偶尔也会使用实验方法，如一致性（Klein，1972）、刻板（Ohta，1981）、谨慎（Okun & Elias，1977）。还有少量的观察数据，如对护理院老年居民的观察评估（Martino-Salzman，

Blasch，Morris，& McNeal，1991）。然而，我们所知道的人格与老化研究的结果都源于等级评定测验。因此，在评价文献时，要注意前期对测验使用或排除的讨论。

进一步说，这些测验不仅仅是言语报告，很多采用自我报告方式。信息来源是被试自己。因此，伴随自我报告出现的所有问题和误差都可能存在于这些测试中。注意，这些误差（如评估理解、反应定向、指导语的错误理解、疲劳）不仅影响老年人个性研究的结论，还会影响年龄差异的结论。如在抑郁方面的明显差异可能反映了是否接纳消极情绪的年龄差异，而不是年轻与年老之间真实的个性差异。

最后一个问题涉及研究的关联性。当然，个性和年龄之间是有关联的。除此之外，我们讨论的很多研究在很大程度上都有一定相关。考虑一下生活满意度的决定因素，健康是否起到一定作用？高水平的活动性是否起作用？这些问题的答案都是基于相关得出的。我们感兴趣的是因果关系（如活动性作为满意的原因），但我们所做的都是非实验设计，非实验设计不能够建立因果关系。事实上，相关分析中个别的归因也是存在的。假设活动性与满意度存在相关，那么保持一个积极的生活方式对生活满意度有影响也是非常可能的。但这种因果方向也有可能是相反的：生活满意度高可以帮助人们保持一种积极的生活方式。当然，原因与结果也有可能是双向的：活得积极促进幸福，而幸福也促进生活积极性。

相关研究的局限与解决办法在第三章已进行了讨论。如我们所见，在许多研究领域中只发现了相关关系，因为有时我们能做的最好的就是发现相关关系。对生活满意度的许多预测指标的研究都可以作为一个很明显的例子。我们不能为了探讨消极因素对老年人日后生活满意度的影响，就通过实验研究引发不良或离异的状况。但是我们能够做一些努力，使研究接近因果关系。一种是采用不同的统计方法（比如第三章讨论的偏相关技术）来控制潜在的混淆因素，并明确说明变量之间确切的关系。例如，我们可以提出疑问，如果控制了社会经济状况，那么婚姻状况与精神状态的关系会如何呢？统计控制普遍地应用于这些研究中。另一种可能性就是继续利用相关，并采用原因先于结果的事实推论。例如，生活满意度在离异一段时间后会下降，表明了一个更肯定的因果关系，而不是简单的点与时间的相关（one-point-in-time）。同样，老年早期高水平的活动与老年后期良好的功能之间的相关，证实活动性事实上是原因（见 Salthouse，2006），这是大量研究项目的结果（如 McAuley et al.，2005；Schaie，2005；Schooler &

Mulatu，2001）。我们可以再次看到，纵向研究在发展心理学研究中的价值。

小 结

本章第一部分主要探讨老化研究中的基本问题。同时也对一个广泛研究的专题进行了总结——随着人们变老，IQ 的稳定性与变化性如何。

老化研究与一般发展研究同样面临方法论的挑战，并且常常更难。被试取样有两个基本目标：抽取每个年龄段的代表性样本、抽取跨年龄的比较性样本。在比较年轻人与老年人时，尤其要注意两种混淆。一个是年龄与教育的混淆：一般来说，年轻人比老年人所受的教育要好。另一个是年龄与健康的混淆：一般来说，年轻人比老年人更健康。这些因素都会引起老年期平均智力水平的下降。

对健康变量的讨论，引发了纵向研究中取样问题的思考。选择性流失就是一个可能出现的问题。在 IQ 研究中，IQ 较低的被试更可能在研究中流失。这种流失有两种基本形式：自愿从研究中退出，或者由于健康状况被迫退出。选择性流失会产生有利于老年人的偏差。

下一个是测量问题。在 IQ 与老化研究中，最通常使用的两种工具是 WAIS 与 PMA 测验。这两种测验都包含分量表。年龄差异随分量表的不同而变化。与操作智力测验相比，言语智力测验更少出现年龄差异；与流体智力测验相比，晶体智力测验更少出现年龄差异；与速度测验相比，非速度测验更少出现年龄差异；与标准的 IQ 评估相比，所谓的日常认知更少出现年龄差异。对 IQ 的讨论引起测量等价的问题，这个问题是年轻与年老比较中的核心问题。用来评估老年人的测验与情境常常看似更适合年轻人，这是另一个可能对年龄差异起作用的因素。

本章第一节对设计的问题进行了总结。横断研究涉及年龄与代际混淆的问题；纵向设计涉及年龄与测量时间混淆的问题。这些不同的混淆，与纵向研究中被试的选择性流失，为研究报告中常见的结果提供了一种解释：在横断研究中，随年龄出现的下降比纵向研究中更大。沙耶及同事的序列研究尝试了一种试图克服简单设计局限的方法。序列设计融合了这两种简单设计，因此为理顺年龄、时间与代际的作用提供了更多的机会。

本章的第二部分介绍了老化心理学中的研究课题。记忆是一个很普遍的课题。与 IQ 相同，记忆方面出现年龄差异的原因同许多因素有关。尽管也存在例外，但老年人再认记忆的下降要比回忆小，线索回忆下降比非线索回忆小。这些发现都表明，老年人从储存中提取信息时可能存在困难。概括地说，老年人对记忆策略的使用存在困难，来自多种范式的证据支持了这一观点。另一个广泛讨论的话题是自传体记忆。对成人自传体记忆的研究得出了一个惊人的发现，即回忆高峰，青少年和成年早期存在一个事件记忆的高峰期。最后，来自两个主题的研究对记忆和老化进行了积极描述：一个是关于日常记忆的研究；另一个是关于长时或远记忆完整性的研究。

本章还总结了老年个性与社会关系研究方法的问题。我们介绍了几个测验并举例说明了这些测验得到的结果。LSI 与 SWLS 是两个用以评估成年期生活满意度或主观幸福感的工具。NEO PI-R 的测验范围很宽泛，是众多言语报告问卷（通常是自我报告）中的一个，用以测量成年人个性的个体差异。个性的稳定性与变化性的问题是各种测验关注的核心问题。尽管变化肯定会发生，但研究表明人格的大多方面，在整个成年阶段都是稳定的。

具体测验的陈述后面紧跟着对老年人个性研究中基本问题的讨论。一个是测量等值问题：这些测验是否同样适合不同年龄组。另一个是效度问题：这些测验是否真正达到了测量目的？关于效度问题，尤其关注测验中自我报告的性质。最后一个问题是老化研究中许多研究项目的相关性质。这样的相关设计不能得出我们感兴趣的因果关系结论（如活动性与精神状态）。

练　习

1. 沙耶的序列研究主要强调智力操作。假设你有机会进行 IQ 以外的其他方面的序列比较研究，那么你会选择什么因变量，为什么？你会期望在年龄、代际以及测量时间方面发现哪些结果？

2. 对老化的消极刻板印象是非常普遍的。用专栏 15-2 中的资料，找到一个感知老化量表，并对尽可能多的年龄段进行施测。要至少包含一个老年被试组。如果测验适合各个年龄，那包含儿童组也会非常有趣。

3. 测验等价问题也是本章反复探讨的问题。假设你有一个任务，要建构一项适合评估你以及同龄人"日常生活任务"的测验。那么你会选择哪些类型的任务呢，你的工具与表 15-3 中列举的测验有多大相似性？

4. 表 15-6 中呈现了柏林小组智慧研究中使用的两个故事。该研究发现，当故事反映的问题是被试所在年龄组的普遍问题时，他们常常表现得最好，因此，例子中迈克的故事适合年轻人，而乔伊斯的故事适合老年人。对一个大学生来说，建构一个评估智慧的故事是很困难的。使用这三个故事对你的几个同学进行测验并比较结果。（反应如何计分，可参见 Smith & Baltes，1990）

术语表

年龄歧视（ageism）依据年龄，直接指向老年人的消极信念和经历。

α水平（alpha level）概率值（如0.05），研究结果低于此概率值则被认为在统计学上显著——表示犯Ⅰ类错误的概率。

外表—真实区分（appearance-reality distinction）能够区分客体表面像什么和它实际是什么的能力。

档案数据（archival data）研究需要的已收集的或者可直接利用的信息。

依恋（attachment）最早在婴儿期内形成的婴儿和其照顾者之间的感情纽带。

依恋Q分类（attachment Q-Set）依恋的等级评定，用来评定依恋的某种属性在多大程度上是儿童所具有的特征。

自传体记忆（autobiographical memory）关于自我具体的、个性化的持久记忆。

婴儿传记（baby biography）父母中一方观察其子女发展过程的研究方法。

回译（back translation）一种用于跨文化研究的程序——将一种工具翻译成一种新的语言后，再将其译回原语言，以检查翻译准确性。

基线（baseline）在实验干预之前目标行为的最初水平。

行为遗传学（behavior genetics）研究如何影响基因行为以及发展中的个体差异的学科。

行为同质性（behavioral homophily）同辈间行为和兴趣的相似性。

被试间设计（between-subject design）不同被试被分派到自变量不同水平的实验设计。

盲（设计）（blinding）阻止测验者或观察者形成潜在的信息偏差。

延续效应（carryover effect）先前的任务或条件影响被试完成后来的任务或条件的反应倾向。

个案研究（case study）在个体水平或群体水平上深度分析单个案例。

天花板效应（ceiling effect）在因变量上的表现达到或者接近可能的最大值，从而减少了发现组间差异的可能性。

集中趋势(central tendency)指示一组样本的主要反应趋势的数据。

时间系统(chronosystem)指研究发展的背景所处的时间阶段——布朗芬布伦纳(Bronfenbrenner)创建的生态系统模型中的一个概念。

类包含(class inclusion)关于亚类包含的项目少于更高级的类的知识。

临床方法(clinical method)皮亚杰使用的灵活、半标准化的研究方法,即给儿童呈现问题并让他们回答。

代际(cohort)具有特定经验和特征的人群——一般由出生时期决定。

概念(concept)基于某种或一组相似项目的心理分组。

条件性转头(conditioned head turning)研究婴儿知觉能力的方法——当刺激出现的时候,从婴儿的条件性转头反应来推测其对刺激的觉察和区分。

置信区间(confidence interval)表示可能值范围的统计概念,可以假定总体真值以一个给定的概率落在这个范围内。

匿名权(confidentiality)伦理原则,不允许将研究中获得的信息以一种可能伤害或者使被试为难的方式公开。

(因素)混淆(confounding)指两个非常重要的变量相互影响造成的误差。

同感动摇(consensual drift)经常一起工作的观察者以同样方式出现错误的倾向。

守恒(conservation)指儿童认识到客体在外形上发生了变化,但其量的属性或者容积是不变的。

(研究的)结构效度(construct validity〔of studies〕)对研究结果理论解释的准确性。

(测验的)结构效度(construct validity〔of tests〕)测验效度的一种形式,指不同形式的证据在何种程度上支持所测量特质的理论解释。

建构性记忆(constructive memory)指一般知识系统对记忆的效应。

内容效度(content validity)测验效度的一种形式,指测验项目代表所测量特质的精确程度。

方便取样(convenience sampling)研究被试的选择程序,在这种程序中被试的选择主要取决于可用性及合作性。

会聚操作(converging operation)采用各种各样的方法来研究一个特定的课题。

相关统计(correlation statistic)是有关两个变量之间关系强度和方向的

指标。

相关研究(correlation research)研究的形式，在这种研究中不对自变量进行任何控制，而是检验两个或者更多变量之间的可能关系——也被称为非实验室研究。

平衡（设计）(counterbalancing)在被试内设计中，任务或者条件的分配以不同的顺序和位置呈现。

效标效度(criterion validity)测验效度的一种形式，指所要测量特质的外部标准和测验分数之间的相关程度。

横断设计(cross-sectional design)有关年龄对比的设计，在这种设计中在同一时间点研究不同年龄的被试。

晶体智力(crystallized intelligence)通过经验积累的知识形式。

事后通告(debriefing)伦理原则，指当研究包含不完全的信息披露和欺骗时，被试在实验后应该得到一个有关研究真正目的的解释。

欺骗(deception)主观地为被试提供关于研究的错误信息。

延迟模仿(deferred imitation)观察到个体模仿过去某时刻发生的动作。

要求效应(demand effect)被试愿意以证实实验者假设的各种方式做出反应。

因变量(dependent variable)研究者测量的、随自变量不同而变化的变量。

描述统计(descriptive statistics)对数据组织和概括的统计。

信息扩散(diffusion)指一种处理效应从一个实验组扩散到另一非处理的控制组造成误差。

去习惯化(dishabituation)当一个习惯化的刺激改变时，原来反应的恢复。

失用假说(disuse hypothesis)一种理论观点，认为不经常使用的认知技能在需要时更难提取。

分歧效度(divergent validity)在理论上不相关的测量中缺乏相关的结构效度形式。

效应值(effect size)测量自变量和因变量之间关系有效性的量值。

人种志研究(ethnographic research)对某些文化群体的各种各样的核心行为的描述和解释——在质性研究中采用的一种方法。

评价理解效应(evaluation apprehension effect)研究中的被试倾向于以尽量符合实验者对他们的积极评价的方式做出反应。

事件取样（event sampling）观察测量的方式，在这种方式中，当研究者感兴趣的行为出现的时候观察者开始记录，并且同时记录下持续发生行为的情况。

外层系统（exosystem）可能影响儿童，但又不直接参与儿童发展的社会系统。

经验抽样方法（experience sampling method）在自然背景下收集有关日常经验数据的程序，即当有要求时，被试就提供正在进行的活动的自我报告。

实验者期望效应（experimenter expectancy effect）实验者经验对研究结果及偏向性影响。

专长（expertise）关于某一内容领域组织化、实践性的知识。

探索性研究（exploratory research）目的在于确定一个新的领域内研究者感兴趣的现象；其主要特点是它是研究的一种相对灵活的、非标准化的方法。

外部效度（external validity）研究结果可被推广的程度。

眼动记录（eye-movement recording）研究婴儿视觉能力的方法，即当婴儿扫视一个视觉刺激时测量视线固定的序列。

因素（factor）自变量的另一术语。

错误信念（false belief）认识到人能够持有不真实的信念。

地板效应（floor effect）在因变量上的表现达到或者接近于可能的最小值，而降低了发现组间差异的可能性。

流体智力（fluid intelligence）基本的问题解决能力，通常不依靠经验获得。

司法发展心理学（forensic developmental psychology）主要将儿童作为目击者，特别是在被怀疑有虐待事件的案例中，进行研究的发展心理学的亚领域。

功能成像技术（functional imaging techniques）在认知过程中研究脑活动的程序（如正电子断层扫描和功能核磁共振成像）。

性别恒常性（gender constancy）理解性别是一个永恒属性的能力。

性别隔离（gender segregation）儿童与同性伙伴交往的倾向性。

习惯化（habituation）当一个原本新颖的刺激被重复呈现，被试因熟悉而不对其反应。

历史（history）除了所要研究的自变量之外在早期和后期测量期间发生

的非常重要的事件。

不完全透露(incomplete disclosure)保留关于一项研究的信息。

独立评审(independent review)伦理原则,指所有以人类被试为对象的研究对于伦理标准都必须遵循独立的评审。

自变量(independent variable)研究者通过操作或者选择进行控制的变量,其目的在于检验其在因变量上的效应。

婴儿期遗忘(infantile amnesia)不能记住出生后两或三年经历的现象。

推论统计(inferential statistics)一种统计形式,目的在于决定观察到的组间差异是否比期望的随机差异更大。

知情权(informed consent)被试同意参加研究后让被试获得具体参与过程的信息。

学术评审委员会(institutional review board)在数据收集之前负责对预研究进行伦理评估的组织。

工具性效应(instrumentation)在研究进行的过程中,实验者、观察者或测量工具的误差效应。

交互作用(interaction)在研究结果中一个自变量对因变量的效应随着另一个自变量的不同水平而变化。

内部一致性信度(internal consistency reliability)信度的一种形式,指在一个测验的不同项目上反应的一致性程度。

内部效度(internal validity)对于一项研究的变量之间因果关系的精确程度。

被试间的交流(intersubject communication)在研究的被试之间非预期的、潜在偏向性的交流。

等距量表(interval scale)用指定的数字来表示相同间隔量的量表。

水平(levels)在一项研究中自变量所取的值。

生命历程(life course)艾尔德(Elder)的术语,指人的一生中所经历的、社会规定的、以年龄划分层级(age-graded)的各种角色和事件的序列。

纵向设计(longitudinal design)为进行年龄比较而进行的设计,即对相同被试在不同的年龄阶段进行研究。

宏观系统(macrosystem)个体生存环境的文化或者亚文化氛围——布朗芬布伦纳的生态系统理论中背景的四个层级中的第四层。

主效应(main effect)指一个自变量独立于研究中的其他自变量,对一个因变量具有直接效应的研究结果。

匹配组设计（matched-groups design）组间设计的形式，即被试在进入实验条件之前，在某一重要特质上进行匹配。

成熟（maturation）在研究持续的过程中，时间的流逝在被试身上自然而然的起作用使其发生各种变化。

平均数（mean）一组数据的算术平均数——集中趋势的一种测量方法。

测量等价（measurenment equivalence）在各个所要比较的组间程序和测量的可对比性。

中数（median）一组数据的中间值——集中趋势的一种测量方法

中间系统（mesosystem）是指各微观系统之间的关系系统——布朗芬布伦纳的生态系统理论中的四个层级中的第二层。

元分析（meta-analysis）对使用统计程序的诸多研究进行评论，目的在于确定效应的存在及其大小的一种方法。

微观发生学方法（microgenetic method）为了确定发展变化的程序，在非常接近的时间间隔内对一组个体进行重复观察的一种研究方法。

微观系统（microsystem）最接近个体的环境系统——布朗芬布伦纳的生物生态学理论中背景的四个层级中的第一层。

混合法研究（mixed methods research）在同一个研究中结合了质性研究和量化研究的形式。

记忆策略（mnemonic strategies）人们试图记住某些事物时所采用的技术或方法（如复述和组织）。

众数（mode）一组数据中相同值最多的数——集中趋势的一种测量方法。

宏观观察系统（molar observational system）观测行为系统，在这种系统中各种类别具有整体性和解释性。

微观观察系统（molecular observational system）观测行为系统，在这种系统中各种类别具有相对精细性和具体性。

单一方法偏差（mono-method bias）由于使用一种单一的方法去检验自变量与因变量之间的可能关系而产生的偏差。

单一操作偏差（mono-operation bias）由于对自变量或者因变量进行单一操作所产生的偏差。

道德两难故事（moral dilemmas）皮亚杰以及其他人所使用的、用来评定道德推理水平的故事。

叙事记录（narrative record）观察测量的形式，在这种测量中观察者对研究感兴趣的行为进行连续描述记录。

叙事研究（narrative research）收集被试有关经验的故事——在质性研究中使用的一种研究方法。

新生儿行为评定量表（Neonatal Behavioral Assessment Scale，NBAS）用来评估发展状态的标准化程序——测量新生儿反射及适应行为的早期形式。

称名量表（nominal scale）测量量表形式之一，其指定数据仅仅作为标记，并没有量的意义。

非参数检验（nonparametric tests）统计推断检验，其效度不依赖于目标人群中数据分布的有关假设。

正态分布（normal distribution）数据钟形分布，在这种分布中平均数、中数和众数是相同的。

虚无假设（null hypothesis）为统计推断而采用的假设，即假设所需要检验的变量之间不存在真实的关系。

客体概念（object concept）拥有客体独立于人的知觉而永远存在的知识。

观察者偏向（observer bias）观察者倾向于采用一种有偏差的方式记录自己知觉和观察到的行为来证实先前的期待。

观察者动摇（observer drift）即观察者一旦不被监测时就会变得越来越不可靠的倾向性。

观察者效应（observer influence）由于观察者在场而对所要观察的行为产生的偏差效应。

操作性条件作用（operant conditioning）一种学习形式，在这种形式中反应的可能性随着强化而增加。

操作定义（operational definition）根据产生或测量一个变量的操作程序所形成的定义。

顺序效应（order effect）从实验的早期到晚期，反应倾向以一种系统的方式改变。

顺序量表（ordinal scale）测量量表的形式之一，即指定的数值依据其数量只表示一个等级次序。

定位反应（orienting response）对新颖刺激自然而然的注意反应。

过度取样（oversampling）一种选择研究被试的程序，即以一种高于目标人口所占比例的比率选取被试，其目的在于确保最终的样本中包含足够数量的被试。

参数检验（parametric tests）统计推断检验，其效度取决于目标人群中数据分布的特定假设。

偏相关技术（partial correlation techique）从两个变量的相关关系中，用统计方法分离出一个在所要研究的两个变量关系中起非常重要作用的第三因素的程序。

参与性观察（participant observation）一种观察研究的形式，即让已经成为研究情境中一部分的人作为观察者。

总体（population）在同一个领域中的整群人、观察对象或者事件。

检验力（power）可以正确拒绝虚无假设的统计检验的概率。

偏好/偏爱方法（preference method）研究婴儿视觉能力的方法——即测量婴儿对同时呈现的两个视觉刺激的注意偏向。

首要变异（primary variance）在一个研究中变量所具有的基本差异。

亲社会行为（prosocial behavior）道德行为方面，对社会有益的行为，如分享和帮助他人。

前瞻记忆（prospective memory）对将来计划要做的行为的记忆。

随机分配（random assignment）将被试分配到实验条件的程序，在这种程序中每一个被试都有相等的概率被分配到实验的每一种条件下。

随机抽样（random sampling）选择研究被试的程序，在这种程序中目标人群中每一个成员被选择的概率是一样的。

比率量表（ratio scale）测量量表的形式之一，即指定的数值代表相等量的间距，并且具有一个真正的零点。

反应性（reactivity）在被试的反应上实验排列的误差效应。

回忆记忆（recall memory）对非当时知觉呈现的过去某些刺激或事件的提取。

再认回忆（recognition memory）认识到某些当时知觉呈现的刺激或事件是曾经见过的。

趋向平均数的回归（regression toward the mean）再测时初始测验的极端分数趋于组平均数的倾向。

信度（reliability）测量的一致性或可重复性。

怀旧性回忆（reminiscence bump）对发生在 10～30 岁之间事件的美好回忆。

远记忆（remote memory）对遥远的过去事件的记忆。

重复研究（replication）对一个先前研究的基本成分进行重复，其目的在于检验是否能得到相同的研究结果。

表征改变（representational change）能理解自己的心理状态能够发生变化的能力。

反应定势（response set）独立于任务内容的、反应预先存在的偏差形式。

稳健性（robustness）一个推论统计检验不受其内在数学假设冲突影响的程度。

样本（sample）研究中目标人群的子群体。

抽样（sampling）从一个更大的群体中选择一组研究被试。

脚本（scripts）对相似事件的典型顺序和结构的表征。

选择偏差（selective bias）将内在不平等的被试分配到要比较的每个组中。

选择性流失（selective dropout）在研究过程中被试非随机的、系统偏向性的缺失。

自我报告测量（self-report measures）基于被试自己对特质的直接报告来对被试的特质做出归纳的测量方法。

系列研究设计（sequential design）将纵向研究、横断设计及时间滞后（time-lag）设计的成分结合，试图区分年龄效应、代际效应以及测量时间效应的设计。

共同方法偏差（shared methods variances）由于取得分数时所用方法的相似性，导致两套或多套分数之间存在相似性。

社会比较（social comparison）将某个体的特质与他人相比较，从而对自我进行认识的过程。

社会参照（social referencing）使用从他人处获得的信息解释不确定情境并调整自身行为。

社会测量技术（sociometric techniques）基于同伴群体的评估来评定儿童社会地位的程序。

标准差（standard deviation）方差的平方根——变异性的一种测量方法。

标准化（standardization）在一个特定的实验条件中使实验程序的所有方面对所有被试都相同。

状态（state）生理和行为的唤起水平——从安静睡眠状态到剧烈哭喊变化。

统计结论效度（statistical conclusion validity）数据分析中推出统计结论的准确度。

陌生情景（strange situation）依恋评定的结构化实验室方法——测量婴儿与母亲和陌生人分离及重聚的反应。

分层抽样（stratified sampling）选择研究被试的程序，即按不同组员在目标人群中所占比例选取被试。

被试变量（subject variable）其水平反映被试间先前存在的、内在差异的自变量，如年龄和性别。

终点跌落（terminal drop）在临近死亡之前的时间内心理能力的下降。

测验效度（test validity）一种测量方法能测出的预期心理特质的精确度。

测量效应（testing）参加一个测验对其参加后一个测验的影响。

重测信度（test-retest reliability）信度的形式之一，相同测验的两次实施所得分数的一致性。

心理理论（theory of mind）关于心理世界的想法和信念。

时间抽样（time sampling）观察测量的形式，即在预先选择好的时间单元内对感兴趣的行为进行测量。

时间滞后设计（time-lag design）这种设计在不同的时间测试不同年代但年龄相同的被试。

时间序列设计（time-series design）是被试内设计的一种特殊形式，在不施加实验处理和施加实验处理的多个阶段对因变量进行测量。

特质（trait）在外显性行为下隐藏的某种广泛的、普遍的人格倾向（如外倾性、自觉性）。

传递性（transitivity）能够有逻辑地综合各种关系并且推论出必要结论的能力，如如果 A＞B，B＞C，那么 A＞C。

第Ⅰ类错误（type 1 error）错误拒绝真实的虚无假设。

第Ⅱ类错误（type 2 error）没能拒绝一个错误的虚无假设。

非介入性测量（unobtrusive measures）在被试没有意识到的情况下测量行为。

效度（validity）从研究中得到的结论的精确度。

变异性（variability）一组数据离中趋势的程度。

方差（variance）组内的每一个分数与组平均数之差的平方和——变异性的测量方法。

期待冲突范式（violation-of expectation method）认知发展的研究方法——测量婴儿或者儿童对一个明显与逻辑或者物理规律相冲突现象的反应。

视崖（visual cliff）研究婴儿深度知觉的方法，即测量婴儿对玻璃覆盖的桌面、明显的悬崖的反应。

避免处理（withholding treatment）不向一个研究被试的亚群体提供任何潜在有益于实验处理的决定。

组内设计（within-subject design）同样的被试被分配到自变量的不同水平的实验设计。